微课版

工业和信息化普通高等教育
"十三五"规划教材立项项目

微 软 Excel 致 用 系 列

Excel 2016
数据处理与分析应用教程

苏林萍 谢萍 主编

人 民 邮 电 出 版 社
北 京

图书在版编目（CIP）数据

Excel 2016数据处理与分析应用教程 : 微课版 / 苏林萍，谢萍主编. -- 北京 : 人民邮电出版社，2019.7(2022.1重印)
（微软Excel致用系列）
ISBN 978-7-115-51020-4

Ⅰ. ①E… Ⅱ. ①苏… ②谢… Ⅲ. ①表处理软件一教材 Ⅳ. ①TP391.13

中国版本图书馆CIP数据核字(2019)第054482号

内 容 提 要

本书分为 10 章，内容包括 Excel 2016 基础知识、工作表输入与编辑、公式、函数、图表、数据管理、数据透视分析、宏与 VBA 编程、财务分析函数应用、模拟分析与规划求解。全书采用由易到难、循序渐进的方式介绍了 Excel 常用的知识点，并通过大量的实例帮助读者理解和掌握所学内容。本书内容详实、实例丰富、操作步骤清晰、实用性强。

本书可以作为高等院校相关专业的教学用书，也可以作为企事业单位人员提高数据分析能力的参考书。

♦ 主　　编　苏林萍　谢　萍
　责任编辑　孙燕燕
　责任印制　焦志炜

♦ 人民邮电出版社出版发行　　北京市丰台区成寿寺路 11 号
　邮编　100164　　电子邮件　315@ptpress.com.cn
　网址　http://www.ptpress.com.cn
　固安县铭成印刷有限公司印刷

♦ 开本：787×1092　1/16
　印张：16.25　　　　2019 年 7 月第 1 版
　字数：468 千字　　　2022 年 1 月河北第 6 次印刷

定价：49.80 元

读者服务热线：(010)81055256　印装质量热线：(010)81055316
反盗版热线：(010)81055315
广告经营许可证：京东市监广登字20170147号

前 言

Excel 是 Office 办公系列软件之一，它能够进行数据分析、数据计算、数据统计、数据管理等各项工作，应用范围十分广泛。为了适应当前企业对数据处理与分析人才的高度需求，许多高校纷纷开设了“Excel 数据处理与分析”的课程，为读者从事相关数据处理和分析的工作打下坚实基础。

本书特色如下。

（1）内容新颖，覆盖面广。本书采用 Excel 2016 的版本介绍了数据处理与分析的具体方法和技巧，内容涉及 Excel 2016 基础知识、工作表输入与编辑、公式、函数、图表、数据管理、数据透视分析、宏与 VBA 编程、财务分析函数及应用、模拟分析与规划求解等。全书内容详尽、丰富，易于读者进行系统学习。

（2）形式新颖，配有微课视频。本书采用二维码链接微课视频，读者扫描即可观看。每个微课视频都有明确的教学目标来集中讲解一个问题，内容较短，方便读者随时播放学习，是课堂教学的有益补充。

（3）可操作性强，理论与实际结合。本书不仅介绍了丰富的数据处理与分析的理论知识，而且配有大量教学实例、习题和实验。教学实例主要结合学生的成绩管理来完成数据录入、统计分析、数据管理、图表展示等工作；习题可以巩固和加深读者对所学知识的理解和掌握；实验可以帮助读者验证和巩固所学知识，提高应用能力。

本书由苏林萍、谢萍担任主编。其中，第 1 章～第 5 章由苏林萍编写，第 6 章～第 10 章由谢萍编写。苏林萍和谢萍一起制作了全书的微课教学视频。全书由苏林萍统稿。

由于编者水平有限，书中难免有不妥之处，恳请广大读者批评指正。

编 者

2019 年 1 月

目　录

第 1 章　Excel 2016 基础知识……1

1.1　Excel 2016 概述……1

1.1.1　Excel 2016 的工作环境……1

1.1.2　工作簿、工作表和单元格……2

1.1.3　如何获取帮助信息……3

1.2　工作簿的基本操作……4

1.2.1　创建工作簿……4

1.2.2　保存工作簿……5

1.2.3　打开工作簿……6

1.2.4　关闭工作簿……6

1.2.5　工作簿密码保护……6

1.3　操作工作表……7

1.3.1　插入新工作表……7

1.3.2　工作表重命名……8

1.3.3　移动或复制工作表……9

1.3.4　删除工作表……11

1.3.5　冻结窗格……11

1.3.6　工作表保护……12

1.4　打印工作表……12

1.4.1　使用视图方式……12

1.4.2　设置页面……14

1.4.3　打印工作表……17

1.5　应用实例——学生成绩工作簿创建和打印……18

课堂实验……21

习题……22

第 2 章　工作表输入与编辑……23

2.1　数据输入……23

2.1.1　手动输入数据……23

2.1.2　自动填充数据……26

2.2　数据编辑……28

2.2.1　单元格与数据区的引用和选取……28

2.2.2　单元格与数据区的移动和复制……29

2.2.3　单元格与数据区的清除和删除……30

2.2.4　插入行、列或单元格……31

2.2.5　删除空行……32

2.3　数据格式化……33

2.3.1　设置单元格格式……33

2.3.2　设置条件格式……38

2.3.3　调整行高与列宽……41

2.3.4　使用单元格样式……42

2.4　数据导入……43

2.4.1　从文本文件导入数据……43

2.4.2　从 Access 数据库导入数据……45

2.5　应用实例——学生成绩表格式化……46

课堂实验……49

习题……52

第 3 章　公式……53

3.1　公式的概念……53

3.1.1　公式的组成……53

3.1.2　单元格引用……54

3.2　公式编辑……56

3.2.1　手动输入公式……56

3.2.2　单击单元格输入……57

3.3　公式复制……58

3.3.1　复制公式……58

3.3.2　显示公式……62

3.4　名称和数组……63

3.4.1　名称定义……63

3.4.2　在公式中使用名称……64

3.4.3　名称编辑和删除……65

3.4.4　数组公式……65

3.5　公式审核……66

3.5.1　更正公式……66

3.5.2　追踪单元格……67

3.5.3　检查错误与公式求值……67

3.6　应用实例——学生成绩表计算……69

课堂实验……71

习题……72

第 4 章 函数 ······74

4.1 函数概述 ······74
4.1.1 函数语法 ······74
4.1.2 函数类型 ······74
4.2 函数输入 ······74
4.2.1 手动输入函数 ······74
4.2.2 插入函数 ······75
4.2.3 嵌套函数 ······77
4.3 常用函数 ······78
4.3.1 数学函数 ······78
4.3.2 统计函数 ······81
4.3.3 逻辑函数 ······86
4.3.4 文本函数 ······89
4.3.5 查找函数 ······92
4.3.6 日期和时间函数 ······95
4.4 应用实例——学生成绩表统计计算 ······97
课堂实验 ······104
习题 ······106

第 5 章 图表 ······108

5.1 图表基础 ······108
5.1.1 图表组成 ······108
5.1.2 图表类型 ······109
5.2 创建图表 ······110
5.2.1 创建迷你图 ······110
5.2.2 创建嵌入式图表 ······111
5.2.3 创建图表工作表 ······113
5.3 编辑图表 ······113
5.3.1 更改图表的类型 ······113
5.3.2 更改图表的位置 ······114
5.3.3 更改图表的数据源 ······114
5.4 图表元素的格式和设计 ······117
5.4.1 图表元素的格式 ······117
5.4.2 图表设计 ······122
5.4.3 图表筛选器 ······123
5.4.4 趋势线 ······124
5.5 应用实例——学生成绩图表显示 ······125
课堂实验 ······130
习题 ······131

第 6 章 数据管理 ······133

6.1 数据验证 ······133
6.1.1 数据验证设置 ······133
6.1.2 限制数据录入的下拉列表设置 ······135
6.2 数据排序 ······136
6.2.1 排序规则 ······136
6.2.2 单字段排序 ······137
6.2.3 多字段排序 ······138
6.2.4 自定义序列排序 ······139
6.3 数据筛选 ······140
6.3.1 自动筛选 ······140
6.3.2 高级筛选 ······143
6.3.3 删除重复记录 ······146
6.4 分类汇总 ······148
6.4.1 创建分类汇总 ······148
6.4.2 分级显示分类汇总 ······150
6.4.3 复制分类汇总结果 ······152
6.4.4 删除分类汇总 ······152
6.5 应用实例——学生成绩数据管理 ······153
课堂实验 ······161
习题 ······167

第 7 章 数据透视分析 ······169

7.1 创建数据透视表 ······169
7.1.1 创建数据透视表 ······169
7.1.2 编辑数据透视表 ······171
7.1.3 更新数据透视表 ······174
7.1.4 筛选数据透视表 ······174
7.2 创建数据透视图 ······175
7.2.1 通过数据透视表创建 ······175
7.2.2 通过数据区域创建 ······176
7.2.3 删除数据透视图 ······178
7.2.4 设置数据透视图 ······178
7.3 应用实例——学生成绩数据透视分析 ······179
课堂实验 ······181
习题 ······184

第 8 章 宏与 VBA 编程 ······186

8.1 宏 ······186

8.1.1 录制宏 …… 186
8.1.2 执行宏 …… 188
8.1.3 编辑宏 …… 188
8.1.4 宏按钮 …… 189
8.1.5 宏实例 …… 190
8.2 Visual Basic 编辑器 …… 192
8.2.1 启动 VBE 编辑窗口 …… 192
8.2.2 VBE 窗口的组成 …… 192
8.2.3 在 VBE 中编写代码 …… 193
8.3 VBA 编程基础与程序结构 …… 194
8.3.1 VBA 编程基础 …… 194
8.3.2 VBA 程序语句 …… 199
8.3.3 VBA 程序结构 …… 201
8.4 VBA 程序设计实例 …… 210
课堂实验 …… 213
习题 …… 216

第 9 章 财务分析函数及应用 …… 219

9.1 常用的财务分析函数 …… 219
9.1.1 投资函数 …… 219
9.1.2 利率函数 …… 221
9.1.3 利息与本金函数 …… 224
9.1.4 折旧函数 …… 226
9.2 应用实例——计算商品房贷款 …… 229
习题 …… 231

第 10 章 模拟分析与规划求解 …… 233

10.1 单变量求解 …… 233
10.2 模拟运算表 …… 235
10.2.1 单变量模拟运算表 …… 235
10.2.2 双变量模拟运算表 …… 237
10.3 方案管理器 …… 238
10.4 应用实例——个人投资理财模拟分析 …… 241
10.5 规划求解 …… 243
10.6 应用实例——企业销售运输规划求解 …… 249
习题 …… 251

第1章 Excel 2016 基础知识

Excel 2016 是 Office 2016 办公软件中的一个组件，可以用来制作电子表格。在 Excel 2016 中，用户可以使用多种函数进行运算，分析汇总数据信息，并且可以把相关数据用统计图表的形式表示出来。

1.1 Excel 2016 概述

本节主要介绍 Excel 2016 的工作环境，工作簿的创建、工作表的插入删除等操作，以及打印工作表的设置等。

1.1.1 Excel 2016 的工作环境

启动 Excel 2016 要选择“开始｜所有程序｜Microsoft Office｜Microsoft Office Excel 2016”，启动成功后，出现图 1-1 所示的 Excel 2016 工作环境界面。

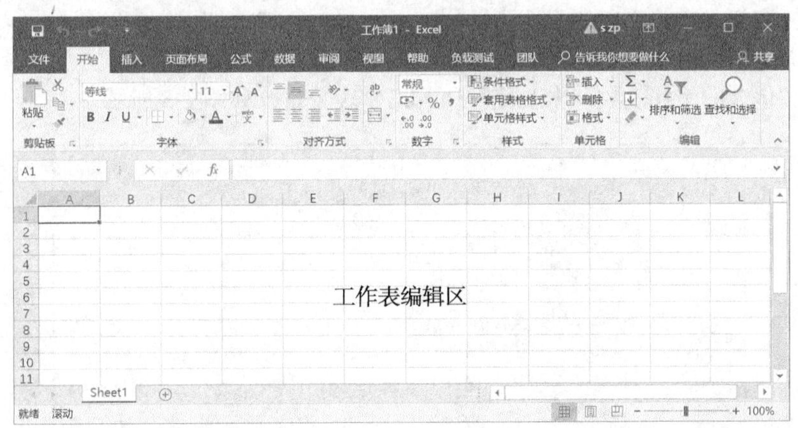

图 1-1

1. 功能区

功能区位于顶部，在功能区上包含了常用的“开始”“插入”“页面布局”“公式”“数据”“审阅”“视图”“帮助”等选项卡。

2. 编辑栏

编辑栏位于功能区与工作表编辑区之间，如图 1-2 所示，包括名称框、公式框、快捷工具按钮和展开/折叠按钮 4 个部分。

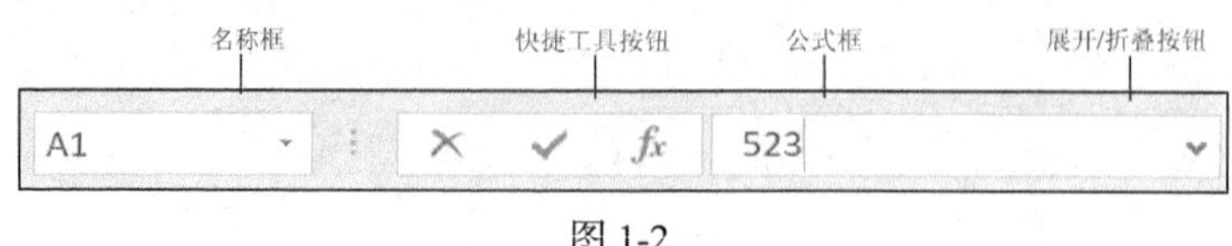

图 1-2

（1）名称框：用于显示当前活动单元格的地址或名称。

（2）公式框：用于显示和编辑当前活动单元格中的数据或公式。

（3）快捷工具按钮：单击按钮或按【Enter】键确认输入的内容；单击按钮或按【Esc】键取消输入的内容；单击按钮在当前活动单元格中插入函数。

（4）展开/折叠按钮：通过编辑栏向单元格中输入内容时，可以单击按钮来展开编辑栏，获得更多的编辑空间。若要折叠编辑栏，单击按钮即可。

3. 工作表编辑区

工作表是 Excel 窗口的主体，由单元格组成，每个单元格由列号和行号来定位，其中行号位于工作表的左端，顺序为数字 1、2、3 等依次排列；列号位于工作表的上端，顺序为字母 A、B、C、D 等依次排列。

1.1.2 工作簿、工作表和单元格

工作簿、工作表和单元格是 Excel 中的 3 个重要概念。一个工作簿中可以包含多张工作表，每张工作表中包含多个单元格。

1. 工作簿

工作簿是存储数据的文件，也称为电子表格。一个工作簿就是一个 Excel 文件，其文件扩展名为.xlsx。一个工作簿可以包含多张工作表，用户在操作时不必打开多个文件，可以在一个文件的不同工作表之间进行切换。

每个工作簿可以由一张或多张工作表组成。当启动 Excel 时，自动创建一个名为“工作簿 1”的工作簿文件。它包含 1 张空白的工作表，用户可以根据需要添加工作表。然后可以在这些工作表中输入相关数据。用户可以单击“文件”选项卡的“选项”选项，在“常规”选项卡中设置“新建工作簿时”的“包含的工作表数”来改变默认的工作表数量，如图 1-3 所示。

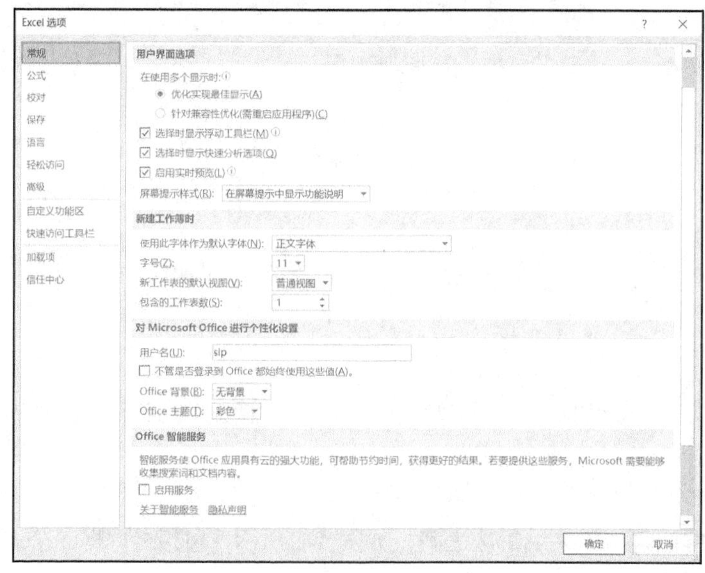

图 1-3

2. 工作表

工作簿中的每一张表称为工作表。工作簿如同一个活页夹，工作表如同其中的每张活页纸。

工作表用来存储和处理数据，用户可以使用工作表对数据进行计算和管理。一张工作表是一张由行和列组成的二维表格。工作表始终存储在工作簿中，一个工作簿中工作表的个数仅受计算机内存的限制。

视频 1-1

工作表以工作表标签的形式显示在工作簿窗口底部。底色为白色的工作表是当前工作表。单击某张工作表标签，可以使之成为当前工作表。

默认情况下，一个工作簿中只包含一张工作表，名称是 Sheet1，默认的当前工作表是 Sheet1，如图 1-4 所示。

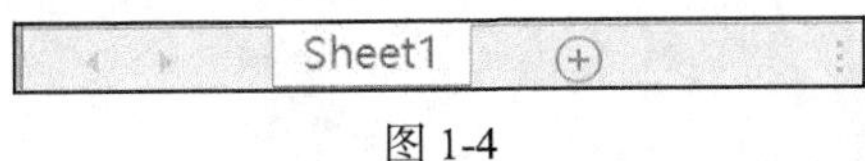

图 1-4

用户可以根据实际需要增加或删除工作表，可以选择不同的工作表进行编辑，也可以对工作表重新命名。当用户单击“插入工作表”按钮 ⊕ 时，可以添加一张新工作表，名称为：Sheet+数字（例如，Sheet2）。图 1-5 所示为一个工作簿中添加了三张工作表，当前工作表是 Sheet2。

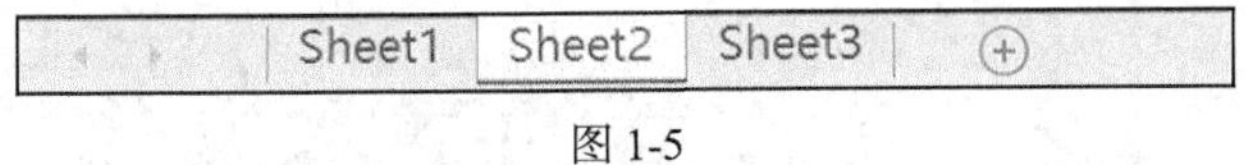

图 1-5

3. 单元格与单元格区域

在工作表中，行和列相交构成单元格，用于存储数据和公式。行以数字编号（1、2、…），列以英文字母编号（A、B、…、Z、AA、AB、…）。单元格的名称是列号和行号的组合。例如：A1 表示第 1 列与第 1 行交叉点的单元格，每个单元格的名称是唯一的。用户输入的数据都将保存在单元格中。

活动单元格是指当前正在编辑的单元格，可以包含文本、数字、日期时间、公式、函数等内容。若要在某个单元格中输入或编辑内容，可以单击该单元格，使之成为活动单元格；活动单元格的周围显示粗线边框，其名称将显示在名称框中。图 1-6 所示的活动单元格为 B3。

单元格区域是指在工作表中选定的矩形块，用于对其中数据进行编辑和计算，例如，复制、移动、删除等。引用单元格区域的方法是，使用左上角单元格和右下角单元格引用，中间用冒号作分隔符。例如，B2:C5 表示从单元格 B2 到单元格 C5 的区域，如图 1-7 所示。

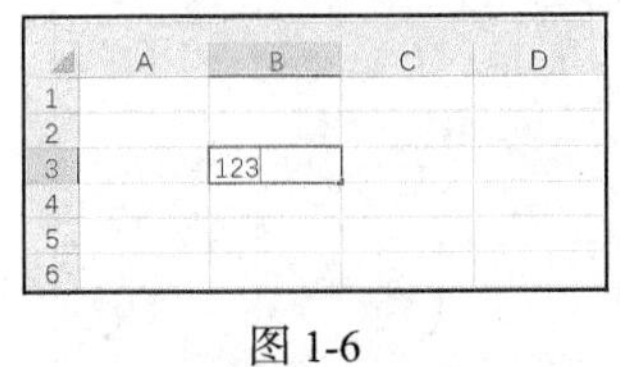

图 1-6

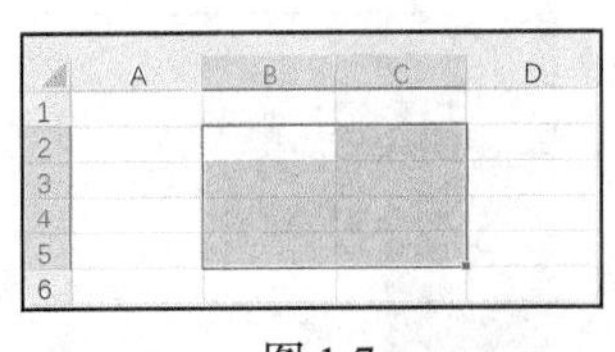

图 1-7

1.1.3 如何获取帮助信息

Excel 2016 提供了强大的联机帮助系统，用户可以使用帮助系统及时解决遇到的问题。

1. 帮助

单击“帮助”选项卡中的“帮助”按钮❓，打开图 1-8 所示的“帮助”主页，可以浏览发现主题，也可以在搜索框中输入问题找到帮助信息。

2. 显示培训

单击“帮助”选项卡中的“显示培训”按钮，将显示出关于Excel培训的效果视频，主要有：快速入门、行和列、单元格、格式设置、公式和函数、表格、图表、数据透视表等，如图1-9所示，方便初学者学习使用Excel。

图1-8

图1-9

1.2 工作簿的基本操作

工作簿是Excel用于存储数据的文件，全部的数据操作都是在工作簿中进行的。在Excel中，对文件的操作就是对工作簿的操作。

1.2.1 创建工作簿

使用Excel管理数据首先要创建文件，建立Excel工作簿就是创建一个Excel文件，通常可以用以下两种方法实现。

方法一：选择“开始｜所有程序｜Microsoft Office｜Microsoft Office Excel 2016”，启动Excel并自动创建一个空白工作簿。

方法二：单击“文件｜新建”选项。在打开的图1-10所示的“新建”窗口中，用户可以选择不同的工作簿模板，也可以选择“空白工作簿”新建一个空白工作簿。

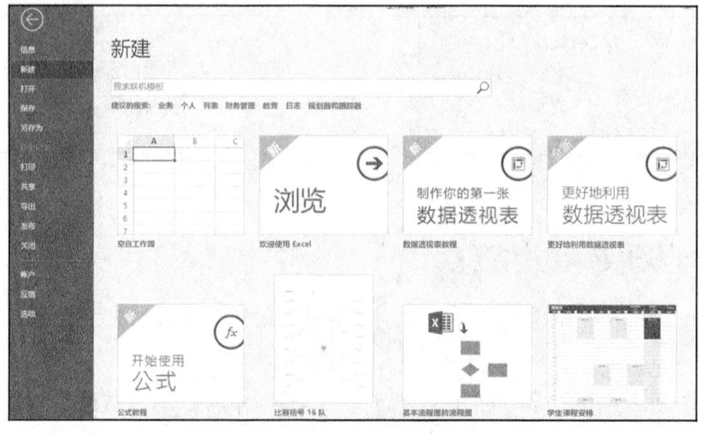

图1-10

1.2.2　保存工作簿

创建工作簿后需要将其保存在计算机的硬盘中，保存工作簿的操作步骤如下。

① 单击快速访问工具栏上的“保存”按钮；或单击“文件”按钮并选择“保存”选项；或者按下组合键【Ctrl+S】。若选择“另存为”，则出现“另存为”对话框，如图 1-11 所示。如果该工作簿是第一次保存，同样会出现“另存为”对话框。

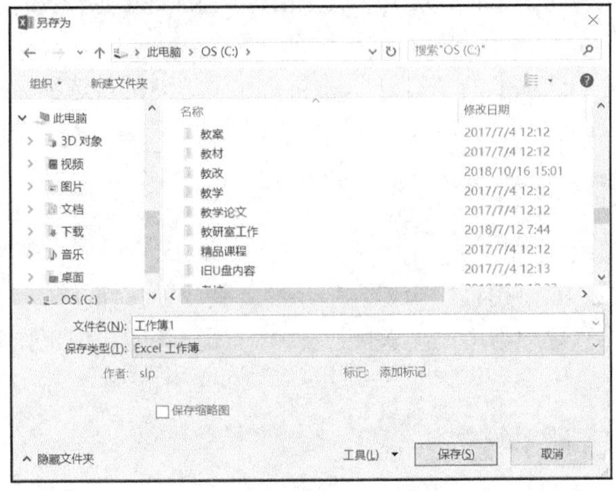

图 1-11

② 确定保存文件的文件夹。

③ 在“文件名”框中输入工作簿的文件名，然后单击“确认”按钮。

默认情况下，工作簿会保存在“我的文档”文件夹中。可以更改默认的保存位置，操作方法如下。

① 单击“文件”选项卡中的“选项”按钮。

② 在图 1-12 所示的“Excel 选项”对话框中，选择“保存”选项，在“默认本地文件位置”框中修改文件的保存路径。

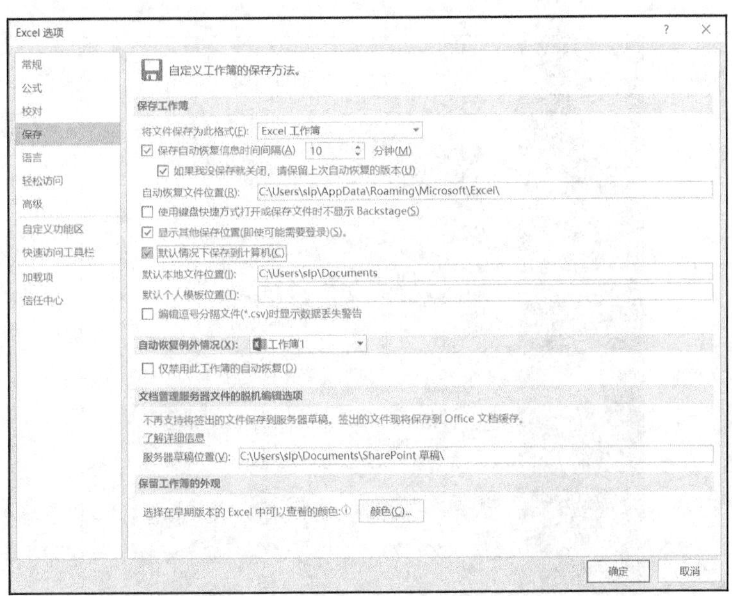

图 1-12

1.2.3　打开工作簿

打开 Excel 2016 工作簿有 3 种常见的方法。

方法一：双击工作簿文件，系统自动启动 Microsoft Office Excel 2016 软件，并打开该 Excel 工作簿。

方法二：单击“文件”选项卡，在“最近”选项中显示出最近打开过的 Excel 工作簿，单击选中的文件即可打开。当用户忘记了最近使用的工作簿存放的文件夹位置时，可以使用该方法快速找到所需的工作簿文件。

方法三：单击“文件”选项卡的“打开”选项，利用“浏览”选项在对话框中选择要打开的工作簿文件。

1.2.4　关闭工作簿

关闭工作簿有两种常用的方法。

方法一：单击 Excel 2016 应用程序窗口右上角的“关闭”按钮。

方法二：单击“文件”选项卡中的“关闭”选项，则只关闭当前工作簿文件，对其他打开的工作簿文件不影响。

1.2.5　工作簿密码保护

当用户不希望他人随意看到工作簿中的数据信息时，可以为工作簿设置打开和修改的密码，工作簿密码设置的操作步骤如下。

① 单击“文件”选项卡，在“信息”中的“保护工作簿”下拉列表中选择“用密码进行加密”选项，如图 1-13 所示。

视频 1-2

② 在“加密文档”对话框中输入密码，如图 1-14 所示。然后单击“确定”按钮。

③ 在“确认密码”对话框中再次输入相同的密码，如图 1-15 所示。然后单击“确定”按钮即可完成工作簿的加密。

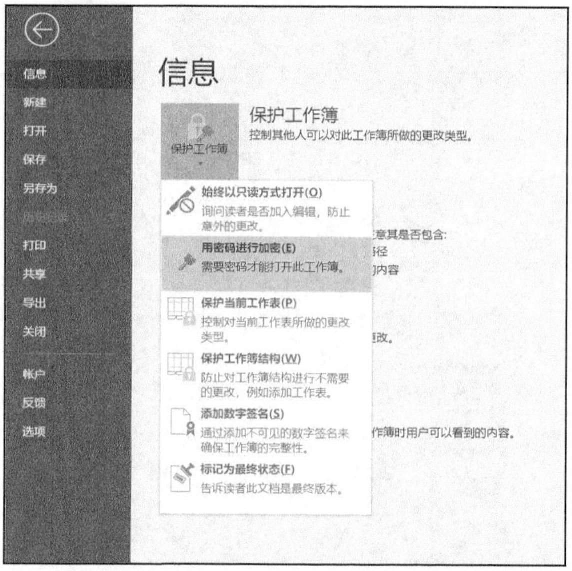

图 1-13

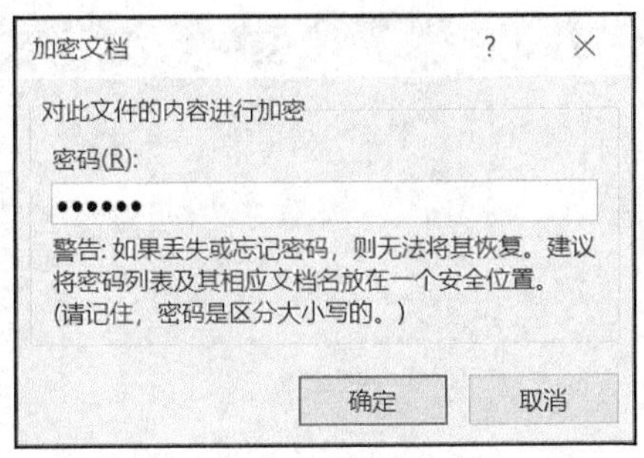

图 1-14

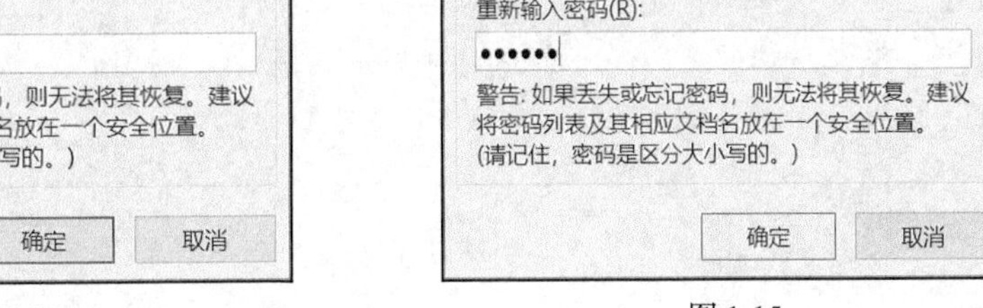

图 1-15

当用户再次打开已经进行了密码保护的工作簿时，需要输入密码，如图 1-16 所示。只有当输入正确的密码时工作簿文件才可以正常打开使用。

图 1-16

如果需要解除工作簿的打开密码，可以按照工作簿密码设置的操作步骤打开“加密文档”对话框，删除现有的密码即可。

1.3　操作工作表

默认情况下，一个工作簿中只包含一张工作表，可以根据需要插入新工作表。

1.3.1　插入新工作表

插入新工作表，有以下几种方法。

方法一：在现有工作表的末尾快速插入新工作表，可单击窗口底部工作表标签右侧的“插入工作表”图标 ⊕ ，如图 1-17 所示。

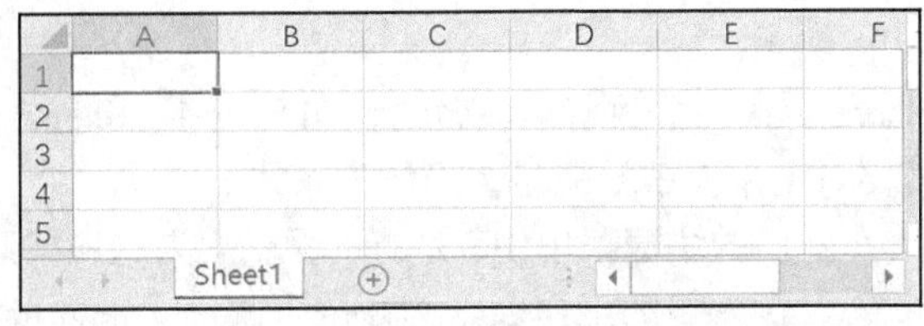

图 1-17

视频 1-3

方法二：在现有工作表之前插入新工作表，可以选择该工作表，在“开始”选项卡的“单元格”选项组中，单击“插入”按钮，然后选择“插入工作表”，如图 1-18 所示。插入后的结果如图 1-19 所示，在 Sheet2 前插入了一个新工作表 Sheet4，工作表 Sheet4 为当前工作表。

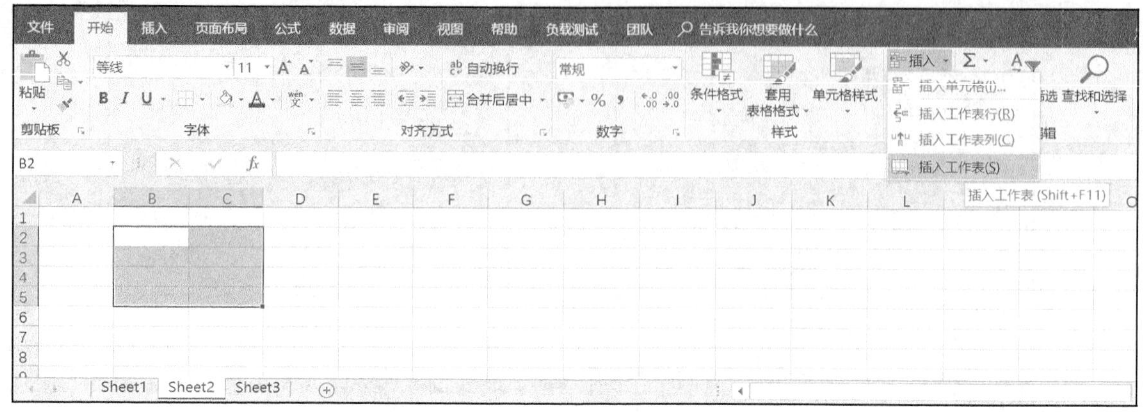

图 1-18

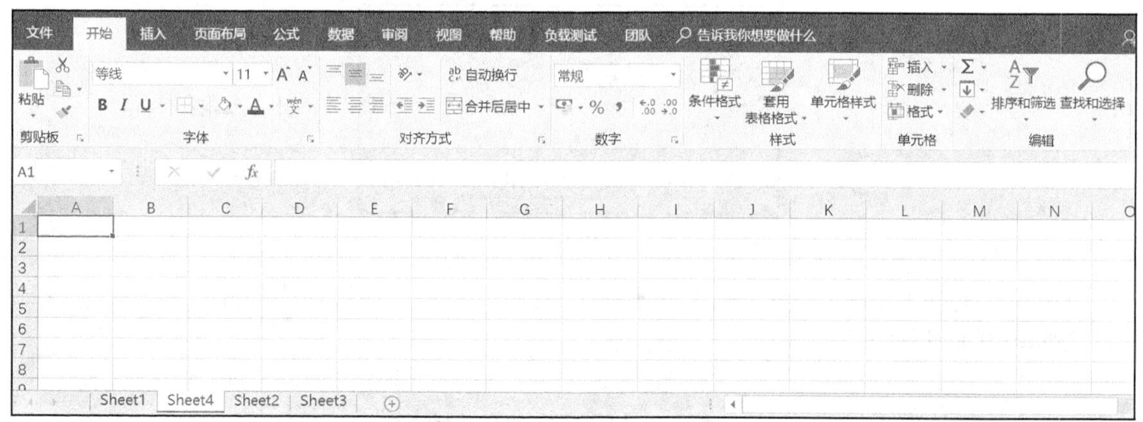

图 1-19

方法三：一次插入多张工作表，可按住【Shift】键，然后在打开的工作簿中选择与要插入的工作表数目相同的现有工作表标签，在“开始”选项卡上“单元格”选项组中，单击“插入”按钮，然后选择“插入工作表”。

右键单击工作表的标签，在弹出的快捷菜单中单击“插入”，然后在“插入”对话框中选择“工作表”，再单击“确定”按钮也可以快速插入新工作表。

1.3.2 工作表重命名

默认情况下，新建的工作表是 Sheet 后跟一个数字来命名的，如 Sheet1、Sheet2 和 Sheet3 等。为了明确表示工作表的内容，通常需要对工作表重新命名，操作步骤如下。

① 在工作表标签单击鼠标右键，在弹出的快捷菜单中，选择“重命名”选项，如图 1-20 所示。

② 工作表标签文本变为被选择状态，键入新的工作表名称并按【Enter】键即可。

除了对工作表重命名之外，还可以为工作表标签设置颜色，不同颜色可以明显区分不同的工作表，操作步骤如下。

① 在工作表标签单击鼠标右键，在弹出的快捷菜单中选择“工作表标签颜色”选项。

② 在“主题颜色”的调色板中选择相应的颜色即可，如图 1-21 所示。

图 1-20

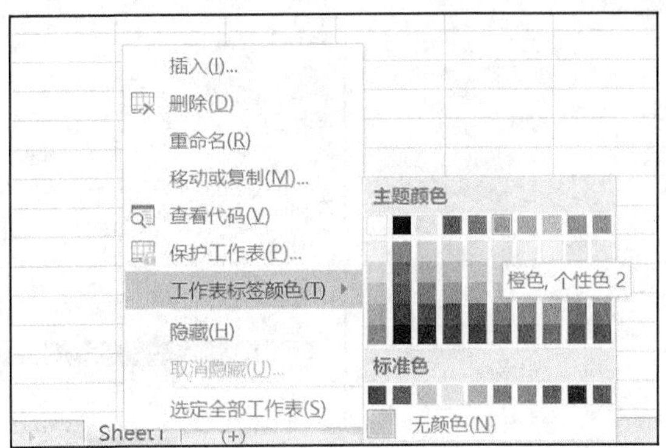

图 1-21

1.3.3　移动或复制工作表

视频 1-4

用户可以将工作表移动或复制到工作簿中的其他位置或其他工作簿中，操作步骤如下。

① 选择需要移动或复制的工作表。单击可以选择一张工作表；【Shift】键配合鼠标单击可以选择多个连续工作表；【Ctrl】键配合鼠标单击可以选择多个不连续的工作表。

② 在“开始”选项卡的“单元格”选项组中，单击“格式”按钮，然后在“组织工作表”下选择“移动或复制工作表”，如图 1-22 所示；或者在选定的工作表标签单击鼠标右键，然后在弹出的快捷菜单上选择“移动或复制”，打开“移动或复制工作表”对话框，如图 1-23 所示。

③ 在“移动或复制工作表”对话框中，选择目标工作簿及插入位置。目标工作簿可以是工作簿本身、其他已经打开的工作簿或者是一个新工作簿。插入位置可以是某张工作表之前或移至最后。

④ 要复制工作表而不移动它们，必须选中“建立副本”复选框。

⑤ 单击“确定”按钮，完成工作表的移动或复制。

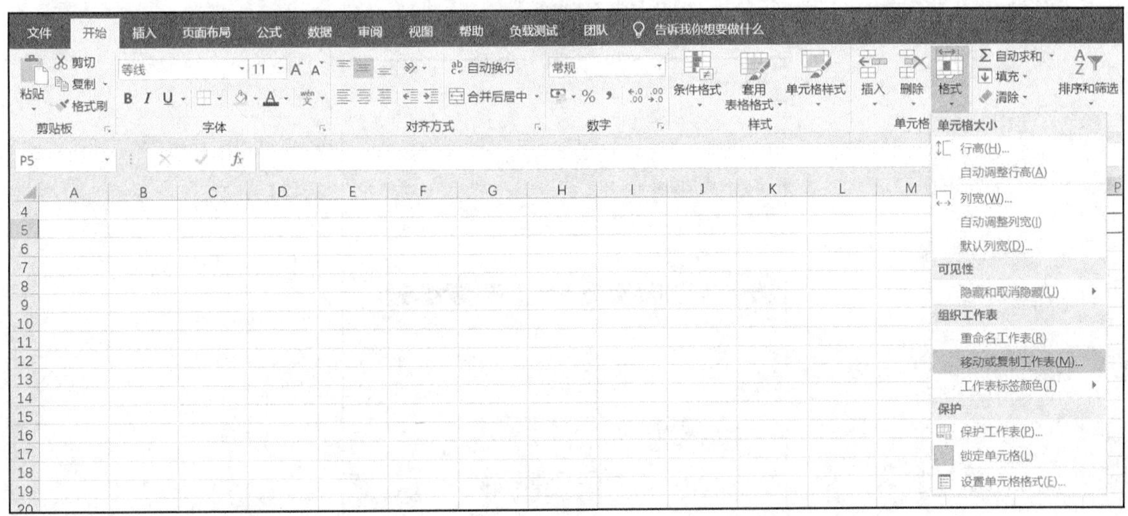

图 1-22

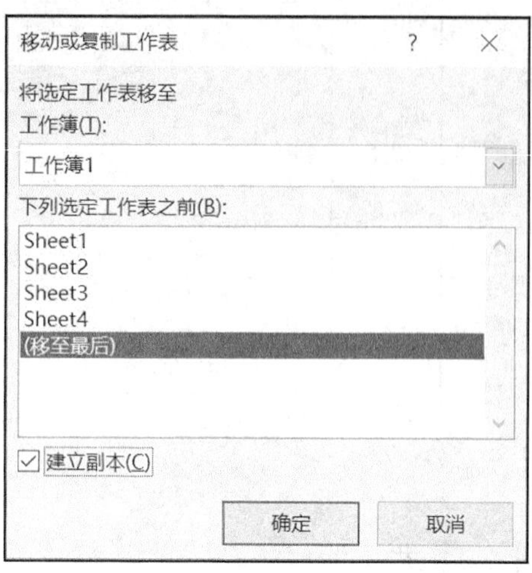

图 1-23

该例中选中了“建立副本”复选框，并选择了位置是“移至最后”，操作结果是将工作表 Sheet1 复制到最后一张工作表，默认的工作表名是 Sheet1(2)。

单击需要移动的工作表标签，拖曳工作表标签至合适的位置可以完成工作表的快速移动。

【例 1-1】打开“高等数学成绩”的工作簿，将 Sheet1 工作表重命名为“平时成绩”，插入一张新工作表命名为“期中考试成绩”，复制该表为“期末考试成绩”，并为三张表设置不同的标签颜色。操作步骤如下。

① 工作表重命名：在工作表 Sheet1 标签单击鼠标右键，在弹出的快捷菜单中选择“重命名”选项。标签文本变为被选择状态，键入新的工作表名称“平时成绩”并按【Enter】键。

② 插入新工作表：单击窗口底部工作表标签右侧的“插入工作表”图标 ⊕ ，然后重命名为“期中考试成绩”。

③ 复制工作表：选中要复制的工作表，单击鼠标右键，在弹出的图 1-24 对话框中选中“建立副本”复选框。复制成功后重命名为“期末考试成绩”。

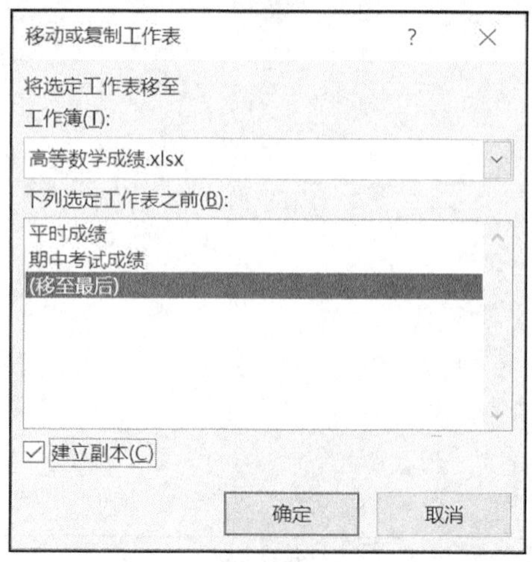

图 1-24

④ 设置工作表标签颜色：在“平时成绩”的工作表标签上单击鼠标右键，在弹出的快捷菜单中选择“工作表标签颜色”选项，在“主题颜色”的调色板中选择绿色。采用相同操作设置“期中考试成绩”标签颜色为黄色；设置“期末考试成绩”标签颜色为红色。

设置结果如图 1-25 所示。

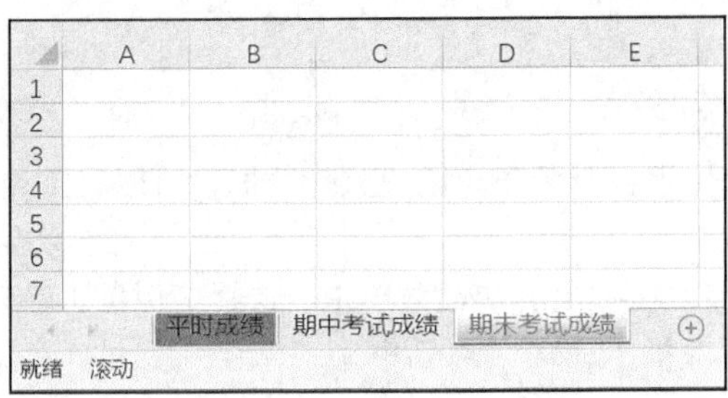

图 1-25

1.3.4　删除工作表

不再使用的工作表应该及时删除。如果工作簿中只有一个工作表，则不能将其删除，因为工作簿中至少包含一张工作表。具体操作步骤如下。

① 选择要删除的一张或多张工作表。

② 在“开始”选项卡的“单元格”选项组中，单击“删除”下方的箭头，然后单击“删除工作表”，如图 1-26 所示。

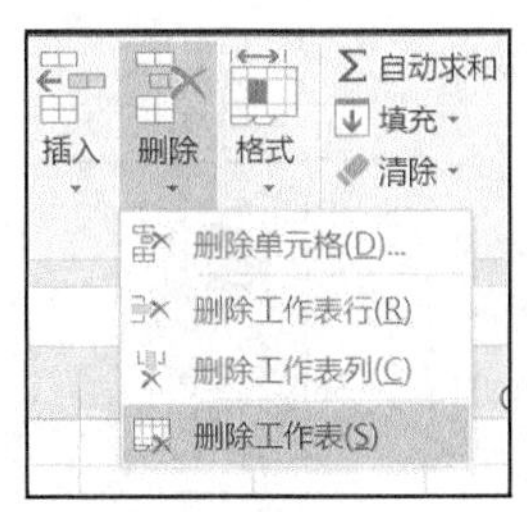

图 1-26

③ 如果要删除的工作表包含数据，则会弹出提示信息，单击“删除”按钮将删除选定的工作表。

右键单击要删除的工作表标签，选择“删除”选项可以快速删除工作表。

1.3.5　冻结窗格

如果工作表中的行数或列数较多，在一个屏幕无法全部显示的情况下，当滚动工作表时希望标题行或关键列的内容始终可以显示出来，可以进行冻结窗格的操作。具体操作步骤如下。

① 选择要冻结的行与列分界线交叉点的单元格。

② 在“视图”选项卡的“窗口”选项组中，单击“冻结窗格”按钮，在图 1-27 的选项中进行选择。

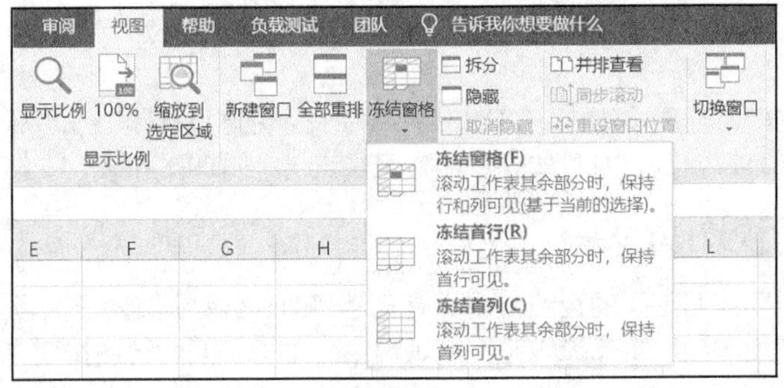

图 1-27

- 冻结窗格：滚动工作表其余部分时，保持分界线左侧的列和上方的行可见。
- 冻结首行：滚动工作表其余部分时，保持首行可见。
- 冻结首列：滚动工作表其余部分时，保持首列可见。

冻结窗格后，“冻结窗格”按钮选项自动变为“取消冻结窗格”。当需要取消冻结窗格时，选择“取消冻结窗格”。

1.3.6 工作表保护

对于存储重要数据的工作表，为了防止用户删除数据，可以将工作表保护起来。具体操作步骤如下。

① 右键单击工作表标签，在弹出的快捷菜单中，选择“保护工作表”如图 1-28 所示。

② 在图 1-29 所示的“保护工作表”对话框中，选中“保护工作表及锁定的单元格内容”复选框。

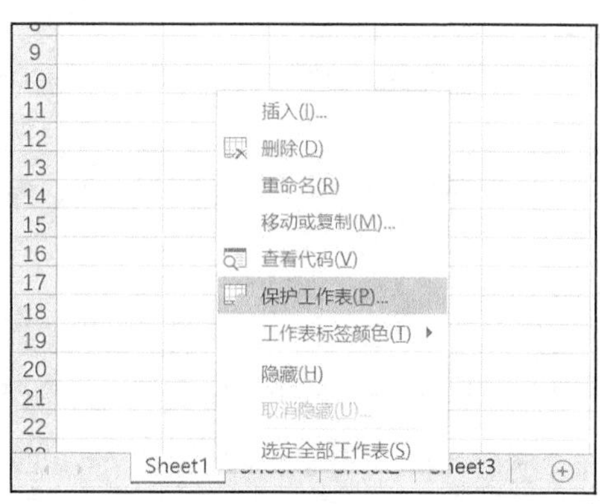

图 1-28

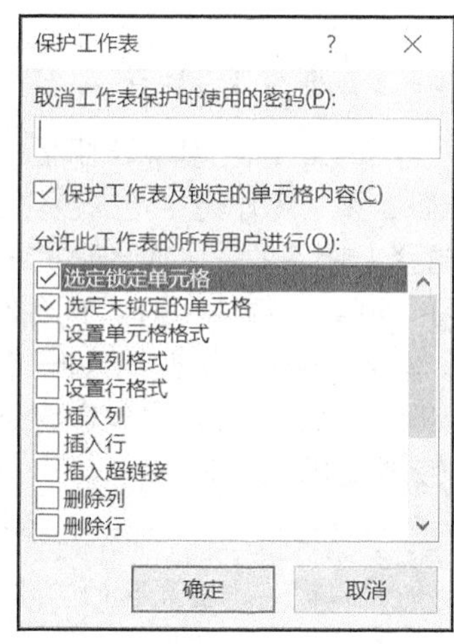

图 1-29

③ 在“允许此工作表的所有用户进行”列表中，选择允许用户更改的选项。在“取消工作表保护时使用的密码”框中输入密码，然后再次输入密码进行确认。

设置工作表保护后，当用户试图编辑或修改工作表时，系统会提示用户单元格受保护，不能修改；用户若要修改，可以右键单击工作表标签，在弹出的快捷菜单中选择“撤销工作表保护”选项，输入密码来撤销工作表保护，之后即可编辑，修改该工作表。

1.4 打印工作表

在工作中，我们经常需要将工作表打印出来。为了避免盲目打印造成纸张浪费的现象，通常先进行打印设置，然后打印预览，对打印预览的效果满意后才打印工作表。

1.4.1 使用视图方式

在打印设置时需要使用不同的视图，主要有普通视图、分页预览视图、页面布局视图和自定义视图。在“视图”选项卡的“工作簿视图”选项组中，单击不同的视图按钮完成视图的切换，如图 1-30 所示。

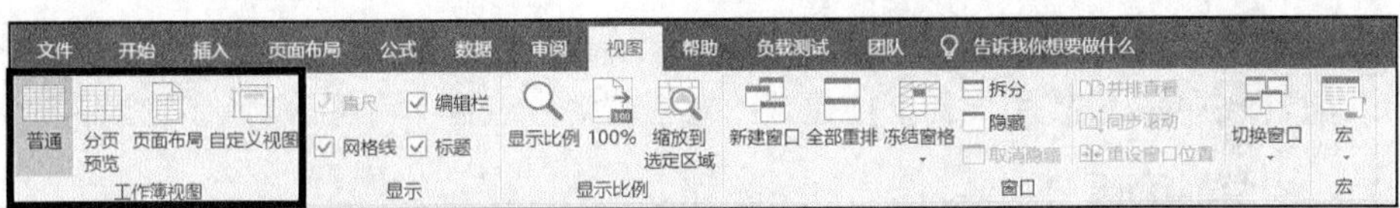

图 1-30

1. 普通视图

普通视图是 Excel 打开时的默认视图，可以输入和编辑工作表，但是不能查看和设置页眉和页脚。

2. 分页预览视图

用户可以通过图 1-31 所示的分页预览视图了解打印时的分页位置，也可以在该视图中添加、删除和移动分页符的位置来定制分页的位置，默认的分页位置是按照每页相同设置的。

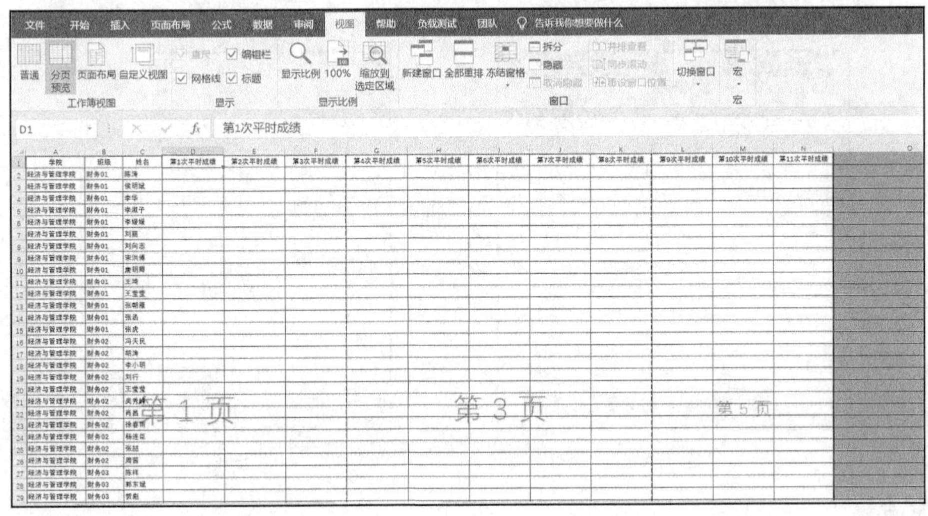

图 1-31

3. 页面布局视图

页面布局视图如图 1-32 所示，其中包括了页眉和页脚等。用户可以在该视图中添加和编辑页眉和页脚、通过标尺调整页边距等。

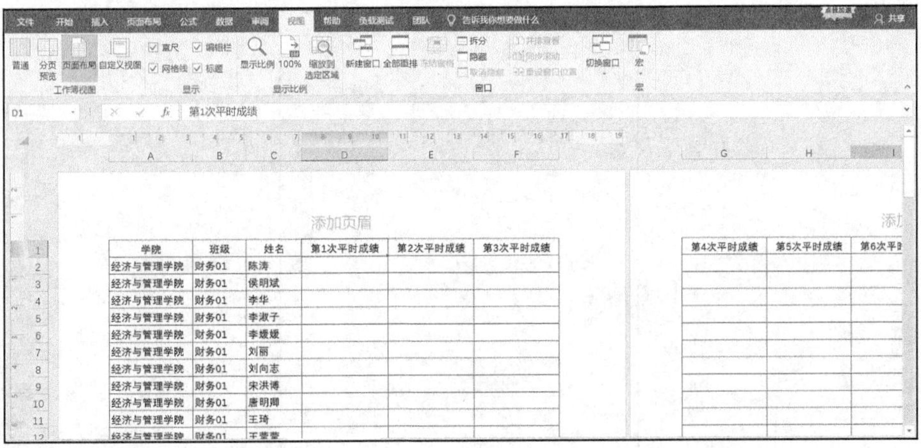

图 1-32

4. 自定义视图

在自定义视图中可以设置用户的个性化视图效果，将一组打印设置为自定义视图应用于文档。

1.4.2 设置页面

Excel 具有默认的页面设置，用户可以直接打印。如果有特殊需要，用户可以重新设置页面。页面设置包括设置打印方向、缩放比例、纸张大小、页边距、页眉/页脚和页标题等。

1. 页边距

页边距是指工作表数据与打印页面边线之间的空白，可以按照以下的步骤操作。

① 在“页面布局”选项卡上单击“页边距”按钮，将列出图 1-33 所示的 3 种常用的标准设置，如果有特别需要可以选择“自定义页边距”，或者单击“页面布局”选项卡右下角的展开按钮。

② 在打开的“页面设置”对话框中的“页边距”选项卡中，分别设置上、下、左、右的边距和居中的方式，如图 1-34 所示。

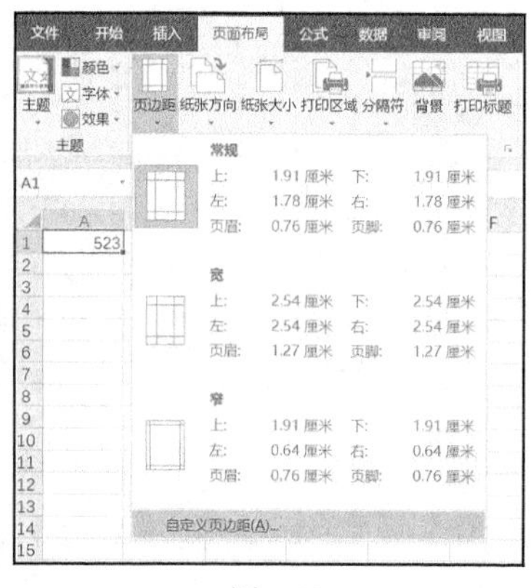

图 1-33

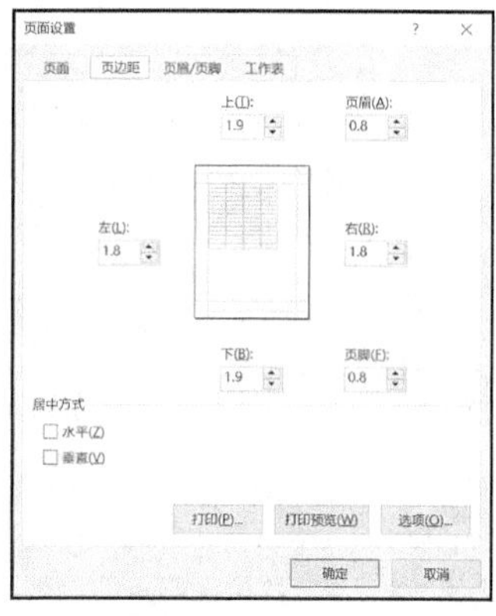

图 1-34

2. 页面

在“页面布局”选项卡的“页面设置”选项组中，单击“页面”按钮，打开的“页面”选项卡，包含了纸张方向、缩放、纸张大小等设置，如图 1-35 所示。纸张方向是指“纵向”或“横向”打印工作表。如果工作表所包含的列数较少，使用纵向打印；如果工作表所包含的列数较多，则使用横向打印。纸张大小有“A4”“B5”等选择；设置打印质量时，点数越大，打印的质量越好，但是打印耗时也越长。

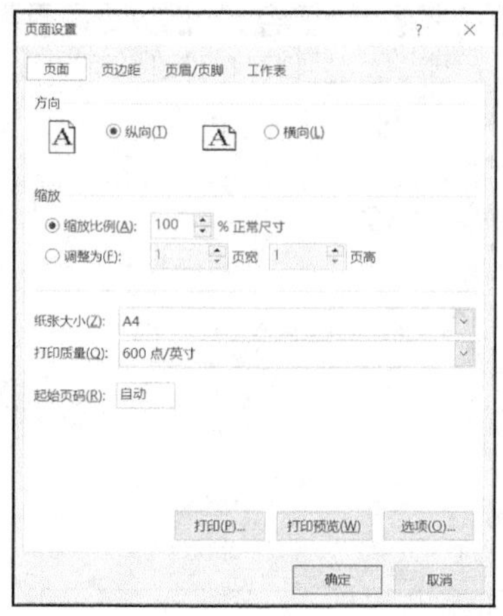

图 1-35

3. 页眉和页脚

页眉是显示在每一页顶部的信息，通常包含标题等内容；页脚是显示在每一页底部的信息，通常包括页码、打印日期等信息。如果需要设置个性化的页眉或页脚，可以按照如下步骤操作。

① 在“页面布局”对话框中单击“页眉/页脚”选项卡。

② 在“页眉/页脚”选项卡中，单击“自定义页眉”按钮，将打开“页眉”对话框，在“左部”“中部”“右部”编辑框中输入希望显示的内容即可，如图 1-36 所示。

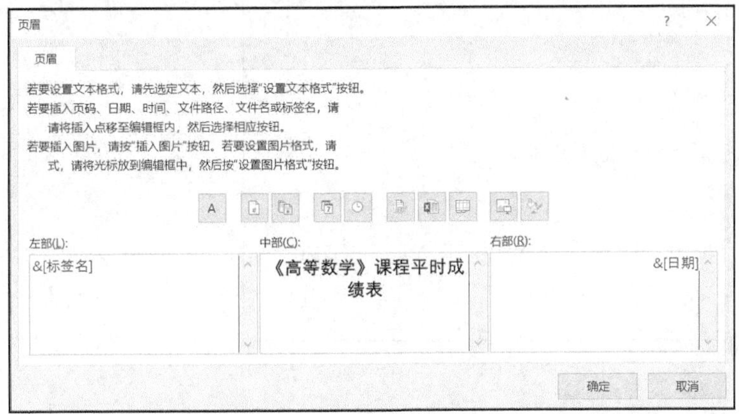

图 1-36

③ 打印预览的效果如图 1-37 所示。

高等数学成绩表　　《高等数学》课程平时成绩表　　2018/12/1

学院	班级	姓名	第1次平时成绩	第2次平时成绩	第3次平时成绩	第4次平时成绩	第5次平时成绩
经济与管理学院	财务01	陈涛					
经济与管理学院	财务01	侯明斌					
经济与管理学院	财务01	李华					
经济与管理学院	财务01	李淑子					
经济与管理学院	财务01	李媛媛					
经济与管理学院	财务01	刘丽					
经济与管理学院	财务01	刘向志					
经济与管理学院	财务01	宋洪博					
经济与管理学院	财务01	唐明卿					
经济与管理学院	财务01	王琦					
经济与管理学院	财务01	王莹莹					
经济与管理学院	财务01	张朝雁					
经济与管理学院	财务01	张函					
经济与管理学院	财务01	张虎					
经济与管理学院	财务02	冯天民					
经济与管理学院	财务02	胡涛					
经济与管理学院	财务02	李小明					
经济与管理学院	财务02	刘行					
经济与管理学院	财务02	王莹莹					
经济与管理学院	财务02	吴秀峰					
经济与管理学院	财务02	肖昌					
经济与管理学院	财务02	徐春雨					
经济与管理学院	财务02	杨连臣					
经济与管理学院	财务02	张喆					
经济与管理学院	财务02	周茜					
经济与管理学院	财务03	陈祥					
经济与管理学院	财务03	郭东斌					

1　共 4 页

图 1-37

4. 打印标题

当工作表数据较多时，打印的数据可能出现在多页打印纸中。为了方便用户查看数据，通常需要每一页都打印标题行或标题列，可以按照如下步骤操作。

① 在“页面布局”选项卡的“页面设置”选项组中，单击“打印标题”按钮。

② 打开“页面设置”对话框中的“工作表”选项卡，如图 1-38 所示。在“工作表”选项卡中可进行如下操作。

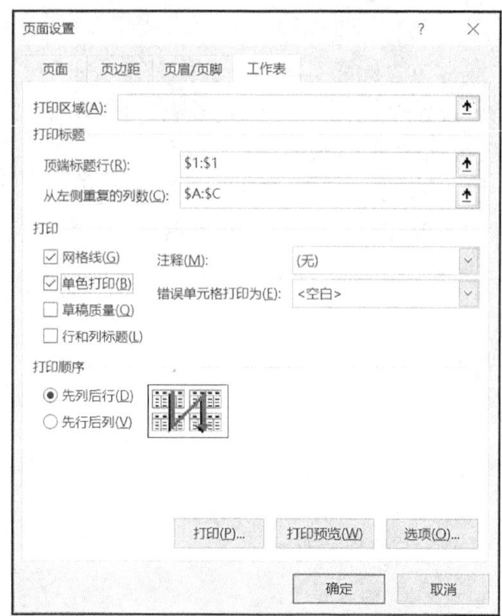

图 1-38

视频 1-5

- “顶端标题行”框：设置行引用。例如，当工作表中记录行较多，可能会打印到多张打印纸上时，设置行引用为$1:$1 后，每页都打印第一行中的标题“学院”“班级”和“姓名”等。这样可以方便用户清楚知道每列数据所代表的具体含义。
- “从左侧重复的列数”框：设置列引用。例如，当工作表的列数较多时，每列的数据可能会显示在不同打印纸中，设置列引用为$A:$C 后，每页第一列、第二列、第三列都将打印出“学院”“班级”和“姓名”。
- “网格线”复选框：选中该复选框会打印网格线，使工作表更加清晰。
- “单色打印”复选框：对于设置了填充颜色或设置了字体颜色的单元格数据，可以选中该复选框使用“单色打印”功能。
- “行和列标题”复选框：选中该复选框，打印工作表的行号和列标。
- “错误单元格打印为”组合框：可以选择“空白”，则当工作表中有错误值时不被打印出来。

当用户需要为多张工作表进行相同的页面设置时，例如，相同的页眉、页边距。可以先按住【Ctrl】键逐一选中工作表标签，然后进行相关的页面设置，这样多张工作表将具有相同的页面设置。

5. 分页符

默认状态下，系统会根据纸张的大小、页边距等在工作表中自动插入分页符。用户也可以手动添加、删除或移动分页符。操作步骤如下。

视频 1-6

① 在“视图”选项卡的“工作簿视图”选项组中，单击“分页预览”按钮，切换到“分页预览”视图。在此视图中，虚线指示 Excel 自动分页符的位置；实线表示手动分页符的位置。

② 执行下列操作之一。

- 插入水平或垂直分页符：选中一行或一列，单击鼠标右键，在弹出的快捷菜单中，选择“插入分页符”。

- 移动分页符：选中分页符将其拖曳到新的位置。自动分页符被移动后将变成手动分页符。
- 删除手动分页符：选中分页符将其拖曳到分页预览区域之外即可。
- 删除所有手动分页符：右键单击任意一单元格，在弹出的快捷菜单中，选择“重设所有分页符”。

③ 在“视图”选项卡的“工作簿视图”选项组中，单击“普通”按钮，返回普通视图状态。

还可以在“页面布局”选项卡的“页面设置”选项组中，单击“分隔符”按钮，在出现的列表中选择“插入分页符”选项。

1.4.3 打印工作表

预览打印效果后就可以将数据打印到打印纸上。打印时根据需要选择要打印的内容。

1. 设置打印区域

（1）打印部分区域

如果只需要打印工作表中的一部分数据，可以按照以下的步骤操作。

① 在工作表中选择要打印的单元格区域。

② 在“页面布局”选项卡的“页面设置”选项组中，单击“打印区域”，然后再单击“设置打印区域”，则所选定的单元格区域被设置为打印区域。

③ 单击“文件”选项卡中的“打印”。

④ 在打开的“打印内容”对话框中，右侧显示打印预览效果，如图 1-39 所示，单击“打印”按钮。

（2）向打印区域添加单元格

如果要扩大打印区域，用户可以在现有打印区域的基础上添加新的单元格区域，按照以下步骤操作。

① 在工作表上选择要添加到现有打印区域的单元格区域。

② 在“页面布局”选项卡的“页面设置”选项组中，单击“打印区域”，然后单击“添加到打印区域”。

（3）取消打印区域

① 单击要取消打印区域的工作表上的任意位置。

② 在“页面布局”选项卡的“页面设置”选项组中，单击“打印区域”中的“取消打印区域”按钮。

2. 打印工作表和工作簿

要打印工作表或整个工作簿，可以按照以下步骤操作。

① 单击要打印的工作表。

② 单击“文件”按钮，然后单击“打印”。

③ 在图 1-39 所示的页面中进行选择。

- 打印选定区域：仅打印当前选定的区域。
- 打印活动工作表：打印当前工作表内容。
- 打印整个工作簿：逐张打印工作簿中的工作表内容。
- 如果工作表已经定义了打印区域，只打印这些区域。如果需要打印所有内容，则应选中“忽略打印区域”复选框。

需要注意的是，若打印一部分数据，需要说明从第几页到第几页的范围，同时可以设置打印的份数。

如果需要将全部的数据打印在一页中，可以设置缩放打印，单击“无缩放”选项，在图 1-40 所示的选项中选择缩放的类型。

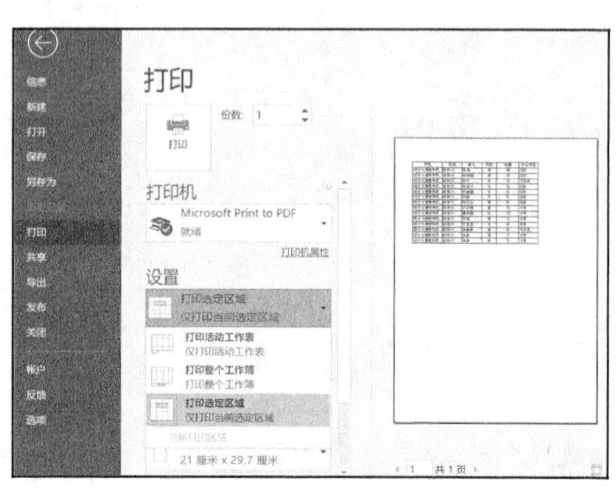

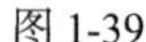

图 1-39

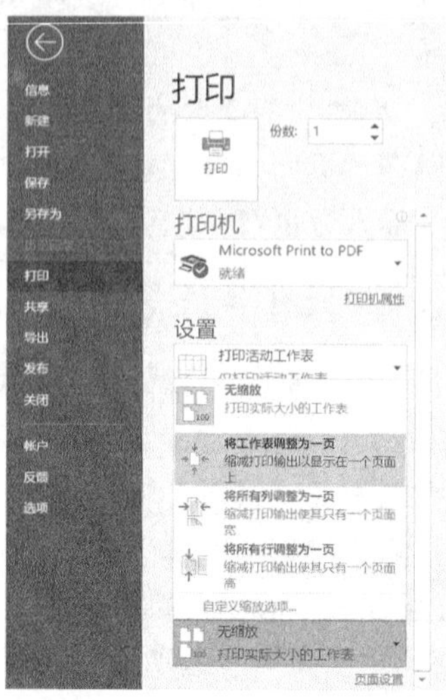

图 1-40

1.5 应用实例——学生成绩工作簿创建和打印

为了管理学生的成绩，首先要创建成绩工作簿，再打印保存。

1. 创建新工作簿

创建一个名称是“高等数学成绩”的工作簿，并为该工作簿设置密码保护。操作步骤如下。

① 创建工作簿。选择“开始｜所有程序｜Microsoft Office｜Microsoft Office Excel 2016”，选择“空白工作簿”，如图 1-41 所示。

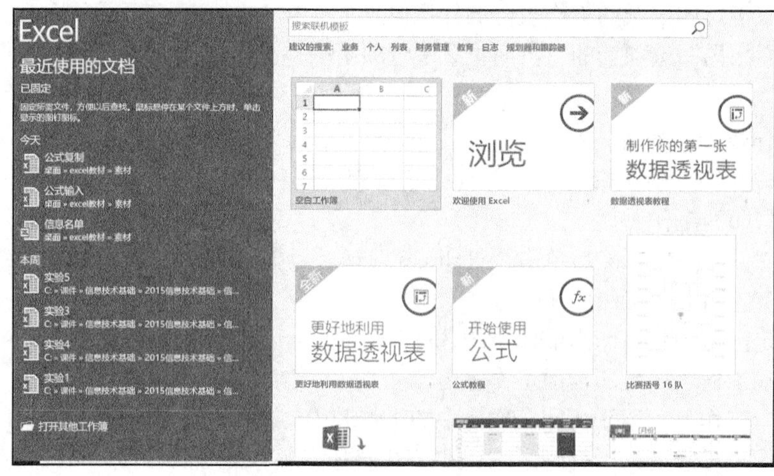

图 1-41

② 保存工作簿。单击“保存”按钮，选择“另存为”，然后单击“浏览”，在图 1-42 所示的“另存为”对话框中，输入文件名为“高等数学成绩”，保存该工作簿。

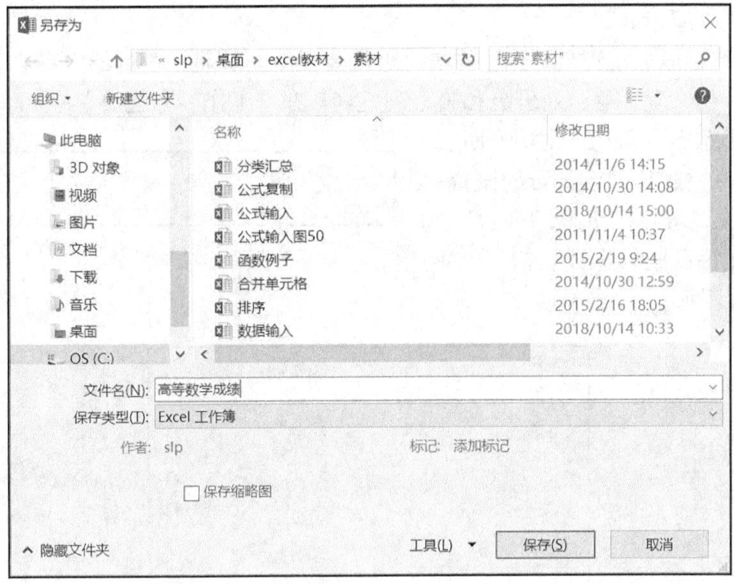

图 1-42

③ 设置密码。单击“文件”选项卡的“信息”中的“保护工作簿”下拉列表中的“用密码进行加密”选项，如图 1-43 所示。在“加密文档”对话框中输入密码，在“确认密码”对话框中再次输入相同的密码，即可完成工作簿的加密。

④ 打开工作簿。双击“高等数学成绩”工作簿文件，系统自动启动 Excel 2016，在打开的对话框中输入正确的密码后将打开工作簿文件，如图 1-44 所示。

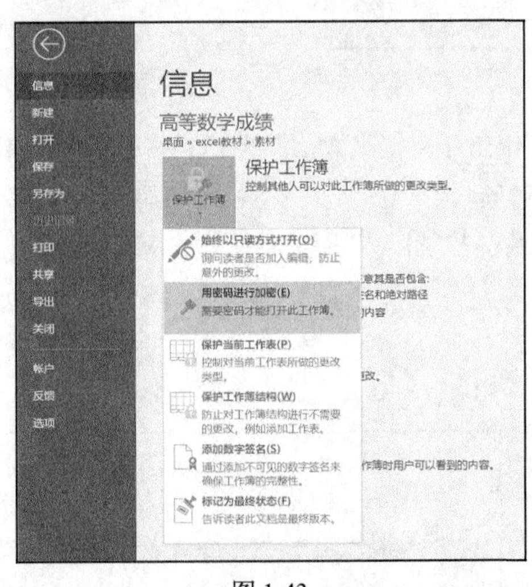

图 1-43

图 1-44

2. 打印学生的高等数学课程的平时成绩表

每页显示标题行以及前 3 列学院、班级、姓名信息；不同学院的学生打印在不同页中；需要有页眉和页码。

① 设置方向。由于平时成绩列数较多，适合采用“横向”页面。因此，在“页面”选项卡中，选择“横向”按钮。

② 设置页边距。平时成绩表中列数较多，可以减少左右边距的值。在“页边距”选项卡中将左、

右边距分别设置成 1 厘米。

③ 设置顶端行标题、左侧重复列。要求每页均要显示行标题；一行的内容会分成两页打印，需要在每页显示第一列学院、第二列班级和第三列姓名。在“工作表”选项卡中，单击“顶端标题行”右侧的按钮，单击第一行，如图 1-45 所示，然后单击按钮，完成顶端标题行的设置；采用类似操作完成“从左侧重复的列数”选择 A～C 这 3 列在每页显示输出，并打印“网格线”，如图 1-46 所示。

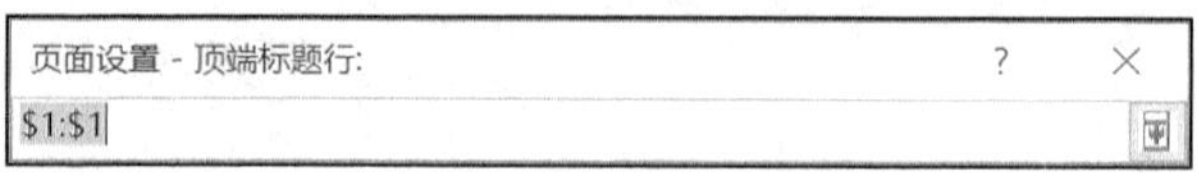

图 1-45

图 1-46

④ 设置页眉/页脚。在“页眉/页脚”选项卡中，单击“自定义页眉”按钮，将打开图 1-47 所示的对话框，在“左部”中插入数据表名称（即工作表名称）、“中部”输入文字信息并设置字体和字号、“右部”插入日期。页脚采用下拉列表中“第 1 页，共?页”的选项，如图 1-48 所示。

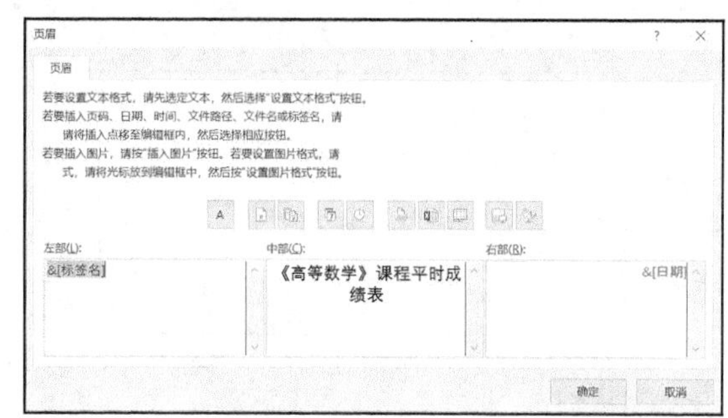

图 1-47

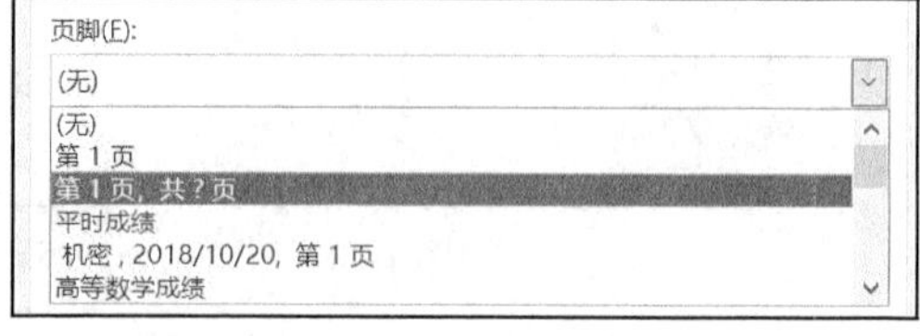

图 1-48

⑤ 插入分页符。如果将不同的班级学生打印在不同页中，则必须在合适处插入分页符。在“视图”选项卡的“工作簿视图”选项组中，单击“分页预览”按钮，显示图 1-49 所示的分页预览效果。可以看出在第 1 页中会出现两个学院的学生，需要插入分页符。用鼠标单击“计算机学院”的第一个学生的行号，然后单击鼠标右键，在弹出的快捷菜单中选择“插入分页符”，此时的分页预览的效果如图 1-50 所示。

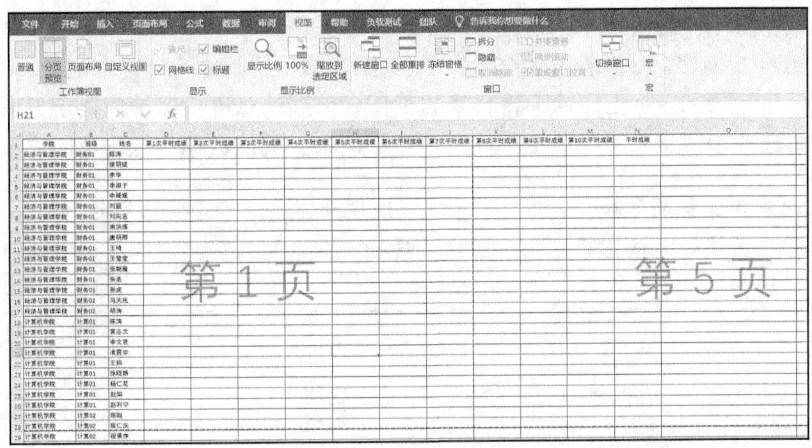

图 1-49

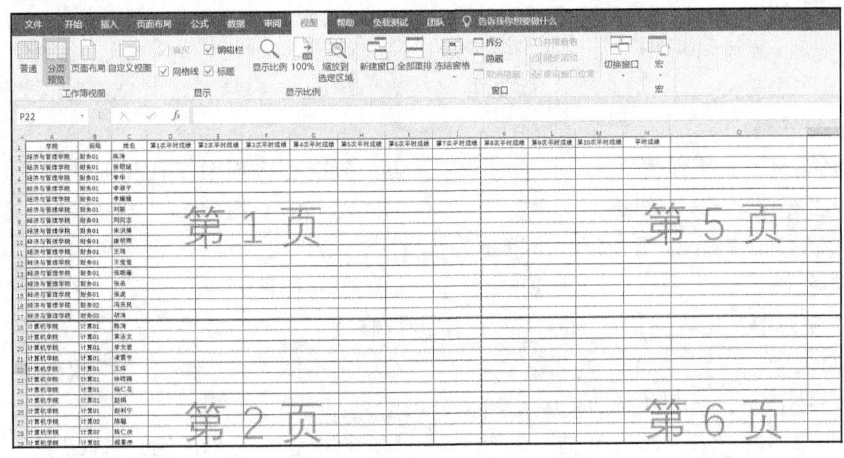

图 1-50

如果在错误的位置插入了分页符，可以单击分页符的蓝线，将分页符拖曳到合适的位置；或者将分页符拖曳到打印区域之外，即直接删除了分页符。

课堂实验

一、实验目的

1. 掌握创建、打开、保存和关闭 Excel 工作簿的操作方法。
2. 掌握插入、移动或复制、删除工作表的操作方法。

二、实验内容

在电子资源“Excel 实验素材”文件夹中打开“实验 1.xlsx”文件，并按下列要求完成操作。

（1）将工作表“Sheet1”复制到“Sheet3”之后，并将新工作表命名为“销售记录”。

（2）在“Sheet3”之后插入一个新工作表，命名为“Sheet4”。

（3）为每个工作表标签设计不同的标签颜色，颜色自定，使工作表标签更加醒目。

（4）新建一个空工作簿，以"销售记录.xlsx"为名保存。

（5）将"实验 1.xlsx"工作簿中的"Sheet1"工作表移动到新建的"销售记录.xlsx"工作簿中。

（6）在"销售记录.xlsx"工作簿中将移来的工作表数据信息进行保护。要求只有掌握密码权限的使用者才能修改"销售量"和"单价"这两项数据信息，其他数据信息均不能修改。

提示

选中要保护的区域，再单击"审阅"选项卡"更改"选项组中的"允许用户编辑区域"按钮，在出现的对话框中单击"新建"按钮，然后输入区域密码，确定后再单击"保护工作表"按钮。

习　　题

一、单项选择题

1. ______是 Excel 环境中存储和处理数据的最基本文件。

   A. 工作表文件　B. 工作簿文件　C. 图表文件　D. 表格文件

2. Excel 工作簿中______。

   A. 只能有 1 张工作表　B. 只能有 1 张工作表和 1 张图表

   C. 可以包括多张工作表　D. 只能有 3 张工作表，即 Sheet1、Sheet2、Sheet3

3. 工作表的列、行坐标所指定的位置称为______。

   A. 工作簿　B. 工作表　C. 单元格地址　D. 区域

4. Excel 窗口中，单元格内容可在______中进行修改。

   A. 编辑栏　B. 内容框　C. 文本框　D. 数据框

5. 在 Excel 中，页面设置对话框中有四个选项卡是______。

   A. 页面、页边距、页眉/页脚、打印　B. 页边距、页眉/页脚、打印、工作表

   C. 页面、页边距、页眉/页脚、打印预览　D. 页面、页边距、页眉/页脚、工作表

二、判断题

1. 在 Excel 中，可同时打开多个工作簿。
2. 同一工作簿中工作表不能重名。
3. 打印时的分页符是固定的，不能修改也不能删除。
4. Excel 中的工作簿是工作表的集合。
5. 每个 Excel 工作簿最多有 3 张工作表。

三、简答题

1. 简述 Excel 的主要功能，举例说明工作生活中使用 Excel 的示例。
2. 简述 Excel 中文件、工作簿、工作表、单元格之间的关系。

第 2 章 工作表输入与编辑

Excel 的数据要输入到工作表的单元格中进行存储，输入单元格的数据主要类型包括：数值、文本、日期时间等。

2.1 数据输入

数据输入是一项经常使用的基本功能，用户掌握数据输入的方法和技巧，可以保证数据的正确性并能提高工作效率。

2.1.1 手动输入数据

输入数据有 3 种形式，即常量、公式和函数。

其中，常量可以直接输入；公式和函数必须先输入“=”号。单元格中的数据类型主要为数值型、文本型和日期时间型。

1. 输入数值

数值除了数字（0~9）组成的数字串外，还包括正号（+）、负号（-）、百分号（%）、货币符号（￥、$）、小数点（.）、千位分隔符号（,）及科学记数符号（E、e）等。默认的情况下，输入的数值自动以右对齐方式显示。

输入数值可以按照如下步骤操作。

① 单击要输入数值的单元格。

② 在该单元格中输入数值。当输入正数时，数字前面的正号“+”可以省略；当输入负数时，应该在数字前面添加负号“-”。

输入一些特殊数值的说明如下。

（1）输入分数。在整数和分数之间应有一个空格。例如，“12 3/4”；当分数小于 1 时，为了避免将输入的分数视为日期，可以在分数前面添加“0”和空格。例如，输入“0 1/3”，如果输入“1/3”，则显示为“1 月 3 日”。

（2）使用科学记数法。如果输入很大或很小的数值时，将以科学记数法显示。例如，输入 1234567890，显示为 1.23E+9。引用单元格内容计算时将以输入数值为准，而不以显示数值为准。

（3）使用千位分隔符。在数字间可以加入逗号作为千位分隔符。但是，如果加入的位置不符合千位分隔符的要求，系统将自动按照文本处理。

（4）超宽度数值的处理。当输入一个较长的数字时，如果显示“#####”，则表示该单元格列宽不够，不足以容纳整个数值，此时增加列宽即可正确显示。

（5）超长数字处理。数字的最大精度是 15 位有效数字，如果整数超过 15 位时，系统会自动将 15 位之后的数字变成 0，例如，输入 123456789123456789，单元格中的值是 123456789123456000；如果小数超过 15 位时，系统会自动将 15 位之后的舍去。例如，输入 0.123456789123456789，单元格中的值是 0.123456789123456。

2. 输入文本

Excel 文本包括汉字、英文字母、空格、符号等，此外不需要进行计算的数字也可以作为文本来处理，如身份证号、手机号码等。文本不能用于数值计算，但可以比较大小。

输入文本可以按照如下步骤操作。

① 单击要输入文本的单元格。

② 输入文本内容，输入的内容会显示在编辑栏中。

默认的情况下，输入的文本自动以左对齐方式显示。

（1）数字作为文本处理

在默认情况下，如果在单元格中输入数字，将会被识别为数值，以零开头的数字中的“0”将丢失，并采用右对齐的显示方式。可以使用 3 种方法将数字作为文本表示。

方法一：先输入一个单撇号“'”，然后输入数字。例如，电话号码“01061880202”可以输入为“'01061880202”。

方法二：先输入一个等号，再在数字的前后加上双引号。例如，“="01061880202"”。

方法三：在“开始”选项卡的“数字”选项组中，单击“常规”下箭头，在下拉选项中选择“文本”，此时单元格中输入的数字将按照文本处理。

分别按照数值与文本的不同方式输入“01061880202”，数值是右对齐，第 1 位的 0 丢失；文本是左对齐，如图 2-1 所示。

视频 2-1

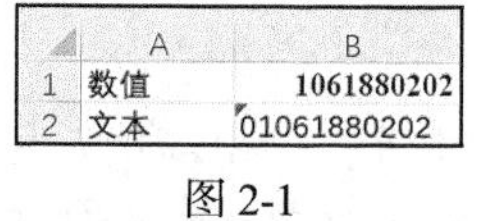

	A	B
1	数值	1061880202
2	文本	01061880202

图 2-1

（2）长文本的显示

当输入的文本长度超过单元格宽度时，系统会按照以下两种情况分别进行处理。

① 如果该单元格右边单元格无内容，则该单元格显示的内容扩展到右侧单元格，如图 2-2 所示。

	A	B	C	D	E	F	G
1	班级	姓名	性别	备注			
2	财务01	陈涛	男	2018年获得国家级奖学金；担任系学生会主席；参加两项大学生创新活动。			
3	财务01	侯明斌	男				
4	财务01	李华	女				
5	财务01	李淑子	女				

图 2-2

② 如果右边单元格有内容，则该单元格中显示出一部分文本的内容，其余的文本被隐藏，但是文本的内容依然存在于单元格中，如图 2-3 所示。

	A	B	C	D	E	F
1	班级	姓名	性别	备注	籍贯	
2	财务01	陈涛	男	2018年获得国家	河北省 保定市	
3	财务01	侯明斌	男			
4	财务01	李华	女			
5	财务01	李淑子	女			

图 2-3

（3）文本自动换行

选中长文本的单元格，单击“开始”选项卡的“对齐方式”选项组中的“自动换行”按钮即可完成自动换行，将文本内容全部显示出来，如图 2-4 所示。

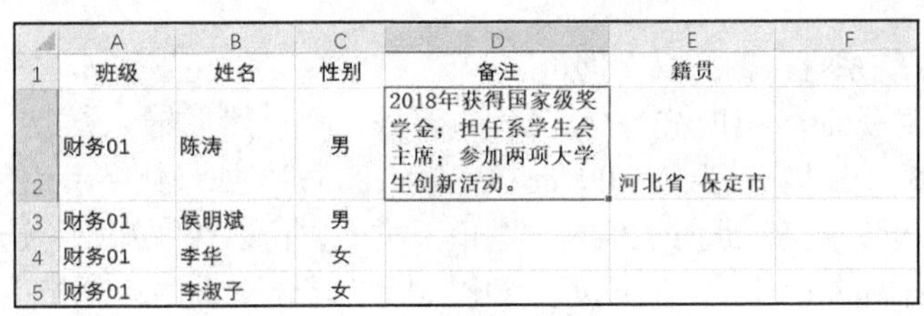

	A	B	C	D	E	F
1	班级	姓名	性别	备注	籍贯	
2	财务01	陈涛	男	2018年获得国家级奖学金；担任系学生会主席；参加两项大学生创新活动。	河北省 保定市	
3	财务01	侯明斌	男			
4	财务01	李华	女			
5	财务01	李淑子	女			

图 2-4

（4）文本强制换行

文本自动换行中每行的字符数会自适应列宽，如果用户需要按照文本内容控制换行的位置，则需要选中长文本的单元格后，将鼠标指针定位到文本中需要强制换行的位置，按下【Alt+Enter】组合键插入换行符来实现定点换行。

例如，在图 2-4 的 D2 单元格的两个分号之后，分别按下【Alt+Enter】组合键，将得到文本强制换行效果，如图 2-5 所示。

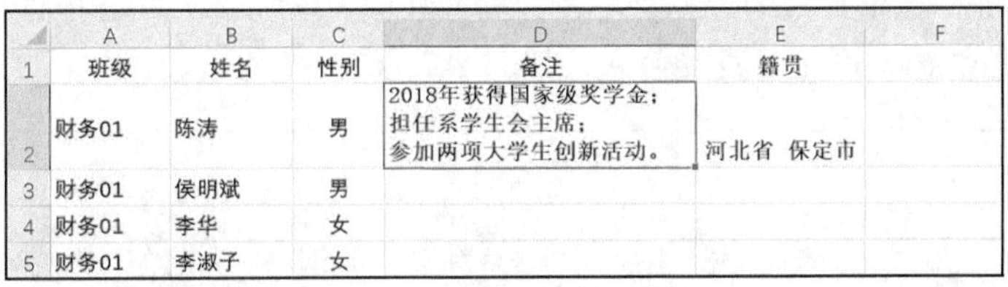

	A	B	C	D	E	F
1	班级	姓名	性别	备注	籍贯	
2	财务01	陈涛	男	2018年获得国家级奖学金； 担任系学生会主席； 参加两项大学生创新活动。	河北省 保定市	
3	财务01	侯明斌	男			
4	财务01	李华	女			
5	财务01	李淑子	女			

图 2-5

3. 输入日期和时间

Excel 内置了一些日期和时间的格式，当单元格输入的数据与这些格式相匹配时，将按照日期或时间数据自动识别。输入日期和时间可以按照以下步骤操作。

① 单击要输入日期时间的单元格。

② 按下列方法输入日期和时间。

- 对于日期，使用斜线“/”或连字符“-”分隔日期的各部分。例如，输入“2018/10/1”或“2018-10-1”。若要输入当前日期，可按下组合键【Ctrl+;】。
- 对于时间，使用冒号“:”分隔时间的各部分。例如，输入“10:08:50”。若要输入当前时间，可按下组合键【Ctrl+Shift+:】。

③ 若在一个单元格中同时输入日期和时间，可以使用空格来分隔。例如，输入“2018/10/1 10:08:50”。

④ 若需要动态更新日期和时间，可以使用 TODAY()函数或 NOW()函数，输入格式为“= TODAY()”或“= NOW()”。

默认的输入时间为 24 小时的时钟系统，如果需要采用 12 小时制，则需要在输入的时间后面输入一个空格后再输入“AM”或“PM”。

无论是日期还是时间数据，当输入的数据值不符合格式时，单元格中的数据将被视为文本处理。

【例 2-1】输入一个学生的基本信息，主要包括：学号、姓名、身份证号码、性别、出生日期、院系、入学总分等。

① 确定数据类型：学号、姓名、身份证号码、性别、院系均为“文本”型。

其中：

- 姓名、性别、院系直接输入汉字即可。
- 输入学号、身份证号码时先输入一个单撇号“′”，然后输入数字。例如，身份证号码“100188199801018866”可以输入为“′100188199801018866”。如果数字串比较短，例如，学号为 4 位时，也可以直接输入数字值，此时该值是“数值”类型，可以在“开始”选项卡的“数字”选项组中，单击“常规”右侧的下箭头，在下拉选项中选择“文本”，此时单元格中输入的数字将按照文本处理；对于身份证号码这样数字串比较长的情况则不能先输入为数值，因为系统会将其表示为科学记数法的形式，输入效果比较如图 2-6 所示。

	A	B	C	D	E	F	G	H
1	学号	姓名	身份证号	性别	出生日期	院系	班级	入学总分
2	1101		100188199801018866	男	1998/1/1			
3			1.00188E+17					
4								

图 2-6

② 入学总分，是“数值”型的数据，可直接输入数值，系统默认采用右对齐的方式。出生日期是“日期时间”型的数据，也可以直接输入，如图 2-7 所示。

F2   fx 计算机工程学院

	A	B	C	D	E	F	G	H
1	学号	姓名	身份证号	性别	出生日期	院系	入学总分	
2	1101	李明	100188199801018866	男	1998/1/1	计算机工	610	
3								
4								

图 2-7

③ F2 单元格中的汉字“计算机工程学院”没有全部显示的原因是 F 列宽度不够，此时可以加大列宽；也可以单击“开始”选项卡中的“对齐方式”选项组中的“自动换行”按钮，其内容将分在两行显示，如图 2-8 所示。

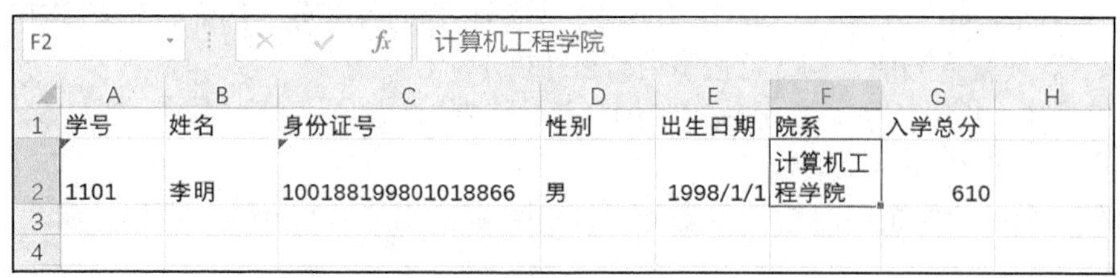

F2   fx 计算机工程学院

	A	B	C	D	E	F	G	H
1	学号	姓名	身份证号	性别	出生日期	院系	入学总分	
2	1101	李明	100188199801018866	男	1998/1/1	计算机工 程学院	610	
3								
4								

图 2-8

2.1.2 自动填充数据

1. 使用填充柄

填充柄是位于选定区域右下角的小黑方块。将鼠标指针指向填充柄时，鼠标的指针变成为黑十字形状。具体操作步骤如下。

① 选定需要复制的单元格或单元格区域。

② 按住鼠标左键拖曳填充柄经过需要填充数据的单元格，然后释放鼠标左键，出现“自动填充选项” 按钮。

③ 单击“自动填充选项”按钮，对填充的内容进行修正，填充效果如图 2-9 所示。

	A	B	C	D
1	1	1	1	复制单元格
2	1	2	3	填充序列
3	*1*			仅填充格式
4	*1*	1	1	不带格式填充

图 2-9

- 复制单元格：实现数据和格式的复制。
- 填充序列：实现数据按照序列的自动填充。
- 仅填充格式：只填充格式而不填充数据。
- 不带格式填充：只填充数据而不填充格式。

2. 自动填充选项

视频 2-2

“自动填充选项”会随着填充的数据类型不同而变化。

例如，在 A2 单元格中输入“2018/3/1”，然后按下鼠标左键拖曳填充柄至 H2 单元格，将自动按照日期进行填充，如果按下“自动填充选项” 按钮，将显示出不同的日期填充选项，如图 2-10（a）所示。如果分别选择“填充工作日”“以月填充”“以年填充”，将得到不同的填充结果，如图 2-10（b）所示。

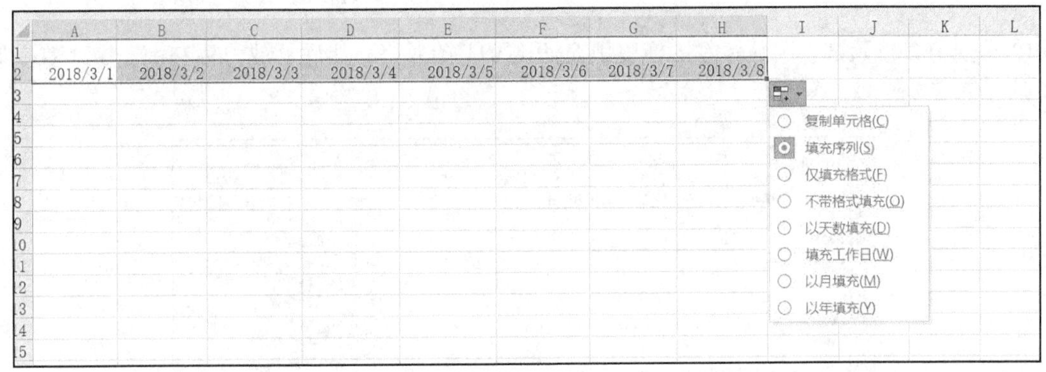

（a）自动填充选项

	A	B	C	D	E	F	G	H	I
1									
2	2018/3/1	2018/3/2	2018/3/5	2018/3/6	2018/3/7	2018/3/8	2018/3/9	2018/3/12	填充工作日
3	2018/3/1	2018/4/1	2018/5/1	2018/6/1	2018/7/1	2018/8/1	2018/9/1	2018/10/1	以月填充
4	2018/3/1	2019/3/1	2020/3/1	2021/3/1	2022/3/1	2023/3/1	2024/3/1	2025/3/1	以年填充
5									

（b）不同的填充结果

图 2-10

3. 产生填充序列

创建等差或等比序列的数据，操作步骤如下。

① 在待填充区域的第一个单元格中输入序列的初值。

② 选定包含序列初始区域的单元格区域。

③ 在“开始”选项卡的“编辑”选项组中，单击填充图标，在出现的列表中选择“系列”。

④ 在打开的“序列”对话框中，选择“序列产生在”行或列、序列的类型、步长值和终止值。如图 2-11 所示，A1 单元格的值为 3，采用“等比序列”类型，步长值为 5，单击“确定”按钮后产生的序列为：3、15、75、375、1875、9375。

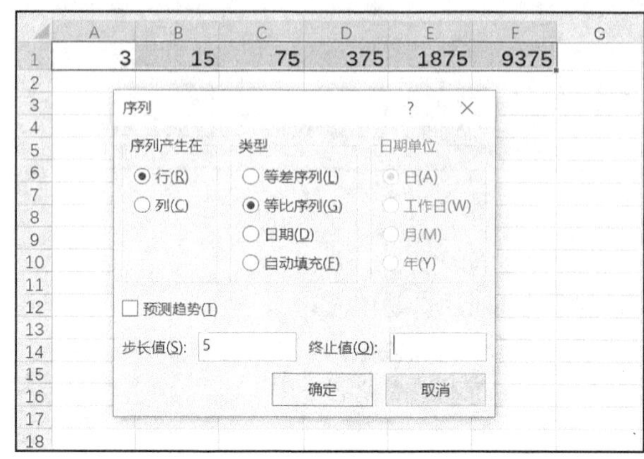

图 2-11

【例 2-2】第一个学生的信息已经输入，要求自动填充 10 个学生的“学号”（学号是连续编号的），并将院系均填充为“计算机工程学院”。

① 选定 A2 单元格。用鼠标左键拖曳填充柄至 A11 单元格，然后释放鼠标左键。如果“学号”均为“1101”，则单击“自动填充选项”按钮，选择“填充序列”选项来实现数据按照序列的自动填充。

② 选定 F2 单元格。用鼠标左键拖曳填充柄至 F11 单元格，然后释放鼠标左键。填充效果如图 2-12 所示。

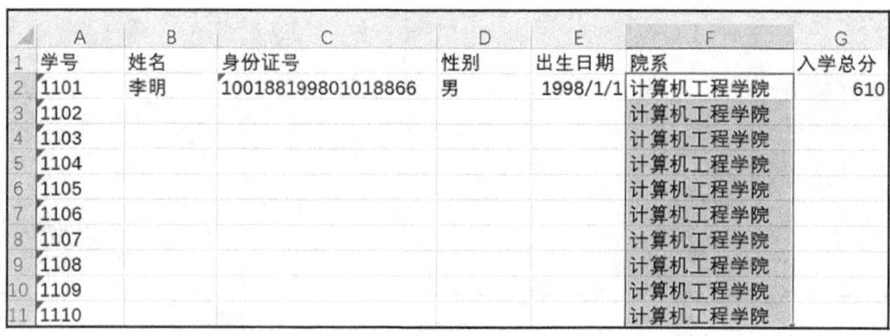

	A	B	C	D	E	F	G
1	学号	姓名	身份证号	性别	出生日期	院系	入学总分
2	1101	李明	100188199801018866	男	1998/1/1	计算机工程学院	610
3	1102					计算机工程学院	
4	1103					计算机工程学院	
5	1104					计算机工程学院	
6	1105					计算机工程学院	
7	1106					计算机工程学院	
8	1107					计算机工程学院	
9	1108					计算机工程学院	
10	1109					计算机工程学院	
11	1110					计算机工程学院	

图 2-12

2.2 数据编辑

用户输入数据后，可以对单元格的数据进行修改、插入、删除、复制等操作。

2.2.1 单元格与数据区的引用和选取

引用是单元格和数据区最常用的标识方法。

1. 单元格引用

使用单元格的列字母和行数字即可实现单元格的引用。例如，C12 引用了 C 列和 12 行交叉位置上的单元格。

2. 单元格区域的引用

引用单元格区域时，使用该区域左上角单元格的引用，加上冒号“:”，再加上该区域右下角单元格引用。例如，B4:D8 引用了从左上角单元格 B4 到右下角单元格 D8 的一个矩形区域中的多个单元格。

单元格选取是常用操作，包括单个单元格选取、多个连续单元格选取或不连续单元格选取。

1. 单个单元格的选取

单击某个单元格，使该单元格成为活动单元格。除了用鼠标和键盘外，用户还可以在名称框中输入单元格地址来选取单元格。

2. 整行和整列的选取

- 单击某一行的行标签可以选中整行。单击某一行的行标签，按住鼠标左键向上或向下拖曳可以选中多行区域。
- 单击某一列的列标签可以选中整列。单击某一列的列标签，按住鼠标左键向左或向右拖曳可以选中多列区域。

3. 多个连续单元格的选取

常用的方法有以下几种。

方法一：拖曳鼠标可选取多个连续的单元格。

方法二：用鼠标单击要选取区域的左上角单元格，在区域的右下角按住【Shift】键再次单击鼠标，则矩形区域被选取。

4. 多个不连续单元格的选取

用户可以先选取一个单元格或多个单元格区域，再按住【Ctrl】键，分别选择多个不连续的单元格或单元格区域即可。

5. 全部单元格的选取

单击工作表左上角的“全选”按钮，或者同时按下【Ctrl+A】组合键，可以选中整个工作表区域。

2.2.2 单元格与数据区的移动和复制

单元格或数据区中的内容可以在当前工作表内、不同的工作表之间、不同的工作簿之间进行移动或复制。

1. 当前工作表内的移动或复制

① 选定要移动或复制的单元格或数据区。

② 将鼠标指针指向选定对象的边框，鼠标指针呈现 4 个方向箭头形状。

③ 按住鼠标左键，将选定对象拖曳到目的单元格即可实现移动操作；如果在拖曳时，同时按住【Ctrl】键则是复制操作。

2. 不同的工作表之间、不同的工作簿之间的移动或复制

① 选定要移动或复制的单元格或数据区。

② 在“开始”选项卡的“剪贴板”选项组中，若移动，则单击“剪切”按钮；若复制，则单击“复制”按钮。

③ 选定目的单元格或数据区，若要将所选单元格移动或复制到其他工作表或工作簿中，可单击另一个工作表标签或切换至另一个工作簿。然后单击“粘贴”按钮即可完成移动或复制操作。“粘贴”按钮分为上下两个区域，如图 2-13 所示。若单击上方图片区域，则粘贴全部内容和格式；若单击下

方文字区域，则出现图 2-14 所示的列表，若选择“选择性粘贴”，将打开图 2-15 所示的“选择性粘贴”对话框，按如下选项进行设置。

- “粘贴”栏：全部、公式、数值、格式等。
- “运算”栏：如果将复制区域的内容与目的内容进行数学运算，可以指定运算符。例如，加、减、乘、除。
- “跳过空单元”复选框：可以避免在目标区域中出现空单元格。
- “转置”复选框：将行和列相互交换。

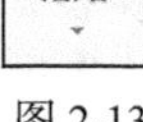

图 2-13

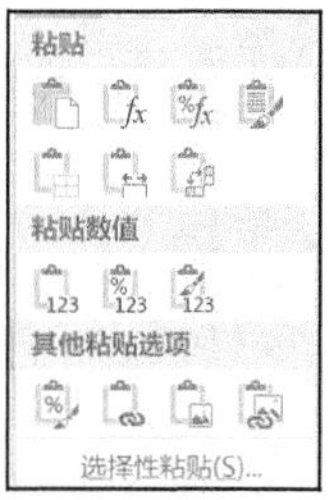

图 2-14

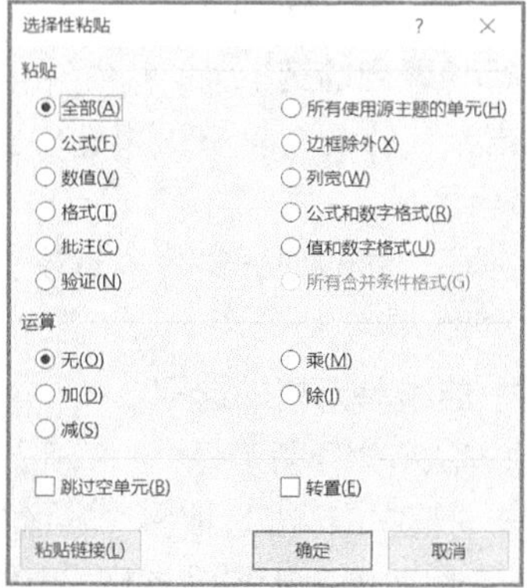

图 2-15

2.2.3 单元格与数据区的清除和删除

单元格及数据区的清除和删除是两个不同的操作。

1. 单元格与数据区的删除

删除单元格、行、列或区域是指从工作表中移除这些单元格、行、列或区域，并用周围的单元格来填充删除后的空缺。常用的删除方法有两种。

方法一：

① 选定需要删除的单元格或区域。

② 右键单击要删除的对象，选择快捷菜单中的“删除”选项，打开“删除”对话框。

③ 在“删除”对话框中，选择删除后填补空缺单元格的移动方向，然后单击“确定”按钮，所选单元格或区域将被删除，如图 2-16 所示。

方式二：

① 选定需要删除的单元格或区域。

② 在“开始”选项卡“单元格”选项组中，单击“删除”按钮旁的下拉箭头按钮，则出现下拉列表，选择删除单元格、工作表行、工作表列或工作表，如图 2-17 所示；如果单击“删除”按钮，则直接删除，不出现下拉列表。

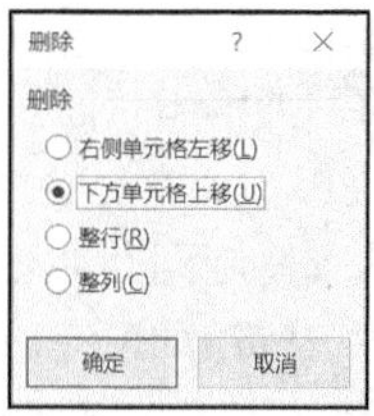

图 2-16

图 2-17

2. 单元格与数据区的清除

清除单元格或数据区是指清除单元格或数据区中的数据、公式、格式、批注或全部内容。清除后的单元格还保留在工作表中。常用清除方法有两种。

方法一：

① 选定需要清除的单元格或区域。

② 单击鼠标右键，选择快捷菜单中的“清除内容”选项；或直接按【Delete】键。这两种操作效果一样，都是只删除内容，不删除格式。

方法二：

① 选定需要清除的单元格或区域。

② 在“开始”选项卡的“编辑”选项组中，单击“清除”按钮，其下拉列表中包括以下的选项。

- 全部清除：内容、格式等一起全部删除。
- 清除格式：只删除格式，不删除内容。
- 清除内容：只删除内容，不删除格式。
- 清除批注：只删除批注，不删除格式及内容。

2.2.4 插入行、列或单元格

插入行、列或单元格的操作步骤如下。

① 选取要插入新行、列或空白单元格的位置，选取的数量应与需要插入的数量相同。

- 如果要插入 5 个空白单元格，则选取 5 个单元格。
- 如果要插入 5 行（或列），则选取 5 行（或列）。
- 如果要插入的行、列或单元格是不连续的，则可以按住【Ctrl】键，分别选择行、列或单元格。

② 在“开始”选项卡的“单元格”选项组中，单击“插入”按钮旁的下拉箭头按钮，如图 2-18（a）所示。然后，选择“插入单元格”“插入工作表行”或“插入工作表列”，如果选择“插入单元格”，则打开图 2-18（b）所示的“插入”对话框。还可以右键单击所选的单元格，然后单击快捷菜单上的“插入”，也可以打开“插入”对话框。

③ 在“插入”对话框中，可选择要移动周围单元格的方向。在工作表中插入单元格后，受插入影响的单元格中所有引用都会相应地自动做出调整。

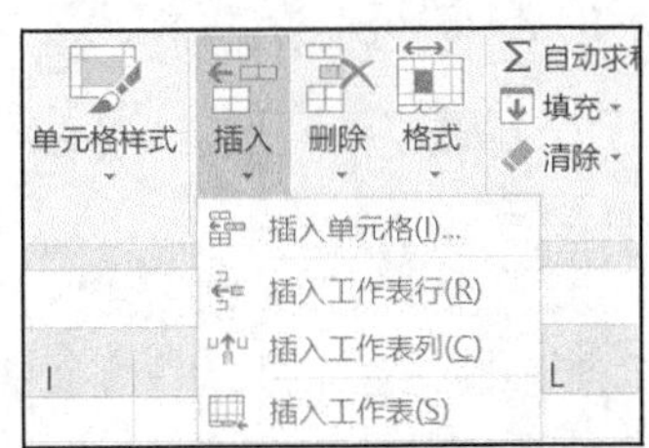

（a）“插入”下拉列表

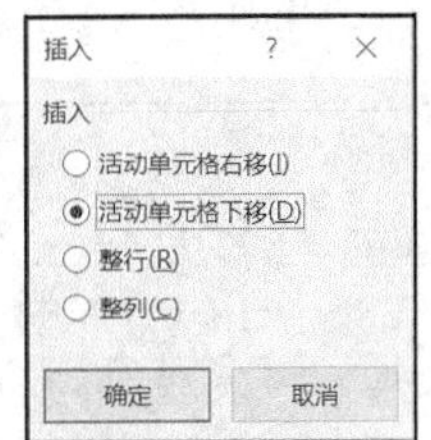

（b）“插入”对话框

图 2-18

提示

Excel 中行和列的数目都有最大限制，当执行插入行或列的操作时，系统本身的行、列并没有增加，系统是将位于工作表最后的空行或空列移除。如果最后一行或最后一列不为空，则不能执行插入行或列的操作。

【例 2-3】在“学生表”的“院系”列后插入一列“班级”；删除最后一行记录。

① 选中 G 列（入学总分）。

② 在“开始”选项卡的“单元格”选项组中，单击“插入”按钮旁的下拉箭头按钮，然后选择“插入工作表列”；或者右键单击所选的 G 列，然后单击快捷菜单上的“插入”，也可以打开“插入”对话框。

③ 插入列后，在 G1 单元格输入“班级”，效果如图 2-19 所示。

	A	B	C	D	E	F	G	H	I
1	学号	姓名	身份证号	性别	出生日期	院系	班级	入学总分	
2	1101	李明	100188199801018866	男	1998/1/1	计算机工程学院		610	
3	1102					计算机工程学院			
4	1103					计算机工程学院			
5	1104					计算机工程学院			
6	1105					计算机工程学院			
7	1106					计算机工程学院			
8	1107					计算机工程学院			
9	1108					计算机工程学院			
10	1109					计算机工程学院			
11	1110					计算机工程学院			
12									

图 2-19

④ 选中第 11 行后单击鼠标右键，选择快捷菜单中的“删除”选项，打开“删除”对话框，删除后结果如图 2-20 所示；或者在“开始”选项卡“单元格”选项组中，单击“删除”按钮即可。

	A	B	C	D	E	F	G	H	I
1	学号	姓名	身份证号	性别	出生日期	院系	班级	入学总分	
2	1101	李明	100188199801018866	男	1998/1/1	计算机工程学院		610	
3	1102					计算机工程学院			
4	1103					计算机工程学院			
5	1104					计算机工程学院			
6	1105					计算机工程学院			
7	1106					计算机工程学院			
8	1107					计算机工程学院			
9	1108					计算机工程学院			
10	1109					计算机工程学院			
11									
12									

图 2-20

2.2.5 删除空行

某些工作表中可能包含多个空行，逐一删除较为耗时，还可能会遗漏某些空行。将工作表中的空行进行批量删除的具体操作步骤如下。

① 选中包含空行的单元格区域，如图 2-21 所示的 A1:F10。

	A	B	C	D	E	F
1	学院	班级	姓名	性别	成绩	评定等级
2	经济与管理学院	财务01	陈涛	男	88	良好
3						
4						
5	经济与管理学院	财务01	侯明斌	男	84	良好
6						
7						
8						
9	经济与管理学院	财务01	李华	女	49	不及格
10	经济与管理学院	财务01	李淑子	女	98	优秀

图 2-21

视频 2-3

② 在“开始”选项卡的“编辑”选项组中，单击“查找和选择”按钮，在下拉选项中选择“定位条件”。

③ 在打开的“定位条件”对话框中选择“空值”单选按钮，如图 2-22 所示。单击“确定”按钮后，选中了数据区中的全部空白单元格。

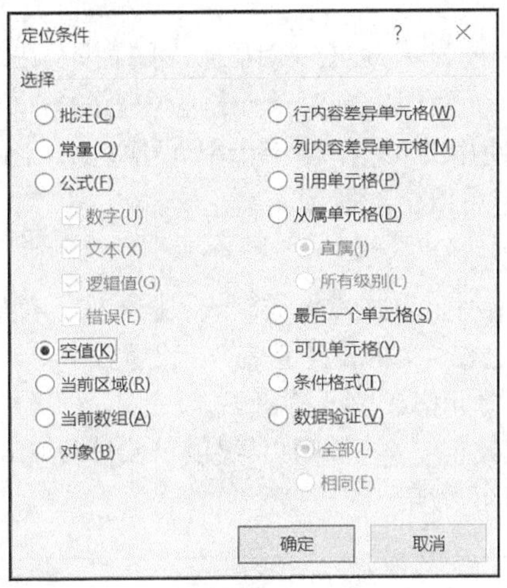

图 2-22

④ 单击鼠标右键，在弹出的快捷菜单中选择“删除”，将会打开“删除”对话框，选择“整行”。执行后的效果如图 2-23 所示，所有包含空值的行全部被删除了。

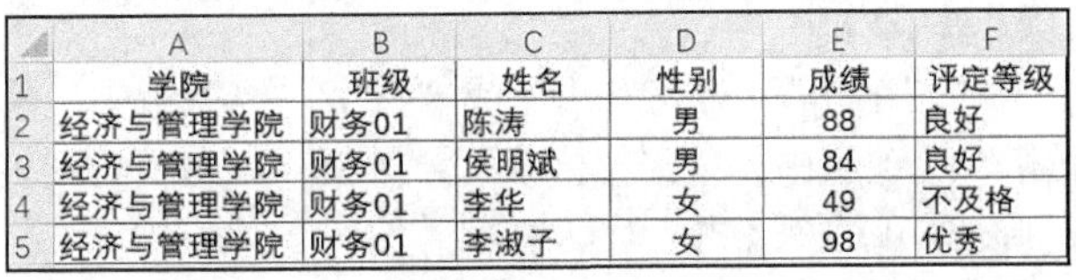

	A	B	C	D	E	F
1	学院	班级	姓名	性别	成绩	评定等级
2	经济与管理学院	财务01	陈涛	男	88	良好
3	经济与管理学院	财务01	侯明斌	男	84	良好
4	经济与管理学院	财务01	李华	女	49	不及格
5	经济与管理学院	财务01	李淑子	女	98	优秀

图 2-23

2.3　数据格式化

在工作表输入数据后，用户还需要对工作表中的数据进行必要的美化。Excel 中有丰富的格式化方法，用户可以利用这些格式化方法美化工作表数据，达到易于识别和阅读的目的。

2.3.1　设置单元格格式

用户在工作表中输入数据后，需要对单元格的格式进行设置，可通过“开始”选项卡实现，如图 2-24 所示。

图 2-24

1. 设置单元格字体

用户可以使用“开始”选项卡的“字体”选项组中设置单元格的字体。

2. 设置单元格对齐方式

单元格对齐是常用的编辑操作，单元格对齐可以使数据更加美观。单元格对齐主要包括：水平对齐和垂直对齐。

方向是指单元格中内容的排列显示方向，默认为水平横排。在“开始”选项卡中的“对齐方式”选项组中，单击“方向”按钮，可以实现对单元格中内容的方向设置。

“自动换行” 是经常使用的功能，当某个单元格中文字内容过多时，内容不能完全显示出来，设置“自动换行”后，内容可以全部显示。

3. 设置单元格中数字格式

单元格的数字格式是指单元格中存放的数据类型或数据样式，有常规、数值、货币、会计专用、日期、时间、百分比、分数、科学记数、文本和自定义等。设置数字单元格格式，可以按照以下步骤操作。

① 选择要设置数字类型的单元格或单元格区域。

② 在“开始”选项卡的“数字”选项组中，提供了快捷设置单元格数字格式的按钮。图 2-25 中显示了数据采用不同格式表示的效果。

A	B	C	D	E
原始数据	会计数据格式	百分比样式	增加小数位数	减少小数位数
1234567.89	¥ 1,234,567.89	123456789%	1234567.890	1234567.9

图 2-25

4. 设置单元格格式

设置单元格格式的操作步骤如下。

① 在“开始”选项卡的“字体”“对齐方式”或“数字”选项组中，单击扩展按钮；或者在“开始”选项卡的“单元格”选项组中，单击“格式”按钮，在出现的列表中选择“设置单元格格式”选项，都可以打开“设置单元格格式”对话框。

② “设置单元格格式”对话框中有 6 张选项卡。

- 数字：设置单元格中的数字格式，如图 2-26 所示。

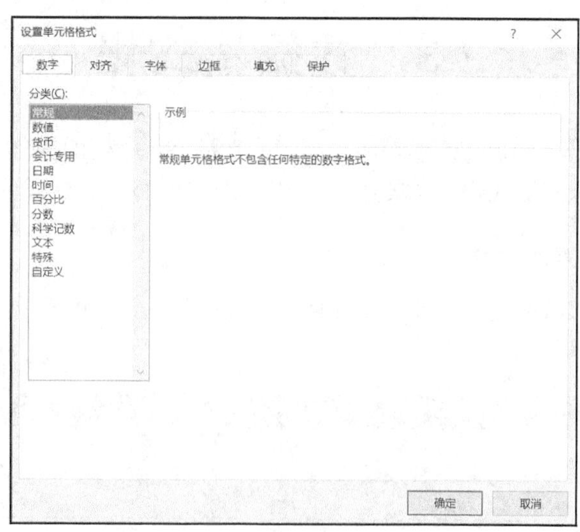

图 2-26

- 对齐：设置单元格中的文本对齐方式、文本控制（当文本内容较长，不能完全显示时，选中“自动换行”复选框）、文本方向（可以输入角度值），如图 2-27 所示。图 2-28 所示为采用不同对齐方式的效果。

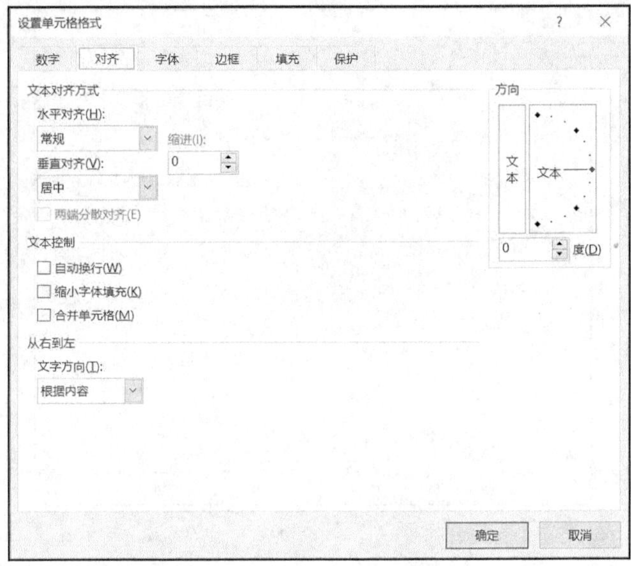

图 2-27

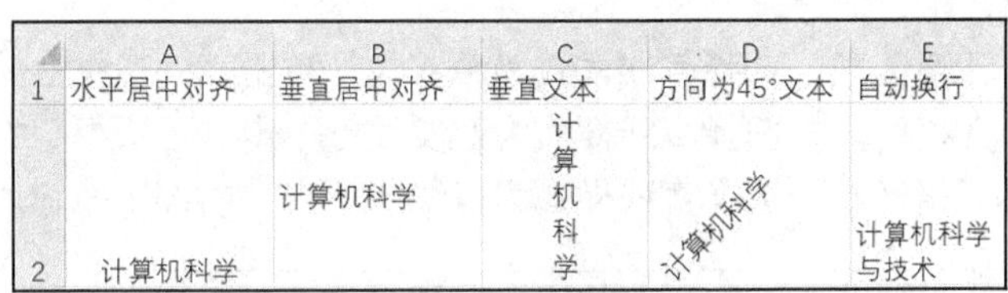

	A	B	C	D	E
1	水平居中对齐	垂直居中对齐	垂直文本	方向为45°文本	自动换行
2	计算机科学	计算机科学	计算机科学	计算机科学	计算机科学与技术

图 2-28

- 字体：设置单元格的字体、字形、字号、颜色等，如图 2-29 所示。

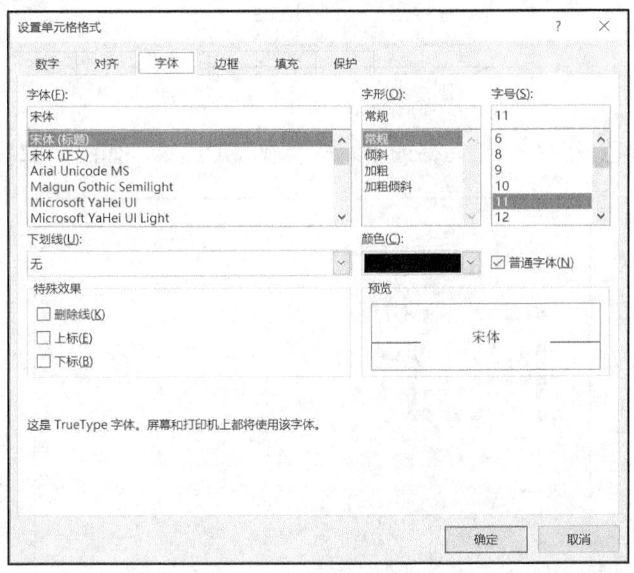

图 2-29

- 边框：在单元格或单元格区域的周围添加边框，如图 2-30 所示。首先选择“直线”的样式和颜色，然后再选择边框线。

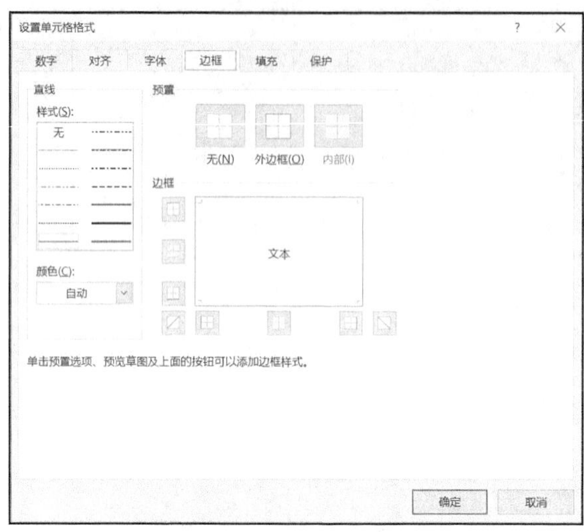

图 2-30

设置边框时，用户要按照边框的相对位置选中单元格区域。例如，图 2-31 中设置了三种不同的直线样式，操作步骤如下。

① 选中 A1:H7 单元格区域，选择直线样式为单实线，单击“外边框”按钮。

② 选中 A1:H1 单元格区域，选择直线样式为双实线，单击“下边框”按钮。

③ 选中 A2:H7 单元格区域，选择直线样式为虚线，单击“内部”按钮。

	A	B	C	D	E	F	G	H
1	班级	姓名	性别	出生日期	高等数学	英语	物理	总成绩
2	财务01	宋洪博	男	1997/4/5	73	68	87	228
3	财务01	刘丽	女	1997/10/18	61	68	87	216
4	财务01	陈涛	男	1997/12/3	88	93	78	259
5	财务01	侯明斌	男	1999/1/1	84	78	88	250
6	财务01	李淑子	女	1999/3/2	98	92	91	281
7	财务01	李媛媛	女	1999/5/31	96	87	78	261
8								

图 2-31

视频 2-4

- 填充：使用单色或图案为单元格或单元格区域添加底纹，如图 2-32 所示。

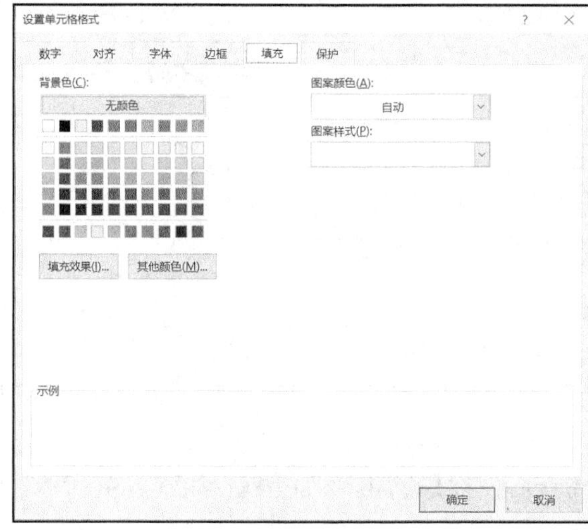

图 2-32

- 保护：完成单元格的锁定或隐藏。

5. 合并单元格

编辑工作表时，有时需要把多个相邻的单元格合并为一个单元格。合并后的单元格引用是选定区域的左上角单元格。合并单元格的操作步骤如下。

① 选择要合并的单元格区域。

② 在“开始”选项卡的“对齐方式”选项组中，单击“合并后居中” 合并后居中 按钮即可。例如，图 2-33 中 A1:H1 单元格区域合并后的效果如图 2-34 所示。

	A	B	C	D	E	F	G	H
1	成绩表							
2	班级	姓名	性别	出生日期	高等数学	英语	物理	总成绩
3	财务01	宋洪博	男	1997/4/5	73	68	87	228
4	财务01	刘丽	女	1997/10/18	61	68	87	216
5	财务01	陈涛	男	1997/12/3	88	93	78	259
6	财务01	侯明斌	男	1999/1/1	84	78	88	250
7	财务01	李淑子	女	1999/3/2	98	92	91	281
8	财务01	李媛媛	女	1999/5/31	96	87	78	261

图 2-33

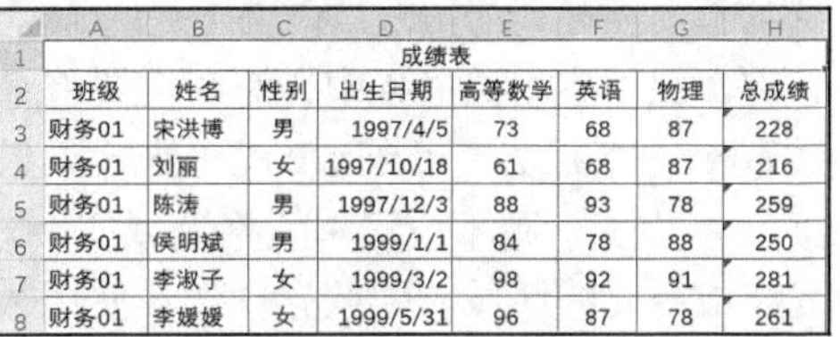

	A	B	C	D	E	F	G	H
1	成绩表							
2	班级	姓名	性别	出生日期	高等数学	英语	物理	总成绩
3	财务01	宋洪博	男	1997/4/5	73	68	87	228
4	财务01	刘丽	女	1997/10/18	61	68	87	216
5	财务01	陈涛	男	1997/12/3	88	93	78	259
6	财务01	侯明斌	男	1999/1/1	84	78	88	250
7	财务01	李淑子	女	1999/3/2	98	92	91	281
8	财务01	李媛媛	女	1999/5/31	96	87	78	261

图 2-34

提示

将多个包含内容的单元格合并后，只能有一个单元格的内容保留，其他单元格的内容将被删除。

6. 套用表格格式

Excel 提供了若干个表格格式模板供用户选择使用，操作步骤如下。

① 选择需要建立表格格式的单元格区域。

② 在“开始”选项卡的“样式”选项组中，单击“套用表格格式”按钮，出现若干表格格式模板，如图 2-35 所示。

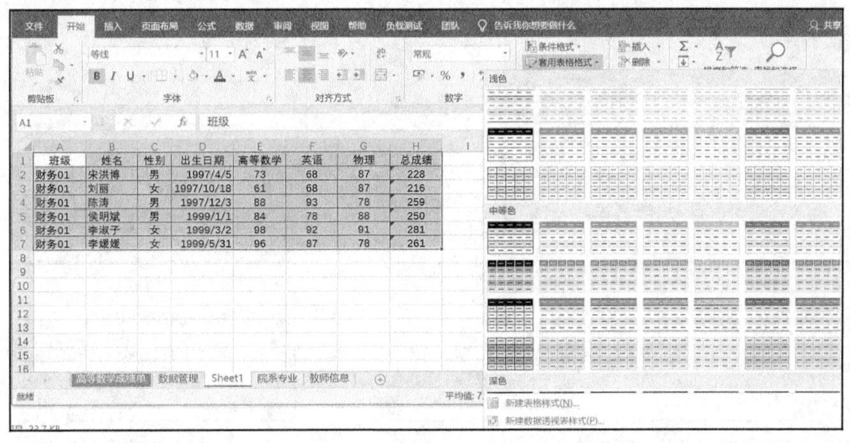

图 2-35

③ 鼠标指针指向不同的格式模板上，可以预览样式效果。单击选定的格式模板，则确定套用的表格格式。

④ 在打开的“套用表格式”对话框中确定表数据的来源。例如，图 2-36 中 A1:H7 单元格区域。单击“确定”按钮得到图 2-37 所示的效果。

在“套用表格格式”模板列表下方，提供了“新建表格样式”选项，用户可以定制个性化的表格格式。

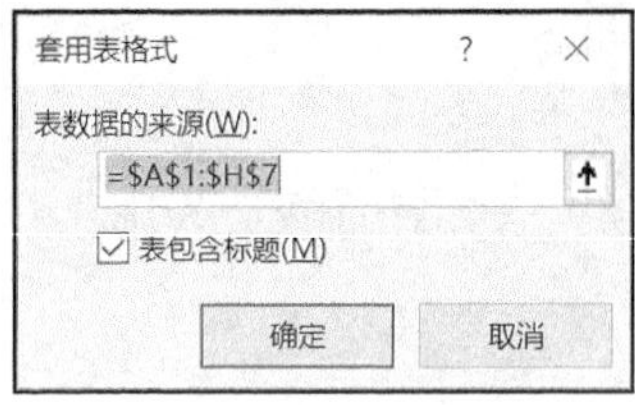

图 2-36

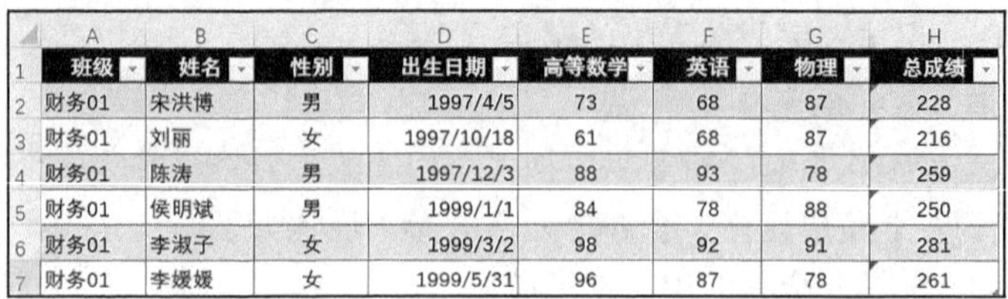

班级	姓名	性别	出生日期	高等数学	英语	物理	总成绩
财务01	宋洪博	男	1997/4/5	73	68	87	228
财务01	刘丽	女	1997/10/18	61	68	87	216
财务01	陈涛	男	1997/12/3	88	93	78	259
财务01	侯明斌	男	1999/1/1	84	78	88	250
财务01	李淑子	女	1999/3/2	98	92	91	281
财务01	李媛媛	女	1999/5/31	96	87	78	261

图 2-37

2.3.2 设置条件格式

在编辑数据表格的过程中，有时需要将某些特定的数据用特别的方式显示出来，方便识别。条件格式基于条件更改单元格区域的外观。如果条件为“真”，则按照该条件设置单元格区域的格式；如果条件为“假”，则不设置单元格区域的格式。使用条件格式可以达到的效果有：突出显示所关注的单元格或单元格区域、强调异常值、使用数据条、颜色刻度和图标集来直观地显示数据。

1．“突出显示单元格规则”和“最前/最后规则”

“突出显示单元格规则”和“最前/最后规则”这两个选项是常用的条件格式。设置的操作步骤如下。

① 选择一个单元格区域。

② 在“开始”选项卡的“样式”选项组中，单击“条件格式”按钮。

③ 在“条件格式”的下拉选项中，选择其中一种。

④ 单击规则列出的某个特征选项，会弹出一个对话框，在对话框中设置相应的规则条件和符合条件的单元格格式即可，如图 2-38 所示。

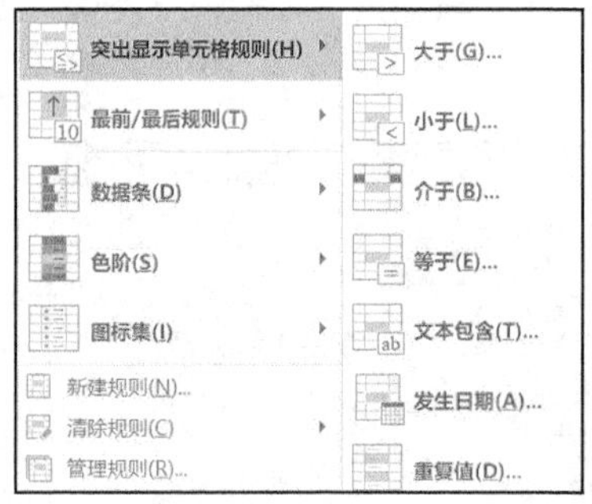

（a）突出显示单元格规则

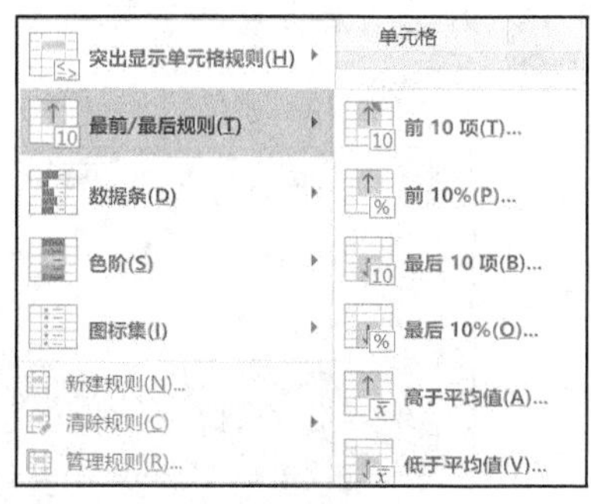

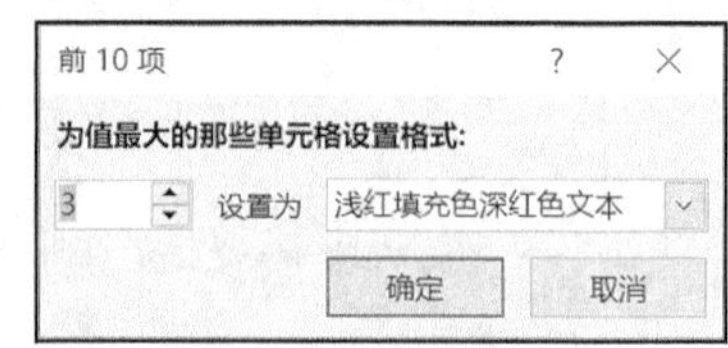

（b）最前/最后规则

图 2-38

【例 2-4】将“英语”课程高于 90 分的用“浅红填充深红色文本”（有阴影的地方）显示出来；将“总成绩”高于平均值的用绿色并加粗倾斜字形显示出来。

视频 2-5

① 选择 F2:F7 的单元格区域。

② 在“开始”选项卡的“样式”选项组中，单击“条件格式”按钮。

③ 在“条件格式”的下拉选项中，选择“突出显示单元格规则”中的“大

于”选项。在弹出的对话框中输入“大于”的数值：90，然后在“设置为”下拉列表中选择“浅红填充色深红色文本”，如图 2-39 所示。

④ 选择 H2:H7 的单元格区域，在“条件格式”的下拉选项中，选择“最前/最后规则”选项中的“高于平均值”，在“高于平均值”对话框中“自定义格式”字形的格式为绿色并加粗倾斜，如图 2-40 所示。

图 2-39

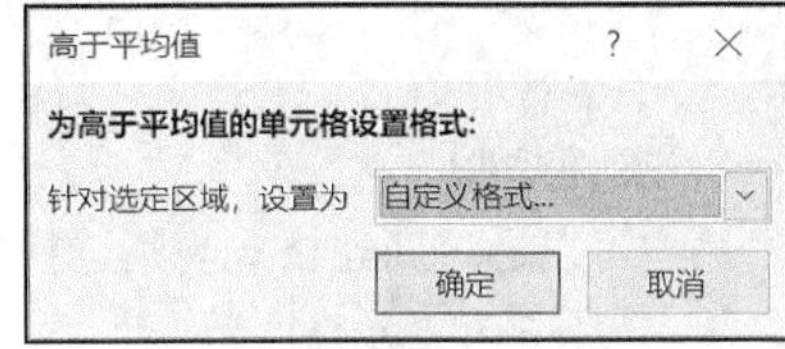

图 2-40

设置后的效果如图 2-41 所示。

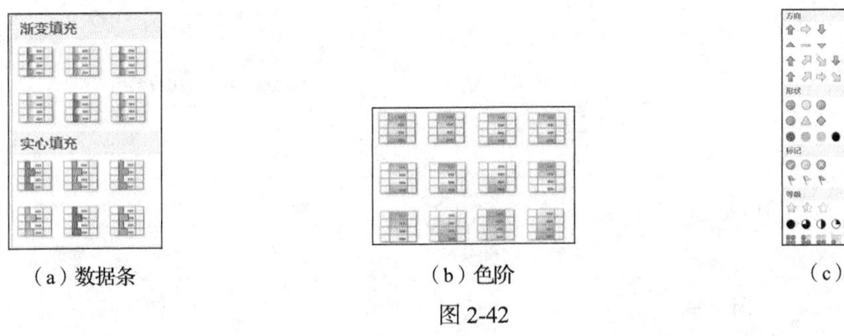

	A	B	C	D	E	F	G	H
1	班级	姓名	性别	出生日期	高等数学	英语	物理	总成绩
2	财务01	宋洪博	男	1997/4/5	73	68	87	228
3	财务01	刘丽	女	1997/10/18	61	68	87	216
4	财务01	陈涛	男	1997/12/3	88	93	78	*259*
5	财务01	侯明斌	男	1999/1/1	84	78	88	*250*
6	财务01	李淑子	女	1999/3/2	98	92	91	*281*
7	财务01	李媛媛	女	1999/5/31	96	87	78	*261*

图 2-41

2. “数据条”“色阶”“图标集”

这 3 个条件格式选项是通过在单元格背景中显示条形图、颜色和小图标来展示数据值的大小。这 3 个选项只针对数值型数据，如图 2-42 所示。

（a）数据条　　（b）色阶　　（c）图标集

图 2-42

相关的说明如下。

- 数据条的长度代表单元格中的值。数据条越长，表示值越高；数据条越短，表示值越低。
- 图标集可以按照阈值将数据分为 3～5 个类别，每个图标代表一个值的范围。

【例 2-5】 将“高等数学”成绩以蓝色数据条形式显示出来。

① 选择 E2:E7 的单元格区域。

② 在“开始”选项卡的“样式”选项组中，单击“条件格式”按钮。

③ 在“条件格式”的下拉选项中，选择“数据条”中的“渐变填充”选项中的“蓝色数据条”。

设置后的效果如图 2-43 所示。

	A	B	C	D	E	F	G	H
1	班级	姓名	性别	出生日期	高等数学	英语	物理	总成绩
2	财务01	宋洪博	男	1997/4/5	73	68	87	228
3	财务01	刘丽	女	1997/10/18	61	68	87	216
4	财务01	陈涛	男	1997/12/3	88	93	78	259
5	财务01	侯明斌	男	1999/1/1	84	78	88	250
6	财务01	李淑子	女	1999/3/2	98	92	91	281
7	财务01	李媛媛	女	1999/5/31	96	87	78	261

图 2-43

3. 新建规则

用户可以通过新建格式规则选择规则类型，设置数据的显示格式，设置的操作步骤如下。

① 选择一个单元格区域。

② 在“开始”选项卡的“样式”选项组中，单击“条件格式”按钮。

③ 在“条件格式”的下拉选项中，选择“新建规则”。

④ 在打开的“新建格式规则”对话框中选择需要的规则类型，并设置规则格式，如图 2-44 所示。

【例 2-6】将“物理”成绩高于平均值的成绩显示为红色倾斜字形。

① 选择 G2:G7 的单元格区域。

② 在“开始”选项卡的“样式”选项组中，单击“条件格式”按钮。

③ 在“条件格式”的下拉选项中，选择“新建规则”。

④ 在打开图 2-45 所示的“新建格式规则”对话框中选择需要的规则类型为“仅对高于或低于平均值的数值设置格式”，单击“格式”按钮设置格式为红色并且倾斜的字形。

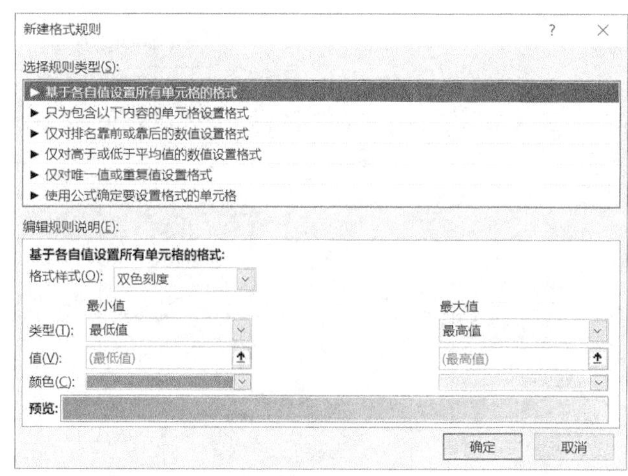

图 2-44

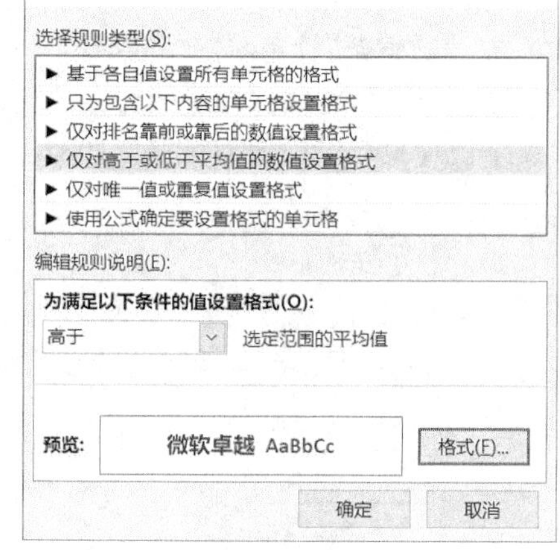

图 2-45

设置后的效果如图 2-46 所示。

	A	B	C	D	E	F	G	H
1	班级	姓名	性别	出生日期	高等数学	英语	物理	总成绩
2	财务01	宋洪博	男	1997/4/5	73	68	*87*	228
3	财务01	刘丽	女	1997/10/18	61	68	*87*	216
4	财务01	陈涛	男	1997/12/3	88	93	78	259
5	财务01	侯明斌	男	1999/1/1	84	78	*88*	250
6	财务01	李淑子	女	1999/3/2	98	92	*91*	281
7	财务01	李媛媛	女	1999/5/31	96	87	78	261

图 2-46

4. **清除规则**

当不需要突出显示数据时，可以清除规则。清除规则的操作步骤如下。

① 选择一个单元格区域。

② 在“开始”选项卡的“样式”选项组中，单击“条件格式”按钮。

③ 在“条件格式”的下拉选项中，单击图 2-47 所示“清除规则”级联的“清除所选单元格的规则”按钮即可。

图 2-47

如果要清除全部的规则，则无须先选择单元格区域，单击“清除规则”级联的“清除整个工作表的规则”按钮即可将设置的全部规则清除。

2.3.3　调整行高与列宽

在单元格中输入内容时，如果输入的内容过长，则部分内容不能显示出来。这时需要调整行高或列宽，操作步骤如下。

① 选择要更改的行或列。

② 在“开始”选项卡的“单元格”选项组中，单击“格式”按钮。

③ 在图 2-48 所示的“单元格大小”下拉选项中，如果需要指定“行高”或“列宽”的值，则选择“行高”或“列宽”选项，并输入数值，如图 2-49 所示；如果根据单元格的内容自动调整行高或列宽，则选择“自动调整行高”或“自动调整列宽”选项。

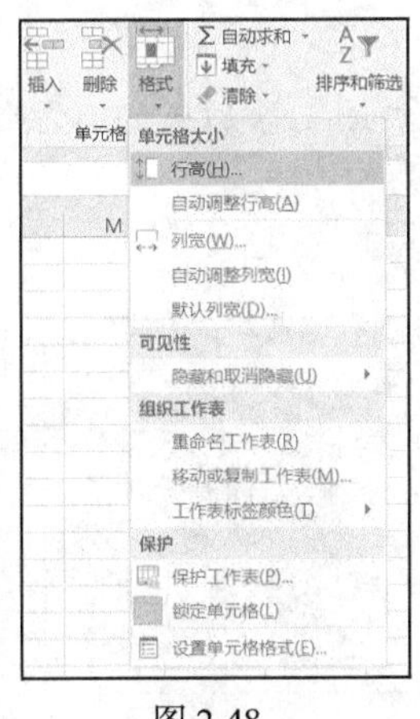

图 2-48

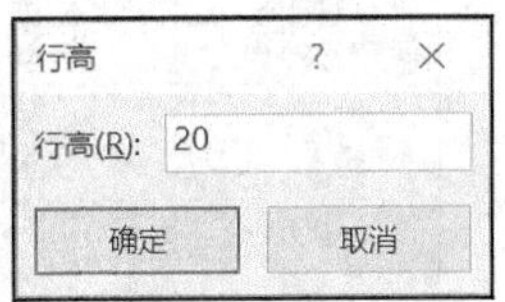

图 2-49

另一种快速调整行高和列宽的方法是用鼠标拖曳行号或列号之间的“边界”线，当鼠标指针变成带上下（左右）箭头的黑色横线（竖线）时，按下鼠标左键，拖曳鼠标就可以调整行高（列宽）。

当增大单元格中的字体时，行高会自动适应字体的大小增加到合适的高度；当单元格中的数据超过了单元格的宽度时，单元格不会自动增加宽度。

2.3.4 使用单元格样式

用户可以选择使用系统预设的单元格样式，操作步骤如下。

① 选择要设置样式的单元格或单元格区域。

② 在“开始”选项卡的“样式”选项组中，单击“单元格样式”按钮，可打开“单元格样式”选项列表，如图 2-50 所示。用户根据需要选择合适的样式，当鼠标指针指向某个样式时，单元格会实时预览出应用该样式后的效果。用户也可以通过“新建单元格样式”选项，定制自己的单元格样式，并且可以保存以备今后使用。

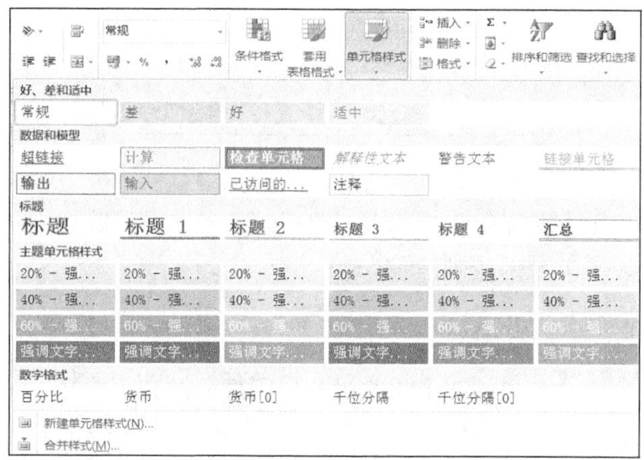

图 2-50

【例 2-7】为学生成绩表设置显示样式。要求第一行显示为标题，标识为输入数据，将 90 分（含 90）以上和 70 分以下的单元格特殊设置。

用户可以采用单元格样式快速实现。

① 设置第一行的单元格样式为标题 3。

② 设置 E2:G7 单元格区域为“输入”。

③ 设置 H2:H7 单元格区域为“计算”；将 90 分（含 90 分）以上的单元格样式设置为“好”，70 分以下的单元格样式设置为“差”。

设置后的效果如图 2-51 所示。

	A	B	C	D	E	F	G	H
1	班级	姓名	性别	出生日期	高等数学	英语	物理	总成绩
2	财务01	宋洪博	男	1997/4/5	73	68	87	228
3	财务01	刘丽	女	1997/10/18	61	68	87	216
4	财务01	陈涛	男	1997/12/3	88	93	78	259
5	财务01	侯明斌	男	1999/1/1	84	78	88	250
6	财务01	李淑子	女	1999/3/2	98	92	91	281
7	财务01	李媛媛	女	1999/5/31	96	87	78	261

图 2-51

2.4　数据导入

在计算机系统中，不同系统的文件格式是不相同的。为了实现不同系统之间的数据资源共享，避免重新输入数据，用户可以使用 Excel 的数据导入功能，将数据直接导入。

2.4.1　从文本文件导入数据

用户可以将文本文件中的数据导入到 Excel 工作表中进行数据处理。其操作步骤如下。

① 在“数据”选项卡的“获取外部数据”选项组中，单击“自文本”选项，打开“导入文本文件”对话框。

② 选定文本文件，单击“确定”按钮。

③ 在随后弹出的“文本导入向导”对话框（共 3 步）中，分别选择“分隔符号”、具体的分隔符、列数据格式等，然后单击“完成”按钮。

④ 在弹出的“导入数据”对话框中，选择数据的放置位置即可完成文本数据的导入。

【例 2-8】将文件名为“学生表”的文本文件导入到 Excel 的“学生表”工作簿中。

① 已经保存了文本文件“学生表”，每行的数据之间用“空格”分隔，如图 2-52 所示。

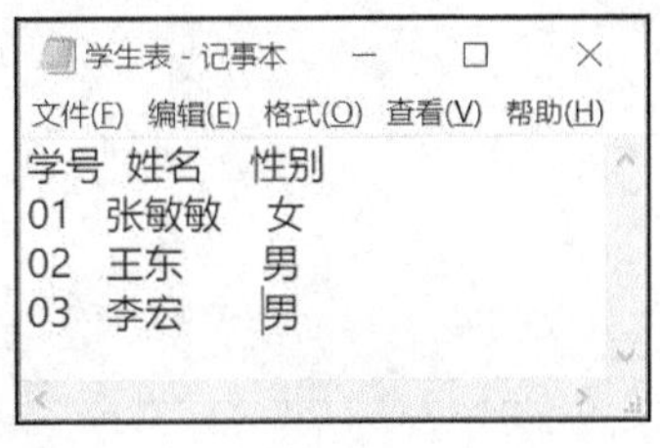

图 2-52

② 新建一个名为“学生表”的 Excel 工作簿，在图 2-53 的“数据”选项卡的“获取外部数据”选项组中，单击“自文本”选项，打开“导入文本文件”对话框。

图 2-53

③ 选定文本文件，单击“确定”按钮。

④ 在弹出的“文本导入向导-第 1 步”对话框中，选择“分隔符号”，如图 2-54 所示，单击“下一步”按钮。

⑤ 在弹出的“文本导入向导-第 2 步”对话框中，由于文本文件数据之间是按照空格进行分隔的，所以“分隔符号”栏中选择“空格”，如图 2-55 所示，单击“下一步”按钮。

⑥ 在弹出的“文本导入向导-第 3 步”对话框中，在“列数据格式”栏中选择“文本”，如图 2-56 示，单击“完成”按钮。

⑦ 在弹出的“导入数据”对话框中，选择数据放置在“现有工作表”A1 开始的位置，如图 2-57 所示。单击“确定”按钮后，显示导入后的结果，如图 2-58 所示。

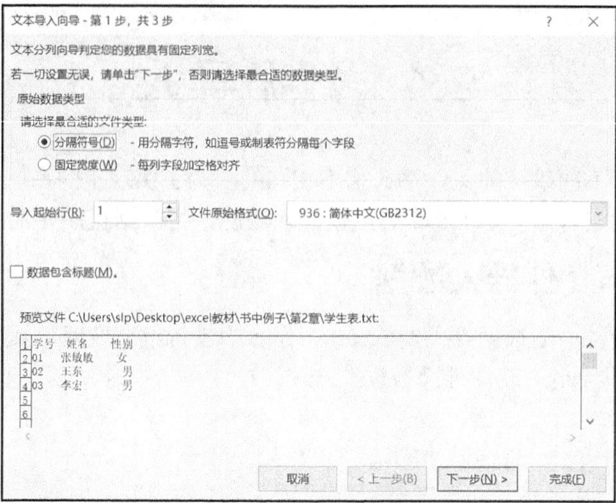

图 2-54

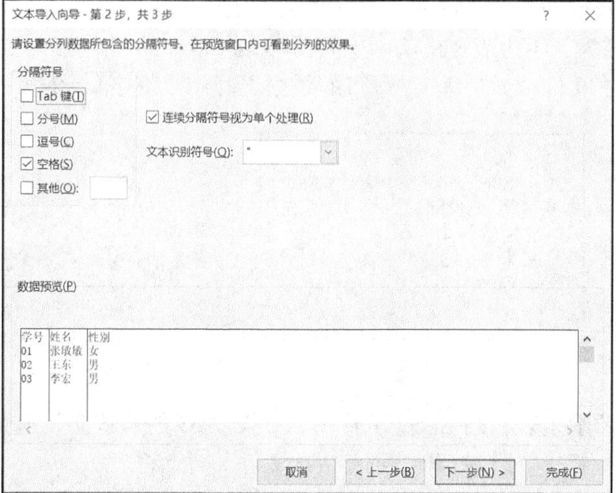

图 2-55

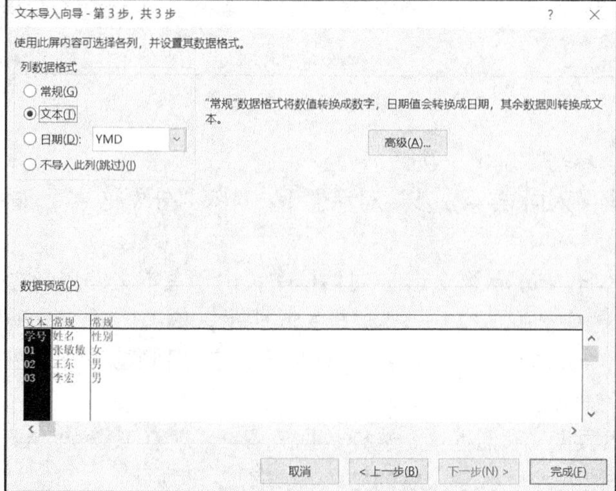

图 2-56

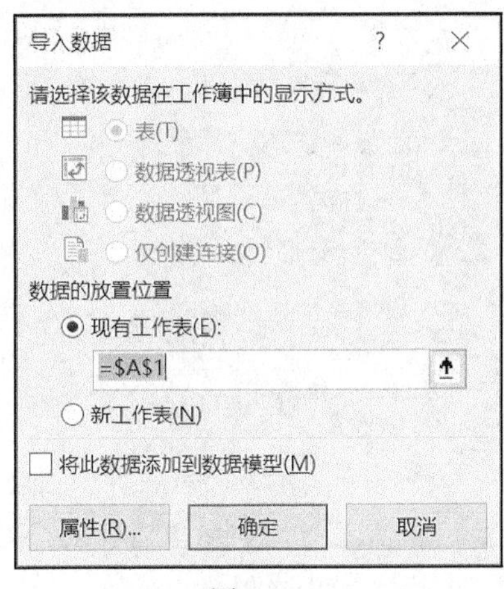

图 2-57

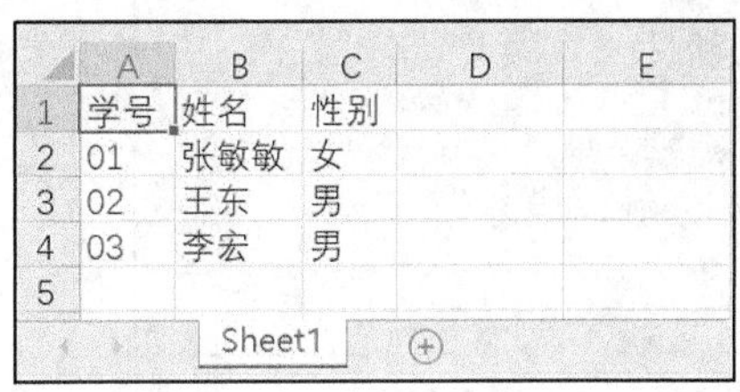

图 2-58

2.4.2　从 Access 数据库导入数据

用户将 Access 数据库的数据导入到 Excel 工作表中也是经常使用到的功能，操作步骤如下。

① 在“数据”选项卡的“获取外部数据”选项组中，单击“自 Access”选项，打开“选取数据源”对话框。

② 选定 Access 数据库文件，单击“确定”按钮。

③ 如果导入的 Access 数据库中包含了多个表，则弹出“选择表格”对话框，在该对话框中选择所需要的表格后单击“确定”按钮。

④ 在弹出的“导入数据”对话框中，选择数据放置的位置即可完成 Access 数据库的导入。

【例 2-9】以“学生成绩管理”Access 数据库文件为例，导入其中“学生表”的记录数据，并以 Excel 电子表格形式存储。操作步骤如下。

① 在“数据”选项卡的“获取外部数据”选项组中，单击“自 Access”选项，打开“选取数据源”对话框。选定该 Access 数据库文件，单击“确定”按钮。

② 因为 Access 数据库中包含了多个表，需要在弹出的“选择表格”对话框中选择“学生表”，如图 2-59 所示，然后单击“确定”按钮。

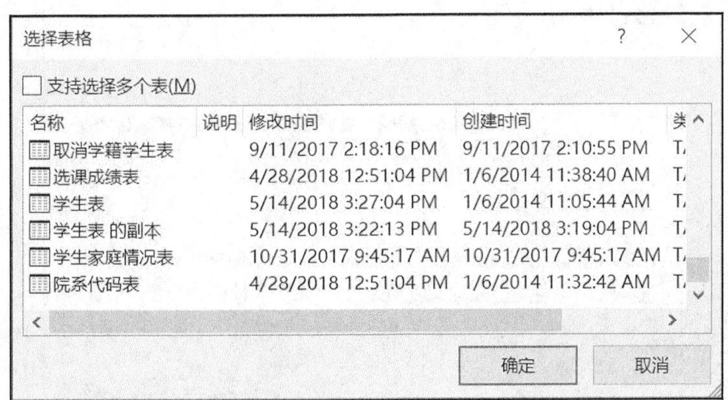

图 2-59

③ 在弹出的“导入数据”对话框中，选择数据放置在“新工作表”中，如图 2-60 所示。单击“确定”按钮后，显示导入的结果，如图 2-61 所示。

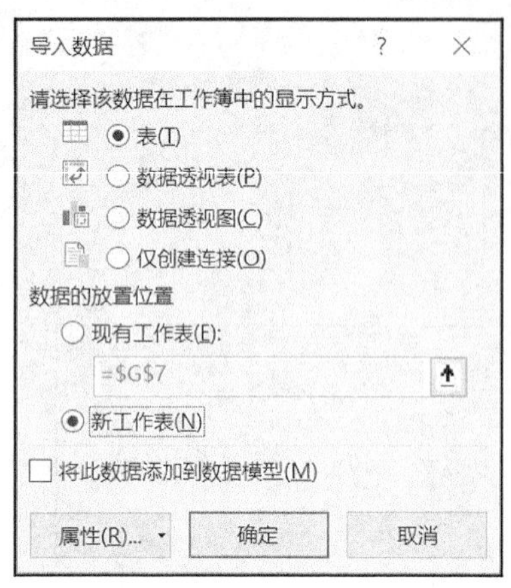

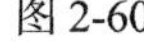

图 2-60

	A	B	C	D	E
1	学号	姓名	入学总分		
2	1171000101	宋洪博	687		
3	1171000102	刘向志	666		
4	1171000205	李媛媛	575		
5	1171200101	张函	563		
6	1171200102	唐明卿	548		
7	1171210301	李华	538		
8	1171210303	侯明斌	550		
9	1171300110	王琦	549		
10	1171300409	张虎	650		
11	1171400101	李淑子	575		
12	1171400106	刘丽	620		
13	1171600101	王晓红	630		
14	1171600108	李明	690		
15	1171800104	王刚	678		
16	1171800206	赵壮	568		
17					

Sheet2 Sheet1 ...

图 2-61

2.5 应用实例——学生成绩表格式化

学生成绩表的格式化可以设置工作表的显示方式、标记工作表中的特殊数据等。

1. 格式化学生成绩表

（1）将成绩表中的全部数据居中显示，设置“出生日期”的显示格式，设置行高为 20。

① 全部选中单元格区域。

② 将“设置单元格格式”对话框的“对齐”选项卡中的“水平对齐”和“垂直对齐”均设置为“居中”。

③ 选中 D 列。设置日期显示的格式，如图 2-62 所示。

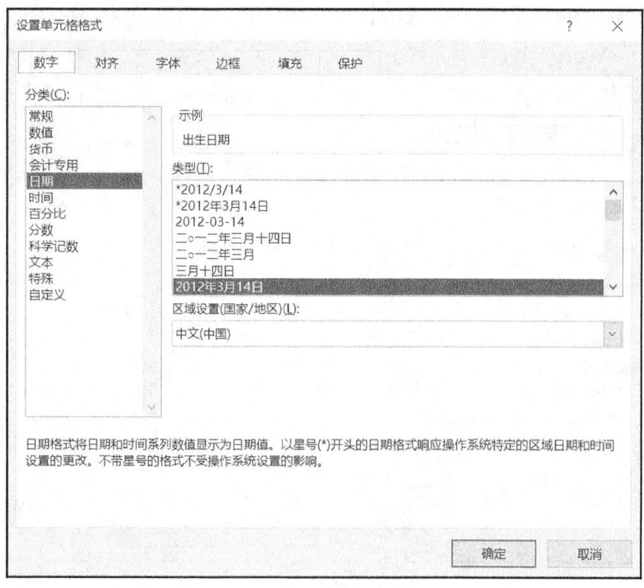

图 2-62

④ 设置行高。全部选中单元格区域。在“开始”选项卡的“单元格”选项组中，单击“格式”按钮，选择“行高”并输入数值 20 即可。

设置格式后的效果如图 2-63 所示。

	A	B	C	D	E	F	G	H
1	班级	姓名	性别	出生日期	高等数学	英语	物理	总成绩
2	财务01	宋洪博	男	1997年4月5日	73	68	87	228
3	财务01	刘丽	女	1997年10月18日	61	68	87	216
4	财务01	陈涛	男	1997年12月3日	88	93	78	259
5	财务01	侯明斌	男	1999年1月1日	84	78	88	250
6	财务01	李淑子	女	1999年3月2日	98	92	91	281
7	财务01	李媛媛	女	1999年5月31日	96	87	78	261

图 2-63

（2）采用图标集来表示“英语”成绩的高低情况。

① 选择 F2:F7 的单元格区域。

② 在“开始”选项卡的“样式”选项组中，单击“条件格式”按钮。

③ 在“条件格式”的下拉选项中，选择“图标集”下级选项“方向”中的“三向箭头”，如图 2-64 所示。其中↑图标代表高于平均值，→图标代表平均值，↓图标代表低于平均值。

设置后的效果如图 2-65 所示。

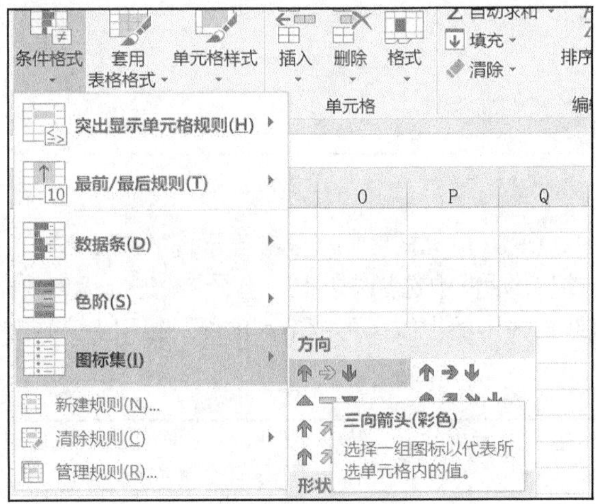

图 2-64

	A	B	C	D	E	F	G	H
1	班级	姓名	性别	出生日期	高等数学	英语	物理	总成绩
2	财务01	宋洪博	男	1997/4/5	73	↓ 68	87	228
3	财务01	刘丽	女	1997/10/18	61	↓ 68	87	216
4	财务01	陈涛	男	1997/12/3	88	↑ 93	78	259
5	财务01	侯明斌	男	1999/1/1	84	→ 78	88	250
6	财务01	李淑子	女	1999/3/2	98	↑ 92	91	281
7	财务01	李媛媛	女	1999/5/31	96	↑ 87	78	261

图 2-65

2. 制作课程表

设计一个美观清晰的“课程表”。

① 在 A1 单元格中输入“课程表”、B2 单元格中输入“星期一”、A3 单元格中输入“上午”、A7 单元格中输入“下午”，如图 2-66 所示。

② 选中 B2 单元格，拖曳填充柄自动填充 C2～F2 单元格的内容，如图 2-67 所示。

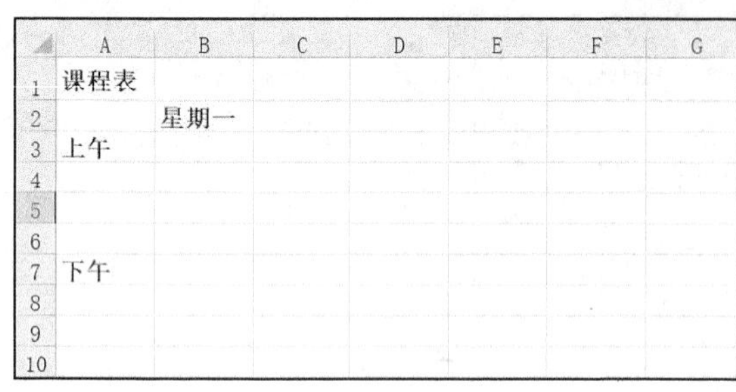

图 2-66

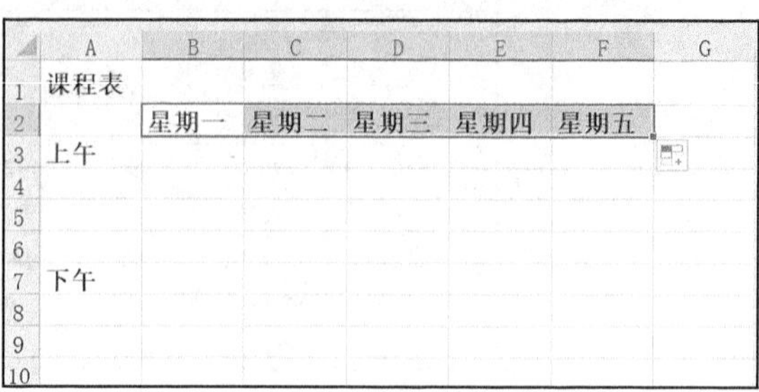

图 2-67

③ 选中 A1:F1 单元格区域，单击“对齐方式”选项卡中的“合并后居中”按钮，将几个选中的单元格合并成一个，按照相同操作对 A3:A6 和 A7:A10 也进行合并，合并后的效果如图 2-68 所示。

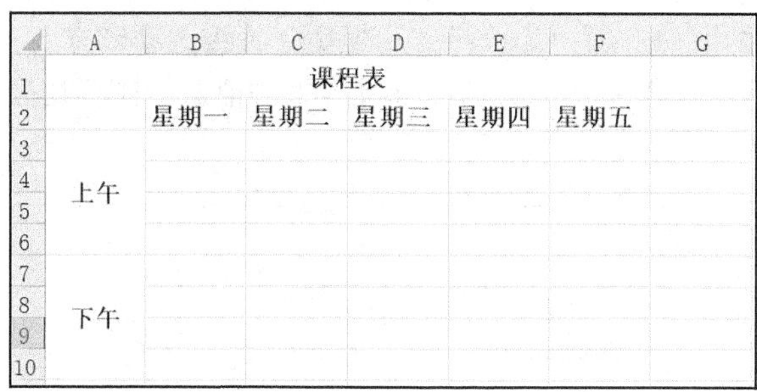

图 2-68

④ 设置边框线，选中 A1:F10 单元格区域，单击“开始”选项卡中“字体”选项组中扩展按钮，在打开的“设置单元格格式”对话框中选择“边框”选项卡，先选择直线样式中的实线，再单击“外边框”按钮；然后选择直线样式中的虚线，再单击“内部”按钮，完成外边框和内边框的设置，如图 2-69 所示。

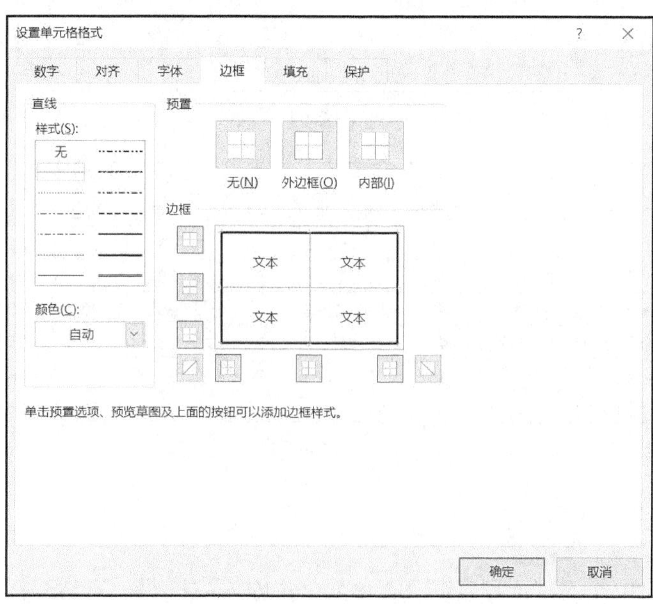

图 2-69

完成后的课程表的效果如图 2-70 所示。

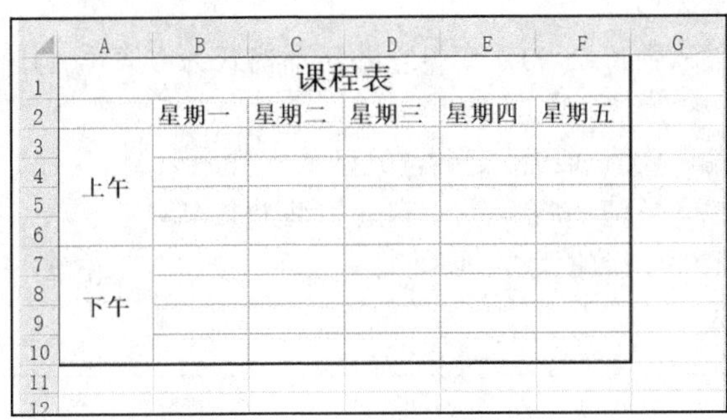

图 2-70

课堂实验

实验一　Excel 2016 数据输入与编辑

一、实验目的

1. 掌握在单元格中直接输入数值、文本、日期时间等数据的方法。
2. 掌握数据的填充方法。

二、实验内容

1. 新建一个空白工作簿，命名为“实验 2-1.xlsx”。
2. 在工作表“Sheet1”中完成下列文本型数据的操作。

（1）在 A1 单元格中输入文本“计算机”，并把它填充到 B1 至 H1 单元格中。

（2）在 A2 单元格中输入文本“025”，并把它填充到 B2 至 H2 单元格中。

提示

输入数值文本时，应先输入一个英文单引号，再输入数值。

（3）把 C2 单元格复制到 A3 单元格后，以递增方式填充到 B3 至 H3 单元格中。

（4）将该工作表名更改为“文本型数据”。

样张：

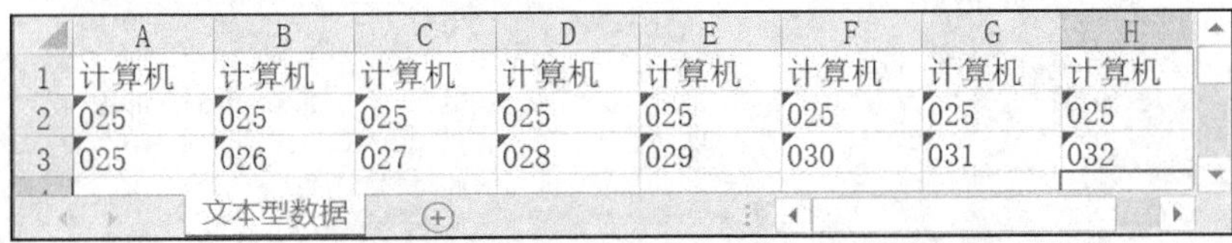

	A	B	C	D	E	F	G	H
1	计算机	计算机	计算机	计算机	计算机	计算机	计算机	计算机
2	025	025	025	025	025	025	025	025
3	025	026	027	028	029	030	031	032

文本型数据

3. 在工作表“Sheet2”中完成下列数值型数据的操作。

（1）在 A1 单元格中输入数值 75，并把它填充到 B1 至 H1 单元格中。

（2）在 A2 单元格中输入数值 75，并把它以递增方式填充到 B2 至 H2 单元格中。

（3）在 A3 单元格中输入数值 75，并把它以递减方式填充到 B3 至 H3 单元格中。

（4）在 A4 单元格中输入数值 4，把它以递增 2 倍的等比序列向右填充，直至 512 为止。

（5）在 A5 单元格中输入数值 0.00012583，变更它的显示格式为科学记数法，要求小数位数为 2 位。

（6）在 C5 单元格中输入数值 2000，变更它的显示格式为人民币，用千位分隔符分隔，小数位数为 0 位。

（7）在 E5 单元格中输入数值 0.25，变更它的显示格式为 25%。

（8）在 G5 单元格中输入数值 2000，变更它的类型为文本。

（9）将该工作表名更改为“数值型数据”。

样张：

	A	B	C	D	E	F	G	H
1	75	75	75	75	75	75	75	75
2	75	76	77	78	79	80	81	82
3	75	74	73	72	71	70	69	68
4	4	8	16	32	64	128	256	512
5	1.26E-04		¥2,000		25%		2000	
6								
7								

文本型数据　数值型数据

4. 在工作表“Sheet3”中完成下列日期时间型数据的操作。

（1）在 A1 单元格中输入日期 2018 年的 10 月 1 日（如 2018/10/1），并把它填充到 B1 至 G1 单元格中。

（2）在 A2 单元格中输入日期 2018 年的 10 月 1 日（如 2018/10/1），以日递增方式填充到 B2 至 G2 单元格中。

（3）在 A3 单元格中输入日期 2018 年的 10 月 31 日（如 2018/10/31），以月递增方式填充到 B3 至 G3 单元格中。

（4）在 A4 单元格中输入时间 8:30 PM，并以递增方式填充到 B4 至 G4 单元格中。

（5）在 A5 单元格中输入日期 2018 年的 11 月 1 日（如 2018/11/1），变更它的显示格式为 2018 年 11 月 1 日。

（6）在 C5 单元格中输入时间 2:30 PM，变更它的显示格式为 14:30。

（7）在 E5 单元格中输入自己的生日，变更它的显示格式为星期几（每个人的生日不同，显示的星期几也不同）。

（8）将该工作表名更改为“日期时间型数据”。

样张：

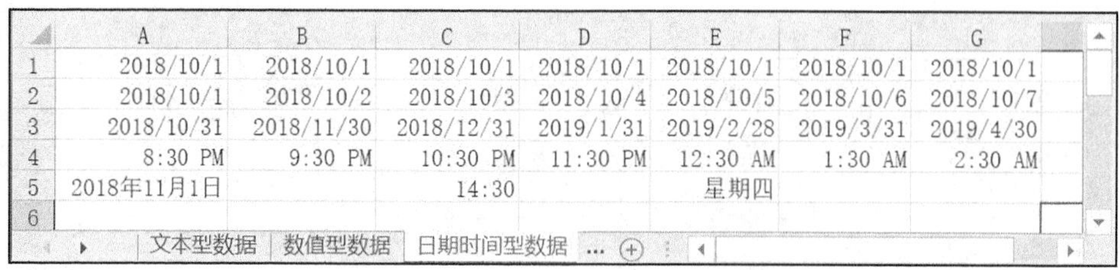

	A	B	C	D	E	F	G
1	2018/10/1	2018/10/1	2018/10/1	2018/10/1	2018/10/1	2018/10/1	2018/10/1
2	2018/10/1	2018/10/2	2018/10/3	2018/10/4	2018/10/5	2018/10/6	2018/10/7
3	2018/10/31	2018/11/30	2018/12/31	2019/1/31	2019/2/28	2019/3/31	2019/4/30
4	8:30 PM	9:30 PM	10:30 PM	11:30 PM	12:30 AM	1:30 AM	2:30 AM
5	2018年11月1日		14:30		星期四		
6							

文本型数据　数值型数据　日期时间型数据 ...

实验二　数据格式化

一、实验目的

1. 掌握工作表单元格格式设置方法。

2. 掌握单元格条件格式的设置方法。

二、实验内容

在电子资源“Excel 实验素材”文件夹中打开“实验 2-2.xlsx”文件，并按下列要求完成操作。

（1）将 A1 单元格的对齐方式设置为水平居中、垂直居中。

（2）将 B1 单元格的文本方向设置为竖直。

（3）将 C1 单元格的文本方向设置为倾斜 30° 角。

（4）将 D1 和 E1 单元格合并后居中。

（5）设置 A2 单元格为自动换行。

（6）为 B2 单元格添加斜线，并使其文字处于斜线下方。

要使文字处于斜线下方，将文字倾斜 45° 角并右对齐。

（7）为第 4 行到第 8 行的表格添加边框，设置各行的行高为 20，并为第 1 行添加灰色背景图案样式。

（8）进行条件格式设置，将表格中“成绩”大于等于 90 的数据标识为红色加粗格式，低于 60 的数据标识填充背景色，颜色自定。设置完成后，如果把 E5 单元格中的成绩修改为 95，则该数据的格式为【　　　　】；如果修改为 45，该数据的格式是【　　　　】。

这里需要分别建立 2 个规则。

（9）利用选择性粘贴，将第 4 行到第 8 行的表格进行转置并放到第 10 行到第 14 行。

样张：

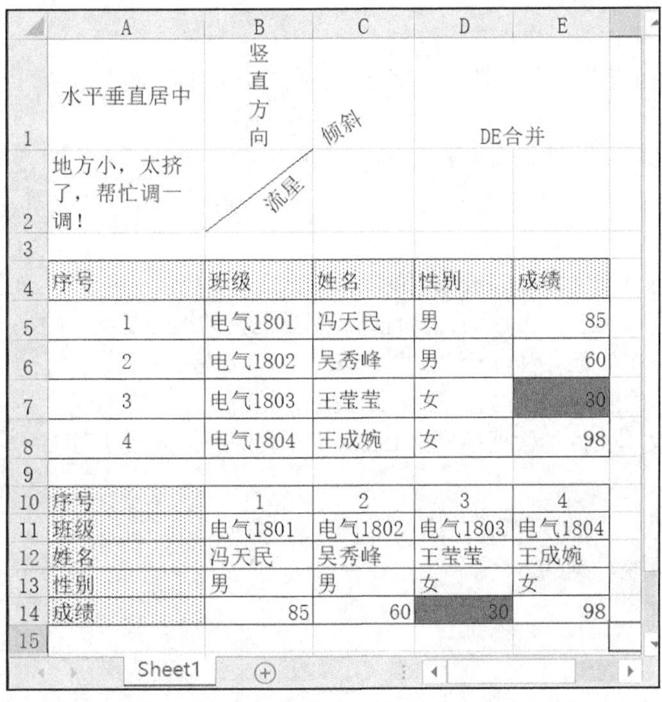

	A	B	C	D	E
1	水平垂直居中	竖直方向	倾斜	DE合并	
2	地方小，太挤了，帮忙调一调！	流星			
3					
4	序号	班级	姓名	性别	成绩
5	1	电气1801	冯天民	男	85
6	2	电气1802	吴秀峰	男	60
7	3	电气1803	王莹莹	女	30
8	4	电气1804	王成婉	女	98
9					
10	序号	1	2	3	4
11	班级	电气1801	电气1802	电气1803	电气1804
12	姓名	冯天民	吴秀峰	王莹莹	王成婉
13	性别	男	男	女	女
14	成绩	85	60	30	98
15					

习　　题

一、单项选择题

1. 数值型数据的默认对齐方式是______。

   A. 右对齐　　B. 左对齐　　C. 居中　　D. 两端对齐

2. 文本型数据的默认对齐方式是______。

   A. 右对齐　　B. 左对齐　　C. 居中　　D. 两端对齐

3. 在 Excel 中，不连续单元格的选择，需要按住______的同时选择所要的单元格。

   A. Ctrl　　B. Shift　　C. Alt　　D. ESC

4. 在 Excel 中，数据类型有数字、文本和______。

   A. 日期/时间　　B. 数组　　C. 结构体　　D. 枚举

5. 在 Excel 中，数字项前若加______，数字会被视为文本。

   A. %　　B. 。　　C. #　　D. '

6. 在 Excel 中，通常在单元格内出现“####”符号时，表明______。

   A. 显示的是字符串“####”　　B. 列宽不够，无法显示数值数据

   C. 数值溢出　　D. 计算错误

7. 每个单元格都有唯一的编号，编号方法是______。

   A. 数字+字母　　B. 字母+字母　　C. 行号+列标　　D. 列标+行号

8. 在单元格中键入数据或公式后，如果单击按钮“√”，则相当于按______键。

   A. Delete　　B. Esc　　C. Enter　　D. Shift

9. 将某一单元格（内容为“星期一”）向下拖曳填充 6 个单元格，其内容为______。

   A. 连续 6 个“星期二”

   B. 连续 6 个空白

   C. 星期二、星期三、星期四、星期五、星期六、星期日

   D. 以上都不对

10. 在单元格输入 4/5，则 Excel 认为是______。

    A. 分数　　B. 日期　　C. 小数　　D. 表达式

二、判断题

1. 单元格的清除和删除操作完成相同的功能。
2. 单元格是由行与列交汇形成的，并且每一个单元格的地址是唯一的。
3. 在 Excel 中，在单元格内输入“1/2”和输入“0.5”是一样的。
4. 在 Excel 中，数值 1234 与文本“1234”是相同的。
5. 用户可以将文本文件的数据导入到 Excel 工作表中进行数据处理。

三、简答题

1. 简述 Excel 的主要数据类型。
2. 简述复制单元格数据的方法。

第 3 章 公式

公式是工作表中进行数据计算的常用工具，用户可以使用公式进行各种复杂的数据计算，公式的计算结果会随着被计算数据的变化而自动更新。

3.1 公式的概念

公式是对工作表中的数据进行计算的有效操作。公式以等号（=）开头，后面跟一个表达式，如“=2*B2+5”。

3.1.1 公式的组成

公式中的表达式是由常量、单元格引用、函数、运算符和括号构成的。

① 常量：直接输入到公式中的数字或文本，如数值 123 或文本“计算机”。

② 单元格引用：引用某一个单元格或单元格区域中的数据，如 B2 或 A2:D5。

③ 函数：系统提供的函数，例如，求和函数 SUM(C3:E3)。

④ 运算符：连接公式中常量、单元格引用、函数的特定计算符号。

⑤ 括号：控制公式中的计算顺序。

公式中的运算符是连接其他元素的关键，常用的运算符有 4 种类型，如表 3-1 所示。

表 3-1 常用运算符表

类型	运算符	功能	应用举例
引用运算符	区域运算符（：）、联合运算符（，）	用于对单元格区域进行合并计算。将多个引用合并为一个引用	=SUM(A1:A2,D1:D2) 实现计算 A1+A2+D1+D2
算术运算符	+（加）、-（减）、*（乘）、/（除）、%（百分比）、^（乘方）	完成数学运算，运算结果为数值	=2^3 +6/2 结果是 11
文本运算符	&（文本连接）	可以连接一个或多个文本字符串	= “Hello ”&“World” 结果是“Hello World”
比较运算符	=（等于）、>（大于）、<（小于）、>=（大于或等于）、<=（小于或等于）、<>（不等于）	比较两个值之间的大小关系，运算结果为逻辑值 TRUE 或 FALSE	=5>3 结果是 TRUE

运算符有不同的优先级，当公式中同时用到多个运算符时，按照优先级的顺序进行计算。

运算符的优先级为：引用运算符>算术运算符>文本运算符>比较运算符，即引用运算符优先于算术运算符，算术运算符优先于文本运算符，文本运算符优先于比较运算符。

例如：

公式 1：=5>3+1

按照运算符的优先级顺序，先计算 3+1，结果为 4；然后再计算 5>4，结果为 TRUE。

公式 2：=(5>3)+1

先计算括号内的 5>3，结果为 TRUE（即 1）；然后再计算 1+1，结果为 2。

逻辑值与数值的关系是：TRUE 等价于 1；FALSE 等价于 0。

3.1.2 单元格引用

单元格引用是公式的组成部分之一，其作用在于标识工作表中的单元格或单元格区域，并指明公式中所使用数据的位置。

默认情况下，使用 A1 引用样式，此样式引用字母标识列和数字标识行。若要引用某个单元格，可以输入列号和行号。例如，B2 是引用 B 列和第 2 行交叉处的单元格。

1. 相对引用

单元格相对引用的格式为：列号行号。例如，A1。如果公式所在单元格的位置改变，引用也随之改变。如果多行或多列复制公式，引用会自动调整。默认情况下，公式中使用相对引用。

视频 3-1

【例 3-1】在单元格 A1 和 A2 中分别输入"Word"和"Excel"。在单元格 B2 中输入公式"=A1"，将单元格 B2 的公式通过"复制与粘贴"方式或填充方式复制到单元格 B3，效果如图 3-1 所示。当显示公式本身时，可以看到，单元格 B2 中的相对引用复制到单元格 B3 时，单元格 B3 的内容自动从"=A1"调整为"=A2"，如图 3-2 所示。

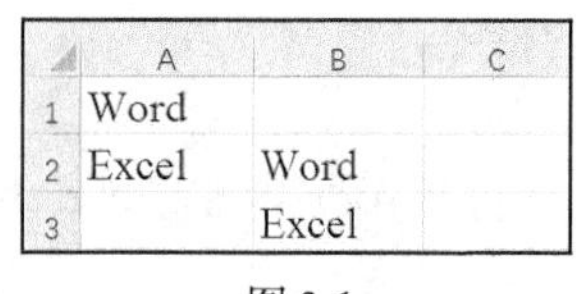

	A	B	C
1	Word		
2	Excel	Word	
3		Excel	

图 3-1

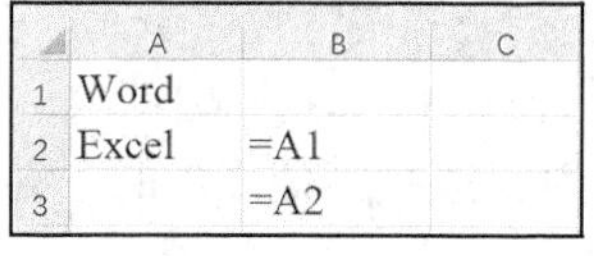

	A	B	C
1	Word		
2	Excel	=A1	
3		=A2	

图 3-2

2. 绝对引用

单元格绝对引用的格式为：$列号$行号。例如，$A$1。绝对引用总是引用指定位置的单元格。如果公式所在单元格的位置改变，绝对引用保持不变。如果多行或多列复制公式，绝对引用将不做调整。

【例 3-2】在单元格 A1 和 A2 中分别输入"Word"和"Excel"。在单元格 B2 中输入公式"=$A$1"，将单元格 B2 的公式复制到单元格 B3，效果如图 3-3 所示。当显示公式本身时，可以看到，单元格 B2 中的绝对引用复制到单元格 B3 时，单元格 B3 的内容与 B2 的内容一样"=$A$1"，如图 3-4 所示。

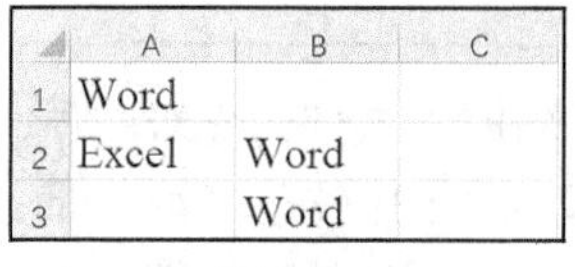

	A	B	C
1	Word		
2	Excel	Word	
3		Word	

图 3-3

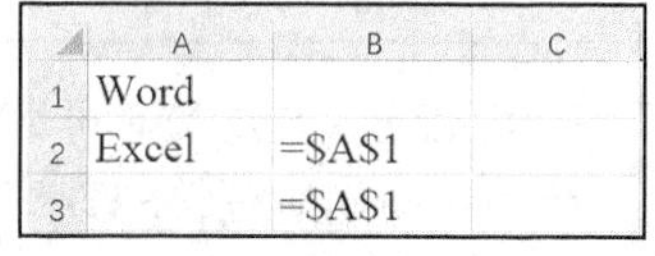

	A	B	C
1	Word		
2	Excel	=$A$1	
3		=$A$1	

图 3-4

3. 混合引用

单元格混合引用的格式为：$列号行号（绝对列和相对行）或者是列号$行号（相对列和绝对行）。例如，$A1、A$1。如果公式所在单元格的位置改变，则相对引用部分改变，而绝对引用部分不变。如果多行或多列复制公式，相对引用自动调整，而绝对引用不做调整。

【例 3-3】在单元格 A1 和 B1 中分别输入"Word"和"Excel"。在单元格 B2 中输入公式"=A$1"，将单元格 B2 的公式复制到单元格 C3 中，效果如图 3-5 所示。当显示公式本身时，可以看到，单元格 B2 中的混合引用复制到单元格 C3 时，单元格 C3 的行值"1"不变，列值由"A"调整到"B"，公式"=A$1"调整为"=B$1"，如图 3-6 所示。

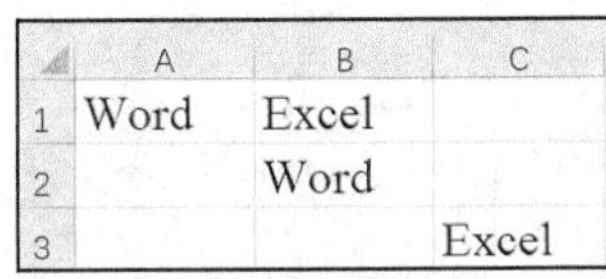

	A	B	C
1	Word	Excel	
2		Word	
3			Excel

图 3-5

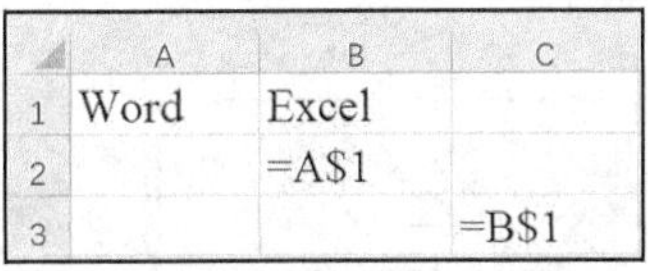

	A	B	C
1	Word	Excel	
2		=A$1	
3			=B$1

图 3-6

4. 外部引用

（1）引用不同工作表中的单元格

如果需要引用同一工作簿中其他工作表中的单元格数据，则需要在单元格前加上工作表的名称和感叹号"!"。

引用的格式为：=工作表名称!单元格引用。

例如，需要引用工作表名为"sheet1"中 A2 单元格，则输入的公式为"= sheet1!$A$2"。

（2）引用不同工作簿中的单元格

如果需要引用不同工作簿中某一工作表的单元格，需要包含工作簿的名称。

引用的格式为：=[工作簿名称]工作表名称!单元格引用。

【例 3-4】当前工作簿中 B2 单元格的值来自于工作簿名为"高等数学成绩.xlsx"的工作表 sheet1 中的 A2 单元格的内容。

① 首先打开被引用的工作簿（高等数学成绩.xlsx）。

② 切换到当前工作簿，选中需要输入公式的单元格 B2，首先输入等号（=），然后单击"高等数学成绩"工作簿中 sheet1 工作表中的 A2 单元格，生成的公式为"=[高等数学成绩.xlsx]sheet1!$A$2"。表示当前的 B2 单元格引用了"高等数学成绩.xlsx"工作簿中 sheet1 工作表中的 A2 单元格数据（"财务 01"），结果如图 3-7 所示。

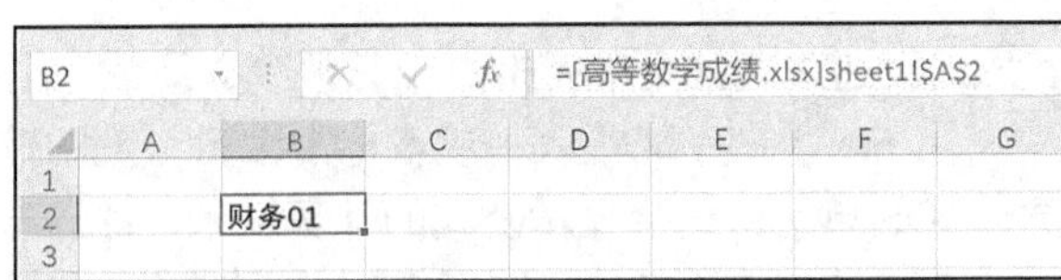

	A	B	C	D	E	F	G
1							
2		财务01					
3							

图 3-7

提示

如果被引用的工作簿处于关闭状态，则需要在工作簿前加上完整的存储路径。

5. 三维引用

如果需要引用同一工作簿中多个工作表上的同一个单元格的数据，可以采用三维引用的方式。使用引用运算符":"指定工作表的范围。

三维引用的格式为：工作表名称 1:工作表名称 n!单元格引用。

例如，Sheet1: Sheet3!B2、Sheet2:Sheet5!B2:G6。

【例 3-5】 计算 Sheet1～Sheet4 这 4 个工作表中 A1 单元格的值总和并存入 Sheet5 的 A1 单元格。

在 Sheet5 的 A1 单元格中输入公式"=SUM(Sheet1:Sheet4!A1)"。表示计算 Sheet1、Sheet2 、Sheet3 和 Sheet4 这 4 个工作表中 A1 值的总和（10），如图 3-8 所示。

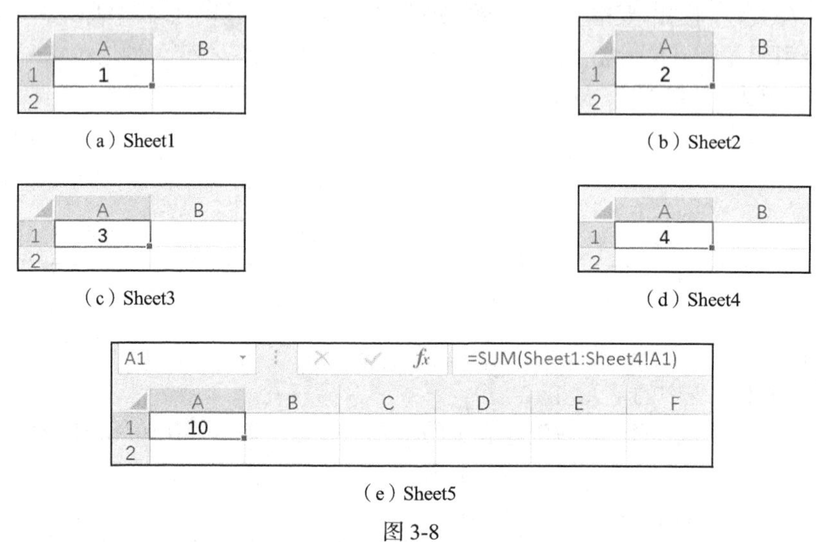

（a）Sheet1　（b）Sheet2　（c）Sheet3　（d）Sheet4　（e）Sheet5

图 3-8

3.2 公式编辑

使用公式计算数据时，首先要输入公式，如果计算出的结果不正确，可以编辑和修改公式直到结果正确。

3.2.1 手动输入公式

手动输入公式是将公式中的全部内容通过键盘输入。手动输入公式的操作步骤如下。

① 选择需要输入公式的单元格。

② 输入 "=" 等号。

③ 输入公式表达式。公式表达式通常由单元格引用、常数、函数、运算符和括号组成。

④ 公式输入完毕后，按【Enter】键完成输入；或者单击编辑栏上的输入按钮 ✓ 完成输入。

公式输入结束后，包含公式的单元格内会显示公式的计算结果；而公式本身则显示在编辑栏中。当单元格引用的内容发生变化时，公式的计算结果也会随之自动变化。

【例 3-6】 计算圆面积和周长，计算结果保留 2 位小数。

根据 B2 单元格的圆半径值，计算 B3 单元格的圆面积值和 B4 单元格的圆周长值。

① 在 B3 单元格中输入公式 "=3.14*B2^2"，公式表示计算圆的面积，其中 B2 单元格中是半径的值；B2^2 表示半径的平方。

② 在 B4 单元格中输入公式 "=3.14*B2*2"，公式表示计算圆的周长，其中 B2 单元格中是半径的值。

③ 将 B3 和 B4 单元格格式的小数位数设置为 "2"。结果如图 3-9 所示。

④ 改变 B2 单元格的值，公式的计算结果自动更新，如图 3-10 所示。

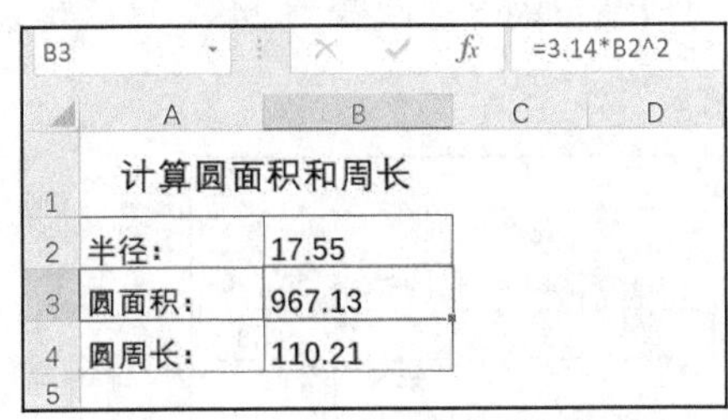

B3　=3.14*B2^2

	A	B	C	D
1	计算圆面积和周长			
2	半径：	17.55		
3	圆面积：	967.13		
4	圆周长：	110.21		
5				

图 3-9

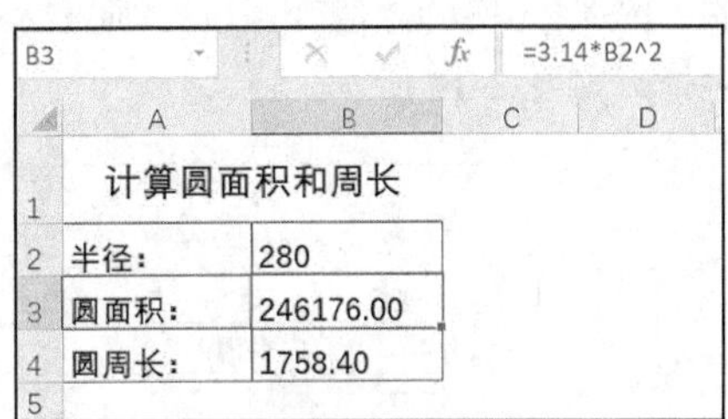

B3　=3.14*B2^2

	A	B	C	D
1	计算圆面积和周长			
2	半径：	280		
3	圆面积：	246176.00		
4	圆周长：	1758.40		
5				

图 3-10

公式必须以“=”开始，否则公式将被识别为一个字符串。
单元格中显示公式计算结果，编辑栏中显示公式表达式。

3.2.2　单击单元格输入

除了手动输入公式之外，用户也可以通过单击单元格来快速输入公式，操作步骤如下。

① 选择需要输入公式的单元格。

② 输入“=”等号。

③ 输入公式表达式。当需要输入单元格引用时，鼠标单击公式中单元格地址对应的单元格，则该单元格地址自动写入到公式表达式中。注意，公式表达式中的常数和运算符仍需要手动输入。

④ 公式输入完毕后，按【Enter】键；或者单击编辑栏上的输入按钮 ✓ 完成输入。

例如，在 D2 单元格中输入等号“=”；然后单击 B2 单元格，该单元格自动添加到公式中；输入文本连接符“&”；然后单击 C2 单元格，该单元格自动添加到公式中，生成的公式为“= B2&C2”；按【Enter】键即可在单元格中显示出公式的结果“计算机工程”，如图 3-11 所示。

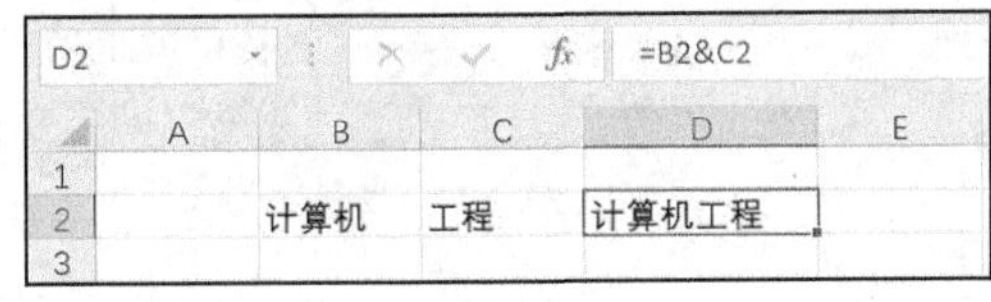

D2　=B2&C2

	A	B	C	D	E
1					
2		计算机	工程	计算机工程	
3					

图 3-11

【例 3-7】计算总成绩。

① 单击需要输入公式的 H2 单元格。

② 输入“=”等号。

③ 输入公式表达式。在 H2 单元格中直接输入公式“= E2+F2+G2”后按【Enter】键，结果如图 3-12 所示。

H2　=E2+F2+G2

	A	B	C	D	E	F	G	H
1	班级	姓名	性别	出生日期	高等数学	英语	物理	总成绩
2	财务01	宋洪博	男	1997/4/5	73	68	87	228
3	财务01	刘丽	女	1997/10/18	61	68	87	
4	财务01	陈涛	男	1997/12/3	88	93	78	
5	财务01	侯明斌	男	1999/1/1	84	78	88	
6	财务01	李淑子	女	1999/3/2	98	92	91	
7	财务01	李媛媛	女	1999/5/31	96	87	78	

图 3-12

H2 单元格显示公式的计算结果，即 73+68+87=228，如果组成公式的任意单元格中内容发生变化，例如，E2 单元格的数值变成 93，则 H2 单元格的总成绩自动随之改变为 248，这就是公式计算的便捷之处，如图 3-13 所示。

H2 | =E2+F2+G2

	A	B	C	D	E	F	G	H
1	班级	姓名	性别	出生日期	高等数学	英语	物理	总成绩
2	财务01	宋洪博	男	1997/4/5	93	68	87	248
3	财务01	刘丽	女	1997/10/18	61	68	87	
4	财务01	陈涛	男	1997/12/3	88	93	78	
5	财务01	侯明斌	男	1999/1/1	84	78	88	
6	财务01	李淑子	女	1999/3/2	98	92	91	
7	财务01	李媛媛	女	1999/5/31	96	87	78	

图 3-13

【例 3-8】在学生工作表中，添加 1 列“单位”。该列的内容由“学院”“专业”和“班级”这 3 列的内容组成。

① 单击需要输入公式的 G2 单元格。

② 输入公式表达式。在 G2 单元格中输入等号“=”；然后单击 A2 单元格，该单元格自动添加到公式中；输入文本连接符“&”；然后单击 B2 单元格，该单元格自动添加到公式中；输入文本连接符“&”；然后单击 C2 单元格，该单元格自动添加到公式，生成的公式为“=A2&B2&C2”，按【Enter】键完成公式的输入。

③ 在 G3 单元格中直接输入公式“=A3&B3&C3”。

结果如图 3-14 所示。

G2 | =A2&B2&C2

	A	B	C	D	E	F	G
1	学院	专业	班级	姓名	性别	出生日期	单位
2	经济与管理学院	财务管理	财务01	宋洪博	男	1997/4/5	经济与管理学院财务管理财务01
3	计算机学院	软件工程	计算01	陈涛	男	1998/5/12	计算机学院软件工程计算01

图 3-14

3.3 公式复制

多数情况下某列或某行会采用相同的计算方法，不需要逐列或逐行手动输入公式，可以通过复制公式的方法来快速完成公式的输入。

3.3.1 复制公式

复制公式有两种方法：自动填充或使用“复制与粘贴”。

1. 自动填充的方法复制公式

① 选择需要复制公式的单元格。

② 将鼠标指针放置到选中单元格右下方填充柄处，当鼠标指针变成十字形状时，按下鼠标左键拖曳至所需要的单元格处释放鼠标左键，如图 3-15 所示。当数据行较多时，可以双击填充柄将自动复制公式至最后一行。

H2　=E2+F2+G2

	A	B	C	D	E	F	G	H
1	班级	姓名	性别	出生日期	高等数学	英语	物理	总成绩
2	财务01	宋洪博	男	1997/4/5	73	68	87	228
3	财务01	刘丽	女	1997/10/18	61	68	87	216
4	财务01	陈涛	男	1997/12/3	88	93	78	259
5	财务01	侯明斌	男	1999/1/1	84	78	88	250
6	财务01	李淑子	女	1999/3/2	98	92	91	281
7	财务01	李媛媛	女	1999/5/31	96	87	78	261

图 3-15

用户在复制公式时，通常使用的是单元格的相对引用格式。例如，H2 单元格中“=E2+F2+G2”，当复制单元格到 H3 单元格时，其公式自动变成“=E3+F3+G3”，结果为 216。

如果使用单元格的绝对引用格式，在 H2 单元格中的公式为“=$E$2+$F$2+$G$2”；当复制单元格到 H3 单元格时，其公式仍然是“=$E$2+$F$2+$G$2”，如图 3-16 所示，结果为 228，显然是不正确的。

H2　=$E$2+$F$2+$G$2

	A	B	C	D	E	F	G	H
1	班级	姓名	性别	出生日期	高等数学	英语	物理	总成绩
2	财务01	宋洪博	男	1997/4/5	73	68	87	228
3	财务01	刘丽	女	1997/10/18	61	68	87	228
4	财务01	陈涛	男	1997/12/3	88	93	78	228
5	财务01	侯明斌	男	1999/1/1	84	78	88	228
6	财务01	李淑子	女	1999/3/2	98	92	91	228
7	财务01	李媛媛	女	1999/5/31	96	87	78	228

图 3-16

在该例中，公式的复制是在 H 列的不同行之间进行的，即列不变（绝对列）、行改变（相对行），所以也可以采用单元格的混合引用格式，即在 H2 单元格中“=$E2+$F2+$G2”，当用户复制公式时，列不变，行会变化。结果正确，如图 3-17 所示。

H2　=$E2+$F2+$G2

	A	B	C	D	E	F	G	H
1	班级	姓名	性别	出生日期	高等数学	英语	物理	总成绩
2	财务01	宋洪博	男	1997/4/5	73	68	87	228
3	财务01	刘丽	女	1997/10/18	61	68	87	216
4	财务01	陈涛	男	1997/12/3	88	93	78	259
5	财务01	侯明斌	男	1999/1/1	84	78	88	250
6	财务01	李淑子	女	1999/3/2	98	92	91	281
7	财务01	李媛媛	女	1999/5/31	96	87	78	261

图 3-17

2. 使用“复制与粘贴”的方法复制公式

通过“复制与粘贴”操作可以复制公式。在复制公式时，单元格引用会根据不同的引用类型而变化，操作步骤如下。

① 选择需要复制公式的单元格。

② 在“开始”选项卡的“剪贴板”选项组中，单击“复制”按钮。

③ 选择目标单元格，单击“粘贴”按钮即可复制公式及格式；如果单击“粘贴”按钮下方箭头，将出现图 3-18 所示的按钮选项，其中常用的图标含义如表 3-2 所示。

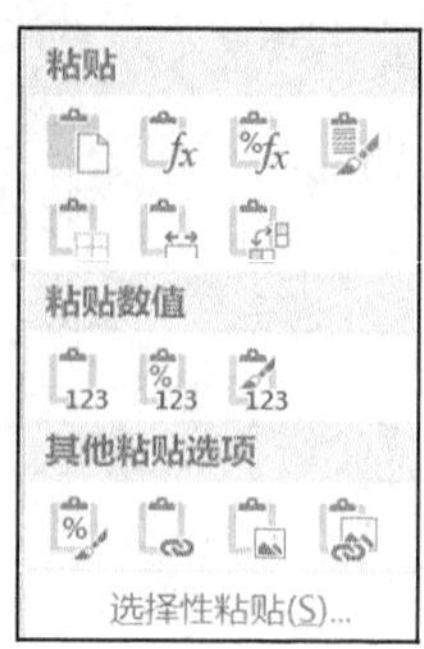

图 3-18

表 3-2　　粘贴选项的含义

选项	图标	含义
粘贴		粘贴公式和所有格式，是默认的常规粘贴方式
公式		只粘贴公式，不保留格式、批注等内容
公式和数字格式		只粘贴公式、保留数字格式
保留源格式		粘贴源公式并保留源数据区的格式
保留源列宽		粘贴到的目标单元格的列宽设置与源单元格列宽相同
无边框		粘贴源单元格区域中除了边框以外的所有内容
转置		源单元格区域中的行粘贴后成为列、列成为行
值		只粘贴数值、文本及公式的运算结果，不保留公式、格式等内容
值和数字格式		粘贴公式的值和数字格式
格式		只粘贴格式，包含条件格式

图 3-19 显示了将单元格 C1 分别使用不同的粘贴选项复制到单元格 C2、C3 和 C4 的效果。C2 单元格中选择了“粘贴”，则复制了 C1 单元格的公式和格式，其中公式变成了“=A2+B2”，计算出了 86+90 的结果为 176，格式与 C1 单元格相同；C3 单元格中选择了“公式”，则仅复制了 C1 单元格的公式，其中公式变成了“=A3+B3”，计算出了 78+85 的结果为 163，不复制 C1 单元格的加粗字体格式；C4 单元格中选择了粘贴“值”，仅复制了 C1 单元格的数值 152，不复制公式本身。

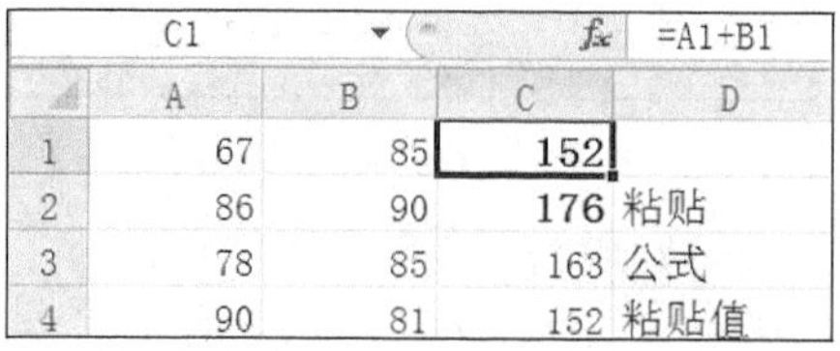

C1　　fx　=A1+B1

	A	B	C	D
1	67	85	**152**	
2	86	90	**176**	粘贴
3	78	85	163	公式
4	90	81	152	粘贴值

图 3-19

当公式中包含引用单元格时，一旦引用的单元格被删除，则公式中计算的单元格不存在了，所以计算的结果可能显示出错信息。例如，计算出了“总成绩”后删除“高等数学”列之后的“总成绩”列，如图 3-20 所示，显示出“#REF!”，该错误值表示公式中引用了无效的单元格，原因是删除了引用的单元格。

	A	B	C	D	E	F	G
1	班级	姓名	性别	出生日期	英语	物理	总成绩
2	财务01	宋洪博	男	1997/4/5	68	87	#REF!
3	财务01	刘丽	女	1997/10/18	68	87	#REF!
4	财务01	陈涛	男	1997/12/3	93	78	#REF!
5	财务01	侯明斌	男	1999/1/1	78	88	#REF!
6	财务01	李淑子	女	1999/3/2	92	91	#REF!
7	财务01	李媛媛	女	1999/5/31	87	78	#REF!

图 3-20

解决方法是将原来的“总成绩”列复制后，在 I1 单元格中选择粘贴“值”，如图 3-21 所示，然后删除 E～H 列，因为粘贴的是值，所以删除后对“总成绩”列没有影响，如图 3-22 所示。

	A	B	C	D	E	F	G	H	I
1	班级	姓名	性别	出生日期	高等数学	英语	物理	总成绩	总成绩
2	财务01	宋洪博	男	1997/4/5	73	68	87	228	228
3	财务01	刘丽	女	1997/10/18	61	68	87	216	216
4	财务01	陈涛	男	1997/12/3	88	93	78	259	259
5	财务01	侯明斌	男	1999/1/1	84	78	88	250	250
6	财务01	李淑子	女	1999/3/2	98	92	91	281	281
7	财务01	李媛媛	女	1999/5/31	96	87	78	261	261

图 3-21

	A	B	C	D	E
1	班级	姓名	性别	出生日期	总成绩
2	财务01	宋洪博	男	1997/4/5	228
3	财务01	刘丽	女	1997/10/18	216
4	财务01	陈涛	男	1997/12/3	259
5	财务01	侯明斌	男	1999/1/1	250
6	财务01	李淑子	女	1999/3/2	281
7	财务01	李媛媛	女	1999/5/31	261

图 3-22

当需要将行、列互换时，用户可以选择粘贴选项中的“转置”选项，操作步骤如下。

① 选中 B1:B7 单元格区域，按下【Ctrl】键同时选中 E1:G7 单元格区域。

② 在图 3-23 的“选择性粘贴”对话框中，选择“转置”复选框，则可以将选中单元格区域的行列进行了互换，结果的单元格区域为 A11:G14，如图 3-24 所示。转置后每行是课程；每列是学生。

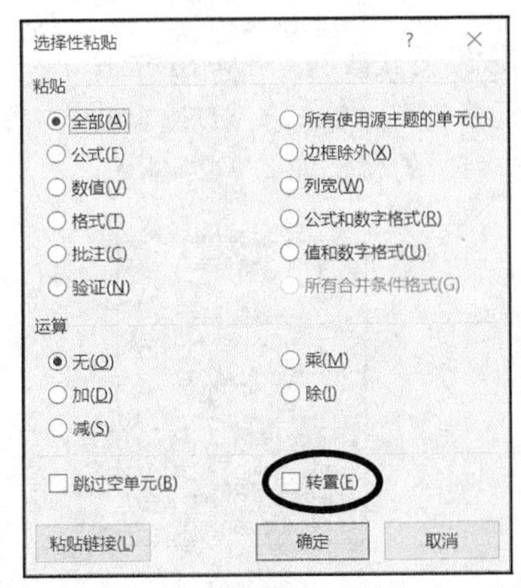

图 3-23

	A	B	C	D	E	F	G	H
1	班级	姓名	性别	出生日期	高等数学	英语	物理	总成绩
2	财务01	宋洪博	男	1997/4/5	73	68	87	228
3	财务01	刘丽	女	1997/10/18	61	68	87	216
4	财务01	陈涛	男	1997/12/3	88	93	78	259
5	财务01	侯明斌	男	1999/1/1	84	78	88	250
6	财务01	李淑子	女	1999/3/2	98	92	91	281
7	财务01	李媛媛	女	1999/5/31	96	87	78	261
8								
9								
10								
11	姓名	宋洪博	刘丽	陈涛	侯明斌	李淑子	李媛媛	
12	高等数学	73	61	88	84	98	96	
13	英语	68	68	93	78	92	87	
14	物理	87	87	78	88	91	78	
15								

图 3-24

3.3.2 显示公式

默认情况下，含有公式的单元格中显示的数据是公式的计算结果。如果需要显示公式，则可以在“公式”选项卡的“公式审核”选项组中，单击“显示公式”按钮，则显示图 3-25 所示的公式组成。

	A	B	C	D	E	F	G
1	班级	姓名	性别	高等数学	英语	物理	总成绩
2	财务01	宋洪博	男	73	68	87	=D2+E2+F2
3	财务01	刘丽	女	61	68	87	=D3+E3+F3
4	财务01	陈涛	男	88	93	78	=D4+E4+F4
5	财务01	侯明斌	男	84	78	88	=D5+E5+F5
6	财务01	李淑子	女	98	92	91	=D6+E6+F6
7	财务01	李媛媛	女	96	87	78	=D7+E7+F7

图 3-25

【例 3-9】计算学生高等数学成绩。

分析：高等数学课程的成绩是由平时成绩、期中成绩和期末成绩三部分构成的，每部分所占比例不同，成绩=平时成绩×平时比例+期中成绩×期中比例+期末成绩×期末比例。

① 在单元格 F4 中输入计算成绩公式为“=C4*B2+D4*D2+E4*F2”，公式的计算结果是 73。使用填充柄对单元格 F5～F9 进行公式复制后，出现了图 3-26 所示的“#VALUE!”的错误，显示单元格 F5 的公式为“=C5*B3+D5*D3+E5*F3”，如图 3-27 所示，发现其中的值为“20%”的单元格 B2 变成了 B3（“班级”）、“30%”的单元格 D2 变成了 D3（“期中成绩”）、“50%”的单元格 F2 变成了 F3（“成绩”），导致了计算结果错误。

视频 3-4

	A	B	C	D	E	F
1	高等数学课程成绩表					
2	平时比例	20%	期中比例	30%	期末比例	50%
3	姓名	班级	平时成绩	期中成绩	期末成绩	成绩
4	宋洪博	财务01	90	65	70	73
5	刘丽	财务01	60	62	60	#VALUE!
6	陈涛	财务01	90	85	88	#VALUE!
7	侯明斌	财务01	90	85	80	#VALUE!
8	李淑子	财务01	100	100	96	#VALUE!
9	李媛媛	财务01	100	93	96	#VALUE!

图 3-26

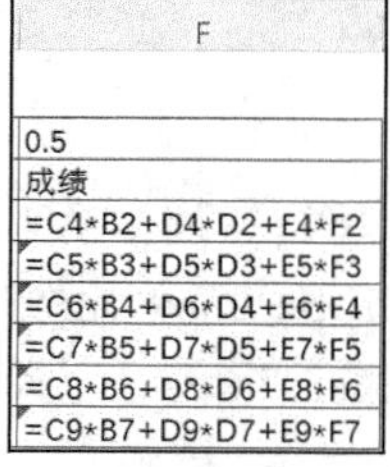

F
0.5
成绩
=C4*B2+D4*D2+E4*F2
=C5*B3+D5*D3+E5*F3
=C6*B4+D6*D4+E6*F4
=C7*B5+D7*D5+E7*F5
=C8*B6+D8*D6+E8*F6
=C9*B7+D9*D7+E9*F7

图 3-27

② 所以需要使用单元格的绝对引用，将单元格 F4 的计算成绩公式改为“=D4*$B$2+E4*$D$2+F4*$F$2”，对单元格 F5～F9 进行公式复制后，绝对引用的单元格$B$2（20%）、$D$2（30%）、$F$2（50%）不会改变，得到正确的结果如图 3-28 所示。单元格 F5～F9 的公式如图 3-29 所示。

	A	B	C	D	E	F
1	高等数学课程成绩表					
2	平时比例	20%	期中比例	30%	期末比例	50%
3	姓名	班级	平时成绩	期中成绩	期末成绩	成绩
4	宋洪博	财务01	90	65	70	73
5	刘丽	财务01	60	62	60	61
6	陈涛	财务01	90	85	88	88
7	侯明斌	财务01	90	85	80	84
8	李淑子	财务01	100	100	96	98
9	李媛媛	财务01	100	93	96	96

图 3-28

F
0.5
成绩
=C4*$B$2+D4*$D$2+E4
=C5*$B$2+D5*$D$2+E5
=C6*$B$2+D6*$D$2+E6
=C7*$B$2+D7*$D$2+E7
=C8*$B$2+D8*$D$2+E8
=C9*$B$2+D9*$D$2+E9

图 3-29

3.4 名称和数组

单元格默认情况下是用列号和行号来命名的，如 B5 单元格。用户还可以对单元格或单元格区域重新命名，并在其后的公式中使用名称进行计算，使得计算公式更加易于理解。

3.4.1 名称定义

创建名称常用的方法有 4 种。

1. 使用名称框定义名称

① 选中单元格或单元格区域，如 E2:E7。

② 将鼠标指针定位到“名称框”中，输入自定义的名称“高等数学”，然后按【Enter】键完成名称的定义，如图 3-30 所示。

高等数学 | fx 73

	A	B	C	D	E	F	G	H
1	班级	姓名	性别	出生日期	高等数学	英语	物理	总成绩
2	财务01	宋洪博	男	1997/4/5	73	68	87	
3	财务01	刘丽	女	1997/10/18	61	68	87	
4	财务01	陈涛	男	1997/12/3	88	93	78	
5	财务01	侯明斌	男	1999/1/1	84	78	88	
6	财务01	李淑子	女	1999/3/2	98	92	91	
7	财务01	李媛媛	女	1999/5/31	96	87	78	

图 3-30

2. 使用“定义名称”命令创建名称

① 单击“公式”选项卡中“定义的名称”选项组中的“定义名称”按钮。

② 在打开的“新建名称”对话框中，在“引用位置”框中设置单元格区域“=成绩表!$F$2:$F$7”；在“名称”框中输入名称“英语”，如图 3-31 所示。

3. 使用名称管理器新建名称

① 单击“公式”选项卡中“定义的名称”选项组中的“名称管理器”按钮。

② 在打开的“名称管理器”对话框中，单击“新建”按钮，如图 3-32 所示。

③ 在打开的“新建名称”对话框中，设置单元格区域的名称。

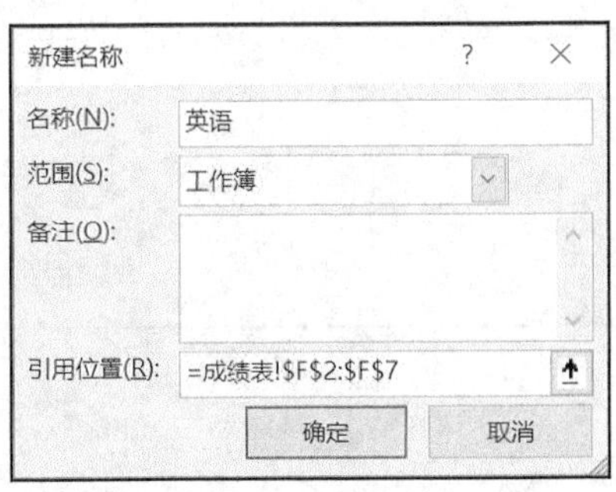

图 3-31

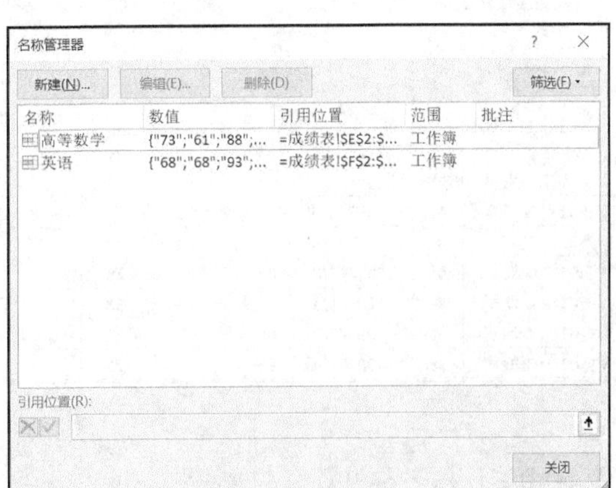

图 3-32

4. 使用快捷菜单定义名称

① 选中单元格或单元格区域，例如，G2:G7，单击鼠标右键，在弹出的快捷菜单中选择“定义名称”。

② 在打开的“新建名称”对话框中，设置单元格区域的名称，为选中的单元格区域命名为“物理”，如图 3-33 所示。

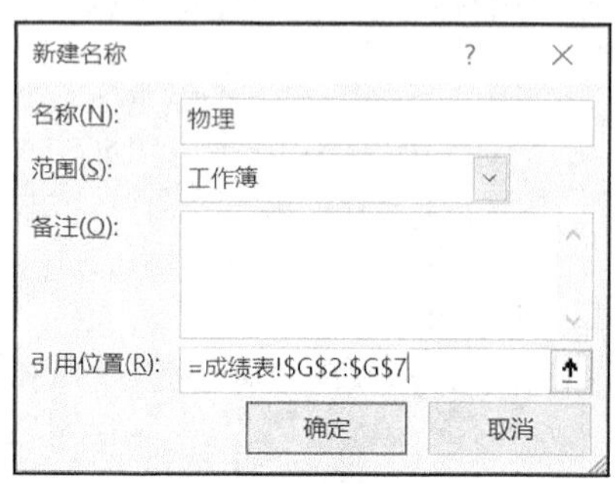

图 3-33

名称可以由字母、汉字、数字和特殊字符（下画线、圆点、反斜线、问号）组成，但是不能以数字开头，也不能与单元格地址相同（如 B3）。

3.4.2 在公式中使用名称

定义名称后就可以直接在公式中使用名称了，操作步骤如下。

① 选中输入公式的单元格。

② 单击“公式”选项卡中“定义的名称”选项组中的“用于公式”按钮，将显示出已经定义的名称，如图 3-34 所示。

③ 逐个选择需要的名称，手动输入运算符“+”，按【Enter】键完成公式的输入。用户也可以直接在公式中输入名称和运算符。其中 H2 单元格中输入公式为“= 高等数学+物理+英语”，比较直观地反映了总成绩的组成。

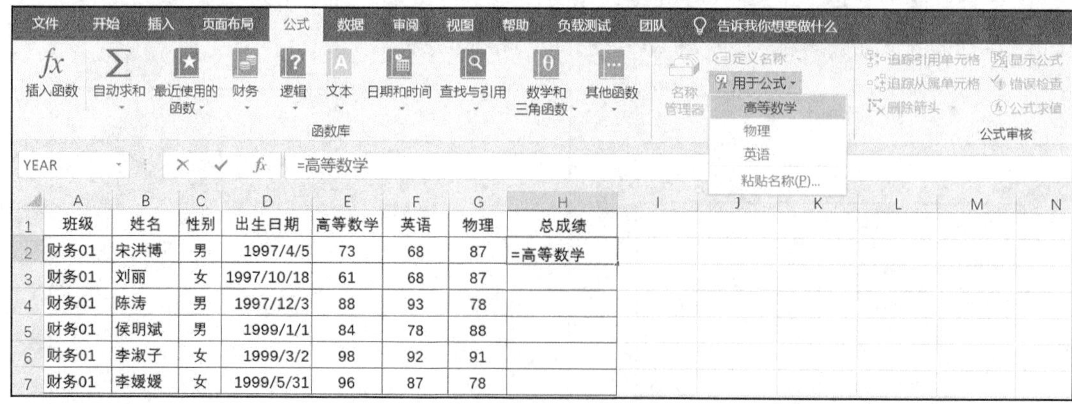

	A	B	C	D	E	F	G	H
1	班级	姓名	性别	出生日期	高等数学	英语	物理	总成绩
2	财务01	宋洪博	男	1997/4/5	73	68	87	=高等数学
3	财务01	刘丽	女	1997/10/18	61	68	87	
4	财务01	陈涛	男	1997/12/3	88	93	78	
5	财务01	侯明斌	男	1999/1/1	84	78	88	
6	财务01	李淑子	女	1999/3/2	98	92	91	
7	财务01	李媛媛	女	1999/5/31	96	87	78	

图 3-34

【例 3-10】使用名称计算“总成绩”。

① 选中 E2:E7。单击鼠标右键，在弹出的快捷菜单中选择“定义名称”。

② 在打开的"新建名称"对话框中，设置单元格区域的名称为"高等数学"。

③ 选中 F2:F7 重复①~②，名称为"英语"。

④ 选中 G2:G7 重复①~②，名称为"物理"。

⑤ 在 H2 单元格中输入公式"= 高等数学+物理+英语"，然后单击编辑栏上的输入按钮 ✓ 完成输入。

⑥ 双击 H2 单元格的十字填充柄进行公式的复制。

结果如图 3-35 所示。

H2 =高等数学+英语+物理

	A	B	C	D	E	F	G	H
1	班级	姓名	性别	出生日期	高等数学	英语	物理	总成绩
2	财务01	宋洪博	男	1997/4/5	73	68	87	228
3	财务01	刘丽	女	1997/10/18	61	68	87	216
4	财务01	陈涛	男	1997/12/3	88	93	78	259
5	财务01	侯明斌	男	1999/1/1	84	78	88	250
6	财务01	李淑子	女	1999/3/2	98	92	91	281
7	财务01	李媛媛	女	1999/5/31	96	87	78	261

图 3-35

3.4.3　名称编辑和删除

用户可以对已经定义名称的引用范围进行修改，也可以删除不需要的名称。

1. 编辑名称

① 单击"公式"选项卡中"定义的名称"选项组中的"名称管理器"按钮。

② 在打开的"名称管理器"对话框中，选中需要编辑的名称，单击"编辑"按钮，重新设置单元格区域的名称。

2. 删除名称

① 单击"公式"选项卡中"定义的名称"选项组中的"名称管理器"按钮。

② 在打开的"名称管理器"对话框中，选中需要删除的名称，单击"删除"按钮，在弹出的确认删除对话框中单击"确定"按钮即可完成名称的删除。

3.4.4　数组公式

在 Excel 函数和公式中，数组是指一行、一列或多行多列的一组数据元素的集合。

1. 数组的类型

常见的数组可以分为常数数组、区域数组等。

（1）常数数组

常数数组是指包含在大括号"{}"内的常量数值。如果是文本类常量必须用英文双引号括起来，如{0,60,70,80,90}和{"不及格","及格","中等","良好","优秀"}。

（2）区域数组

区域数组就是单元格区域引用形式。

例如，函数 AVERAGE(F2:F5)中的 F2:F5 是区域数组。

2. 数组公式

数组公式需要按下【Ctrl+Shift+Enter】组合键来完成编辑，系统会自动在数组公式的首尾添加大括号"{}"。用户可以使用数组公式返回一组运算结果。

【例 3-11】利用数组计算“总成绩”。

选中 H2:H7 单元格区域，在编辑栏中输入公式“=E2:E7+F2:F7+G2:G7”，然后按下【Ctrl+Shift+Enter】组合键，形成数组公式为：“{=E2:E7+F2:F7+G2:G7}”，此公式对每位学生的 3 门课程成绩求和，同时计算出 6 位学生的总成绩，数组公式和计算结果如图 3-36 所示。

H2　{=E2:E7+F2:F7+G2:G7}

	A	B	C	D	E	F	G	H
1	班级	姓名	性别	出生日期	高等数学	英语	物理	总成绩
2	财务01	宋洪博	男	1997/4/5	73	68	87	228
3	财务01	刘丽	女	1997/10/18	61	68	87	216
4	财务01	陈涛	男	1997/12/3	88	93	78	259
5	财务01	侯明斌	男	1999/1/1	84	78	88	250
6	财务01	李淑子	女	1999/3/2	98	92	91	281
7	财务01	李媛媛	女	1999/5/31	96	87	78	261

图 3-36

提示

数组中的大括号“{}”应在编辑完成后按【Ctrl+Shift+Enter】组合键自动生成，如果手工输入，系统将识别为文本字符，无法正确计算。

3.5　公式审核

公式审核就是检查公式与单元格之间的关系。当数据关系复杂时，某个单元格中公式的计算既可能受到其他单元格数值的影响，又可能会影响到其他单元格的数值。利用公式审核功能，可以非常方便地检查公式的组成，分析影响公式计算结果的因素，以及公式计算结果是否会影响其他单元格。

3.5.1　更正公式

如果创建公式时输入错误，会在单元格内显示相应的错误信息，此时需要了解产生错误的原因并加以更正。表 3-3 所示为常见的错误类型和更正方法。

表 3-3　单元格常见的错误类型

类型	含义	更正方法
#####	列宽不够	增加列宽或缩小字号
#DIV/0!	除数为 0	检查输入公式中除数是否为 0 或引用了空白单元格或值为 0 的单元格作为除数
#N/A	数值对函数或公式不可用	检查公式中引用的单元格的数据，并输入正确的内容
#NAME?	无法识别公式中的文本	检查输入文本时是否缺少双引号，区域引用中是否缺少了冒号
#NULL!	区域运算符不正确	使用区域运算符（:）引用连续的单元格区域；使用联合运算符（,）引用不相交的两个区域
#NUM!	无效数据	检查数字是否超出限定范围，或函数中的参数是否正确
#REF!	单元格引用无效	检查引用的单元格是否已被删除
#VALUE!	参数或操作数的类型错误	检查公式、函数中使用的运算符或参数是否正确

3.5.2 追踪单元格

公式中引用了多个单元格数据，其中某些被引用的单元格又引用了其他单元格的数据，这样就构成了复杂的单元格引用关系，使用单元格的追踪方法可以有效地显示出一个公式是由哪些单元格数据构成的。

1. 追踪引用单元格

追踪引用单元格是查找为公式提供数值的单元格，追踪箭头用于显示活动单元格与其引用单元格之间的关系。蓝色追踪箭头表示引用正确；红色追踪箭头表示引用单元格中包含错误值。追踪引用单元格的操作步骤如下。

① 选择公式所在单元格。

② 在“公式”选项卡的“公式审核”选项组中，单击“追踪引用单元格”按钮。例如，图 3-37 中，显示了单元格 F6 公式引用中的单元格有 C6、D6、E6、B2、D2 和 F2。

③ 如果公式间接引用了其他单元格，则可以再次单击“追踪引用单元格”按钮，将间接引用的单元格也显示出来。

④ 若要删除追踪箭头，可单击“移去箭头”按钮。

	A	B	C	D	E	F
1	高等数学课程成绩表					
2	平时比例	20%	期中比例	30%	期末比例	50%
3	姓名	班级	平时成绩	期中成绩	期末成绩	成绩
4	宋洪博	财务01	90	65	70	73
5	刘丽	财务01	60	62	60	61
6	陈涛	财务01	90	85	88	88
7	侯明斌	财务01	90	85	80	84
8	李淑子	财务01	100	100	96	98
9	李媛媛	财务01	100	93	96	96

图 3-37

视频 3-6

2. 追踪从属单元格

与引用单元格相反，从属单元格表现的是被动关系，是指当前活动单元格被其他单元格中的公式所引用。从属单元格也分为直接被引用和间接被引用。追踪从属单元格的操作步骤如下。

① 选择一个被引用的单元格。

② 在“公式”选项卡的“公式审核”选项组中，单击“追踪从属单元格”按钮。例如，图 3-38 中显示出引用了单元格 D2 的所有单元格 F4～F9。

③ 若要删除追踪箭头，可单击“移去箭头”按钮。

	A	B	C	D	E	F
1	高等数学课程成绩表					
2	平时比例	20%	期中比例	30%	期末比例	50%
3	姓名	班级	平时成绩	期中成绩	期末成绩	成绩
4	宋洪博	财务01	90	65	70	73
5	刘丽	财务01	60	62	60	61
6	陈涛	财务01	90	85	88	88
7	侯明斌	财务01	90	85	80	84
8	李淑子	财务01	100	100	96	98
9	李媛媛	财务01	100	93	96	96

图 3-38

3.5.3 检查错误与公式求值

1. 检查错误

检查错误功能是对工作表中的所有公式进行错误检查。如果发现错误，将提示错误公式的位置、错误的原因等信息，操作步骤如下。

① 在“公式”选项卡的“公式审核”选项组中，单击“错误检查”选项。

② 在“错误检查”对话框中，单击选项按钮完成相应的操作，通过单击“上一个”或“下一个”按钮定位到包含错误的其他公式。

图 3-39 所示的“错误检查”中显示单元格 F5 出错，提示出错的原因是“公式中所用的某个值是错误的数据类型”。根据提示用户可以分析出是公式中的单元格 B3、D3、F3 出现错误，进一步分析可以发现是采用了单元格相对引用在复制公式时引起的错误。

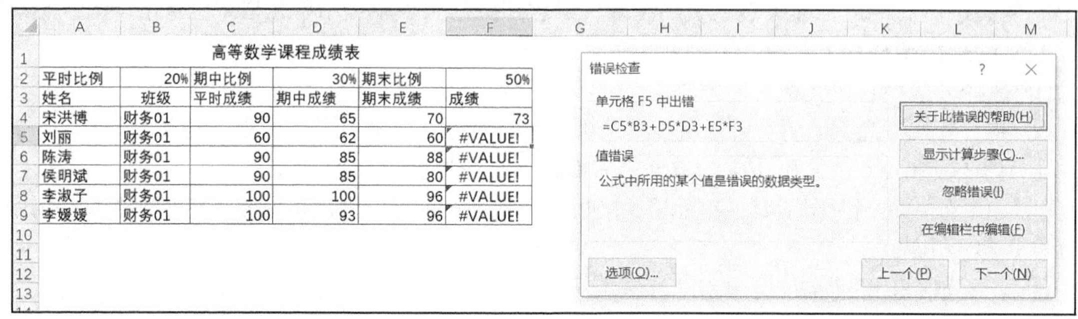

图 3-39

2. 公式求值

公式求值可以看到公式求值的详细过程，方便用户及时发现公式中的问题所在，操作步骤如下。

① 在“公式”选项卡的“公式审核”选项组中，单击“公式求值”选项。

② 在“公式求值”对话框中将显示出引用的单元格和其中的公式。

例如，当图 3-40 中复制公式后显示出错误信息后，对出错的单元格 F5 求值，可以看到其中的求值公式是：“=C5*B3+D5*D3+E5*F3”。

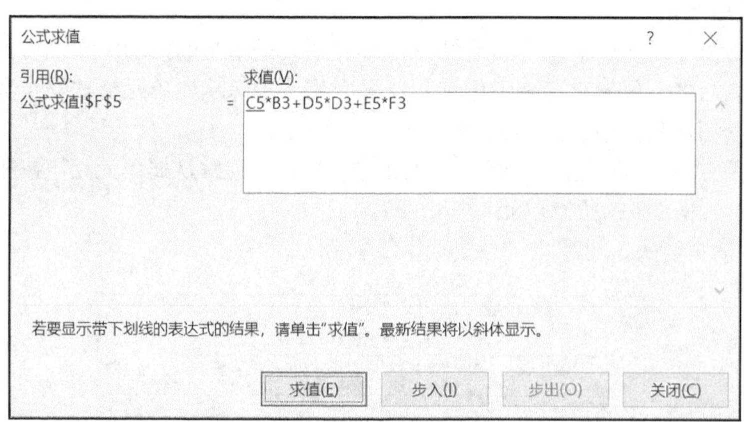

图 3-40

③ 单击“求值”按钮后，将按照公式的计算顺序逐步显示公式的计算过程，即每次单击“求值”按钮，将计算一个值。图 3-41（a）～（f）展示了对公式“=C5*B3+D5*D3+E5*F3”进行“公式求值”的过程。可以看到出现了“60*‘班级’+D5*D3+E5*F3”这样的运算，本次的求值结果是“*#VALUE!*+D5*D3+E5*F3”，用户可以发现本部分有错误，原因是：60*“班级”。究其原因是公式采用的是单元格相对引用，复制公式后单元格位置发生了变化，所以需要将 B3、D3、F3 单元格改为绝对引用即$B$3、$D$3、$F$3。

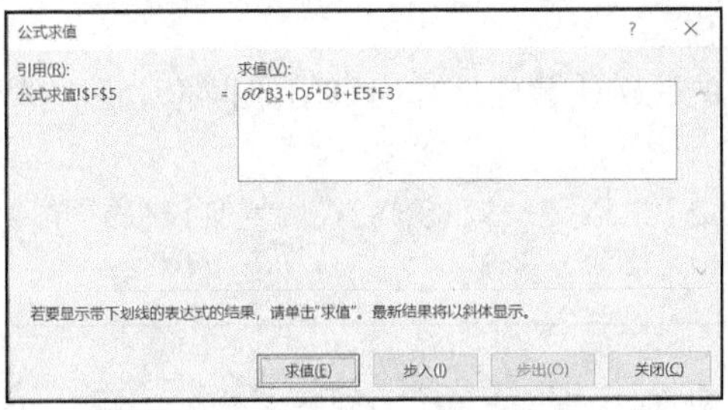

（a）

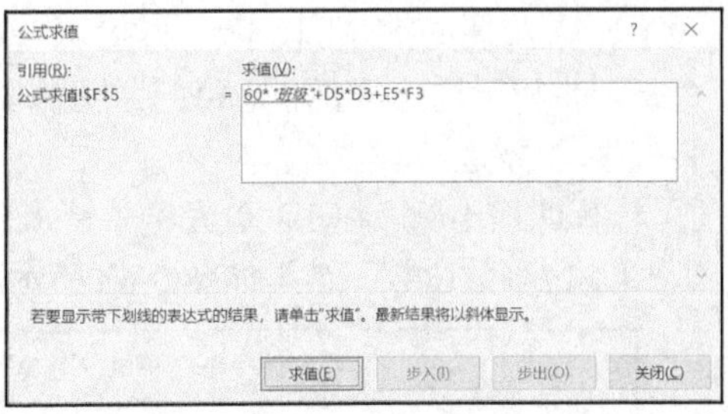

（b）

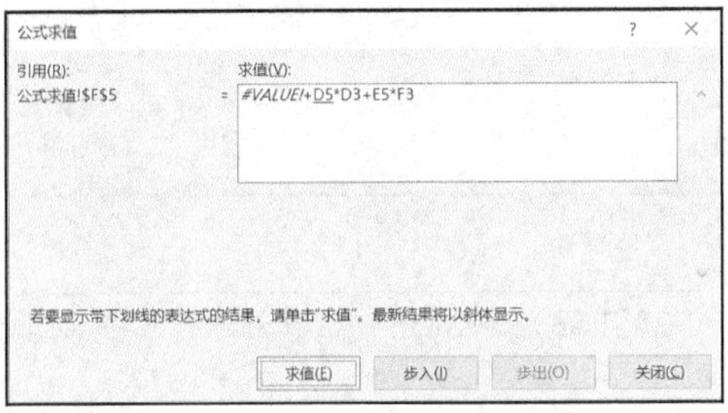

（c）

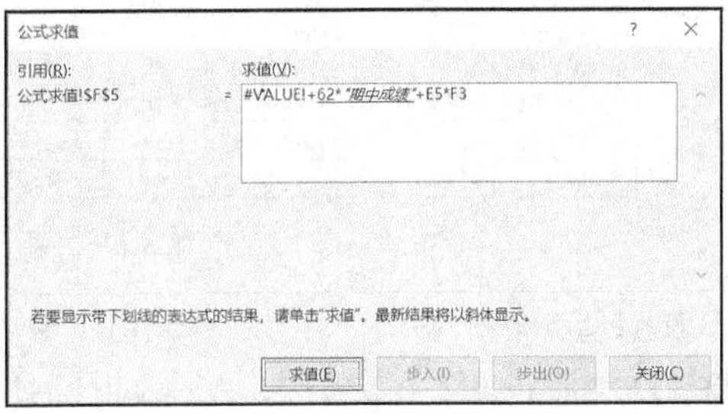

（d）

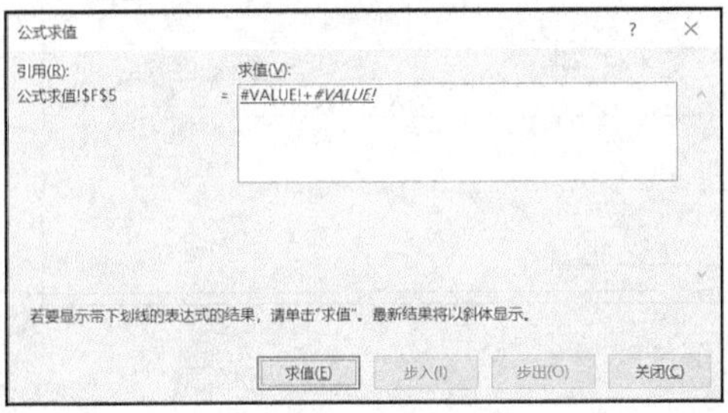

（e）

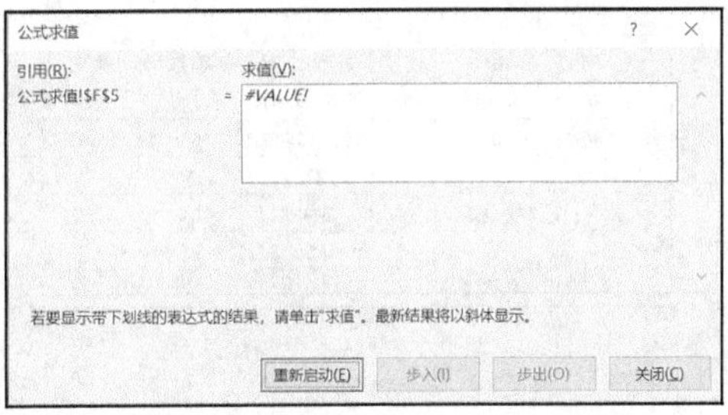

（f）

图 3-41

3.6　应用实例——学生成绩表计算

计算学生的平均成绩是常用的统计分析方法。

（1）计算成绩表中的平均成绩，保留 2 位小数

分析：平均成绩是高等数学、英语和物理这 3 科成绩的平均值。

① 输入公式表达式。在 H2 单元格中输入公式“=(E2+F2+G2)/3”后按【Enter】键。

② 复制公式。使用填充柄复制公式至 H3～H7 单元格中。

③ 保留小数。在“设置单元格格式”对话框的“数字”选项卡中设置“小数位数”为 2 位。结果如图 3-42 所示。

	A	B	C	D	E	F	G	H
1	班级	姓名	性别	出生日期	高等数学	英语	物理	平均成绩
2	财务01	宋洪博	男	1997/4/5	73	68	87	76.00
3	财务01	刘丽	女	1997/10/18	61	68	87	72.00
4	财务01	陈涛	男	1997/12/3	88	93	78	86.33
5	财务01	侯明斌	男	1999/1/1	84	78	88	83.33
6	财务01	李淑子	女	1999/3/2	98	92	91	93.67
7	财务01	李媛媛	女	1999/5/31	96	87	78	87.00

图 3-42

（2）计算成绩表中的带权平均成绩，保留 2 位小数

分析：带权平均值需要考虑每门课程的学时所占的比例，首先计算出每门课程的比例，然后计算出带权平均成绩。

① 计算课程比例。在 L3 单元格中输入公式“=L2/($L$2+$M$2+$N$2)”，复制该公式至 M3～N3，保留 1 位小数位数，结果如图 3-43 所示。

L3 =L2/($L$2+$M$2+$N$2)

	A	B	C	D	E	F	G	H	I	J	K	L	M	N	O
1	班级	姓名	性别	出生日期	高等数学	英语	物理	平均成绩	带权平均成绩			高等数学	英语	物理	
2	财务01	宋洪博	男	1997/4/5	73	68	87	76.00			学时数	70	40	50	
3	财务01	刘丽	女	1997/10/18	61	68	87	72.00			比例	43.8%	25.0%	31.3%	
4	财务01	陈涛	男	1997/12/3	88	93	78	86.33							
5	财务01	侯明斌	男	1999/1/1	84	78	88	83.33							
6	财务01	李淑子	女	1999/3/2	98	92	91	93.67							
7	财务01	李媛媛	女	1999/5/31	96	87	78	87.00							

图 3-43

② 计算带权平均值。在 I2 单元格中输入公式“=E2*$L$3+F2*$M$3+G2*$N$3”，复制该公式至 I3～I7，保留 2 位小数位数，结果如图 3-44 所示。

I2 =E2*$L$3+F2*$M$3+G2*$N$3

	A	B	C	D	E	F	G	H	I	J	K	L	M	N	O
1	班级	姓名	性别	出生日期	高等数学	英语	物理	平均成绩	带权平均成绩			高等数学	英语	物理	
2	财务01	宋洪博	男	1997/4/5	73	68	87	76.00	76.13		学时数	70	40	50	
3	财务01	刘丽	女	1997/10/18	61	68	87	72.00	70.88		比例	43.8%	25.0%	31.3%	
4	财务01	陈涛	男	1997/12/3	88	93	78	86.33	86.13						
5	财务01	侯明斌	男	1999/1/1	84	78	88	83.33	83.75						
6	财务01	李淑子	女	1999/3/2	98	92	91	93.67	94.31						
7	财务01	李媛媛	女	1999/5/31	96	87	78	87.00	88.13						

图 3-44

（3）显示出 I6 单元格引用的单元格

① 选择 I6 单元格。

② 在“公式”选项卡的“公式审核”选项组中，单击“追踪引用单元格”按钮。在图 3-45 中，显示了单元格 I6 公式引用的单元格。

	A	B	C	D	E	F	G	H	I	J	K	L	M	N	O
1	班级	姓名	性别	出生日期	高等数学	英语	物理	平均成绩	带权平均成绩			高等数学	英语	物理	
2	财务01	宋洪博	男	1997/4/5	73	68	87	76.00	76.13		学时数	70	40	50	
3	财务01	刘丽	女	1997/10/18	61	68	87	72.00	70.88		比例	43.8%	25.0%	31.3%	
4	财务01	陈涛	男	1997/12/3	88	93	78	86.33	86.13						
5	财务01	侯明斌	男	1999/1/1	84	78	88	83.33	83.75						
6	财务01	李淑子	女	1999/3/2	98	92	91	93.67	94.31						
7	财务01	李媛媛	女	1999/5/31	96	87	78	87.00	88.13						

图 3-45

③ 再次单击“追踪引用单元格”按钮，显示出间接引用的单元格，如图 3-46 所示。

	A	B	C	D	E	F	G	H	I	J	K	L	M	N	O
1	班级	姓名	性别	出生日期	高等数学	英语	物理	平均成绩	带权平均成绩			高等数学	英语	物理	
2	财务01	宋洪博	男	1997/4/5	73	68	87	76.00	76.13		学时数	70	40	50	
3	财务01	刘丽	女	1997/10/18	61	68	87	72.00	70.88		比例	43.8%	25.0%	31.3%	
4	财务01	陈涛	男	1997/12/3	88	93	78	86.33	86.13						
5	财务01	侯明斌	男	1999/1/1	84	78	88	83.33	83.75						
6	财务01	李淑子	女	1999/3/2	98	92	91	93.67	94.31						
7	财务01	李媛媛	女	1999/5/31	96	87	78	87.00	88.13						

图 3-46

课堂实验

一、实验目的

1. 掌握公式的基本使用方法。
2. 掌握公式审核的使用。

二、实验内容

在电子资源“Excel 实验素材”文件夹中打开“实验 3.xlsx”文件，在 sheet1 工作表中是每个学生的平时成绩，在“成绩单”工作表中给出了期中考试成绩和期末考试成绩以及所占比例。按下列要求在“成绩单”工作表中完成操作。

利用公式求出每个学生的总成绩（=sheet1 中的平时成绩+期中考试成绩*比例+期末考试成绩*比例）。先求出第一个学生的总成绩，再使用填充柄快速填充其他学生的总成绩。完成操作后“总成绩”列显示的是【分值/公式】。

求第一个学生的总成绩可以在 E4 单元格中输入公式“=sheet1!C3+C4*$B$2+D4*$E$2”。其中，平时成绩引用了 sheet1 中的 C3 单元格；成绩所占比例使用了绝对引用，这样在公式复制时不会改变。

1. 将总成绩列的条件格式设置为渐变填充的蓝色数据条，以区分不同的成绩。

2. 单击“公式”选项卡“公式审核”选项组中的“显示公式”按钮，这时“总成绩”列显示的是【分值/公式】。再次单击“显示公式”按钮可恢复。

3. 选中 E8 单元格后，单击“公式”选项卡“公式审核”选项组中的“追踪引用单元格”按钮，这时会出现指向 E8 单元格的【 】，表明公式中引用了哪些单元格（包括其他工作表的单元格）。单击“移去箭头”按钮可恢复。

4. 选中 D11 单元格后，单击“公式”选项卡“公式审核”选项组中的“追踪从属单元格”按钮，这时从 D11 单元格会发出指向【 】的箭头，表明该单元格引用了 D11。单击“移去箭头”按钮可恢复。

样张：

	A	B	C	D	E
1	信息技术基础课程成绩单				
2	期中考试成绩比例	30%		期末考试成绩比例	50%
3	学号	姓名	期中考试成绩	期末考试成绩	总成绩
4	1101	冯天民	75	68	76.5
5	1102	吴秀峰	82	78	82.6
6	1103	王莹莹	68	83	80.9
7	1104	王成婉	99	93	95.2
8	1105	马 垚	65	80	78.5
9	1106	张朝雁	98	75	83.9
10	1107	郭东斌	80	82	85
11	1108	闫 东	75	68	76.5
12	1109	王毅刚	82	99	92.1

sheet1　成绩单

习　题

一、单项选择题

1. 在 Excel 工作表的单元格中输入公式时，应先输入______。

A. $　　B. %　　C. &　　D. =

2. 对于 D5 单元格，其绝对引用单元格表示方法为______。

A. D5　　B. D$5　　C. $D$5　　D. $D5

3. 引用单元格时，单元格列标前加上“$”符，而行标前不加；或者行标前加上“$“符，而列标前不加，这属于______。

A. 相对引用　　B. 绝对引用　　C. 混合引用　　D. 外部引用

4. 在工作表 Sheet1 中，若 A1 为 20，B1 为 40，A2 为 15，B2 为 30，在 C1 输入公式“=A1+B1”，将公式从 C1 复制到 C2，则 C2 的值为______。

A. 35　　B. 45　　C. 75　　D. 90

5. 可以通过______符号将两个字符串连接起来。

A. ¥　　B. &　　C. @　　D. #

6. 默认情况下，已经输入了公式的单元格中显示的是______。

A. 公式　　B. 公式的结果　　C. 公式和公式的结果　　D. 公式和格式

7. 在 A3 单元格中的公式是“=A1+A2”，把 A3 单元格复制到 C5 单元格后，C5 单元格中的公式是______。

A. =A1+A2　　B. =C1+C2　　C. =A3+A4　　D. =C3+C4

8. 在单元格中输入公式“=12>24”，确认后，此单元格显示的内容为______。

A. FALSE　　B. =12>24　　C. TRUE　　D. 12>24

9. 如果将 B3 单元格中的公式“=C3+$D5”，复制到 D7 单元格中，该单元格公式为______。

A. =C3+$D5　　B. =D7+$E9　　C. =E7+$D9　　D. =E7+$D5

10. 若要在某单元格内显示出 5 除以 7 的计算结果，可输入______。

A. "5/7"　　B. 5/7　　C. =5/7　　D. '5/7

11. 单元格 A1=5，A2=3，A3=A1+A2，如果 A1 的内容改变为 7，则现在 A3 的内容为_____。

A. 8　　B. 10　　C. 0　　D. 3

12. 单元格混合引用形式是_____。

A. A5　　B. $A$5　　C. $A5　　D. 5A

13. 若单元格 C1 中公式为“=A1+B2”，将其复制到单元格 E5，则 E5 中的公式是____。

A. =C3+A4　　B. =C5+D6　　C. =C3+D4　　D. =A3+B4

14. 在同一工作簿中，Sheet1 工作表中的 D3 单元格要引用 Sheet3 工作表中 F6 单元格中的数据，其引用表述为 _____。

A. =F6　　B. =Sheet3!F6　　C. =F6!Sheet3　　D. =Sheet3#F6

15. 已知 A1 单元格和 B1 单元格的值分别为“电子科技大学”“信息中心”，要求在 C1 单元格显示“电子科技大学信息中心”，则在 C1 单元格中应键入的正确公式为_____。

A. = “电子科技大学” + “信息中心”　　B. =A1$B1

C. =A1+B1　　D. =A1&B1

二、判断题

1. 公式中可以有常量、单元格引用、运算符，也可以包含函数。
2. 在单元格引用中，单元格地址不会随位置而改变的称为相对引用。
3. 单元格中可输入公式，但单元格真正存储的是其计算结果。
4. 公式“=B2*D3+1B”是正确的公式形式。
5. 单元格 B5 与单元格$B$5 在公式复制时是完全一样的。

三、简答题

1. 简述 Excel 的公式的主要功能。
2. 简述常用的运算符有哪些。

第 4 章 函数

Excel 2016 具有功能强大的函数，为用户进行数据运算和统计提供了有力的支持。函数包括财务、日期与时间、数学与三角函数、统计、查找与引用、数据库、文本、逻辑和信息函数等多种类型。

4.1 函数概述

函数是 Excel 的重要组成部分，能够完成各种复杂的计算、统计、查询等数据处理功能。

4.1.1 函数语法

函数的语法形式为：函数名(参数 1,参数 2,…)。

每个函数的函数名是唯一的，并且不区分大小写。

参数的个数与类型随着函数的不同而变化。参数可以是常量、单元格引用、单元格区域、单元格区域名称、公式或其他函数等。

有些函数没有参数，但是函数名后的圆括号不能省略。函数中的符号必须使用英文标点符号。

4.1.2 函数类型

Excel 中内置函数有 300 多个，根据函数的功能和应用领域，函数主要分为如下的类型：文本函数、信息函数、逻辑函数、查找与引用函数、日期与时间函数、统计函数、数学与三角函数、财务函数、工程函数、多维数据集函数和兼容性函数等。

用户不需要掌握 Excel 的全部函数，只要能够熟练使用其中部分的常用函数，就可以解决实际工作中的绝大部分问题。

当用户使用一个不熟悉的函数时，可以在该函数的“函数参数”对话框中，单击“有关该函数的帮助”的超链接按钮，打开“Excel 帮助”窗口，显示出该函数的功能说明、语法、注解和应用示例。

4.2 函数输入

4.2.1 手动输入函数

Excel 中有公式记忆式键入的功能，用户手动输入公式时会出现备选函数列表，帮助用户快速完成输入，并且可以减少输入的语法错误，操作步骤如下。

① 输入等号（=）。

② 输入函数名称开始的几个字母，此时显示一个动态列表，其中包含了与用户输入字母匹配的有效函数名。

③ 双击需要的函数，在“(”后，输入以逗号分隔的各个参数；或者选择单元格或单元格区域作为参数。

④ 输入“)”，然后按【Enter】键或单击编辑栏中的确认按钮 ✓，完成函数输入。如果单击编辑栏中的取消按钮 ×，则放弃函数输入，如图 4-1 所示。

YEAR　=su

SUBSTITUTE、SUBTOTAL、SUM（计算单元格区域中所有数值的和）、SUMIF、SUMIFS、SUMPRODUCT、SUMSQ、SUMX2MY2、SUMX2PY2、SUMXMY2

	A	B	C	D	G	H
1	班级	姓名	性别	出生日期	物理	总成绩
2	财务01	宋洪博	男	1997/4/5		
3	财务01	刘丽	女	1997/10/18	87	
4	财务01	陈涛	男	1997/12/3	78	
5	财务01	侯明斌	男	1999/1/1	88	
6	财务01	李淑子	女	1999/3/2	91	
7	财务01	李媛媛	女	1999/5/31	78	

（a）函数动态列表

YEAR　=SUM(　SUM(number1, [number2], ...)

	A	B	C	D	E	F	G	H
1	班级	姓名	性别	出生日期	高等数学	英语	物理	总成绩
2	财务01	宋洪博	男	1997/4/5	73	68	87	=SUM(
3	财务01	刘丽	女	1997/10/18	61	68	87	
4	财务01	陈涛	男	1997/12/3	88	93	78	
5	财务01	侯明斌	男	1999/1/1	84	78	88	
6	财务01	李淑子	女	1999/3/2	98	92	91	
7	财务01	李媛媛	女	1999/5/31	96	87	78	

（b）双击需要的函数

H2　=SUM(E2:G2)

	A	B	C	D	E	F	G	H
1	班级	姓名	性别	出生日期	高等数学	英语	物理	总成绩
2	财务01	宋洪博	男	1997/4/5	73	68	87	228
3	财务01	刘丽	女	1997/10/18	61	68	87	
4	财务01	陈涛	男	1997/12/3	88	93	78	
5	财务01	侯明斌	男	1999/1/1	84	78	88	
6	财务01	李淑子	女	1999/3/2	98	92	91	
7	财务01	李媛媛	女	1999/5/31	96	87	78	

（c）输入参数

图 4-1

提示

单元格中显示函数计算的结果，公式框中显示函数表达式。

4.2.2　插入函数

1. 插入函数

由于函数数量较多，用户要记住所有函数名称和参数是非常困难而且是不必要的。因此系统提供了函数向导，引导用户正确输入函数，操作步骤如下。

① 单击编辑栏上的插入函数按钮 fx，此时自动插入等号（=），同时打开图 4-2 所示的“插入函数”对话框。

视频 4-1

② 根据计算要求，选择函数类别：然后选择具体的函数。“选择类别”下拉列表有以下几个选择。

- 常用函数：最近插入的函数按字母顺序显示在“选择函数”列表中。
- 某个函数类别：此类函数按字母顺序显示在“选择函数”列表中。
- 全部：所有函数按字母顺序显示在“选择函数”列表中。

③ 在图 4-3 所示的“函数参数”对话框中，输入参数。若参数是单元格区域，可以先单击“拾

取器”按钮，选择图 4-4 所示的单元格区域后，再次单击“拾取器”按钮，返回“函数参数”对话框，在下方出现计算结果，如图 4-5 所示。

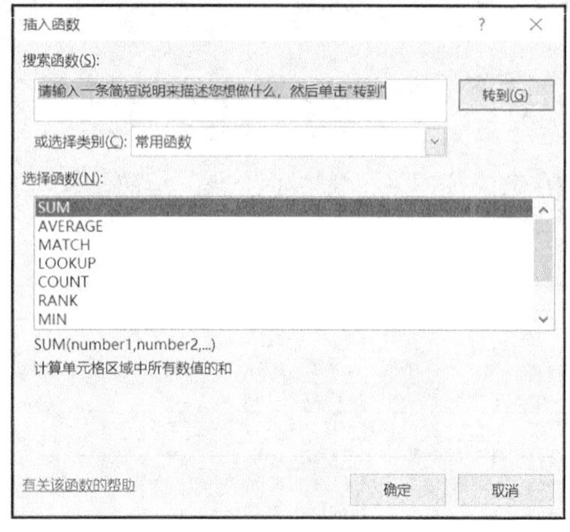

图 4-2

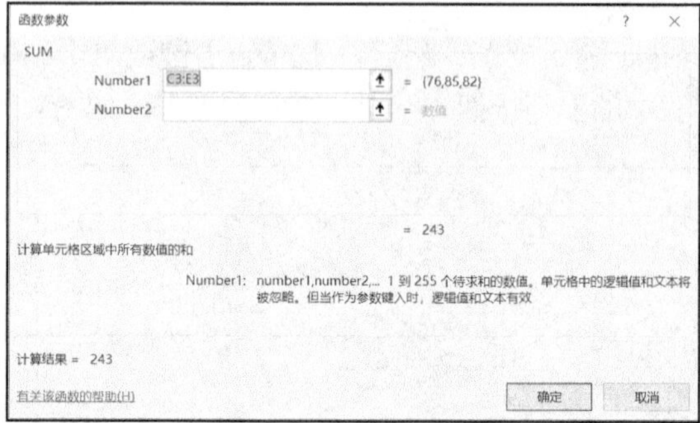

图 4-3

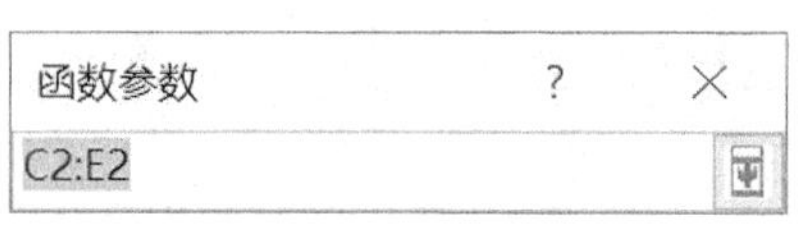

图 4-4

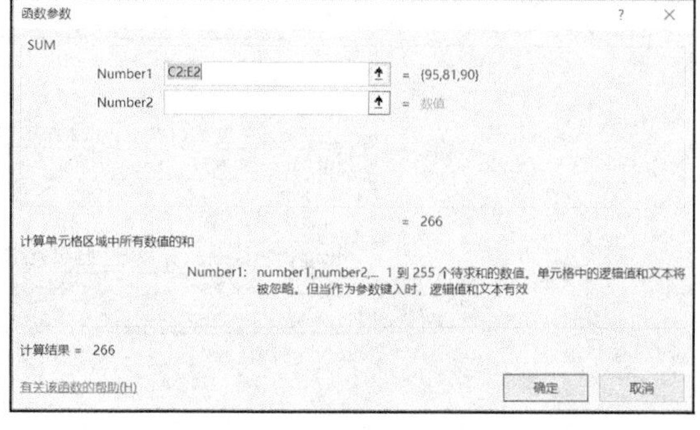

图 4-5

2. 自动求和

由于求和是一个频繁使用的函数，因而在“开始”选项卡的“编辑”选项组中有“自动求和”按钮Σ，可以完成快速求和的功能。但是，该功能只能实现对同一行或同一列中的数字进行求和，操作步骤如下。

① 选中需要存放求和结果的单元格。

② 单击“开始”选项卡“编辑”选项组中的自动求和按钮Σ，将自动插入用于求和的 SUM 函数。

如果单击“自动求和”按钮Σ右侧的下拉按钮，在下拉列表中显示出求和、平均值、计数、最大值、最小值和其他函数 6 个选项，方便用户快速选取需要的函数，如图 4-6 所示。

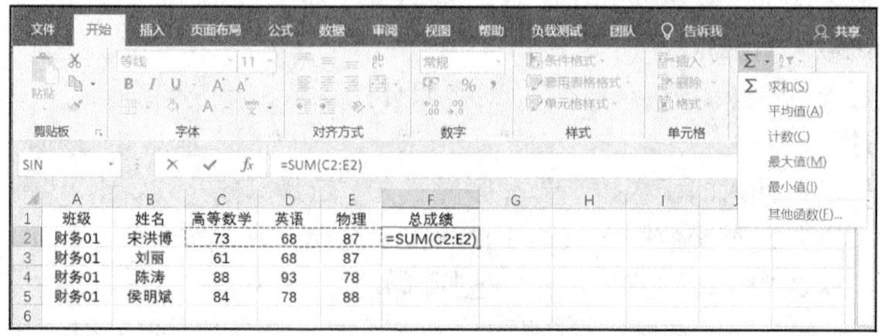

图 4-6

4.2.3　嵌套函数

嵌套函数是指在函数中使用另一个函数作为参数，最多可以嵌套 64 个级别的函数。

例如，嵌套函数 IF(AVERAGE(A1:A3)>10,SUM(B1:B3),0)完成的功能是：当单元格区域 A1:A3 的平均值大于 10 时，将返回单元格区域 B1:B3 的总和；否则返回值为 0。操作步骤如下。

① 单击编辑栏上的“插入函数”按钮。

② 在“函数参数”的对话框中，将函数作为参数输入。在图 4-7 所示的对话框中，“Logical_test”编辑栏中输入“AVERAGE(A1:A3)>10”；在“Value_if_true”编辑框中输入“SUM(B1:B3)”；在“Value_if_false”编辑框中输入“0”。因为 AVERAGE(A1:A3)的计算结果为 11.667 大于 10，所以结果为计算 SUM(B1:B3)，等于 6。

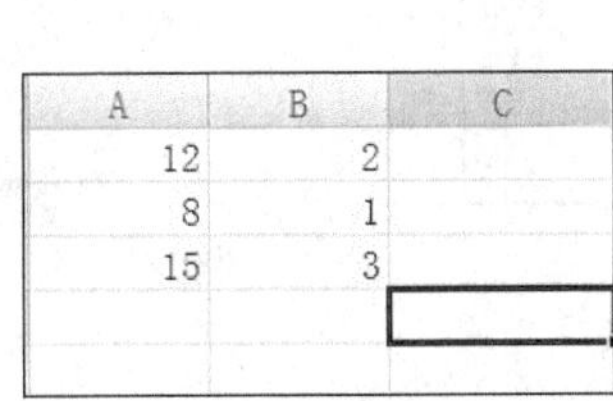

A	B	C
12	2	
8	1	
15	3	

（a）源数据

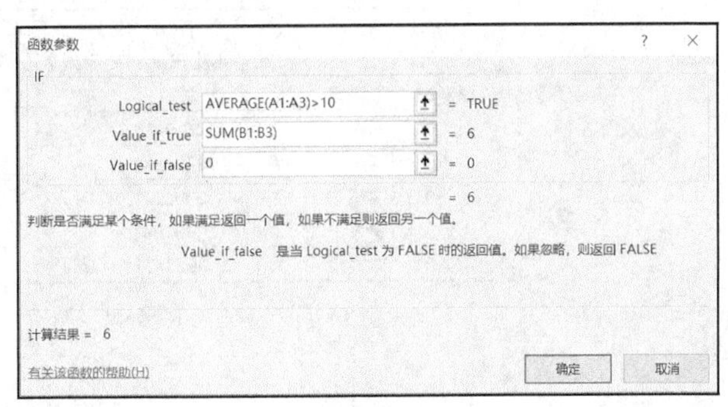

（b）函数作为参数

图 4-7

【例 4-1】求出平均成绩。

① 单击编辑栏上的“插入函数”按钮，此时自动插入等号（=），同时打开 “插入函数”对话框。

② 根据计算要求，选择函数类别为“常用函数”，选择函数为“AVERAGE”，如图 4-8 所示。

③ 在 AVERAGE“函数参数”对话框中，参数 Number1 的单元格区域为“E2:G2”，在左下方出现计算结果值为 76.0，如图 4-9 所示。

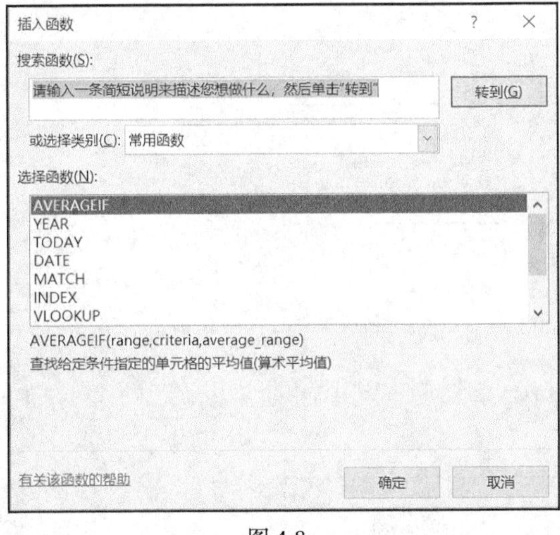

图 4-8

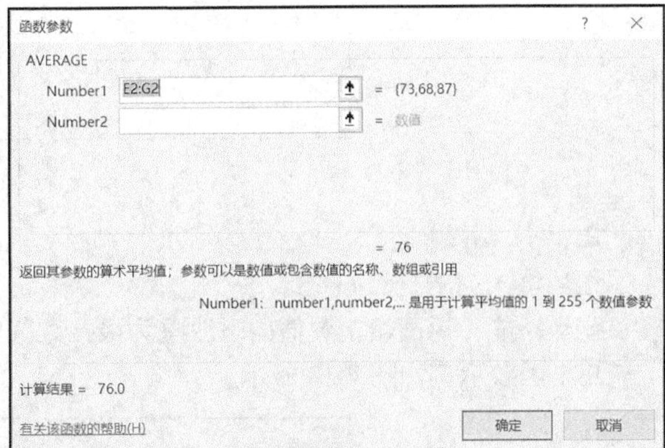

图 4-9

④ 设置单元格的小数位数为 1 位，结果如图 4-10 所示。

H2 =AVERAGE(E2:G2)

	A	B	C	D	E	F	G	H
1	班级	姓名	性别	出生日期	高等数学	英语	物理	平均成绩
2	财务01	宋洪博	男	1997/4/5	73	68	87	76.0
3	财务01	刘丽	女	1997/10/18	61	68	87	
4	财务01	陈涛	男	1997/12/3	88	93	78	
5	财务01	侯明斌	男	1999/1/1	84	78	88	
6	财务01	李淑子	女	1999/3/2	98	92	91	
7	财务01	李媛媛	女	1999/5/31	96	87	78	

图 4-10

⑤ 选中 H2 单元格，拖曳填充柄至 H7 单元格可以完成函数的复制，结果如图 4-11 所示。

	A	B	C	D	E	F	G	H
1	班级	姓名	性别	出生日期	高等数学	英语	物理	平均成绩
2	财务01	宋洪博	男	1997/4/5	73	68	87	76.0
3	财务01	刘丽	女	1997/10/18	61	68	87	72.0
4	财务01	陈涛	男	1997/12/3	88	93	78	86.3
5	财务01	侯明斌	男	1999/1/1	84	78	88	83.3
6	财务01	李淑子	女	1999/3/2	98	92	91	93.7
7	财务01	李媛媛	女	1999/5/31	96	87	78	87.0

图 4-11

4.3 常用函数

Excel 有大量的函数供用户使用，本节将介绍一些常用的函数并给出应用示例。

4.3.1 数学函数

1. ABS 函数

语法格式：ABS(number)

函数功能：返回给定数值的绝对值。

ABS 函数示例如图 4-12 所示。

	A	B	C	D
1	数据	函数	结果	说　明
2	5	=ABS(A2)	5	5的绝对值
3	-5	=ABS(A3)	5	-5的绝对值

图 4-12

2. INT 函数

语法格式：INT(number)

函数功能：返回给定数值向下取整为最接近的整数。

INT 函数示例如图 4-13 所示。

	A	B	C	D
1	数据	函数	结果	说　明
2	5.9	=INT(A2)	5	5.9向下取整的结果是5
3	-5.9	=INT(A3)	-6	-5.9向下取整的结果是-6

图 4-13

3. MOD 函数

语法格式：MOD(number,divisor)

函数功能：返回两数相除的余数。

参数说明：

- 参数 number 是被除数，divisor 是除数。结果的正负号与除数相同。
- 如果参数 divisor 为 0，将会导致错误，返回值#DIV/0!。

MOD 函数示例如图 4-14 所示。

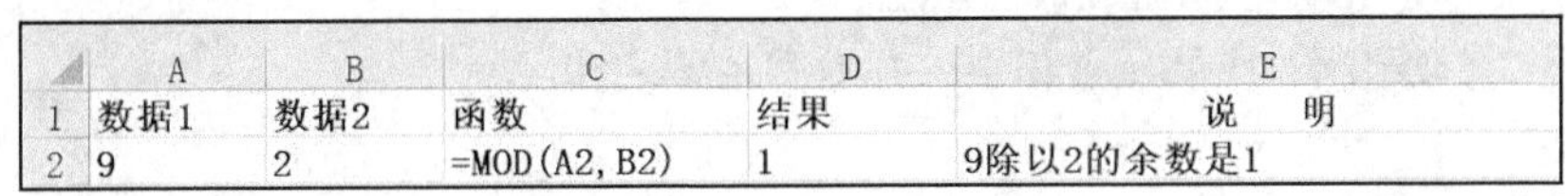

	A	B	C	D	E
1	数据1	数据2	函数	结果	说　明
2	9	2	=MOD(A2,B2)	1	9除以2的余数是1

图 4-14

4. POWER 函数

语法格式：POWER (number, power)

函数功能：返回数值的乘幂。

参数说明：参数 number 为底数，power 为指数。

POWER 函数示例如图 4-15 所示。

	A	B	C	D	E
1	数据1	数据2	函数	结果	说　明
2	5	3	=POWER(A2,B2)	125	求出5的3次方

图 4-15

5. ROUND 函数

语法格式：ROUND (number, num_digits)

函数功能：返回数值四舍五入的结果。

参数说明：参数 number 为要四舍五入的数值，num_digits 为指定保留的小数位数。如果 num_digits 为 0，则取整到最接近的整数。

ROUND 函数示例如图 4-16 所示。

	A	B	C	D
1	数据	函数	结果	说　明
2	521.509	=ROUND(A2,1)	521.5	对521.509保留1位小数位数
3	521.509	=ROUND(A3,2)	521.51	对521.509保留2位小数位数
4	521.509	=ROUND(A4,0)	522	对521.509保留0位小数位数，则取得最接近的整数

图 4-16

6. SUM 函数

语法格式：SUM(number1,number2, …)

函数功能：返回参数中所有数字之和。

参数说明：如果参数是一个数组或引用，则只计算其中的数字，空白单元格、逻辑值或文本将被忽略。

SUM 函数示例如图 4-17 所示。

在“公式”选项组中，单击“自动求和”按钮 Σ，可以进行快速求和。

	A	B	C	D
1	数据	函数	结果	说　明
2	5	=SUM(3, 5)	8	将3与5相加
3	-1	=SUM(A2, A5)	3	将单元格A2和A5中的数字相加
4	3	=SUM(A2:A4)	7	将A2至A4单元格区域中的数字相加
5	-2	=SUM(A2:A5, 4)	9	将A2至A5单元格区域中的数字相加，再加上4

图 4-17

7. SUMPRODUCT 函数

语法格式：SUMPRODUCT(array1,array2, …)

函数功能：将数组间对应的元素相乘，并返回乘积之和。

参数说明：

- 数组参数必须具有相同的长度。
- 将非数值型的数组元素作为 0 处理。

SUMPRODUCT 函数示例如图 4-18 所示。

	A	B	C	D	E
1	数组A	数组B	函数	结果	说 明
2	2	3			
3	4	2			
4	3	5	=SUMPRODUCT(A2:A4,B2:B4)	29	数组A与数组B的所有元素对应相乘，然后把乘积相加，即：A2×B2+A3×B3+A4×B4

图 4-18

【例 4-2】计算顾客购买水果的总价钱。

分析：B 列中是水果的单价，C 列是购买的数量，总价是每种水果的单价乘以数量的总和。

选中 B6 单元格，输入公式："=SUMPRODUCT(B2:B4,C2:C4)"，计算 B2×C2+B3×C3+B4×C4，即 5×2+3×3+2.5×5=31.5。

结果如图 4-19 所示。

B6 =SUMPRODUCT(B2:B4,C2:C4)

	A	B	C	D	E
1	水果品种	单价（元）	数量（斤）		
2	苹果	5	2		
3	香蕉	3	3		
4	桔子	2.5	5		
5					
6	水果总价（元）	31.5			

图 4-19

8. SUMIF 函数

语法格式：SUMIF(range,criteria,[sum_range])

函数功能：返回满足条件的单元格区域中的数字之和。

参数说明：

- 参数 range 是用于条件判断的单元格区域；criteria 是计算的条件，其形式可以为数字、表达式或文本；sum_range 是需要求和的实际单元格。
- 只有当 range 中的单元格区域满足 criteria 设定的条件时，才对 sum_range 中对应的单元格区域求和。
- 如果省略 sum_range 参数，则对 range 中的单元格区域求和。

如果参数中含有[ ]，表示该参数是可选项，在函数应用中根据实际情况可以有也可以没有。

SUMIF 函数示例如图 4-20 所示。

	A	B	C	D
1	数据	函数	结果	说　明
2	-2	=SUMIF(A2:A5,">0")	8	对A2~A5单元格区域中值大于0的数据进行求和，即5+3=8
3	5			
4	-1			
5	3			

图 4-20

【例 4-3】按照销售员姓名汇总销售额。

分析：图 4-21 中 A2:C7 单元格区域显示了销售记录，要求根据 E2 单元格中销售员的姓名，求出该销售员的总销售额。

① 在 E2 单元格中输入销售员姓名，如“王宏”。

② 在 F2 单元格中输入公式“=SUMIF(B2:B7,E2,C2:C7)”，其中：B2:B7 是判断条件的单元格区域；E2 单元格是条件；C2:C7 单元格区域是求和区域。含义是如果 B2:B7 的销售员中有 E2 中指定的销售员，则对其销售额进行求和。

视频 4-2

在 E2 单元格中输入销售员的姓名“王宏”，则计算出该销售员的总销售额为 81000，如图 4-21（a）所示；如果输入销售员的姓名“张明明”，则计算出该销售员的总销售额为 40000，如图 4-21（b）所示。

	A	B	C	D	E	F	G
1	月份	销售员	销售额		销售员	销售额	
2	1月	王宏	23000		王宏	81000	
3	2月	张明明	18000				
4	3月	王宏	17000				
5	4月	王宏	20000				
6	5月	张明明	22000				
7	6月	王宏	21000				

（a）“王宏”的总销售额

	A	B	C	D	E	F	G
1	月份	销售员	销售额		销售员	销售额	
2	1月	王宏	23000		张明明	40000	
3	2月	张明明	18000				
4	3月	王宏	17000				
5	4月	王宏	20000				
6	5月	张明明	22000				
7	6月	王宏	21000				

（b）“张明明”的销售额

图 4-21

4.3.2　统计函数

1. AVERAGE 函数

语法格式：AVERAGE(number1,number2, …)

函数功能：返回参数的算术平均值。

参数说明：如果参数是一个数组或引用，则只计算其中的数字，空白单元格、逻辑值或文本将被忽略。

AVERAGE 函数示例如图 4-22 所示。

	A	B	C	D	E
1	数据A列	数据B列	函数	结果	说　明
2	3	5	=AVERAGE(A2:B3)	5.25	A2至B3单元格区域数字的平均值
3	7	6	=AVERAGE(A2:A3)	5	A2至A3单元格区域数字的平均值
4			=AVERAGE(4,5)	4.5	4与5的平均值

图 4-22

2. AVERAGEIF 函数

语法格式：AVERAGEIF(range,criteria,[average_range])

函数功能：返回满足条件的单元格区域中的算术平均值。

参数说明：

- 参数 range 是用于条件判断的单元格区域；criteria 是计算的条件，其形式可以为数字、表达式或文本；average _range 是需要求算术平均值的实际单元格。
- 只有当 range 中的单元格区域满足 criteria 设定的条件时，才对 average _range 中对应的单元格区域求和。
- 如果省略 average_range，则对 range 单元格区域求平均值。

AVERAGEIF 函数示例如图 4-23 所示。

	A	B	C	D
1	数据	函数	结果	说 明
2	3	=AVERAGEIF(A2:A5,">5")	7.5	计算A2至A5单元格区域中大于5的数据的平均值
3	7			
4	2			
5	8			

图 4-23

【例 4-4】计算各班的高等数学平均成绩。

分析：图 4-24 中 C2:C12 单元格区域显示了学生成绩，要求计算出各班的平均成绩。

① 在 E2、E3 单元格中分别输入班级名称“财务 01”和“财务 02”。

② 在 F2 单元格中输入公式“=AVERAGEIF(B2:B12,E2,C2:C12)”，其中：B2:B12 是判断条件的单元格区域；E2 单元格是条件；C2:C12 单元格区域是求平均值的区域。含义是如果 B2:B12 的班级中有 E2 中的班级名称，则对其高等数学成绩求平均值。

③ 将 F2 单元格中的公式复制到 F3 单元格，完成计算“财务 02”班的平均成绩。

结果如图 4-24 所示。

	A	B	C	D	E	F	G
1	姓名	班级	高等数学		班级	高等数学平均成绩	
2	宋洪博	财务01	73		财务01	83.3	
3	刘丽	财务01	61		财务02	76.0	
4	陈涛	财务01	88				
5	侯明斌	财务01	84				
6	李淑子	财务01	98				
7	李媛媛	财务01	96				
8	冯天民	财务02	70				
9	李小明	财务02	57				
10	张喆	财务02	71				
11	胡涛	财务02	97				
12	徐春雨	财务02	85				

图 4-24

3. COUNT 函数

语法格式：COUNT(value1,value2, …)

函数功能：计算包含数字的单元格以及参数列表中数字的个数。

参数说明：如果参数为数字、日期则被计算在内；如果参数是文本、逻辑值则不被计算在内。

相关函数：

（1）COUNTA(value1,value2, ...)：统计非空单元格的个数。

（2）COUNTBLANK(range)：统计指定单元格区域中空单元格的个数。

COUNT 及相关函数示例如图 4-25 所示。

	A	B	C	D
1	数据	函数	结果	说　明
2	11	=COUNT(A2:A8)	4	统计A2至A8单元格区域中包含数字的单元格的个数
3		=COUNTBLANK(A2:A8)	1	统计A2至A8单元格区域中包含空单元格的个数
4	5	=COUNTA(A2:A8)	6	统计A2至A8单元格区域中包含非空单元格的个数
5	10			
6	TRUE			
7	刘丽			
8	2019/1/10			

图 4-25

4. COUNTIF 函数

语法格式：COUNTIF(range,criteria)

函数功能：统计符合给定条件的单元格个数。

参数说明：参数 range 是要统计的单元格区域；criteria 是统计条件，其形式可以为数字、表达式或文本。

COUNTIF 函数示例如图 4-26 所示。

	A	B	C	D
1	数据	函数	结果	说　明
2	11	=COUNTIF(A2:A5,">=10")	2	统计A2至A5单元格区域中大于或等于10的单元格个数
3				
4	5			
5	10			

图 4-26

【例 4-5】统计不同性别的人数。

分析：图 4-27 中 A2:B8 单元格区域显示了学生姓名和性别，要求根据 D2、D3 单元格中的性别，分别求出人数。

① 分别在 D2、D3 单元格中输入性别“男”和“女”。

② 在 E2 单元格中输入公式“=COUNTIF(B2:B8,D2)”，其中：B2:B8 是统计的单元格区域；D2 单元格是条件。含义是统计 B2:B8 的学生中与 D2 中性别相同的男生人数。

③ 将 E2 单元格中的公式复制到 E3 单元格，自动计算出女生人数。

结果如图 4-27 所示。

	A	B	C	D	E	F
1	姓名	性别		性别	人数	
2	陈涛	男		男	3	
3	侯明斌	男		女	4	
4	李华	女				
5	李淑子	女				
6	李媛媛	女				
7	刘丽	女				
8	刘向志	男				

图 4-27

5. MAX 函数

语法格式：MAX(number1,number2, …)

函数功能：返回参数列表中的最大值。

MAX 函数示例如图 4-28 所示。

	A	B	C	D
1	数据	函数	结果	说 明
2	5			
3	2	=MAX(A2:A5)	9	求出A2至A5单元格区域中的最大值
4	9			
5	6			

图 4-28

6. MEDIAN 函数

语法格式：MEDIAN (number1,number2, …)

函数功能：返回参数列表中的中值。

MEDIAN 函数示例如图 4-29 所示。

	A	B	C	D
1	数据	函数	结果	说 明
2	15			
3	2	=MEDIAN(A2:A5)	3.5	求出A2至A5单元格区域中的中值
4	3			
5	4			

图 4-29

中值不同于平均值，中值又称中位数，其值是一组有序数中居于中间位置的数，如果有偶数个数，则取最中间两个数的平均值。在图 4-29 中可以看出数据{15、2、3、4}的中值是 3.5（即 3 和 4 的平均值）；该组数据的平均值是 6。

7. MIN 函数

语法格式：MIN (number1,number2, …)

函数功能：返回参数列表中的最小值。

MIN 函数示例如图 4-30 所示。

	A	B	C	D
1	数据	函数	结果	说 明
2	5			
3	2	=MIN(A2:A5)	2	求出A2至A5单元格区域中的最小值
4	9			
5	6			

图 4-30

【例 4-6】统计选手的最终得分。

分析：图 4-31 中 A2:F5 单元格区域显示了选手的姓名和 5 个评委的给分情况，可以用 3 种方法计算每个选手的最终得分。

方法一：使用 MEDIAN 函数求中值。

在 G2 单元格中输入公式“=MEDIAN(B2:F2)”；复制 G2 单元格中的公式至 G3～G5 单元格中。设置保留 2 位小数位数，结果如图 4-31 所示。

G2 =MEDIAN(B2:F2)

	A	B	C	D	E	F	G
1	姓名	评委A给分	评委B给分	评委C给分	评委D给分	评委E给分	最终得分
2	陈涛	9.5	10	5	8.9	9	9.00
3	侯明斌	10	9.2	9.3	4	9.5	9.30
4	李华	9.1	9	7	8.5	8.9	8.90
5	李淑子	10	8	7.5	7	8.8	8.00

图 4-31

方法二：使用去除极值法（即去除最高分和最低分后求平均值）。

在 G2 单元格中输入公式 “=(SUM(B2:F2)−MAX(B2:F2)−MIN(B2:F2))/3”，其中：SUM(B2:F2)是计算出 5 个评委的总分；MAX(B2:F2)是求出 5 个评委给出的最高分；MIN(B2:F2)是求出 5 个评委给出的最低分。SUM(B2:F2)−MAX(B2:F2)−MIN(B2:F2)是除去最高分和最低分的总分，再除以 3 即为平均分。复制 G2 单元格中的公式至 G3～G5 单元格中。设置保留 2 位小数位数，结果如图 4-32 所示。

G2　=(SUM(B2:F2)-MAX(B2:F2)-MIN(B2:F2))/3

	A	B	C	D	E	F	G
1	姓名	评委A给分	评委B给分	评委C给分	评委D给分	评委E给分	最终得分
2	陈涛	9.5	10	5	8.9	9	9.13
3	侯明斌	10	9.2	9.3	4	9.5	9.33
4	李华	9.1	9	7	8.5	8.9	8.80
5	李淑子	10	8	7.5	7	8.8	8.10

图 4-32

方法三：使用 AVERAGE 函数求平均值。

在 G2 单元格中输入公式“=AVERAGE(B2:F2)”；复制 G2 单元格中的公式至 G3～G5 单元格中。设置保留 2 位小数位数，结果如图 4-33 所示。

G2　=AVERAGE(B2:F2)

	A	B	C	D	E	F	G
1	姓名	评委A给分	评委B给分	评委C给分	评委D给分	评委E给分	最终得分
2	陈涛	9.5	10	5	8.9	9	8.48
3	侯明斌	10	9.2	9.3	4	9.5	8.40
4	李华	9.1	9	7	8.5	8.9	8.50
5	李淑子	10	8	7.5	7	8.8	8.26

图 4-33

比较以上 3 种方法，可以观察出中值函数法和去除极值法效果比较好，最终得分的从高到低的排序是相同的，依次为：“侯明斌”“陈涛”“李华”“李淑子”。但是平均值函数的方法效果不佳，原因是主要是存在极端的低分或高分时影响了计算的结果，该方法的最终得分从高到低的排序是：“李华”“陈涛”“侯明斌”“李淑子”。使用中值函数只用到一个函数，而去除极值方法用到了 3 个函数，所以推荐使用中值函数处理此类问题。

8. RANK 函数

语法格式：RANK(number,ref,[order])

函数功能：返回一个数字在数字列表中的排位顺序。

参数说明：

- number：需要排位的数字或单元格。
- ref：数字列表数组或对数字列表的引用，是一个数组或单元格区域，用来说明排位的范围。其中的非数值型参数将被忽略。
- order：指明排位的方式。为 0 或者省略时，对数字的排位是基于降序排列的列表；不为 0 时，对数字的排位是基于升序排列的列表。

RANK 函数示例如图 4-34 所示。

	A	B	C	D
1	数据	函数	结果	说 明
2	5	=RANK(A2,A2:A7)	3	A2在A2:A7单元格区域中排位是3
3	2	=RANK(A3,A2:A7)	4	A3在A2:A7单元格区域中排位是4
4	9	=RANK(A4,A2:A7)	1	A4在A2:A7单元格区域中排位是1
5	1	=RANK(A5,A2:A7)	6	因为有2个排位是4的数字,所以A5的排位是6
6	2	=RANK(A6,A2:A7)	4	A6与A3值相同,排位都是4
7	8	=RANK(A7,A2:A7)	2	A7在A2:A7单元格区域中排位是2

图 4-34

【例 4-7】计算选手的排名。

分析：根据【例 4-6】中选手的最终得分计算排名情况。

视频 4-3

在 H2 单元格中输入公式“=RANK(G2,G2:G5)”；复制 H2 单元格中的公式至 H3～H5 单元格中，结果如图 4-35（a）所示。可以看出结果出现了三个第 1 名的错误情况，原因是当公式复制到 H3 单元格时改变为“=RANK(G3,G3:G6)”，注意范围变化为：G3:G6，而正确的范围是应该为 G2:G5，所以范围参数需要使用单元格的绝对引用法，即，$G$2:$G$5；或者单元格的相对引用法，即 G$2:G$5。这样在复制单元格时，排序的范围就不会改变了。

重新在 H2 单元格中输入公式“=RANK(G2,$G$2:$G$5)”；复制 H2 单元格中的公式至 H3～H5 单元格中，正确的结果如图 4-35（b）所示。

	A	B	C	D	E	F	G	H
1	姓名	评委A给分	评委B给分	评委C给分	评委D给分	评委E给分	最终得分	排名
2	陈涛	9.5	10	5	8.9	9	9.00	2
3	侯明斌	10	9.2	9.3	4	9.5	9.30	1
4	李华	9.1	9	7	8.5	8.9	8.90	1
5	李淑子	10	8	7.5	7	8.8	8.00	1

（a）错误结果

	A	B	C	D	E	F	G	H
1	姓名	评委A给分	评委B给分	评委C给分	评委D给分	评委E给分	最终得分	排名
2	陈涛	9.5	10	5	8.9	9	9.00	2
3	侯明斌	10	9.2	9.3	4	9.5	9.30	1
4	李华	9.1	9	7	8.5	8.9	8.90	3
5	李淑子	10	8	7.5	7	8.8	8.00	4

（b）正确结果

图 4-35

4.3.3 逻辑函数

1. AND 函数

语法格式：AND(logical1,logical2⋯)

函数功能：返回参数列表逻辑“与”的结果。当所有参数均为 TRUE 时，返回 TRUE（真）；只要有一个参数为 FALSE 时，返回 FALSE（假）。

参数说明：参数必须是逻辑值 TRUE 或 FALSE。如果指定的单元格区域包含非逻辑值，则 AND 函数将返回错误值#VALUE!。

AND 函数示例如图 4-36 所示。

	A	B	C	D
1	数据	函数	结果	说 明
2	80	=AND(A2>0, A2<=100)	TRUE	如果A2大于0并且小于等于100，A2值为80，满足条件，返回TRUE
3	150	=AND(A3>0, A3<=100)	FALSE	如果A3大于0并且小于等于100，A3值为150，不满足条件，返回FALSE

图 4-36

2. OR 函数

语法格式：OR(logical1,logical2…)

函数功能：返回参数列表逻辑“或”的结果。只要有一个参数为 TRUE 时，返回 TRUE；所有参数均为 FALSE 时，返回 FALSE。

参数说明：参数必须是逻辑值 TRUE 或 FALSE。如果指定的单元格区域包含非逻辑值，则 OR 函数将返回错误值#VALUE!。

OR 函数示例如图 4-37 所示。

	A	B	C	D
1	数据	函数	结果	说　明
2	85	=OR(A2>=90,A3>=90)	FALSE	如果A2大于等于90或者A3大于等于90，均不满足条件，返回FALSE
3	70	=OR(A2>=80,A3>=80)	TRUE	如果A2大于等于80或者A3大于等于80，A2的值满足条件，A3的值不满足条件，返回TRUE

图 4-37

3. NOT 函数

语法格式：NOT(logical)

函数功能：返回参数列表逻辑“非”的结果。当参数为 TRUE 时，返回 FALSE；当参数为 FALSE 时，返回 TRUE。

NOT 函数示例如图 4-38 所示。

	A	B	C	D
1	数据	函数	结果	说　明
2	10	=NOT(A2>=100)	TRUE	A2不大于等于100，返回TRUE
3	100	=NOT(A3>=100)	FALSE	A3等于100，返回FALSE

图 4-38

4. IF 函数

语法格式：IF(logical_test,value_if_true,value_if_false)

参数说明：

- logical_test：逻辑表达式。逻辑表达式的结果可能是 TRUE（真）或 FALSE（假）。
- value_if_true：当 logical_test 逻辑表达式为 TRUE（真）时，函数的返回值。
- value_if_false：当 logical_test 逻辑表达式为 FALSE（假）时，函数的返回值。

IF 函数示例如图 4-39 所示。

	A	B	C	D
1	数据	函数	结果	说　明
2	5	=IF(A2>=0,1,-1)	1	如果单元格A2的值大于或等于0，则返回1；否则返回-1
3	0	=IF(A3>=0,1,-1)	1	如果单元格A3的值大于或等于0，则返回1；否则返回-1
4	-6	=IF(A4>=0,1,-1)	-1	如果单元格A4的值大于或等于0，则返回1；否则返回-1

图 4-39

参数 value_if_true 和 value_if_false 可以再次引用函数，实现函数的嵌套。

视频 4-4

例如，要求 A2 数值大于 0 时，返回值为 1；A2 数值等于 0 时，返回值为 0；A2 数值小于 0 时，返回值为-1，操作步骤如下。

① 选定单元格，单击“插入函数”按钮，选择“IF 函数”，打开 IF 函数的“函数参数”对话框。

② 在“logical_test”中输入“A2>0”；在“value_if_true”中输入“1”，如图 4-40（a）所示；将鼠标定位在“value_if_false”中，然后单击编辑栏左侧的“IF”函数名，又一次

打开 IF 函数的“函数参数”对话框，如图 4-40（b）所示。

③ 在“logical_test”中输入“A2<0”；在“value_if_true”中输入“-1”；在“value_if_false”中输入“0”，实现 IF 嵌套，操作结果如图 4-40（c）所示。

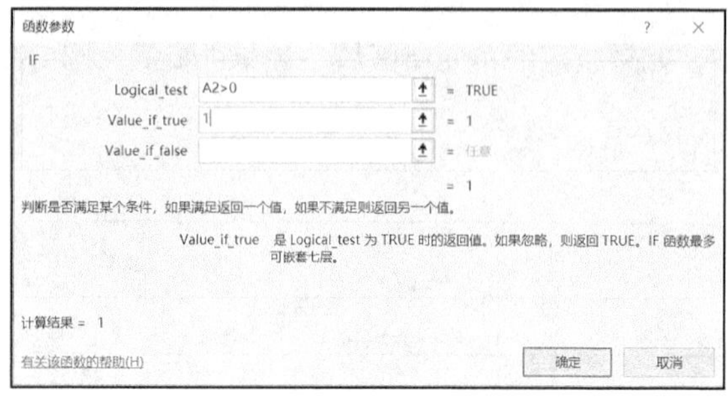

（a）IF 函数的“函数参数”对话框

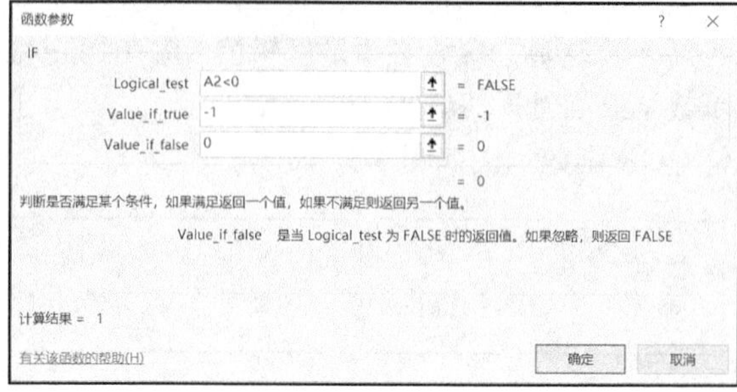

（b）在“Value_if_false”中嵌套 IF 函数

	A	B	C
1	数据	函数	结果
2	5	=IF(A2>0,1,IF(A2<0,-1,0))	1
3	0	=IF(A3>0,1,IF(A3<0,-1,0))	0
4	-6	=IF(A4>0,1,IF(A4<0,-1,0))	-1

（c）结果

图 4-40

【例 4-8】评价学生全科优秀。

分析：图 4-41 中 B2:C5 单元格区域显示了学生的两科成绩，当两科成绩均大于或等于 90 分时显示“全科优秀”。

① 在 D2 单元格中输入公式“=IF(AND(B2>=90,C2>=90),"全科优秀","")”，其中：IF 的第一个参数是：AND(B2>=90,C2>=90)表示当 B2 和 C2 单元格的值均大于或等于 90 时结果为 TRUE，IF 将返回“全科优秀”；否则为 FALSE，IF 将返回空字符。

② 复制 D2 单元格中的公式至 D3～D5 单元格中。

结果如图 4-41 所示。

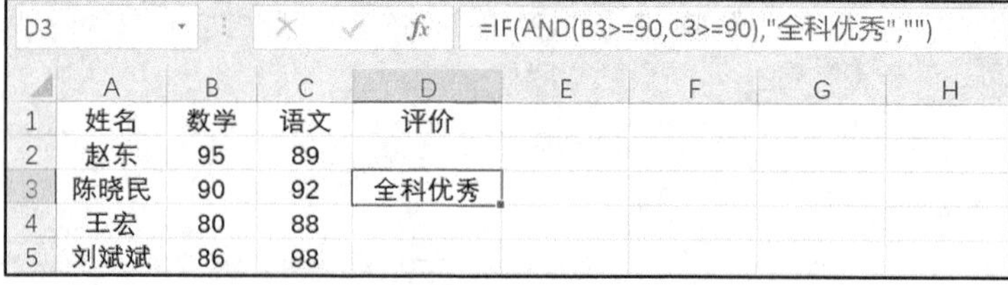

D3 =IF(AND(B3>=90,C3>=90),"全科优秀","")

	A	B	C	D	E	F	G	H
1	姓名	数学	语文	评价				
2	赵东	95	89					
3	陈晓民	90	92	全科优秀				
4	王宏	80	88					
5	刘斌斌	86	98					

图 4-41

【例 4-9】评价学生是全科优秀还是单科优秀。

分析：图 4-42 中 A2:C5 单元格区域显示了学生的两科成绩，当两科成绩均大于或等于 90 分时显示“全科优秀”，当任意一科成绩大于或等于 90 分时显示“单科优秀”。

① 在 D2 单元格中输入公式：“=IF(AND(B2>=90,C2>=90),"全科优秀",IF(OR(B2>=90,C2>=90),"单科优秀",""))”。其中：IF 的第一个参数是：AND(B2>=90,C2>=90)表示当 B2 和 C2 单元格的值均大于或等于 90 时结果为 TRUE，IF 将返回“全科优秀”；否则为 FALSE，则执行嵌套的 IF 函数，OR(B2>=90,C2>=90)表示当 B2 和 C2 单元格的任意一个值大于或等于 90 时结果为 TRUE，将返回“单科优秀”；否则返回空字符。

② 复制 D2 单元格中的公式至 D3～D5 单元格中。

结果如图 4-42 所示。

D2 =IF(AND(B2>=90,C2>=90),"全科优秀",IF(OR(B2>=90,C2>=90),"单科优秀",""))

	A	B	C	D	E	F	G	H	I	J	K
1	姓名	数学	语文	评价							
2	赵东	95	89	单科优秀							
3	陈晓民	90	92	全科优秀							
4	王宏	80	88								
5	刘斌斌	86	98	单科优秀							

图 4-42

4.3.4　文本函数

1. FIND 函数

语法格式：FIND(find_text, within_text,[start_num])

函数功能：返回指定字符从指定位置开始在一个文本字符串中第一次出现的位置。

参数说明：

- find_text：是要查找的文本。
- within_text：包含要查找文本的文本。
- start_num 是可选项，指定开始进行查找的位置。如果省略 start_num，其值为 1，即从字符串的第一位开始。

FIND 函数示例如图 4-43 所示。

	A	B	C	D
1	数据	函数	结果	说　明
2	Office Excel	=FIND("e",A2)	6	查找A2中第一个“e”的位置
3		=FIND("e",A2,7)	11	查找A2中从第7个位置开始的第一个“e”的位置
4		=FIND("E",A2)	8	查找A2中第一个“E”的位置

图 4-43

2. LEN 函数

语法格式：LEN (text)

函数功能：返回指定字符串的字符个数。字符串中的空格作为字符进行计数。

LEN 函数示例如图 4-44 所示。

	A	B	C	D
1	数据	函数	结果	说　明
2	Office Excel	=LEN(A2)	12	统计A2中字符个数

图 4-44

【例 4-10】检查学生手机号码的位数是否正确。

分析：图 4-45 中 A2:B5 单元格区域显示了学生姓名和手机号码，当检查出手机号码位数不是 11 位时，显示“错误位数”的警告信息。

① 在 C2 单元格中输入公式“=IF(LEN(B2)=11,"","错误位数")”，其中，LEN(B2)=11 是检查 B2 单元格的长度是否等于 11，等于则返回空值，不等于则返回“错误位数”。

② 复制 C2 单元格公式至 C3～C5 单元格中。

结果如图 4-45 所示。

C3 =IF(LEN(B3)=11,"","错误位数")

	A	B	C	D
1	姓名	手机号码	手机号码位数	
2	宋洪博	13212345678		
3	刘丽	178123476	错误位数	
4	陈涛	15612340099		
5	侯明斌	13312341	错误位数	

图 4-45

3. LEFT 函数

语法格式：LEFT(text,[num_chars])

函数功能：返回文本字符串中第一个字符或前几个字符。

参数说明：

- text：要提取文本的字符串。
- num_chars：是可选项，指定从左提取字符的数量。如果省略 num_chars，则其值为 1。

LEFT 函数示例如图 4-46 所示，在示例中利用 LEFT 函数可以方便取得姓氏。

	A	B	C	D
1	数据	函数	结果	说　明
2	财务01	=LEFT(A2,2)	财务	返回A2中前2个字符
3	刘丽	=LEFT(A3)	刘	返回A3中前1个字符，默认的字符个数为1

图 4-46

4. MID 函数

语法格式：MID(text, start_num, num_chars)

函数功能：返回文本字符串中从指定位置开始的指定数目的字符。

参数说明：

- text：要提取的文本字符串。
- start_num：文本中要提取的第一个字符的位置。
- num_chars：指定从文本中提取字符的个数。

MID 函数示例如图 4-47 所示。

	A	B	C	D
1	数据	函数	结果	说　明
2	计算机科学与技术	=MID(A2,4,2)	科学	取出A2中从第4位开始的2个字符

图 4-47

5. REPLACE 函数

语法格式：REPLACE (old_text, start_num, num_chars,new_text)

函数功能：使用新文本字符串替换旧文本字符串中指定起始位置和个数的文本。

参数说明：

- old_text：旧字符文本。
- start_num：开始替换的位置。
- num_chars：指定替换字符的个数。
- new_text：新字符文本。

REPLACE 函数示例如图 4-48 所示。

	A	B	C	D
1	数据	函数	结果	说　明
2	计算机工程系	=REPLACE(A2,4,2,"科学与技术")	计算机科学与技术系	将A2中第4位开始的2个字符用“科学与技术”替换

图 4-48

【例 4-11】隐藏学生手机号码的中间 5 位。

分析：图 4-49 中 A2:B5 单元格区域显示了学生姓名和手机号码，要求在 E2:E5 单元格区域中隐藏 B2:B5 单元格区域中间的 5 位。

① 将 A2:A5 单元格区域复制到 D2:D5 单元格区域中。

② 在 E2 单元格中输入公式“=REPLACE(B2,4,5,"*****")”，其中：4 是 B2 单元格的起始位置；5 是要替换的个数；“*****”是替换的新文本，含义是将 B2 单元格从第 4 位开始的 5 位数字串替换为 5 个“*”。

视频 4-5

③ 打印时选择打印区域是：D1:E5，打印结果中包含学生的姓名和手机号码部分隐藏的结果，有效地保护了学生的隐私。

结果如图 4-49 所示。

E2　=REPLACE(B2,4,5,"*****")

	A	B	C	D	E
1	姓名	手机号码		姓名	手机号码部分显示
2	宋洪博	13212345678		宋洪博	132*****678
3	刘丽	17812349876		刘丽	178*****876
4	陈涛	15612340099		陈涛	156*****099
5	侯明斌	13312341023		侯明斌	133*****023

图 4-49

6. RIGHT 函数

语法格式：RIGHT(text,[num_chars])

函数功能：返回文本字符串中最后一个或多个字符。

参数说明：

- text：要提取的文本字符串。
- num_chars：是可选项，指定从右提取的字符的数量；如果省略，其值为 1。

RIGHT 函数示例如图 4-50 所示。

	A	B	C	D
1	数据	函数	结果	说　明
2	财务01班	=RIGHT(A2,3)	01班	返回A2中最后3个字符
3	刘丽	=RIGHT(A3)	丽	返回A3中最后1个字符，默认的字符个数为1

图 4-50

【例 4-12】从准考证号中获得考点代码、考场号和座位号。

分析：在图 4-51 考生工作表中，准考证号中的前 3 位表示考点代码；第 4、5 位表示考场号；最后 2 位表示座位号。可使用 LEFT、MID 和 RIGHT 函数完成从准考证号中分别求出考点代码、考场号和座位号。

视频 4-6

① 考点代码：在 C2 单元格中输入公式“=LEFT(A2,3)”；复制公式至 C3～C5 单元格。

② 考场号：在 D2 单元格中输入公式“=MID(A2,4,2)”；复制公式至 D3～D5 单元格。

③ 座位号：在 E2 第一个中输入公式“=RIGHT(A2,2)”；复制公式至 E3～E5 单元格。

结果如图 4-51 所示。

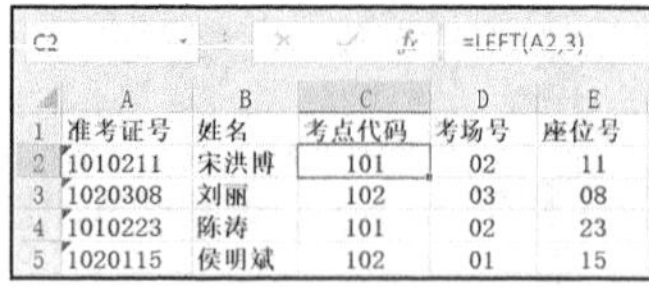

C2 =LEFT(A2,3)

	A	B	C	D	E
1	准考证号	姓名	考点代码	考场号	座位号
2	1010211	宋洪博	101	02	11
3	1020308	刘丽	102	03	08
4	1010223	陈涛	101	02	23
5	1020115	侯明斌	102	01	15

（a）LEFT 函数

D2 =MID(A2,4,2)

	A	B	C	D	E
1	准考证号	姓名	考点代码	考场号	座位号
2	1010211	宋洪博	101	02	11
3	1020308	刘丽	102	03	08
4	1010223	陈涛	101	02	23
5	1020115	侯明斌	102	01	15

（b）MID 函数

E2 =RIGHT(A2,2)

	A	B	C	D	E
1	准考证号	姓名	考点代码	考场号	座位号
2	1010211	宋洪博	101	02	11
3	1020308	刘丽	102	03	08
4	1010223	陈涛	101	02	23
5	1020115	侯明斌	102	01	15

（c）RIGHT 函数

图 4-51

4.3.5 查找函数

1. INDEX 函数

语法格式一：INDEX(array, row_num, column_num)

语法格式二：INDEX(reference, row_num, column_num, [area_num])

函数功能：返回指定的行与列交叉处的单元格引用。

参数说明：

- array：单元格区域或数组常量；reference 是对一个或多个单元格区域的引用。
- row_num：选择数组中的某行，函数从该行返回数值。如果省略 row_num，则必须有 column_num。
- column_num：选择数组中的某列，函数从该列返回数值。如果省略 column_num，则必须有 row_num。
- area_num：选择引用中多个区域中的一个，返回该区域中 row_num 和 column_num 的交叉区域。设置为 1，表示第 1 个区域；设置为 2，表示第 2 个区域，依此类推。

例如，公式“= INDEX((A1:C3,A5:C8),1,2,2)”中的参数 reference 是由 A1:C3 和 A5:C8 两个单元格区域组成的，参数 area_num 值为 2，表示选中第 2 个单元格区域 A5:C8，求出该单元格区域第 1 行第 2 列的值，即返回的是单元格 B5 的值。

INDEX 函数应用示例如图 4-52 所示。

	A	B	C	D	E
1	数据1	数据2	函数	结果	说　明
2	宋洪博	良好	=INDEX(A2:B3, 1, 2)	良好	返回A2:B3区域中第1行第2列交叉处的值
3	刘丽	及格			

图 4-52

2. LOOKUP 函数

语法格式：LOOKUP(lookup_value, lookup_vector, result_vector)

函数功能：在第一个向量（lookup_vector）中查找值，然后返回第二个单行或单列（result_vector）区域中相同位置的值。

参数说明：

- lookup_value：在第一个向量中搜索的值。
- lookup_vector：只包含一行或一列的区域，必须以升序排列。
- result_vector：只包含一行或一列的区域。result_vector 参数必须与 lookup_vector 大小相同。

【例 4-13】按照姓名查询物理成绩。

分析：在图 4-53 中 G2 单元格中输入某学生姓名后，H2 单元格显示出该学生的物理成绩。

① 将姓名按照升序排列。

② 在 G2 单元格中输入学生姓名，例如，“刘丽”。

③ 在 H2 单元格中输入公式“=LOOKUP(G2,B2:B5,E2:E5)”，表示在 B2:B5 单元格区域中查找等于 G2 值所对应的 E2:E5 单元格区域中的值。G2 内容为“刘丽”对应的 E4 值为 87。

结果如图 4-53 所示。

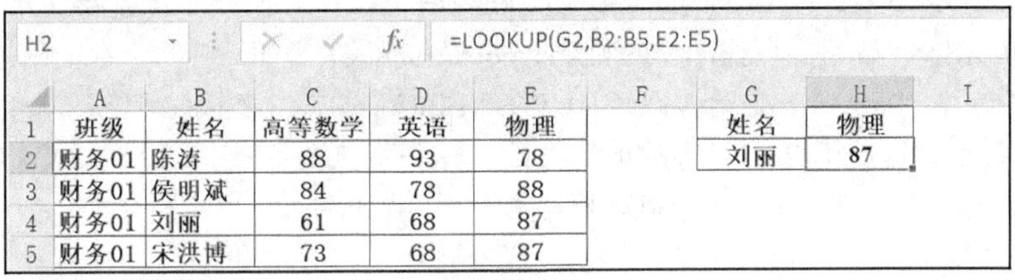

H2　　=LOOKUP(G2,B2:B5,E2:E5)

	A	B	C	D	E	F	G	H	I
1	班级	姓名	高等数学	英语	物理		姓名	物理	
2	财务01	陈涛	88	93	78		刘丽	87	
3	财务01	侯明斌	84	78	88				
4	财务01	刘丽	61	68	87				
5	财务01	宋洪博	73	68	87				

图 4-53

LOOKUP 函数中的第二个参数 lookup_vector 必须按照升序顺序排列，否则不能得到正确的结果。

【例 4-14】显示学生物理成绩的评定结果。

分析：在图 4-54 中求出学生的物理成绩评定结果，按照物理成绩分别显示为：“不及格”“及格”“中等”“良好”“优秀”。

在 F2 单元格中输入公式“=LOOKUP(E2,{0,60,70,80,90},{"不及格","及格","中等","良好","优秀"})”，表示在数组{0,60,70,80,90}中查找小于或等于 E2 中的值（87）的最大值（80），然后返回{"不及格","及格","中等","良好","优秀"}中与 80 对应的值“良好”。复制 F2 单元格的公式至 F3～F5 单元格。注意：{0,60,70,80,90}必须按升序排列。

视频 4-7

结果如图 4-54 所示。

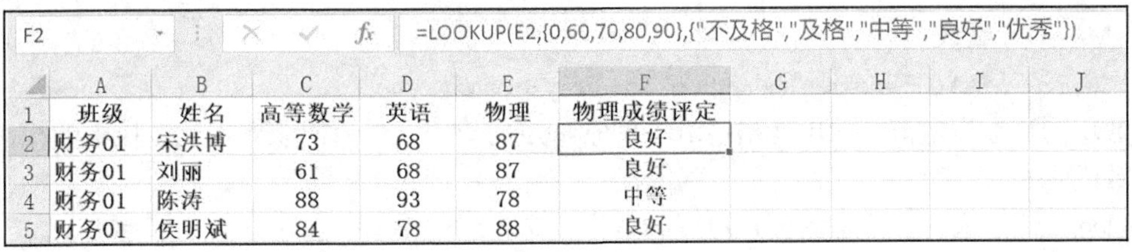

F2　　=LOOKUP(E2,{0,60,70,80,90},{"不及格","及格","中等","良好","优秀"})

	A	B	C	D	E	F	G	H	I	J
1	班级	姓名	高等数学	英语	物理	物理成绩评定				
2	财务01	宋洪博	73	68	87	良好				
3	财务01	刘丽	61	68	87	良好				
4	财务01	陈涛	88	93	78	中等				
5	财务01	侯明斌	84	78	88	良好				

图 4-54

3. VLOOKUP 函数

VLOOKUP 函数是个频繁使用的函数，可以进行灵活的查询操作。

语法格式：VLOOKUP(lookup_value, table_array, col_index_num, [range_lookup])

函数功能：在指定的单元格区域中查找值，返回该值同一行的指定列中所对应的值。

参数说明：

- lookup_value：需要在查找范围第一列中查找的数值，这个值可以是常数也可以是单元格引用。如果这个值不在第一列中，则函数返回错误。
- table_array：函数的查找范围，应该是大于两列的单元格区域。第一列中的值对应 lookup_value 要搜索的值，这些值可以是文本、数字或逻辑值。

- col_index_num：table_array 中待返回匹配值的列序号，是一个数字，该数字表示函数最终返回的内容在查找范围区域的第几列。
- range_lookup：指定是精确匹配值还是近似匹配值。如果为 TRUE 或省略，则返回近似匹配值；如果为 FALSE 或 0，则返回精确匹配值。

【例 4-15】按照姓名查询性别。

分析：在图 4-55 中 H2 单元格中输入某学生姓名后，I2 单元格显示出该学生的性别。

① 在 H2 单元格中输入要查找的学生姓名，如“刘丽”。

② 在 I2 单元格中输入公式“=VLOOKUP(H2,B2:C5,2,0)”，表示在 B2:C5 单元格区域中查找 H2 单元格值，找到则返回第 2 列对应的值。注意：这里的 2 是指查询区域 B2:C5 中的第 2 列即 C 列，而不是工作表的第 2 列；0 表示精确匹配查找。

结果如图 4-55 所示。

I2 =VLOOKUP(H2,B2:C5,2,0)

	A	B	C	D	E	F	G	H	I	J
1	班级	姓名	性别	高等数学	英语	物理		姓名	性别	
2	财务01	宋洪博	男	73	68	87		刘丽	女	
3	财务01	刘丽	女	61	68	87				
4	财务01	陈涛	男	88	93	78				
5	财务01	侯明斌	男	84	78	88				

图 4-55

提示

VLOOKUP 函数的第 3 个参数中的列号是需要返回的数据在查找区域中的第几列，而不是实际工作表的列号。如果有多个满足条件的记录，VLOOKUP 函数默认只能返回第一个查找到的记录。

4. HLOOKUP 函数

HLOOKUP 函数与 VLOOKUP 函数的语法相同，功能区别在于：HLOOKUP 函数是按行查找；而 VLOOKUP 函数是按列查找。

5. MATCH 函数

语法格式：MATCH(lookup_value, lookup_array, [match_type])

函数功能：在指定范围的单元格区域中搜索特定的值，然后返回该值在此区域中的相对位置。

参数说明：

- lookup_value：要搜索的值，可以为数字、文本或逻辑值。
- lookup_array：要搜索的单元格区域。
- match_type：是可选项，取值为-1、0 或 1。如果为 1，则 lookup_array 必须按照升序排列；如果为-1，则按照降序排列；如果为 0，则可以按照任何顺序排列。该参数的默认值为 1。

MATCH 函数示例如图 4-56 所示。

	A	B	C	D
1	数据	函数	结果	说 明
2	宋洪博	=MATCH("陈涛",A2:A5,0)	3	在A2~A5区域中查找“陈涛”的相对位置
3	刘丽			
4	陈涛			
5	侯明斌			

图 4-56

【例 4-16】分别求出两门课程的最高分的学生的位置。

① 在 B6 单元格中输入公式“=MATCH(MAX(B2:B5),B2:B5)”，其中：MAX(B2:B5)表示求出 B2:B5 单元格区域的最大值（88）；MATCH(88,B2:B5)是求出 88 在 B2:B5 单元格区域的位置（3）。

② 复制 B6 单元格中的公式到 C6 单元格中。

结果如图 4-57 所示。

B6　=MATCH(MAX(B2:B5),B2:B5)

	A	B	C	D	E
1	姓名	高等数学	物理		
2	宋洪博	73	87		
3	刘丽	61	87		
4	陈涛	88	78		
5	侯明斌	84	88		
6	最高分的位置	3	4		

图 4-57

【例 4-17】按照学生姓名查询班级。

分析：在图 4-58 中 H2 单元格中输入某学生姓名后，I2 单元格显示出该学生的班级。

① 在 H2 单元格中输入学生姓名，如“陈涛”。

② 在 I2 单元格中输入公式“=INDEX(A:A,MATCH(H2,B:B,0))”，其中：MATCH(H2,B:B,0)返回 B 列中等于 H2 单元格值（“陈涛”）的行号（4），INDEX(A:A,4)返回 A 列第 4 行的单元格内容（财务 01）；0 表示无序数据。

结果如图 4-58 所示。

I2　=INDEX(A:A,MATCH(H2,B:B,0))

	A	B	C	D	E	F	G	H	I
1	班级	姓名	性别	高等数学	英语	物理		姓名	班级
2	财务01	宋洪博	男	95	81	90		陈涛	财务01
3	财务01	刘丽	女	76	85	82			
4	财务01	陈涛	男	67	63	79			
5	财务01	侯明斌	男	75	78	65			

图 4-58

4.3.6　日期和时间函数

1. DATE 函数

语法格式：DATE(year,month,day)

函数功能：生成指定的日期。

参数说明：

- year：代表年，是介于 1900 至 9999 之间的 4 位整数。
- month：代表月，是介于 1 至 12 之间的整数。
- day：代表日，是介于 1 至 31 之间的整数。

DATE 函数示例如图 4-59 所示。

	A	B	C	D	E	F
1	年	月	日	函数	结果	说　明
2	2018	11	28	=DATE(A2, B2, C2)	2018/11/28	A2、B2、C2生成日期

图 4-59

2. TODAY 函数

语法格式：TODAY( )

函数功能：返回当前的日期。

3. NOW 函数

语法格式：NOW( )

函数功能：返回当前的日期和时间。

4. YEAR 函数

语法格式：YEAR(serial_number)

函数功能：serial_number 为一个日期值，返回其中包含的年份。

5. MONTH 函数

语法格式：MONTH (serial_number)

函数功能：serial_number 为一个日期值，返回其中包含的月份，其值是介于 1 到 12 之间的整数。

6. DAY 函数

语法格式：DAY (serial_number)

函数功能：serial_number 为一个日期值，返回其中包含的第几天的数值，其值是介于 1 到 31 之间的整数。

日期和时间函数示例如图 4-60 所示。

	A	B	C	D
1	日期	函数	结果	说　明
2		=TODAY()	2018/11/1	显示当前日期
3		=NOW()	2018/11/1　15:40:36	显示当前日期和时间
4		=YEAR(TODAY())	2018	显示当前年
5		=MONTH(TODAY())	11	显示当前月
6		=DAY(TODAY())	1	显示当前日
7	1994/6/20	=YEAR(A7)	1994	显示A7单元格的年
8		=YEAR(TODAY())-YEAR(A7)	24	计算出生日期为A7单元格值的人的年龄

图 4-60

函数 YEAR、MONTH、DAY 中的参数 serial_number 是一个日期值，如果日期以文本形式输入，则会得到错误的结果。

【例 4-18】按照学生的出生日期求出年龄。

分析：学生的年龄可以通过出生日期计算，无须手工输入。

① 在 D2 单元格中输入公式“=YEAR(TODAY())-YEAR(C2)”，其中：YEAR(TODAY())求出当前日期的年份。例如，当前日期是 2018 年 11 月 22 日，则返回结果是 2018；YEAR(C2)的值是 1997，公式的结果为 21。如果公式的结果显示为日期型格式，则需要将显示格式设置为“数值”型。

视频 4-8

② 将 D2 单元格的公式复制到 D3～D5 单元格中。

结果如图 4-61 所示。

D2　=YEAR(TODAY())-YEAR(C2)

	A	B	C	D	E
1	班级	姓名	出生日期	年龄	
2	财务01	宋洪博	1997/4/5	21	
3	财务01	刘丽	1997/10/18	21	
4	财务01	陈涛	1997/12/3	21	
5	财务01	侯明斌	1999/1/1	19	

图 4-61

4.4　应用实例——学生成绩表统计计算

以学生的成绩表为例，可以使用多种函数计算学生的总成绩、平均成绩、优良率、GPA（平均学分绩点）成绩、成绩评定、最高分、最低分、排名等。

1．根据身份证号计算学生的年龄和性别

在许多的 Excel 表中都会存储“身份证号码”数据，可能同一表中还需要出生日期、年龄和性别等数据，如果手工输入这些数据不仅数据量比较大，而且容易输入错误的信息。用户可以通过函数从身份证号码中求出出生日期、年龄和性别，有效地避免了手工输入可能造成的错误，并且可以实现：每到新的一年时，年龄会自动变化。

（1）已知学生身份证号，计算学生的出生日期和年龄

分析：身份证号码共 18 位，以一个假设的身份证号码“199102199710155678”为例，其中第 7～10 位是出生年，第 11～12 位是出生月，第 13～14 位是出生日。身份证号码是文本类型的数据，可以采用文本函数 MID 将出生年、月、日分别求出，然后用日期函数 DATE 生成出生日期。

① 文本格式输入“身份证号码”。选中 A2 单元格，先输入英文字符单撇号后再输入 18 位的数字串。

② 计算“出生日期”。在 B2 单元格中输入公式：“=DATE(MID(A2,7,4),MID(A2,11,2),MID(A2,13,2))”，将 B2 单元格显示格式设为“长日期”的形式。

③ 将 B2 单元格中的公式复制到 B3 单元格。

结果如图 4-62 所示。

B2　=DATE(MID(A2,7,4),MID(A2,11,2),MID(A2,13,2))

	A	B	C	D
1	身份证号码	出生日期	年龄	性别
2	199102199710155678	1997年10月15日		
3	199102199802205668	1998年2月20日		

图 4-62

④ 计算“年龄”。在 C2 单元格中输入公式：“=YEAR(TODAY())−YEAR(B2)”。其中的 TODAY 函数求出系统当前日期，例如，当前日期“2019-3-5”，则 YEAR(TODAY())的结果为 2019，YEAR(B2)的结果为 1997，二者相减的结果为 22，如图 4-63 所示。或者可以用公式“=INT((TODAY()−B2)/365)”来计算年龄，其中 TODAY()-B2 的结果是总天数，除以每年 365 天，结果为 21.05，用 INT 函数向下取整后的结果为 21。结果如图 4-64 所示。

C2　=YEAR(TODAY())-YEAR(B2)

	A	B	C	D
1	身份证号码	出生日期	年龄	性别
2	199102199710155678	1997年10月15日	22	
3	199102199802205668	1998年2月20日	21	

图 4-63

C3　=INT((TODAY()-B3)/365)

	A	B	C	D
1	身份证号码	出生日期	年龄	性别
2	199102199710155678	1997年10月15日	22	
3	199102199802205668	1998年2月20日	21	

图 4-64

（2）已知学生身份证号，求出学生的性别

分析：身份证号码共 18 位，以一个假设的身份证号码“199102199710155678”为例，其中第 17 位表示“性别”，当该位是奇数时，性别为“女”；当该位是偶数时，性别为“男”。所以首先使用函数 MID 取出第 17 位，然后使用函数 MOD 与 2 取余数，如果结果是 1，表示是奇数则返回“女”，否则返回“男”。

① 在的 D2 单元格中输入公式：“=IF(MOD(MID(A2,17,1),2)=1,"女","男")”。表示将第 17 位取出后判断是否为奇数，是则返回“女”，否则返回“男”。

② 将 D2 单元格的公式复制到 D3 单元格即可。

结果如图 4-65 所示。

D2 =IF(MOD(MID(A2,17,1),2)=1,"女","男")

	A	B	C	D	E
1	身份证号码	出生日期	年龄	性别	
2	199102199710155678	1997年10月15日	22	女	
3	199102199802205668	1998年2月20日	20	男	

图 4-65

2. 计算学生的成绩和课程分数统计

经常需要对每个学生或每门课程的总成绩、平均成绩、最高分、最低分等数据进行多项统计工作。

（1）计算每位学生的总成绩和平均成绩（保留 2 位小数）。

分析：总成绩可以使用 SUM 函数实现，平均成绩可以使用 AVERAGE 函数实现。

① 计算“总成绩”。在 F2 单元格中输入公式：“=SUM(C2:E2)”。将 F2 单元格的公式复制到 F3～F5 单元格即可，“总成绩”结果如图 4-66 所示。

F2 =SUM(C2:E2)

	A	B	C	D	E	F
1	班级	姓名	高等数学	英语	物理	总成绩
2	财务01	宋洪博	73	68	87	228
3	财务01	刘丽	61	68	87	216
4	财务01	陈涛	88	93	78	259
5	财务01	侯明斌	84	78	88	250

图 4-66

② 计算“平均成绩”。在 G2 单元格中输入公式：“=AVERAGE(C2:E2)”。如果使用“插入函数”的方法选择“AVERAGE”函数，默认的计算平均值的单元格区域是 C2:F2，其中包含了单元格 F2（总成绩），需要重新选择单元格区域为 C2:E2（只包含 3 门课程）。

③ 设置小数位数。在“设置单元格式”对话框中，将小数位数设置为 2 位；也可以用 ROUND 函数实现，则单元格 G2 中的公式变为：“=ROUND(AVERAGE(C2:E2),2)”。将 G2 单元格的公式复制到 G3～G5 单元格即可，“平均成绩”结果如图 4-67 所示。

G2 =ROUND(AVERAGE(C2:E2),2)

	A	B	C	D	E	F	G
1	班级	姓名	高等数学	英语	物理	总成绩	平均成绩
2	财务01	宋洪博	73	68	87	228	76.00
3	财务01	刘丽	61	68	87	216	72.00
4	财务01	陈涛	88	93	78	259	86.33
5	财务01	侯明斌	84	78	88	250	83.33

图 4-67

（2）计算每门课程的最高分、最低分和平均成绩（保留 1 位小数）。

分析：最高分可以使用 MAX 函数实现，最低分可以使用 MIN 函数实现，平均成绩可以使用 AVERAGE 函数实现。

① 计算“最高分”。在 C7 单元格中输入公式：“=MAX(C2:C5)”，将 C7 单元格的公式复制到 D7～F7 单元格即可。

② 计算“最低分”。在 C8 单元格中输入公式：“=MIN(C2:C5)”。将 C8 单元格的公式复制到 D8～F8 单元格即可，“最高分”和“最低分”结果如图 4-68 所示。

C7　　fx　=MAX(C2:C5)

	A	B	C	D	E	F	G
1	班级	姓名	高等数学	英语	物理	总成绩	平均成绩
2	财务01	宋洪博	73	68	87	228	76.00
3	财务01	刘丽	61	68	87	216	72.00
4	财务01	陈涛	88	93	78	259	86.33
5	财务01	侯明斌	84	78	88	250	83.33
6							
7	最高分		88	93	88	259	
8	最低分		61	68	78	216	
9	课程平均成绩						

图 4-68

③ 计算“课程平均成绩”。在 C9 单元格中输入公式：“=ROUND(AVERAGE(C2:C5),1)”。将 C9 单元格的公式复制到 D9～E9 单元格即可，“课程平均成绩”结果如图 4-69 所示。

C9　　fx　=ROUND(AVERAGE(C2:C5),1)

	A	B	C	D	E	F	G
1	班级	姓名	高等数学	英语	物理	总成绩	平均成绩
2	财务01	宋洪博	73	68	87	228	76.00
3	财务01	刘丽	61	68	87	216	72.00
4	财务01	陈涛	88	93	78	259	86.33
5	财务01	侯明斌	84	78	88	250	83.33
6							
7	最高分		88	93	88	259	
8	最低分		61	68	78	216	
9	课程平均成绩		76.5	76.8	85.0		

图 4-69

用户在使用 SUM、AVERAGE、MAX、MIN 函数等时，系统会默认一个参与计算的单元格区域，需要用户检查该单元格区域是否正确（例如，“最低分”的函数为“=MIN(C2:C7)”，显然多包含了单元格 C6 和 C7），如果不对，需要自行修改单元格区域。

3. 计算成绩评定和排名

通常在计算出平均成绩和总成绩之后，用户需要依据这些计算出的成绩给出评定和排名。

（1）给出学生的成绩评价

分析：根据每位学生的平均成绩得到成绩评价，平均成绩 90 分（含 90 分）以上的为“优秀”、平均成绩在 80～89 分的为“良好”、平均成绩在 70～79 分的为“中等”、平均成绩在 60～69 分的为“及格”、平均成绩在 60 分以下为“不及格”。根据不同的平均成绩得到不同的评价结果，可以使用 IF 函数嵌套或者 LOOKUP 函数实现。

方法一：使用 IF 函数嵌套。

在 H2 单元格中输入公式：“=IF(G2>=90,"优秀",IF(G2>=80,"良好",IF(G2>=70,"中等",IF(G2>=

60,"及格","不及格"))))”。将 H2 单元格的公式复制到 H3～H5 单元格即可。

“成绩评定”结果如图 4-70 所示。

H2 =IF(G2>=90,"优秀",IF(G2>=80,"良好",IF(G2>=70,"中等",IF(G2>=60,"及格","不及格"))))

	A	B	C	D	E	F	G	H
1	班级	姓名	高等数学	英语	物理	总成绩	平均成绩	成绩评定
2	财务01	宋洪博	73	68	87	228	76.00	中等
3	财务01	刘丽	61	68	87	216	72.00	中等
4	财务01	陈涛	88	93	78	259	86.33	良好
5	财务01	侯明斌	84	78	88	250	83.33	良好

图 4-70

方法二：使用 LOOKUP 函数。

在 H2 单元格中输入公式：“=LOOKUP(G2,{0,60,70,80,90,100},{"不及格","及格","中等","良好","优秀"})”。将 H2 单元格的公式复制到 H3～H5 单元格即可。

“成绩评定”结果如图 4-71 所示。

H2 =LOOKUP(G2,{0,60,70,80,90,100},{"不及格","及格","中等","良好","优秀"})

	A	B	C	D	E	F	G	H
1	班级	姓名	高等数学	英语	物理	总成绩	平均成绩	成绩评定
2	财务01	宋洪博	73	68	87	228	76.00	中等
3	财务01	刘丽	61	68	87	216	72.00	中等
4	财务01	陈涛	88	93	78	259	86.33	良好
5	财务01	侯明斌	84	78	88	250	83.33	良好

图 4-71

（2）计算学生的成绩排名

分析：根据每位学生的总成绩得到排名，总成绩最高的学生是第 1 名。可以使用 RANK(number,ref,[order])函数来实现排位，其中参数 number 选择表示总成绩的 G2 单元格，参数 ref 是排序的范围为 G2:G5 单元格区域，注意：排序的范围不随着 number 的变化而变化，所以需要使用绝对引用$G$2:$G$5 或混合引用 G$2:G$5；省略 order，对数字的排位是基于 ref 降序排列的列表，操作步骤如下。

① 在 J2 单元格中输入公式：“=RANK(G2, G$2:G$5)”。

② 将 J2 单元格的公式复制到 J3～J5 单元格。

“排名”结果如图 4-72 所示。

J2 =RANK(G2,G$2:G$5)

	A	B	C	D	E	F	G	H	I	J
1	班级	姓名	性别	高等数学	英语	物理	总成绩	平均成绩	成绩评定	排名
2	财务01	宋洪博	男	73	68	87	228	76.00	中等	3
3	财务01	刘丽	女	61	68	87	216	72.00	中等	4
4	财务01	陈涛	男	88	93	78	259	86.33	良好	1
5	财务01	侯明斌	男	84	78	88	250	83.33	良好	2

图 4-72

4. 统计选课人数、优良率、缺考人数和实考人数

在教学中需要统计每一门课程的选课人数、优良率、缺考人数和实考人数等信息，为教学提供统计分析的数据。

（1）统计每门课程的选课人数、优良率

分析：选课人数可以使用函数 COUNT 实现，计算优良率首先要计算出优良成绩的人数，条件

是 80 分（含 80）以上的成绩为优良成绩，可以使用 COUNTIF 函数完成；然后利用优良成绩的人数除以选课人数，结果即为优良率。

① 统计“选课人数”。在 D7 单元格中输入公式：“=COUNT(D2:D5)”。将 D7 单元格的公式复制到 E7～F7 单元格即可，“选课人数”结果如图 4-73 所示。

D7　=COUNT(D2:D5)

	A	B	C	D	E	F	G	H	I	J
1	班级	姓名	性别	高等数学	英语	物理	总成绩	平均成绩	成绩评定	排名
2	财务01	宋洪博	男	73	68	87	228	76.00	中等	3
3	财务01	刘丽	女	61	68	87	216	72.00	中等	4
4	财务01	陈涛	男	88	93	78	259	86.33	良好	1
5	财务01	侯明斌	男	84	78	88	250	83.33	良好	2
6										
7	选课人数			4	4	4				

图 4-73

② 统计“优良率”。在 D8 单元格中输入公式：“=COUNTIF(D2:D5,">=80")/COUNT(D2:D5)”。设置显示方式为“百分比”方式，将 D8 单元格的公式复制到 E8～F8 单元格即可，“优良率”结果如图 4-74 所示。

D8　=COUNTIF(D2:D5,">=80")/COUNT(D2:D5)

	A	B	C	D	E	F	G	H	I	J
1	班级	姓名	性别	高等数学	英语	物理	总成绩	平均成绩	成绩评定	排名
2	财务01	宋洪博	男	73	68	87	228	76.00	中等	3
3	财务01	刘丽	女	61	68	87	216	72.00	中等	4
4	财务01	陈涛	男	88	93	78	259	86.33	良好	1
5	财务01	侯明斌	男	84	78	88	250	83.33	良好	2
6										
7	选课人数			4	4	4				
8	优良率			50%	25%	75%				

图 4-74

（2）统计每门课程的缺考人数和实考人数

分析：如果学生缺考，必然没有成绩，用户可以使用 COUNTBLANK 函数来统计“空”的单元格数量完成缺考人数的计数。如果学生参加了考试，一定会有成绩，可以使用 COUNTA 函数来统计“非空”的单元格数量完成实考人数的计数。

① 统计“缺考人数”。在 D9 单元格中输入公式：“=COUNTBLANK(D2:D7)”。将 D9 单元格的公式复制到 E9～F9 单元格即可，“缺考人数”结果如图 4-75 所示。

D9　=COUNTBLANK(D2:D7)

	A	B	C	D	E	F	G	H
1	班级	姓名	性别	高等数学	英语	物理	总成绩	平均成绩
2	财务01	宋洪博	男	73	68	87	228	76.00
3	财务01	刘丽	女	61	68	87	216	72.00
4	财务01	陈涛	男	88	93	78	259	86.33
5	财务01	侯明斌	男	84	78	88	250	83.33
6	财务01	王民	男		70	58	128	64.00
7	财务01	李宏	男	58	80		138	69.00
8								
9	缺考人数			1	0	1		

图 4-75

② 统计“实考人数”。在 D10 单元格中输入公式：“=COUNTA(D2:D7)”。将 D10 单元格的公式复制到 E10～F10 单元格即可，“实考人数”结果如图 4-76 所示。

D10 =COUNTA(D2:D7)

	A	B	C	D	E	F	G	H
1	班级	姓名	性别	高等数学	英语	物理	总成绩	平均成绩
2	财务01	宋洪博	男	73	68	87	228	76.00
3	财务01	刘丽	女	61	68	87	216	72.00
4	财务01	陈涛	男	88	93	78	259	86.33
5	财务01	侯明斌	男	84	78	88	250	83.33
6	财务01	王民	男		70	58	128	64.00
7	财务01	李宏	男	58	80		138	69.00
8								
9	缺考人数			1	0	1		
10	实考人数			5	6	5		

图 4-76

5. 按姓名查找总成绩和排名

用户通过按姓名查询总成绩和排名，可以方便、迅速地查到需要的学生的总成绩和排名，而无须浏览全部的学生信息。

输入某个学生姓名后显示该学生的总成绩和排名。

分析：以学生成绩表为例可以设置查找区域，当输入某个学生姓名后，可以使用 VLOOKUP 函数显示出该学生的总成绩和排名。

① 在 3 个单元格 A7、B7 和 C7 中分别输入“姓名”“总成绩”和“排名”。

② 单元格 A8 作为用户输入查询条件的单元格。

③ 在 B8 单元格中输入公式：“=VLOOKUP(A8,B2:I5,5,FALSE)”，根据单元格 A8 输入的姓名，返回姓名右侧第 5 列对应的总成绩，FALSE 表示使用姓名的精确匹配方式。

④ 在 C8 单元格中输入公式：“=VLOOKUP(A8,B2:I5,8,FALSE)”，根据单元格 A8 输入的姓名，返回姓名右侧第 8 列对应的排名。

查找的“总成绩”和“排名”结果如图 4-77 所示，在单元格 A8 中输入需要查询的姓名，单元格 B8 和 C8 中就会显示该学生的总成绩和排名信息。

	A	B	C	D	E	F	G	H	I
1	班级	姓名	高等数学	英语	物理	总成绩	平均成绩	成绩评定	排名
2	财务01	宋洪博	73	68	87	228	76.00	中等	3
3	财务01	刘丽	61	68	87	216	72.00	中等	4
4	财务01	陈涛	88	93	78	259	86.33	良好	1
5	财务01	侯明斌	84	78	88	250	83.33	良好	2
6									
7	姓名	总成绩	排名						
8	陈涛	259	1						

图 4-77

6. 计算学生的 GPA 平均学分绩点成绩

学生在每学期、每学年或毕业时可能需要计算自己的学分绩点成绩来评定奖学金、保送研究生或出国留学申请。成绩绩点是根据每门课的成绩计算而得的，常用的规则是：90 以上算 4 分，80～90 算 3 分，70～80 算 2 分，60～70 算 1 分，60 以下算 0 分。

平均学分绩点=Σ（课程学分×成绩绩点）/Σ课程学分=各门课程学分绩点之和/各门课程学分之和。

以某学生为例，根据该学生选修的 5 门课程、学分和成绩，计算该生的 GPA 成绩。

① 插入“绩点”列和“GPA 成绩”行。

② 计算“绩点”。在 E2 单元格中输入公式：“=LOOKUP(D2,{0,60,70,80,90,100},{0,1,2,3,4})”，其中：{0,60,70,80,90,100}必须按照升序排列。复制 E2 公式至 E3～E6 单元格中，“绩点”结果如图 4-78 所示。

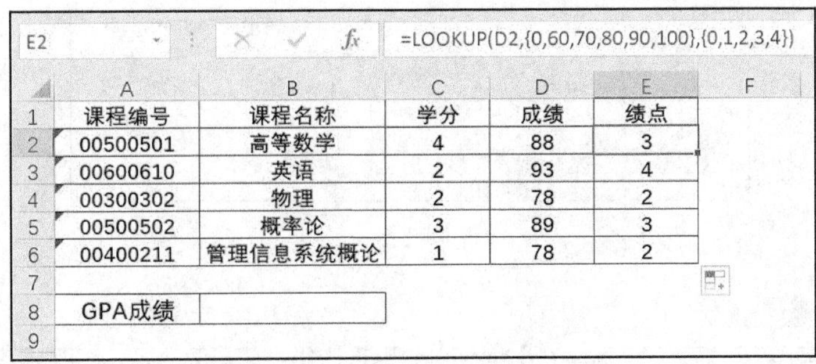

E2　=LOOKUP(D2,{0,60,70,80,90,100},{0,1,2,3,4})

	A	B	C	D	E	F
1	课程编号	课程名称	学分	成绩	绩点	
2	00500501	高等数学	4	88	3	
3	00600610	英语	2	93	4	
4	00300302	物理	2	78	2	
5	00500502	概率论	3	89	3	
6	00400211	管理信息系统概论	1	78	2	
7						
8	GPA成绩					
9						

图 4-78

③ 计算“GPA 成绩”。在 B8 单元格中输入公式：“=SUMPRODUCT(C2:C6,E2:E6)/SUM(C2:C6)”，即计算（4×3+2×4+2×2+3×3+1×2）÷（4+2+2+3+1）=2.9167。设置 B8 单元格格式为保留 2 位小数。

“GPA 成绩”结果如图 4-79 所示。

B8　=SUMPRODUCT(C2:C6,E2:E6)/SUM(C2:C6)

	A	B	C	D	E	F
1	课程编号	课程名称	学分	成绩	绩点	
2	00500501	高等数学	4	88	3	
3	00600610	英语	2	93	4	
4	00300302	物理	2	78	2	
5	00500502	概率论	3	89	3	
6	00400211	管理信息系统概论	1	78	2	
7						
8	GPA成绩	2.92				
9						

图 4-79

7. 从不同的工作表中获取数值

有时需要将存储在另一张工作表中的信息提取到当前工作表中来，简单的方法是复制粘贴，但是在某些情况下，复制粘贴的结果可能导致“张冠李戴”的错误现象，此时需要使用 VLOOKUP 函数来完成。

根据院系代码中的值，填写对应的院系名称。

分析：有两张工作表，“院系代码表”中包含院系代码所对应的院系名称，如图 4-80 所示；“学生表”如图 4-81 所示，其中的院系名称列不能通过一次复制粘贴的简单操作实现，可以通过 VLOOKUP 函数得到。

① 在“学生表”的 C2 单元格中输入公式：“=VLOOKUP(B2,院系代码表!$A$2:$B$4,2)”。表示在“院系代码表”的 A2: B4 单元格区域中查找值等于 B2（“01”）的第 2 列的值（“经济与管理学院”）。

② 将 C2 单元格的公式复制到 C3～C5 单元格即可。

新的“学生表”结果如图 4-82 所示。

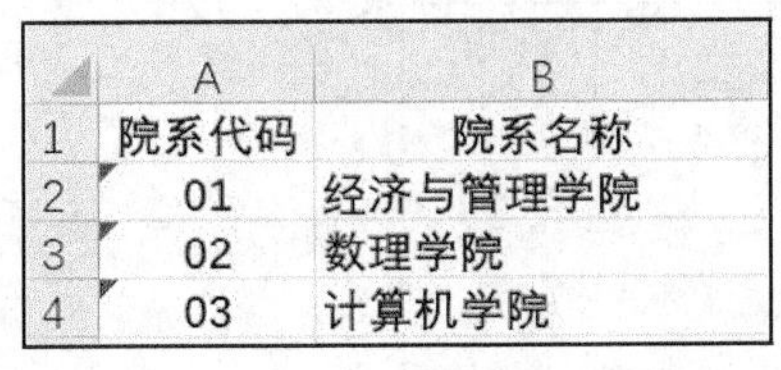

	A	B
1	院系代码	院系名称
2	01	经济与管理学院
3	02	数理学院
4	03	计算机学院

图 4-80

	A	B	C	D
1	姓名	院系代码	院系名称	性别
2	陈涛	01		男
3	侯明斌	01		男
4	李文君	03		女
5	于磊	02		男

图 4-81

C2 =VLOOKUP(B2,'院系代码表'!$A$2:$B$4,2)

	A	B	C	D	E	F
1	姓名	院系代码	院系名称	性别		
2	陈涛	01	经济与管理学院	男		
3	侯明斌	01	经济与管理学院	男		
4	李文君	03	计算机学院	女		
5	于磊	02	数理学院	男		

图 4-82

课堂实验

一、实验目的

1. 掌握函数的基本使用方法。
2. 掌握典型函数的使用方法。

二、实验内容

1. 在电子资源“Excel 实验素材”文件夹中打开“第 4 章实验.xlsx”文件，并对 sheet1 中的“高三（1）班高考成绩单”按下列要求完成操作。

（1）冻结窗格，使得滚动查看各位同学的成绩时，表格的标题栏保持不动，即冻结第 1～3 行。

（2）利用 SUM 函数，计算出每个学生的总成绩。

（3）利用 IF 函数，根据每个同学的“总成绩”，给出其达到的“分数线”，评价规则是：大于等于 650 分为“本科 1 批”；小于 650 分且大于等于 580 分为“本科 2 批”；其余为“本科 3 批”。

提示 要嵌套 IF 函数，可以单击编辑栏左侧的 IF 函数名按钮。

（4）利用 AVERAGE 函数，计算出每门课程的平均成绩（保留 2 位小数）。

（5）利用 MAX 函数，计算出每门课程的最高分。

（6）利用 MIN 函数，计算出每门课程的最低分。

（7）利用 COUNTIF 函数，计算每门课程成绩低于 100 分的人数。

样张：

	A	B	C	D	E	F	G	H	I
1–2	高三(1)班高考成绩单								
3	班级	姓名	语文	数学	外语	物理	化学	总成绩	分数线
34	高三(1)	雷云	131	146	122	129	143	671	本科1批
35	高三(1)	李小静	121	141	126	131	138	657	本科1批
36	高三(1)	周华丽	120	131	108	121	119	599	本科2批
37	高三(1)	王书敏	130	144	113	114	130	631	本科2批
38	高三(1)	刘庆娥	131	142	136	123	133	665	本科1批
39	高三(1)	赵培军	137	121	132	134	137	661	本科1批
40	高三(1)	程荣	139	125	98	130	134	626	本科2批
41	高三(1)	王霞	131	128	122	131	133	645	本科2批
42	高三(1)	胡小玲	139	128	119	108	124	618	本科2批
43	平均成绩		124.26	134.38	124.56	128.23	127.95		
44	最高分		141	149	148	145	146		
45	最低分		96	101	98	99	84		
46	低于100分的人数		3	0	1	1	2		
47									
48									

sheet1 | sheet2 | 全校高考录取信息 | 查询

2. 在 sheet2 的"高三（1）班学生名单"中，准考证号有 11 位，其中前 6 位表示考点代码，紧接着的 3 位表示考场号，最后两位表示座位号。请按下列要求完成操作。

（1）冻结首行，使得滚动查看各位同学的信息时，标题栏保持不动。

（2）利用 LEFT 函数，根据每个同学的"准考证号"，给出其"考点代码"。

（3）利用 MID 函数，根据每个同学的"准考证号"，给出其"考场号"。

（4）利用 RIGHT 函数，根据每个同学的"准考证号"，给出其"座位号"。

样张：

	A	B	C	D	E	F
1	班级	姓名	准考证号	考点代码	考场号	座位号
32	高三(1)	雷云	11001500311	110015	003	11
33	高三(1)	李小静	11001500312	110015	003	12
34	高三(1)	周华丽	11001500313	110015	003	13
35	高三(1)	王书敏	11001500314	110015	003	14
36	高三(1)	刘庆娥	11001500315	110015	003	15
37	高三(1)	赵培军	11001500416	110015	004	16
38	高三(1)	程荣	11001500417	110015	004	17
39	高三(1)	王霞	11001500418	110015	004	18
40	高三(1)	胡小玲	11001500419	110015	004	19

sheet1　sheet2　全校高考录取信息　查询

3. "全校高考录取信息"工作表的内容为某中学今年参加高考的 300 个学生信息汇总，请按下列要求完成操作。

（1）冻结首行，使得滚动查看各位同学的信息时，标题栏保持不动。

（2）利用 LOOKUP 函数，根据每个同学的"高考总分"，给出其达到的"分数线"，评价规则是：大于等于 650 分为"本科 1 批"；小于 650 分且大于等于 580 分为"本科 2 批"；其余为"本科 3 批"。

（3）利用 RANK 函数，求出每个学生的高考成绩排名（注意排名区域的绝对地址引用），并利用条件格式将排名在前 20 名的结果设置为红色加粗字体。

样张：

	A	B	C	D	E	F	G	H	I
1	班级	姓名	录取院校	院校所在地区	院校所在城市	录取专业	高考总分	分数线	成绩排名
38	高三(1)	程荣	同济大学	华北	北京	电子信息科学类	626	本科2批	139
39	高三(1)	王霞	上海财经大学	华东	上海	金融工程	645	本科2批	85
40	高三(1)	胡小玲	四川大学	西南	成都	土建类	618	本科2批	168
41	高三(2)	曹东起	四川大学	西南	成都	行政管理	633	本科2批	109
42	高三(2)	曹亮	云南大学	西南	昆明	通信工程	600	本科2批	242
43	高三(2)	陈小明	清华大学	华北	北京	临床医学	672	本科1批	17
44	高三(2)	董天放	中国政法大学	华北	北京	法学	622	本科2批	150
45	高三(2)	高杨霞	西南财经大学	西南	成都	法学	608	本科2批	216
46	高三(2)	韩赢	云南财经大学	西南	昆明	金融工程	590	本科2批	271
47	高三(2)	何洋洋	中国政法大学	华北	北京	法学	622	本科2批	150

sheet1　sheet2　全校高考录取信息　查询

4. 在"查询"工作表中，实现输入某个同学的准考证号，就可以自动查出该同学的相关信息。请根据样张，按下列要求完成操作。

（1）在 B1 单元格中显示查询当天的日期（样张中假设当日为 2018 年 12 月 21 日）。

当天的日期可以通过函数 TODAY()获得。

（2）在 A4 单元格中输入要查询的学生准考证号，例如 11001500312。

（3）在 B4 单元格利用 LOOKUP 函数从 sheet2 中根据学号查询出该同学的姓名。

在 B4 单元格中应输入函数“=LOOKUP(A4, sheet2!C2:C40, sheet2!B2:B40)”。其中，A4 是待查学生的准考证号，sheet2!C2:C40 是指 sheet2 工作表中全体学生的准考证号区域，sheet2!B2:B40 是 sheet2 工作表中全体学生的姓名区域。

（4）利用 VLOOKUP 函数从“全校高考录取信息”工作表中根据 B4 单元格给出的学生姓名分别查询出该学生的录取学校、录取专业、高考总分和成绩排名等信息。

在 C4 单元格中输入函数“=VLOOKUP(B4,全校高考录取信息!B2:I301, 2, FALSE)”。其中，B4 是待查询学生姓名；B2:I301 是要查询的数据区域，这个数据区域在“全校高考录取信息”工作表中；2 是指该数据区域的第 2 列，即“录取院校”列；FALSE 是指精确匹配查询。“录取专业”“高考总分”及“成绩排名”的查询方法类似。

（5）重新输入另一个学生的准考证号，如 11001500315，查询结果显示【　　】的录取信息。

样张：

	A	B	C	D	E	F
1	查询日期	2018年12月21日				
2						
3	准考证号	姓名	录取学校	录取专业	高考总分	成绩排名
4	11001500312	李小静	北京大学	环境科学类	657	49

习　　题

一、单项选择题

1. C7 单元格的公式中有绝对引用“=AVERAGE($C$3:$C$6)”，把它复制到 C8 单元格后，单元格中的公式为______。

A. =AVERAGE(C3:C6)　　B. =AVERAGE($C$3:$C$6)

C. =AVERAGE($C$4:$C$7)　　D. =AVERAGE(C4:C7)

2. 对 A1 单元格中的数据进行四舍五入（保留 1 位小数），并将结果填入 D2 单元格中，应在 D2 单元格中输入公式______。

A. =ROUND(A1,1)　B. =ROUND(A1)　C. =INT(A1)　D. =SUM(A1)

3. 公式“=IF(1>2,3,4)”的值是______。

A. 1　B. 2　C. 3　D. 4

4. 若需计算某工作表中 A1、B1、C1 单元格的数据之和，需使用的公式为______。

A. =COUNT(A1:C1)　B. =SUM(A1:C1)　C. =SUM(A1,C1)　D. =MAX(A1:C1)

5. 若 B2 单元格中是出生日期（2000/12/1），在 C2 单元格中输入______可以得到年龄。

A. =TODAY()　　B. =YEAR(TODAY())

C. =YEAR(B2)　　D. =YEAR(TODAY())-YEAR(B2)

6. 统计 A1:B16 单元格区域的非空单元格数量的公式是______。

A. =COUNTA(A1:B16)　　B. =COUNTBLANK(A1:B16)

C. =COUNT (A1:B16)　　D. =COUNTIF(A1:B16)

7. 若 A2 单元格的值是 3，B2 单元格的值是 15，则公式 “=AND(A2>10,B2>10)” 的结果是______。

A. 3　　B. 15　　C. TRUE　　D. FLASE

8. 若 A2 单元格的值是 “531100110088”，B2 单元格的公式为 “=MID(A2,3,5)”，则 B2 单元格显示的内容为______。

A. 53110　　B. 531　　C. 11001　　D. 10088

9. 若 A2 单元格的值是 “13811110088”，B2 单元格的公式 “=REPLACE(A2,4,5,"*****")”，则 B2 单元格显示的内容为______。

A. 13811110088　　B. 138*****088　　C. 138*088　　D. 138*****88

10. 以下不属于日期和时间函数的是______。

A. MID　　B. MONTH　　C. YEAR　　D. TODAY

11. 若单元格 A1=72，A2=56，A3=87，A4=69，则函数 COUNTIF(A1:A4,">=60")的值是_____。

A. 4　　B. 3　　C. 2　　D. 1

12. 若单元格 C1=−1，则函数 IF(C1>1,1,IF(C1<1,−1,0))的值是_____。

A. 1　　B. 0　　C. −1　　D. 任意值

13. 计算 A1，A2，A3，A4，B1，B2，B3，B4 这 8 个单元格平均值的函数是_____。

A. AVERAGE(A1:B4)　　B. AVERAGE(A1～B4)

C. AVERAGE(A1,B4)　　D. AVERAGE(A1、B4)

14. 在单元格中输入 “=6+16+MIN(16,6)”，该单元格将显示_____。

A. 38　　B. 28　　C. 22　　D. 44

15. 若单元格 A1=1，A2=2，A3=3，A4=2，则函数 COUNT(A1:A3)的值是_____。

A. 8　　B. 7　　C. 6　　D. 3

二、判断题

1. 在一个单元格中输入公式 “=AVERAGE(B1:B3)”，则该单元格显示的结果必是(B1+B2+B3)/3 的值。

2. 输入函数时可以不输入等号（=）开始。

3. 若 A1 单元格中为出生日期（如 1999/10/5），在 B1 单元格输入函数公式 “=(TODAY()−A1)/365”，可以计算年龄。

4. COUNTA(A1:A6)函数的功能是统计 A1:A6 单元格区域中空单元格的个数。

5. 函数不能嵌套使用。

三、设计实验题

1. 学校组织学生辩论大赛，共有 10 位学生选手，有 6 位评委给每位选手打分（0～10），最终选出 3 位最佳辩手。请将数据输入工作表中并获得 3 位最佳辩手的学生姓名。

2. 学生从教务系统中获取自己本学年的各门课成绩及各门课程的学分。如果获取的是 Excel 文件，则整理数据，删除未选修的没有分数的课程；如果获取的是其他格式的文件，则尝试导入到 Excel 工作表中；如果无法获得电子版数据，则手工输入数据到工作表中。按照以下计算方法计算自己本学年的平均学分绩（GPA）成绩。

平均学分 GPA=∑（课程学分×成绩绩点）/∑课程学分。成绩绩点的规则是 90 以上算 4 分，80～90 算 3 分，70～80 算 2 分，60～70 算 1 分，60 以下算 0 分。

第 5 章 图表

为了更加直观地表示数据关系，用户可以将工作表中的数据以图表的形式展示出来。图表可以清楚反映数据之间的关系，方便用户对数据进行分析和对比。

5.1 图表基础

图表能够清晰、直观地表达工作表中数据的大小，是用户经常使用的功能。用户完成了数据的输入、计算、统计后，可以将结果用图表形式直观表示出来。

5.1.1 图表组成

图表通常由图表区、绘图区、标题、数据系列、图例、网格线等部分组成，如图 5-1 所示，该图表中包含了图表的常见元素。

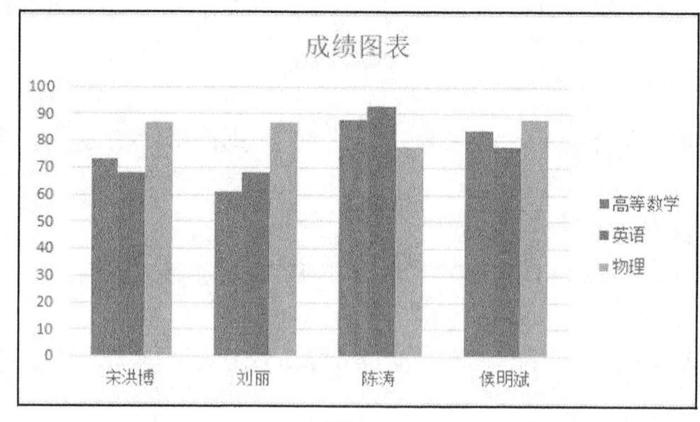

图 5-1

（1）图表区

图表区是指图表的全部区域，包含所有的数据信息。选中图表区时，将显示图表元素的边框和用于调整图表区大小的控制点。

（2）绘图区

绘图区是指图表区域，是以两个坐标轴为边的矩形区域。选中绘图区时，将显示绘图区的边框和用于调整绘图区大小的控制点。

（3）标题

图表的标题显示于绘图区的上方，用于说明图表要表达的主题内容。

（4）数据系列

数据系列是由数据点构成的，每个数据点对应工作表中某个单元格的数据。每个数据系列对应工作表中的一行或一列数据。

（5）坐标轴

坐标轴按照位置分为纵坐标轴和横坐标轴，显示在左侧的是纵坐标轴，显示在底部的是横坐标轴。

（6）图例

图例是用来表示图表中各数据系列的名称，由图例项和图例项标识组成，默认情况下显示在绘图区的右侧。

（7）网格线

网格线是表示坐标轴的刻度线段，方便用户查看数据的具体数值。

5.1.2　图表类型

图表的显示方式有很多类型，如柱形图、折线图、饼图、条形图、面积图、XY 散点图、股价图、曲面图、气泡图、雷达图、旭日图等，用户可以根据自己的需要选择合适的图表类型。

（1）柱形图

柱形图是常用的图表类型，垂直显示各项数据之间的比较，用矩形的高低来表示数据的大小。

（2）折线图

折线图是用线段将各个数据点连接起来组成的图形，用来显示数据的变化趋势。

（3）饼图

饼图只能用一列数据作为数据源，它将一个圆分成若干个扇形，每个扇形的大小表示各项数据值的百分比。

（4）条形图

条形图水平显示各项数据之间的比较，用条形的长短来表示数据的大小。

（5）面积图

面积图主要显示部分与整体的关系，还可以显示幅度随时间的变化趋势。

（6）XY 散点图

XY 散点图主要显示若干数据系列中各数值之间的关系，它不仅可以用线段，还可以用一系列的点来描述数据的分布情况。

（7）股价图

股价图是一种专用图形，主要用于显示股票价格的波动和股市行情。

（8）曲面图

曲面图是折线图和面积图的另一种形式，显示两组数据之间的最佳组合。

（9）气泡图

气泡图是一种特殊类型的 XY 散点图，可以用来描述多维数据。排列在工作表列中的数据可以绘制在气泡图中，数值越大，气泡就越大。

（10）雷达图

雷达图要显示一个中心向四周辐射出多条数值的坐标轴，适合比较若干数据系列的聚合值。

（11）旭日图

旭日图显示各个部分与整体之间关系，能包含多个数据系列，由多个同心的圆环来表示。它将一个圆环划分成若干个圆环段，每个圆环段表示一个数据值在相应数据系列中所占的比例。

Excel 2016 中删除了气泡图，增加了树状图、直方图、箱形图、瀑布图、组合图等图表类型。

5.2 创建图表

图表是基于工作表中数据生成的，主要有迷你图、嵌入式图表、图表工作表等。

5.2.1 创建迷你图

迷你图是绘制在单元格中的一种微型图表，可以直观地反映一组数据的变化趋势。用户可以在一个单元格中创建迷你图，也可以在连续的单元格区域创建迷你图。

1. 在一个单元格中创建迷你图

① 选中要存放迷你图的单元格。

② 在“插入”选项卡的“迷你图”选项组中，选择所需的迷你图类型。

③ 在打开的“创建迷你图”对话框中，完成数据范围的选定，单击“确定”按钮即可在当前单元格中创建迷你图，如图 5-2 所示。

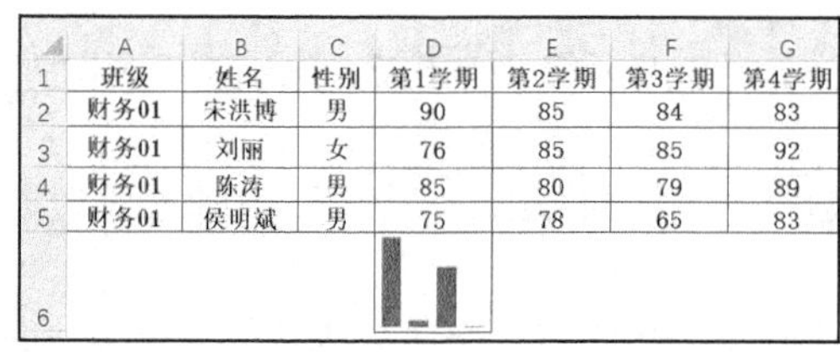

	A	B	C	D	E	F	G
1	班级	姓名	性别	第1学期	第2学期	第3学期	第4学期
2	财务01	宋洪博	男	90	85	84	83
3	财务01	刘丽	女	76	85	85	92
4	财务01	陈涛	男	85	80	79	89
5	财务01	侯明斌	男	75	78	65	83
6							

图 5-2

2. 在连续的单元格区域中创建迷你图

有时需要同时创建一组迷你图，例如，通过几个学期的成绩趋势线反映学生的学习状态，发现学习成绩一直下降的学生，及时提出预警，操作步骤如下。

① 选中要存放迷你图的单元格区域 H2:H5。

② 在“插入”选项卡的“迷你图”选项组中，选择所需的“折线图”。

③ 在打开的“创建迷你图”对话框中，数据范围的选定为 D2:G5，如图 5-3 所示。

④ 单击“确定”按钮即可创建单元格区域 H2:H5 的迷你图，如图 5-4 所示。

视频 5-1

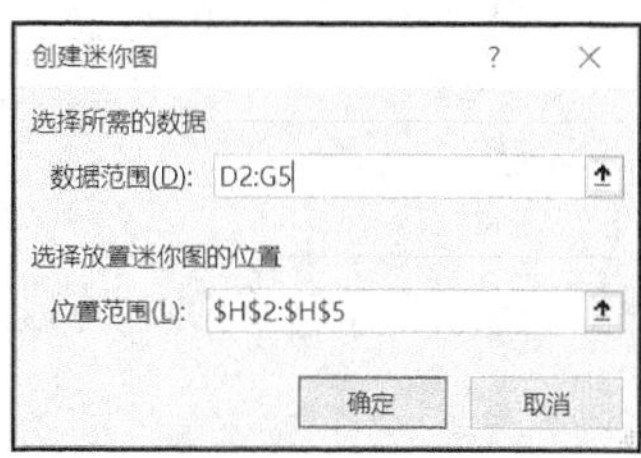

图 5-3

	A	B	C	D	E	F	G	H
1	班级	姓名	性别	第1学期	第2学期	第3学期	第4学期	成绩趋势
2	财务01	宋洪博	男	90	85	84	83	
3	财务01	刘丽	女	76	85	85	92	
4	财务01	陈涛	男	85	80	79	89	
5	财务01	侯明斌	男	75	78	65	83	

图 5-4

从图 5-4 中的成绩趋势中可以直观地识别出“宋洪博”的成绩呈下降的趋势；“刘丽”的成绩呈现持续上升趋势，其他两位学生成绩有上下的波动。

提示

当需要删除迷你图时，可以先选定需要删除的迷你图单元格或单元格区域，在“迷你图工具设计”选项卡的“组合”选项组中，单击“清除”按钮即可完成删除操作。

5.2.2　创建嵌入式图表

嵌入式图表是指图表与原始的数据在同一张工作表中。创建嵌入式图表可以按照以下操作步骤进行。

① 选定数据源区域。创建图表必须首先选定数据源区域，数据源区域可以是连续的，也可以是不连续的。若选定不连续的数据区域，第二个区域和第一个区域要有相同的行数；若选定的区域有文字，则文字应该在区域的最左列或最上行，用来说明图表中数据的含义。

② 在“插入”选项卡的“图表”选项组中，单击图表类型按钮，在出现的列表中选择图表子类型，如图 5-5 所示。

③ 图表以嵌入方式出现在工作表中，如图 5-6 所示。

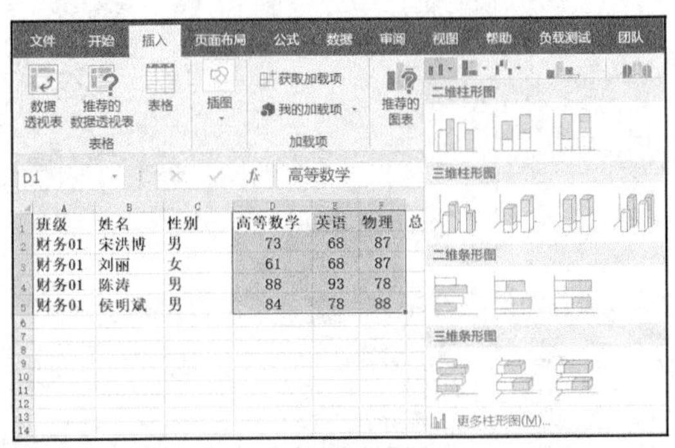

班级	姓名	性别	高等数学	英语	物理
财务01	宋洪博	男	73	68	87
财务01	刘丽	女	61	68	87
财务01	陈涛	男	88	93	78
财务01	侯明斌	男	84	78	88

图 5-5

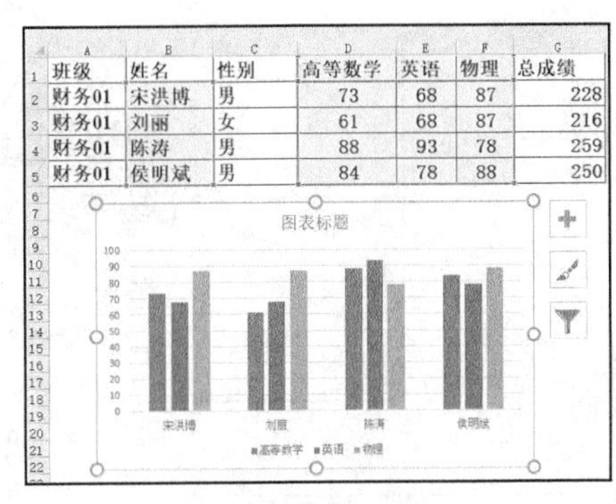

班级	姓名	性别	高等数学	英语	物理	总成绩
财务01	宋洪博	男	73	68	87	228
财务01	刘丽	女	61	68	87	216
财务01	陈涛	男	88	93	78	259
财务01	侯明斌	男	84	78	88	250

图 5-6

如果选定的数据单元格在不连续的区域中，则需要选中第一个单元格区后，按住【Ctrl】键的同时选定其他的单元格区域。

【例 5-1】创建学生 3 门课程的条形图图表。

① 选定数据源区域。在图 5-8 中首先选中 B1:B5 单元格区域，按下【Ctrl】键同时选中 D1:F5 单元格区域。

② 在“插入”选项卡的“图表”选项组中，单击展开按钮，在打开的“插入图表”对话框中单击“所有图表”选项卡，选择其中的“条形图”下的“簇状条形图”，如图 5-7 所示，单击“确定”按钮完成，效果如图 5-8 所示。

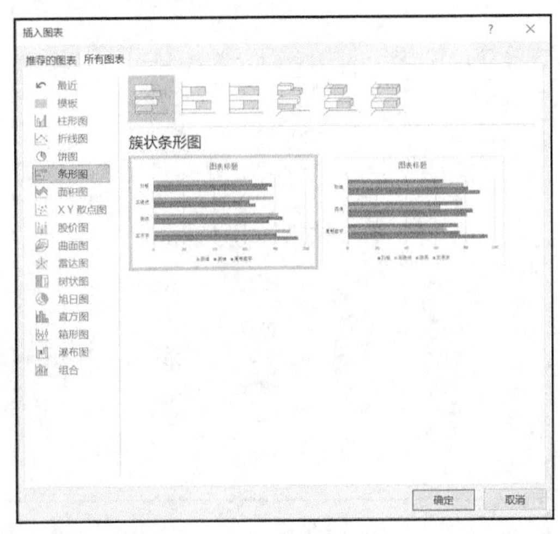

图 5-7

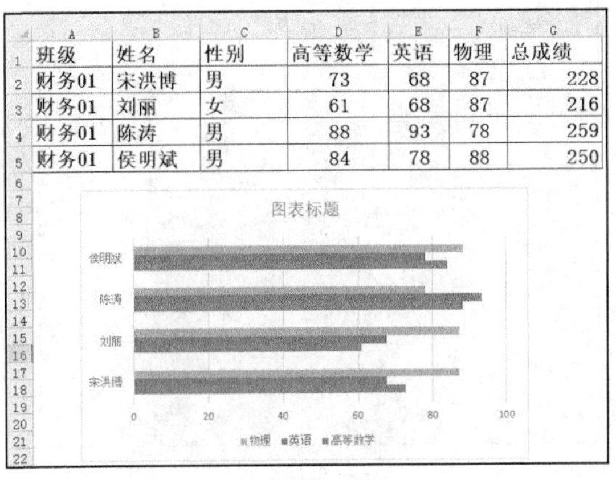

班级	姓名	性别	高等数学	英语	物理	总成绩
财务01	宋洪博	男	73	68	87	228
财务01	刘丽	女	61	68	87	216
财务01	陈涛	男	88	93	78	259
财务01	侯明斌	男	84	78	88	250

图 5-8

【例 5-2】创建总成绩的饼图。

① 选定数据源区域。首先选中图 5-9 中的 B1:B5 单元格区域，按下【Ctrl】键同时选中 G1:G5 单元格区域。

② 在“插入”选项卡的“图表”选项组中，单击其中的“饼图”下的“二维饼图”按钮，完成二维饼图，效果如图 5-9 所示。

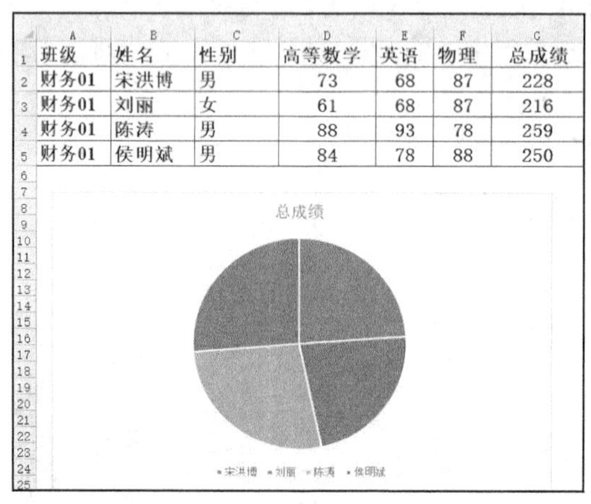

	A	B	C	D	E	F	G
1	班级	姓名	性别	高等数学	英语	物理	总成绩
2	财务01	宋洪博	男	73	68	87	228
3	财务01	刘丽	女	61	68	87	216
4	财务01	陈涛	男	88	93	78	259
5	财务01	侯明斌	男	84	78	88	250

图 5-9

视频 5-2

饼图的数据源中只能包含一个数值数据系列。

【例 5-3】创建能反映学生性别比例的图表。

分析：图 5-10 中是某学院 4 个年级的男生、女生人数统计情况，我们可以创建“百分比堆积柱形图”来反映 4 个年级男女生的比例情况。

	A	B	C
1	年级	男	女
2	大一	321	300
3	大二	300	198
4	大三	268	120
5	大四	222	75

图 5-10

① 选定 A1:C5 单元格区域为数据源。

② 在“插入图表”对话框中，选择“柱形图”中的“百分比堆积柱形图”图表子类型，如图 5-11 所示。

完成图表后的效果如图 5-12 所示，从图中可以直观地观察到男女生比例的变化。

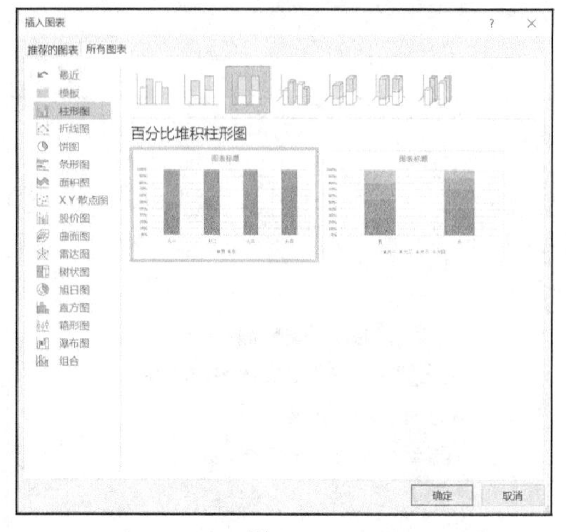

图 5-11

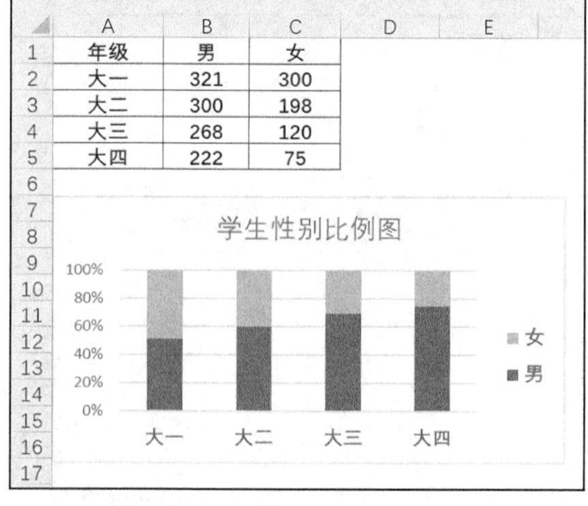

	A	B	C
1	年级	男	女
2	大一	321	300
3	大二	300	198
4	大三	268	120
5	大四	222	75

图 5-12

图表类型的选择对于数据的展现效果非常重要，用户需要了解不同类型图表的特点，正确选择图表类型达到直观表达数据内涵的目的。

5.2.3　创建图表工作表

图表工作表是图表在一个独立的工作表中，与表示的数据源分别在不同的工作表中。创建图表工作表可以按照以下操作步骤进行。

① 选定数据源区域。数据源可以是连续的，也可以是不连续的。

② 插入图表工作表。按【F11】快捷键将自动插入一个新的图表工作表，并创建了一个选定数据区域为数据源的柱形图，如图 5-13 所示。

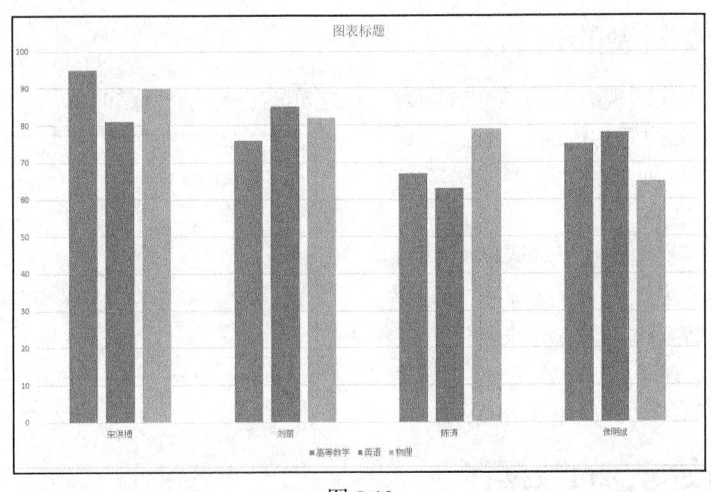

图 5-13

5.3　编辑图表

创建图表后，用户通常需要对图表的类型、数据源进行编辑，也需要对图表进行美化以达到满意的视觉效果，有助于用户更好地理解图表所传递出的数据信息。

5.3.1　更改图表的类型

用户可以更改已创建的图表的图表类型，实现以不同的展示方式表现数据。

1. 更改迷你图的图表类型

① 选中迷你图的单元格或单元格区域。

② 在“迷你图工具设计”选项卡的“类型”选项组中，单击所需图表类型按钮。

2. 更改图表的图表类型

用户可以对已完成的图表更换不同的图表类型，操作步骤如下。

① 若要更改整个图表类型，可以单击图表区域以显示图表工具相关的选项卡；若要更改单个数据系列的图表类型，可以单击该数据系列。

② 在“设计”选项卡的“类型”选项组中，单击“更改图表类型”按钮进行更改。图 5-14（a）是将图表改变为“条形图”的效果。图 5-14（b）是由柱形图和折线图构成的组合图表。

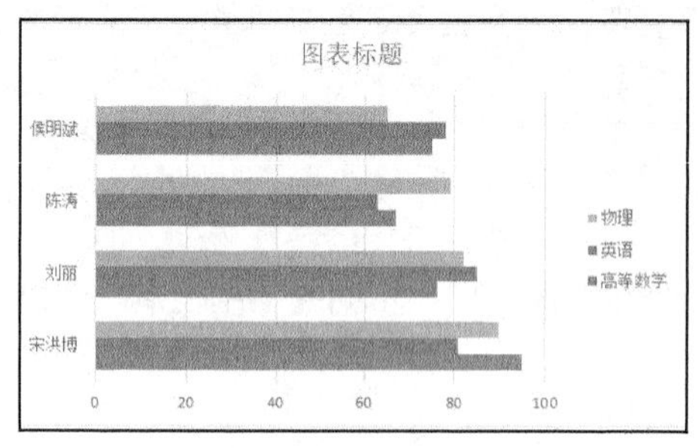

（a）更改整个图表类型为条形图

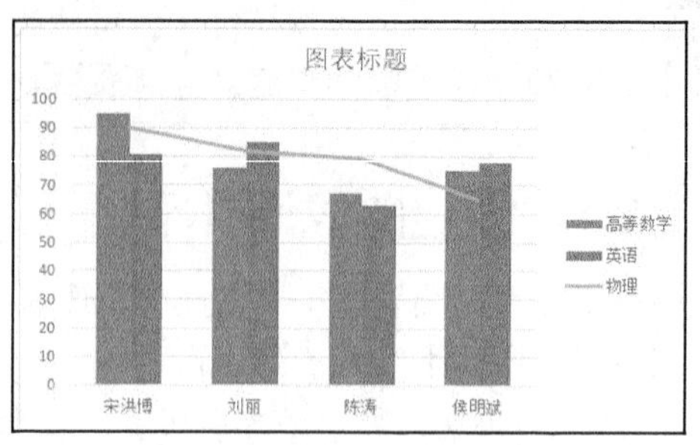

（b）更改单个数据系列为折线图

图 5-14

5.3.2 更改图表的位置

用户可以将嵌入式图表改变为独立式图表；反之亦然，操作步骤如下。

① 选中需要更改位置的图表。

② 在“设计”选项卡的“位置”选项组中，单击“移动图表”按钮。

③ 在打开的“移动图表”对话框中，如果将嵌入式图表设置为图表工作表，则选择“新工作表”单选按钮，并输入新工作表名；如果将图表工作表设置为嵌入式图表，则选择“对象位于”单选按钮，并选择要嵌入的工作表名，如图 5-15 所示。

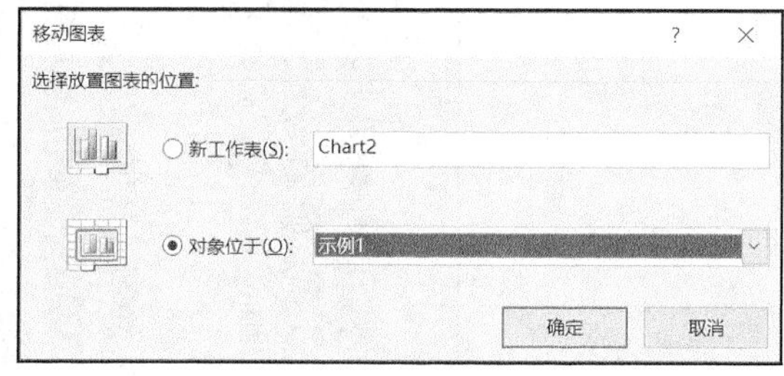

图 5-15

5.3.3 更改图表的数据源

图表完成后，用户可以根据需要重新选择图表的数据源，不需要删除原来的图表，只要改变数据源即可。

1. 交换行列数据

创建图表后，可以实现行数据与列数据的交换，操作步骤如下。

① 单击图表区域，显示图表工具相关的选项卡。

② 在“设计”选项卡的“数据”选项组中，单击“切换行/列”按钮 切换行/列 ，或单击“选择数据”将打开图 5-16 所示的对话框，单击“切换行/列”按钮即可。

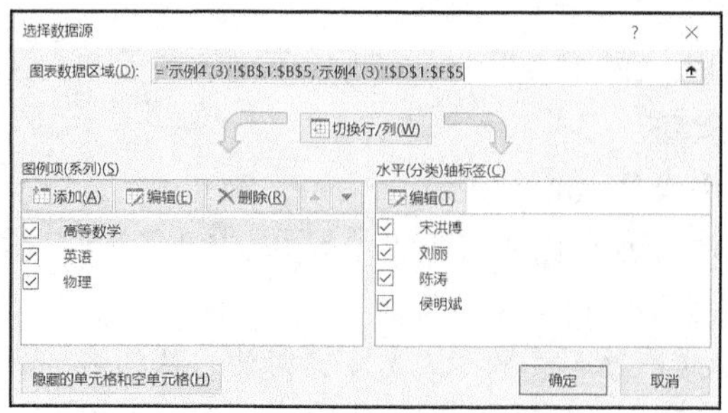

图 5-16

③ 效果如图 5-17 所示，原来的垂直列是学科成绩、水平行是姓名，易于每个学生比较自己三科的成绩差别，行列交换后垂直列是姓名，水平行是学科成绩，易于展示各门课程学生成绩的不同。

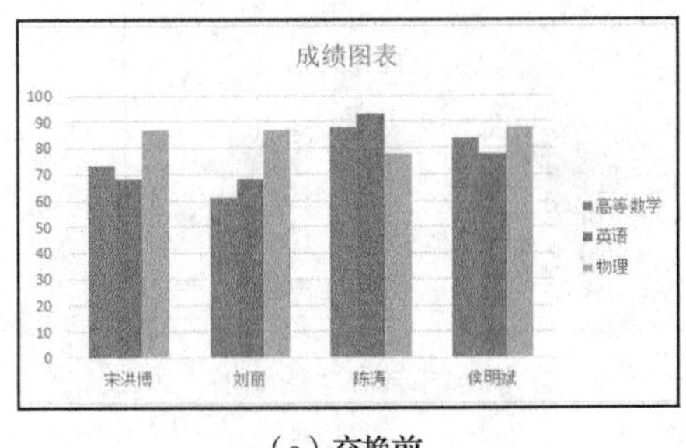

(a) 交换前

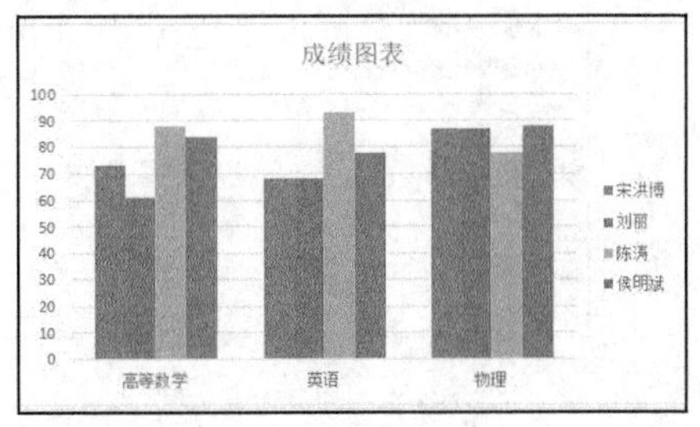

(b) 交换后

图 5-17

2. 重新选择数据源

如果需要改变图表的数据区域，可以对数据源进行重新选择，操作步骤如下。

① 单击图表区域，显示图表工具相关的选项卡。

② 在“设计”选项卡的“数据”选项组中，单击“选择数据”按钮，将打开“选择数据源”对话框，如图 5-18 所示。

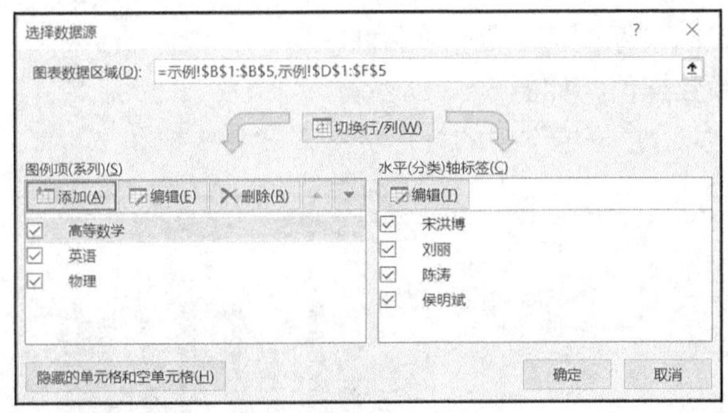

图 5-18

视频 5-3

③ 在“选择数据源”对话框中，可以执行以下操作来重新设置数据源。

- 单击“图表数据区域”右侧的单元格区域选择按钮，重新选择数据源。
- 单击“添加”按钮，将打开图 5-19 所示的“编辑数据系列”对话框。例如，原图表中有“高等数学”“英语”和“物理”这 3 个系列。需要添加“总成绩”系列，可以在“系列名称”中选择单元格 G1；在“系列值”中选择单元格区域 G2:G5。单击“确认”按钮后，添加“总成绩”系列后的图表效果如图 5-20 所示。

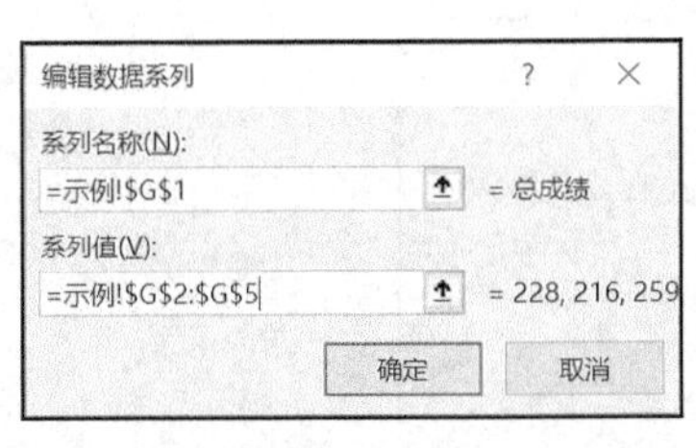

图 5-19

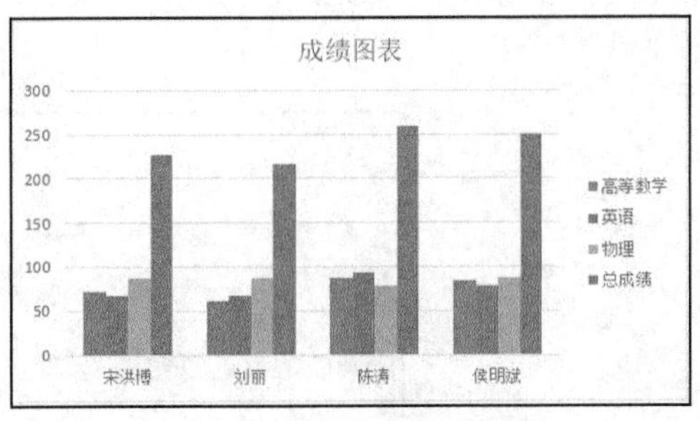

图 5-20

- 在“图例项”中选择一个系列，单击“删除”按钮可将该系列删除。删除了“物理”系列后的图表效果，如图 5-21 所示。

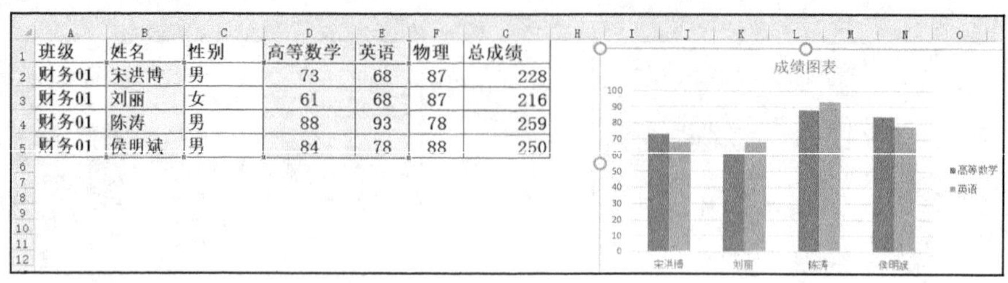

班级	姓名	性别	高等数学	英语	物理	总成绩
财务01	宋洪博	男	73	68	87	228
财务01	刘丽	女	61	68	87	216
财务01	陈涛	男	88	93	78	259
财务01	侯明斌	男	84	78	88	250

图 5-21

3. 添加数据系列

如果需要添加数据系列，可以按照如下的操作步骤。

① 选中图表后，将显示出图表的数据源，如图 5-21 所示的 B1:B5，D1:E5。

② 在“设计”选项卡的“数据”选项组中，单击“选择数据”按钮。

③ 在“选择数据源”对话框中，单击“添加”按钮，将打开“编辑数据系列”对话框，“系列名称”是指分类轴标题，例如，添加“物理”所在的 F1 单元格；“系列值”是指实际的数据，F2:F5 单元格区域为物理成绩数据值，如图 5-22 所示。

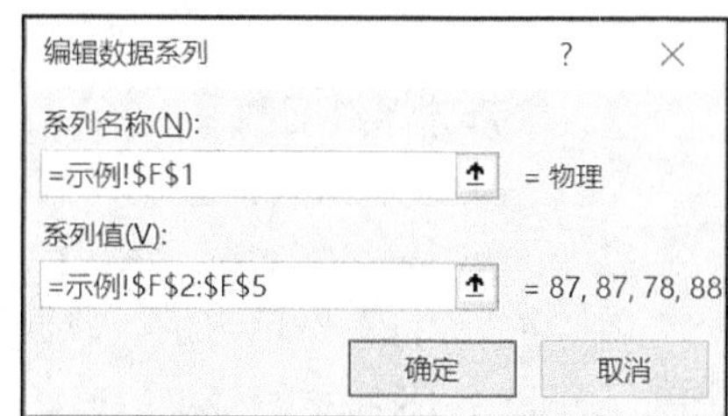

图 5-22

添加数据系列的结果如图 5-23 所示，每位学生的柱形从 2 根变为 3 根。

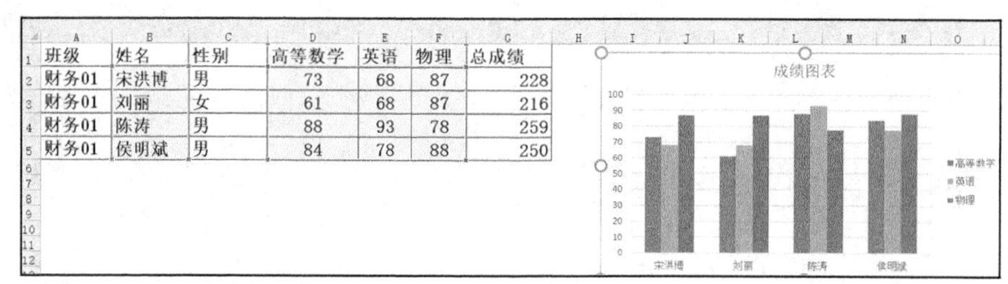

班级	姓名	性别	高等数学	英语	物理	总成绩
财务01	宋洪博	男	73	68	87	228
财务01	刘丽	女	61	68	87	216
财务01	陈涛	男	88	93	78	259
财务01	侯明斌	男	84	78	88	250

图 5-23

4. 删除数据系列

如果需要删除数据系列，则可以按照如下的操作步骤。

① 选中图表后，将显示出图表的数据源。

② 在“设计”选项卡的“数据”选项组中，单击“选择数据”按钮。

③ 在“选择数据源”对话框中，选中要删除的系列，如“英语”，然后单击“删除”按钮，如图 5-24 所示。

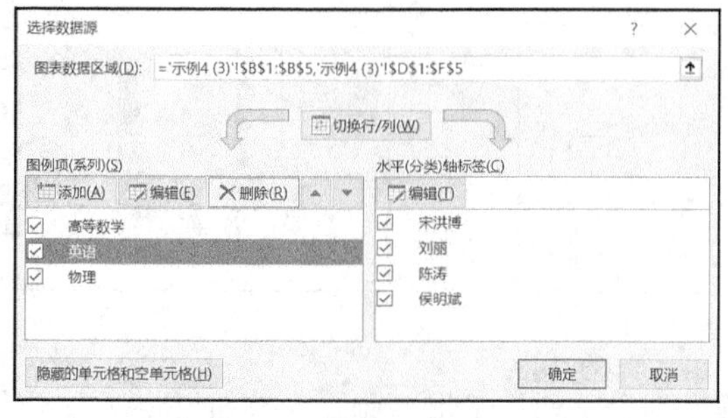

图 5-24

④ 删除数据系列的结果如图 5-25 所示，柱形图中将没有“英语”成绩的表示。

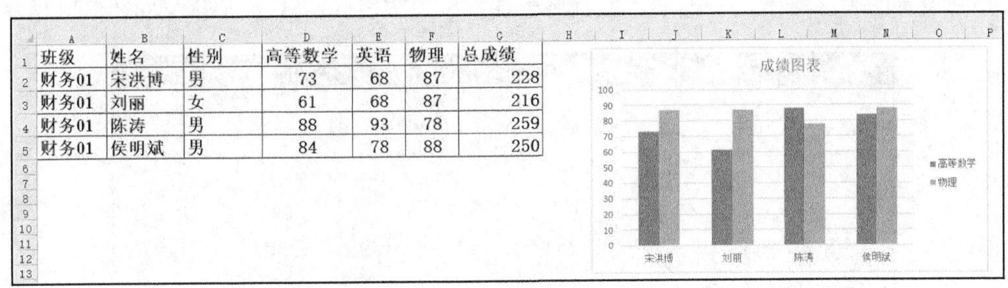

班级	姓名	性别	高等数学	英语	物理	总成绩
财务01	宋洪博	男	73	68	87	228
财务01	刘丽	女	61	68	87	216
财务01	陈涛	男	88	93	78	259
财务01	侯明斌	男	84	78	88	250

图 5-25

【例 5-4】在图 5-22 的柱形图中添加“总成绩”系列，并且相同学科的成绩放在一起比较。

① 选中图表。

② 在“设计”选项卡的“数据”选项组中，单击“选择数据”按钮。

③ 在“选择数据源”对话框中，单击“添加”按钮，将打开 “编辑数据系列”对话框，“系列名称”是指分类轴标题，添加“总成绩”所在的 G1 单元格；“系列值”是指实际的数据，G2:G5 单元格区域为总成绩的数据值。

④ 添加“总成绩”数据系列的结果如图 5-26 所示。

⑤ 在“设计”选项卡的“数据”选项组中，单击“切换行/列”按钮即可完成同一科成绩放在一起显示。效果如图 5-27 所示。

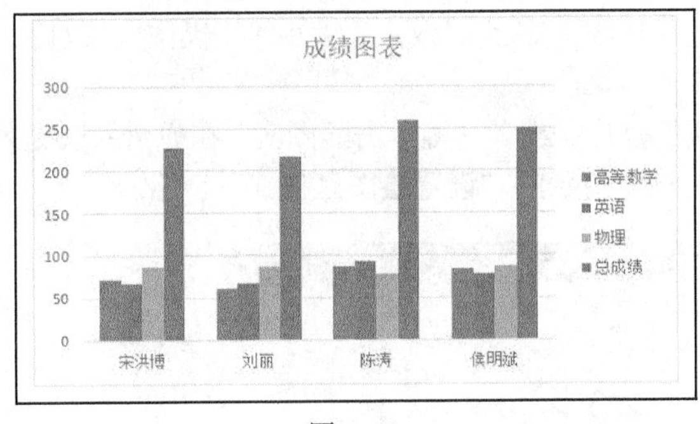

图 5-26

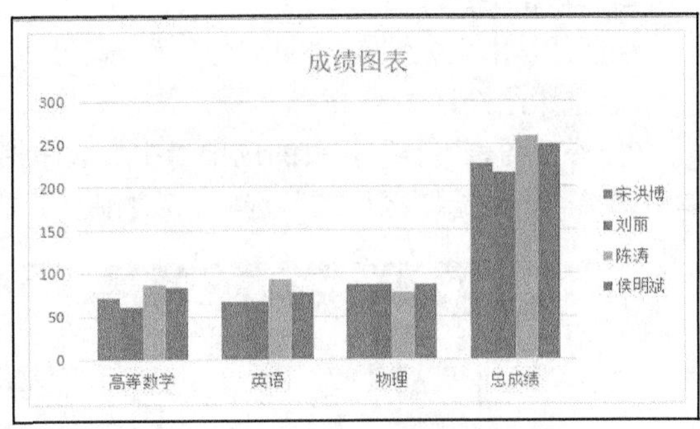

图 5-27

5.4　图表元素的格式和设计

完成图表的创建后，用户需要对图表的标题、图例、数据标签、坐标轴、网格线等细节部分进行详细设置。

5.4.1　图表元素的格式

1. 图表区格式

图表区是指图表的全部背景区域，其格式包括图表区的填充、轮廓、效果、大小等，操作步骤如下。

① 选中图表区。

② 在“图表工具”相关的选项卡中，选择相应的操作。或者右键单击图表区，在弹出的快捷菜单中选择“设置图表区域格式”选项，右侧将出现“设置图表区格式”窗格，如图 5-28 所示。

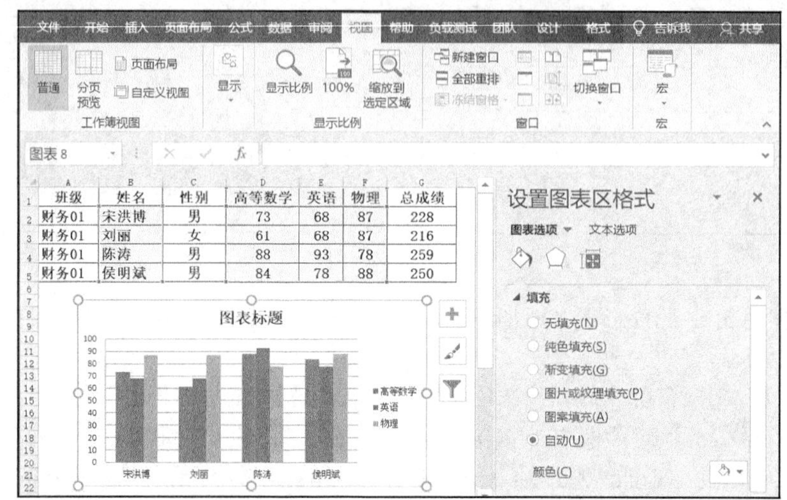

图 5-28

③ 在“设置图表区格式”窗格中有“填充与线条”、“效果”、“大小与属性”3 个图形按钮，可以完成对图表区的设置。

2. 绘图区格式

绘图区是由坐标轴围成的区域，其格式包括边框的样式、填充、效果、大小等，操作步骤如下。

① 选中绘图区。

② 在“图表工具”相关的选项卡中，选择相应的操作。或者右键单击绘图区，在弹出的快捷菜单中选择“设置绘图区格式”选项，右侧将出现图 5-29 所示的“设置绘图区格式”窗格。

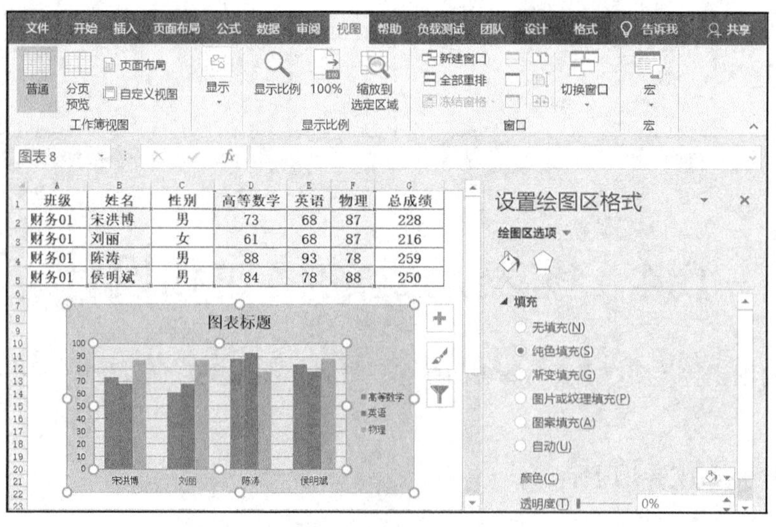

图 5-29

③ 在“设置绘图区格式”窗格中有“填充与线条”和“效果”两个图形按钮，可以完成对绘图区的设置。

例如，图 5-29 所示的图表区的填充颜色是深色；绘图区的填充颜色是浅色。

3. 图表标题格式

图表标题主要用于说明图表的主要内容，给图表添加标题使图表更易于理解。设置图表标题格式的具体步骤如下。

① 选中图表标题，输入标题的文字内容。

② 在“图表工具”相关的选项卡中，选择相应的操作。或者右键单击图表标题，在弹出的快捷菜单中选择“设置图表区域格式”选项，右侧将出现图 5-30 所示的“设置图表标题格式”窗格。

③ 在“设置图表标题格式”窗格中有“填充与线条”“效果”“大小与属性”3 个图形按钮，可以完成对图表标题的设置。

图表标题设置好后的效果如图 5-30 所示。

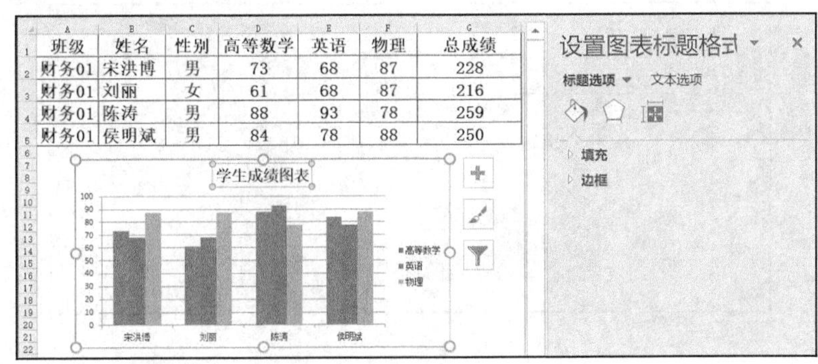

图 5-30

4. 网络线格式

图表中的网络线分为主要网络线和次要网络线。坐标轴主要刻度线对应的是主要网络线，坐标轴次要刻度线对应的是次要网络线。用户可以采用与设置其他图表对象类似的方法设置网络线。设置主要网格线格式后的效果如图 5-31 所示。

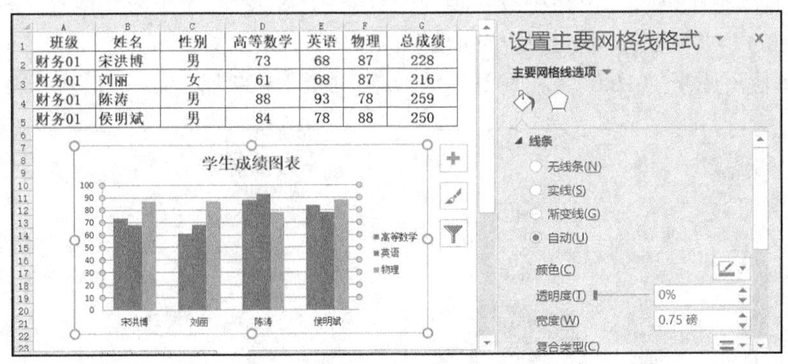

图 5-31

5. 图例格式

视频 5-4

图例是一个方框，用不同颜色来表示图中对应的系列名称，添加图例的操作步骤如下。

① 单击图表区域，显示图表工具。

② 在“设计”选项卡的“图表布局”选项组中，单击“添加图表元素”按钮，然后在下拉列表中选择“图例”的位置，图 5-32 是“靠右”位置的图例的效果；图 5-33 是“靠上”位置图例的效果。

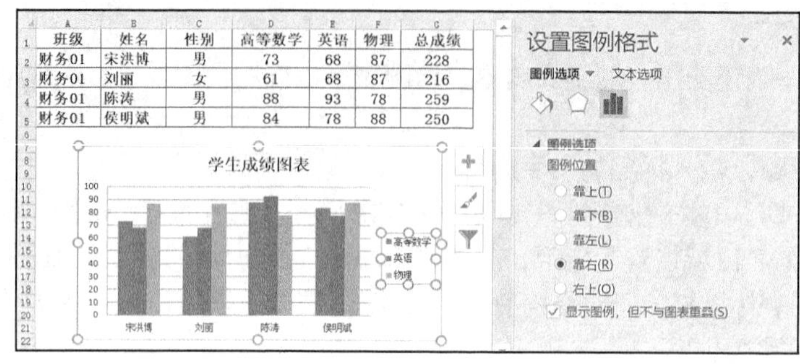

图 5-32

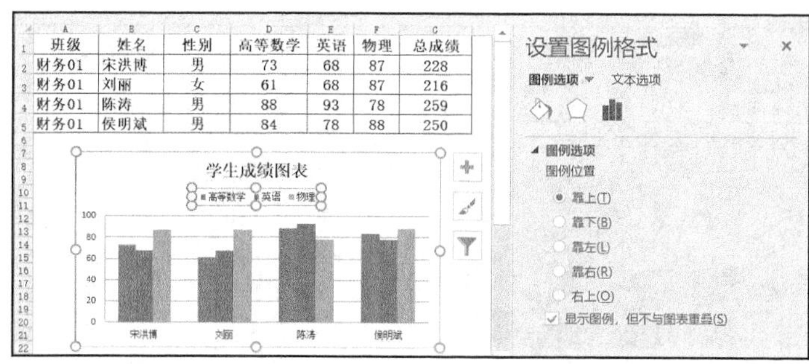

图 5-33

6. 坐标轴格式

图表通常有两个坐标轴，即水平（类别）轴和垂直（值）轴。设置坐标轴格式的操作步骤如下。

① 选中水平轴或垂直轴。

② 在“图表工具”相关的选项卡中，选择相应的操作。或者右键单击坐标轴，在弹出的快捷菜单中选择“设置坐标轴格式”选项，右侧将出现“设置坐标轴格式”窗格，如图 5-34 所示。

③ 在“设置坐标轴格式”窗格中有“填充与线条”“效果”“大小与属性”“坐标轴选项”4 个图形按钮，其中的“坐标轴选项”是重要的设置选项。

将坐标的单位由原来的 10.0 改为 20.0 后的效果，如图 5-34 所示。

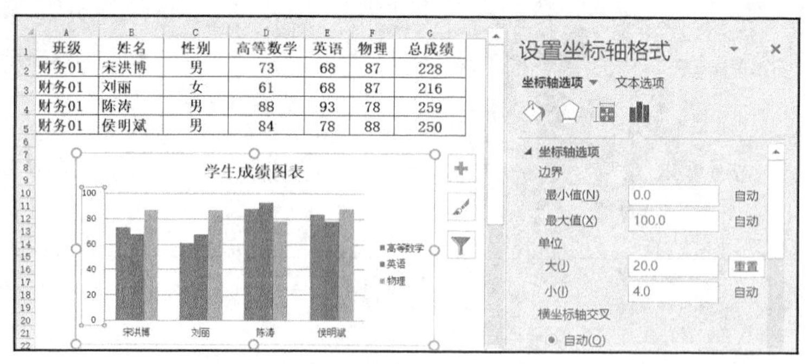

图 5-34

7. 坐标轴标题

为坐标轴设置标题，用户可以在“添加图表元素”下拉列表中完成，操作步骤如下。

① 选中图表区域。

② 在“设计”选项卡的“图表布局”选项组中，单击“添加图表元素”按钮，在打开的下拉菜单中选择“坐标轴标题”选项。

③ 在级联菜单中根据需要分别设置主要横、纵坐标轴标题，如图 5-35 所示。

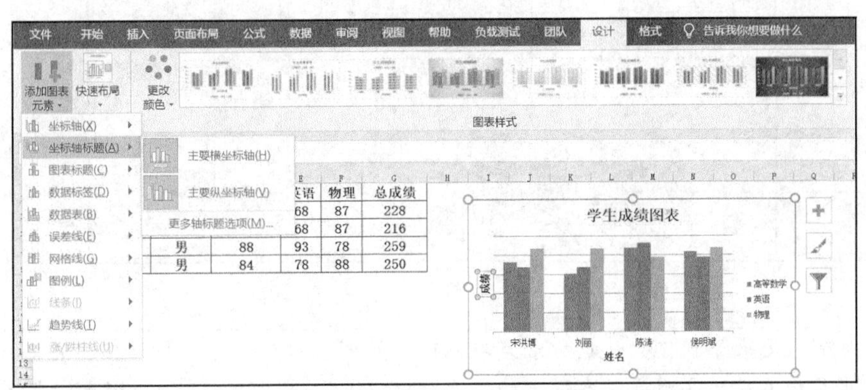

图 5-35

8. 数据标签

用户可以在图表中看到数据的大小，但并不知道数据的准确值。如果需要显示数据的精确值，则需添加数据标签。默认情况下，数据标签会链接到单元格数据，当这些单元格数据变化时，图表中的数据标签值会自动更新。设置数据标签的操作步骤如下。

视频 5-5

① 选中图表区域。

② 在“设计”选项卡的“图表布局”选项组中，单击“添加图表元素”按钮，在打开的下拉菜单中选择“数据标签”选项。

③ 在级联菜单中根据需要选择数据标签的位置，这里选择“居中”位置，如图 5-36 所示。

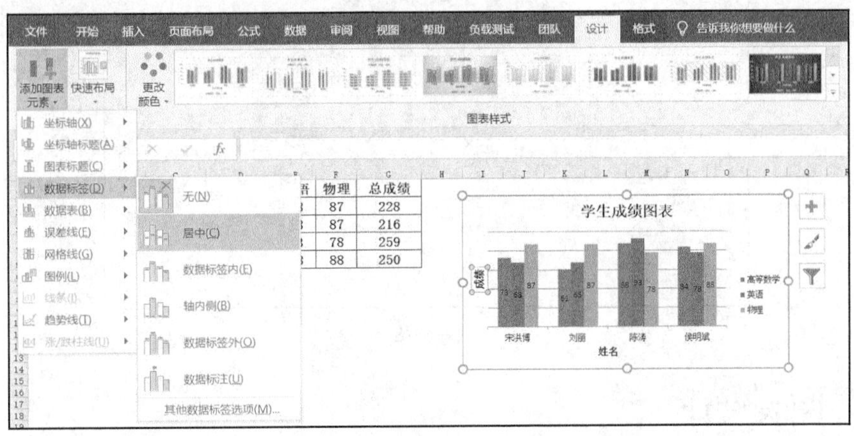

图 5-36

如果只对一个系列或单个数据点设置数据标签，则按照如下步骤进行操作。

① 在图表中，可进行以下操作。

- 若为一个系列的所有数据点添加数据标签，则单击该数据系列。
- 若为一个系列的单个数据点添加数据标签，则先单击该数据系列后，再单击该数据点。

② 单击鼠标右键，在弹出的快捷菜单中选择“添加数据标签”选项即可添加数据标签。

③ 选中该数据标签，在“设置数据标签格式”窗格中设置标签的显示位置、值等。

设置单个系列数据标签的效果如图 5-37 所示。

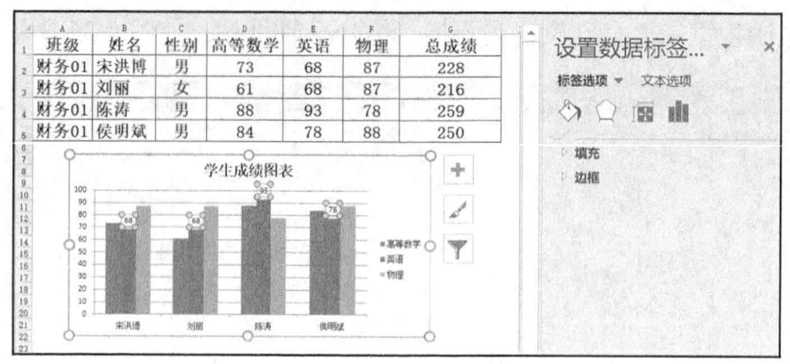

图 5-37

完成图表格式化的快捷方法是双击选中的图表对象，即可打开相应的格式设置窗格；或者鼠标右键单击对象，在弹出的快捷菜单中选择设置格式选项。图表对象不同，打开的窗格和快捷菜单的选项也将不同。

9. 数据表

按照以下步骤，图表中可以同时显示相关的数据表的数据值。

① 选中图表区域。

② 在“设计”选项卡的“图表布局”选项组中，单击“添加图表元素”按钮，在打开的下拉菜单中选择“数据表”选项。

③ 在级联菜单中设置显示方式，这里设置的上方是直方图，下方是对应的数据表，如图 5-38 所示。

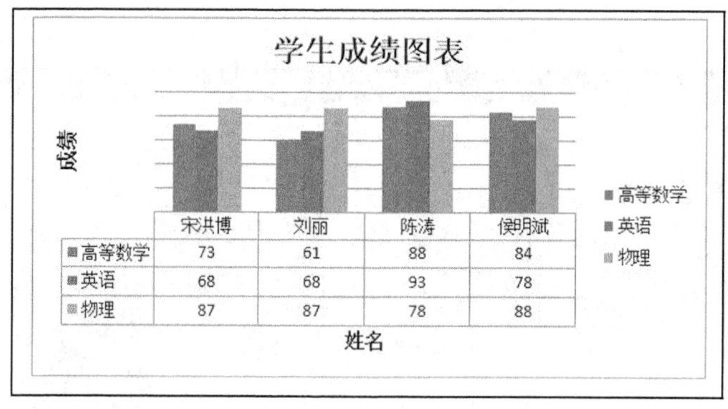

图 5-38

5.4.2 图表设计

用户可以通过图表设计完成图表的快速布局、图表样式选择等美化图表的操作。

1. 快速布局

用户可以用图表格式设置完成图表对象的布局，系统也提供了若干预设的布局模板，方便用户快速完成布局，操作步骤如下。

① 选中图表区域。

② 在“设计”选项卡的“图表布局”选项组中，单击“快速布局”按钮，在打开的下拉菜单中用户可以选择需要的布局。图 5-39 所示是选择了“布局 4”的效果，图例在下方并显示出数据标签。

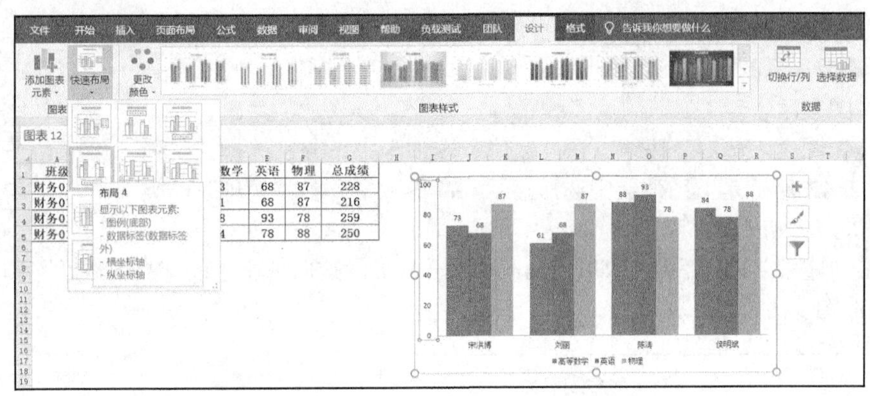

图 5-39

2. 图表样式

图表样式是系统内置的样式集合，用户可以选择需要的样式完成图表的快速设置。操作步骤如下。

① 选中图表区域。

② 在“设计”选项卡的“图表样式”选项组中，单击选定的样式即可。图 5-40 所示为选择了“样式 3”的效果。

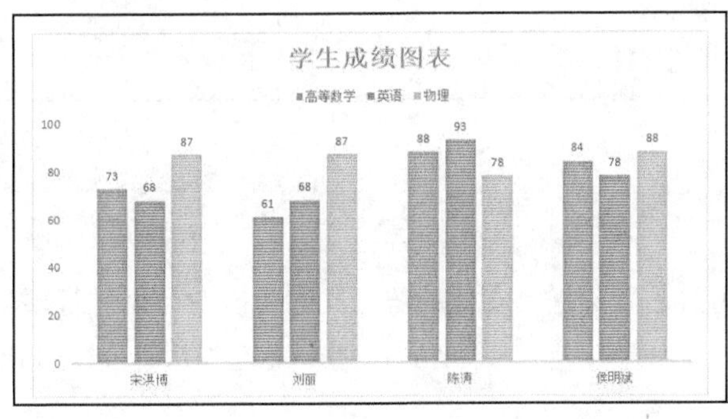

图 5-40

5.4.3　图表筛选器

当选中图表区域时，右侧将出现图 5-41 所示的 3 个图标，分别可以完成图表元素的设置 、图表样式（颜色）选择 和图表筛选器 功能。前两项的功能与前面讲述的设置类似，这里不再赘述。

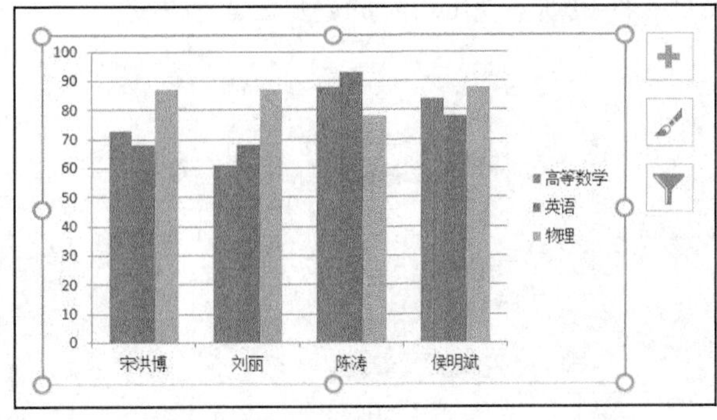

图 5-41

图表筛选器用于在图表中选择希望显示的数据值，该方法不改变数据源，仅屏蔽暂时不需要显示的数据。操作步骤如下。

视频 5-6

① 选中图表区域。

② 单击“图表筛选器”按钮，在“数值”选项卡中，分别选择“系列”和“类别”。图 5-42 所示是“系列”中选择显示“高等数学”和“物理”；“类别”中选择“宋洪博”和“陈涛”。

③ 单击“应用”按钮后结果如图 5-43 所示，只显示这两位学生的“高等数学”和“物理”两门课程的柱形图。

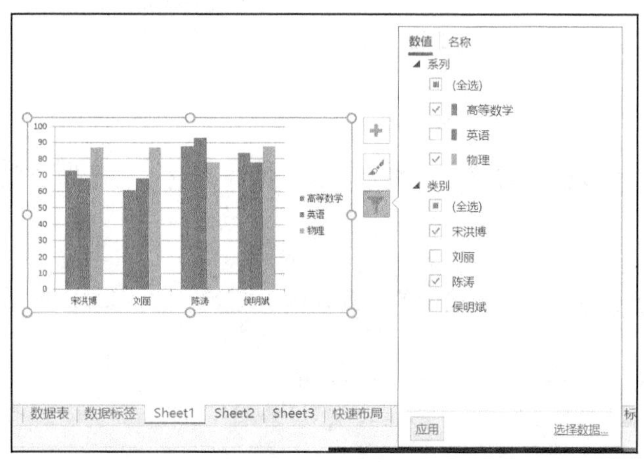

图 5-42

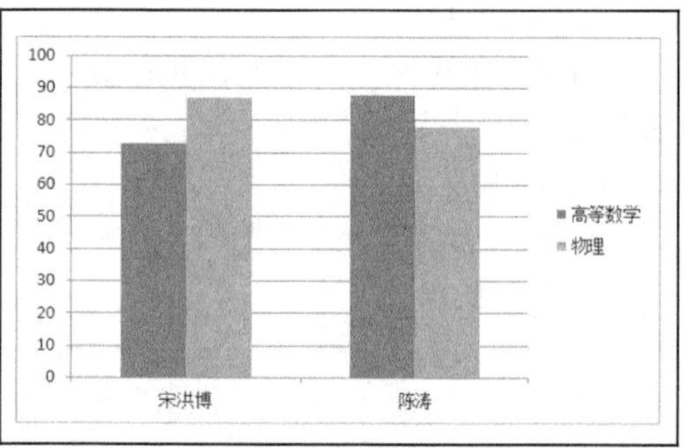

图 5-43

5.4.4 趋势线

趋势线是以图形的方式表示数据的变化趋势，同时可以对数据进行预测分析，也称回归分析。

1. 添加趋势线

其操作步骤如下。

视频 5-7

① 选中图表区域。

② 在“设计”选项卡的“图表布局”选项组中，单击“添加图表元素”按钮，在打开的下拉菜单中选择“趋势线”选项。

③ 在打开的“添加趋势线”的对话框中，选择要添加趋势线的系列完成添加，如图 5-44 所示。

添加趋势线后的效果如图 5-45 所示。图 5-45 中线性预测了“宋洪博”的几个学期的成绩，通过趋势线可以预测出后续的平时成绩呈现出下降的趋势。

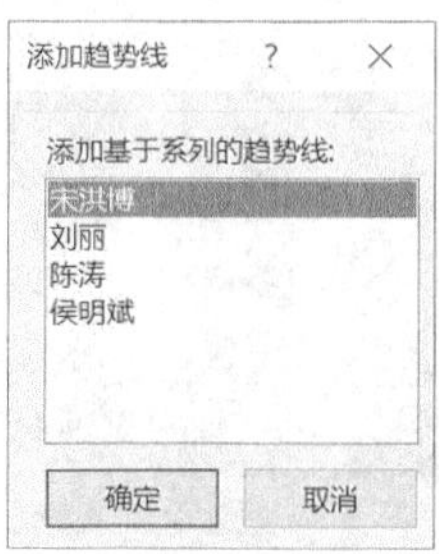

图 5-44

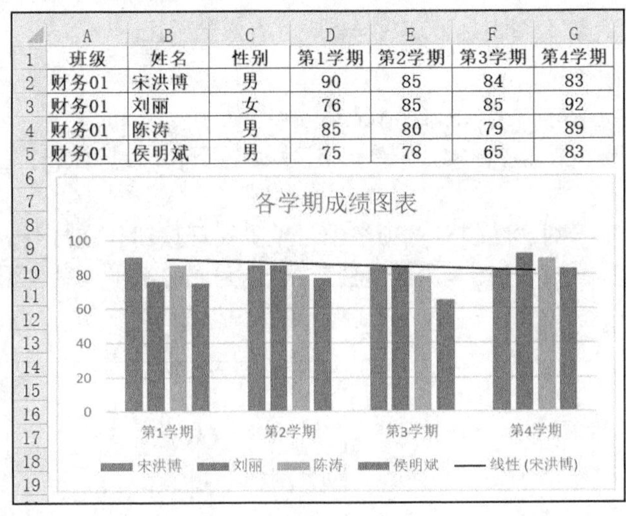

班级	姓名	性别	第1学期	第2学期	第3学期	第4学期
财务01	宋洪博	男	90	85	84	83
财务01	刘丽	女	76	85	85	92
财务01	陈涛	男	85	80	79	89
财务01	侯明斌	男	75	78	65	83

图 5-45

2. 设置趋势线的格式

完成趋势线的添加后，为了醒目地显示趋势线可以设置其显示样式。操作步骤如下。

① 选中趋势线。

② 在“格式”选项卡的“现状样式”选项组中进行样式、颜色、粗细、箭头等设置。例如，我们在图 5-46 中设置了黑色的箭头线表示趋势线。

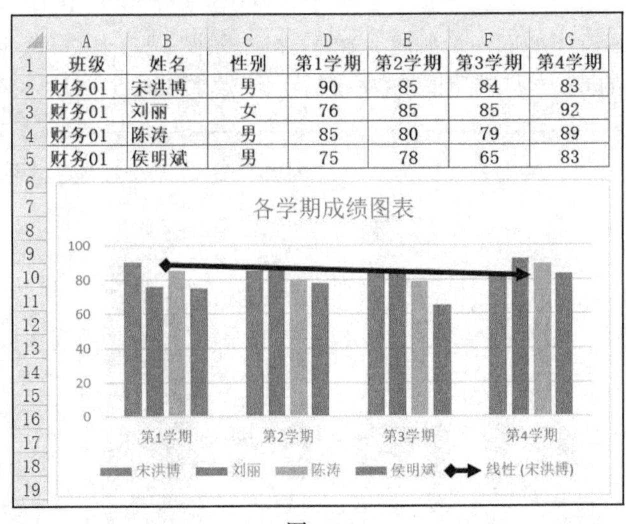

班级	姓名	性别	第1学期	第2学期	第3学期	第4学期
财务01	宋洪博	男	90	85	84	83
财务01	刘丽	女	76	85	85	92
财务01	陈涛	男	85	80	79	89
财务01	侯明斌	男	75	78	65	83

图 5-46

不能添加趋势线的图表类型有雷达图、饼图或旭日图等。

5.5 应用实例——学生成绩图表显示

在学生成绩工作表中，各门课程的成绩数据能够准确反映学生的学习情况，但是如果需要直观地比较学生的成绩高低，那么图表是展现数据直观、有效的手段。

1. 创建学生成绩图表

创建学生成绩的柱形图表来对比成绩情况。

① 选定数据源区域。首先选中 B1:B5 单元格区域，按下【Ctrl】键同时选中 D1:G5 单元格区域，如图 5-47（a）所示。

② 在“插入”选项卡的“图表”选项组中，单击展开按钮，在打开的“插入图表”对话框中单击“所有图表”选项卡，选择其中的“柱形图”，完成的学生成绩柱形图效果如图 5-47（b）所示。

	A	B	C	D	E	F	G
1	班级	姓名	性别	高等数学	英语	物理	总成绩
2	财务01	宋洪博	男	73	68	87	228
3	财务01	刘丽	女	61	68	87	216
4	财务01	陈涛	男	88	93	78	259
5	财务01	侯明斌	男	84	78	88	250

（a）数据源

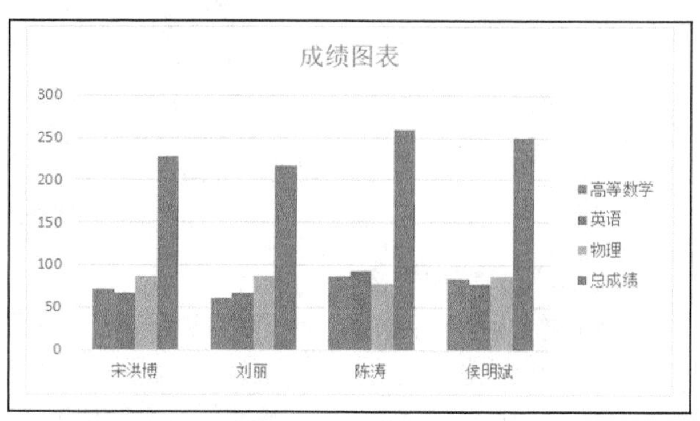

（b）柱形图表

图 5-47

③ 为了直观地比较学生的同一学科成绩差异，在“设计”选项卡的“数据”选项组中，单击“切换行/列”按钮即可完成同一学科成绩集中在一起显示。效果如图 5-48 所示。

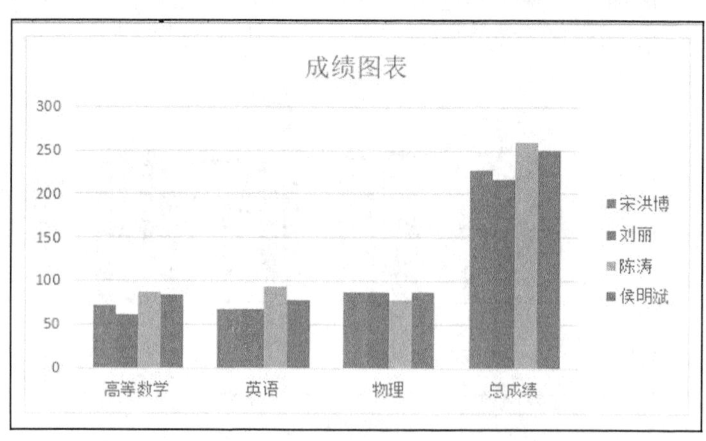

图 5-48

2. 图表的美化

操作包括：将完成的学生成绩柱形图设置网格线、设置图例在右侧、坐标轴的刻度间隔为 50、显示数据标签。

① 选中图 5-48 中的图表。

② 在“设计”选项卡的“图表布局”选项组中，单击“添加图表元素”按钮，在下拉菜单中逐个设置网格线、图例、坐标轴、数据标签等选项。

完成后的效果如图 5-49 所示。

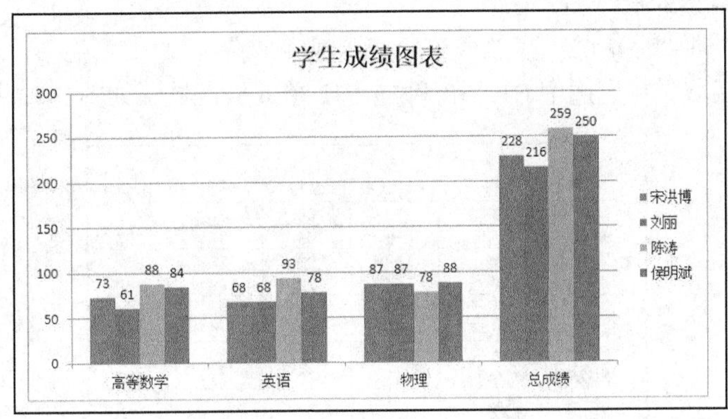

图 5-49

3. 图表筛选器的应用

利用图表筛选器显示出“高等数学”和“总成绩”两列数据。

① 选中图 5-49 中的图表。

② 单击在图表右侧的“图表筛选器”按钮，在图 5-50 所示的“数值”选项卡中的“类别”中选择“高等数学”和“总成绩”后单击“应用”按钮。筛选后的结果如图 5-51 所示。

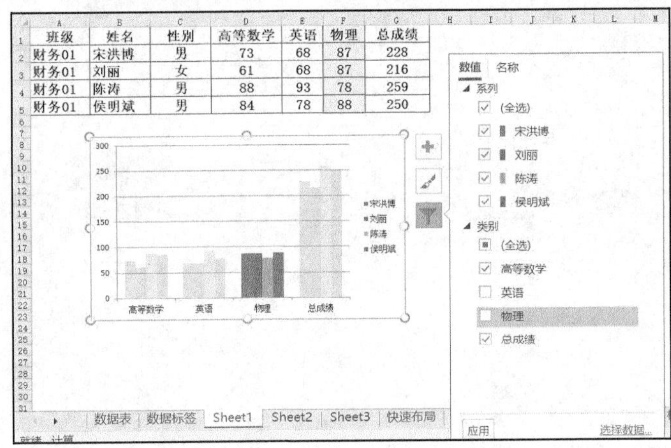

班级	姓名	性别	高等数学	英语	物理	总成绩
财务01	宋洪博	男	73	68	87	228
财务01	刘丽	女	61	68	87	216
财务01	陈涛	男	88	93	78	259
财务01	侯明斌	男	84	78	88	250

图 5-50

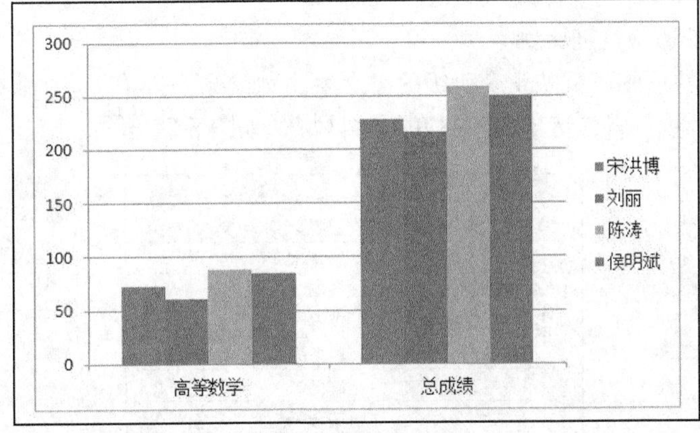

图 5-51

4. 创建反映总成绩的折线图

创建“财务 01”和“财务 02”班总成绩的折线图。

① 选定数据源区域。首先选中 B1:B12 和 F1:F12 单元格区域，如图 5-52 所示。

	A	B	C	D	E	F
1	班级	姓名	高等数学	英语	物理	总成绩
2	财务01	宋洪博	73	68	87	228
3	财务01	刘丽	61	68	87	216
4	财务01	陈涛	88	93	78	259
5	财务01	侯明斌	84	78	88	250
6	财务01	李淑子	98	92	91	281
7	财务01	李媛媛	96	87	78	261
8	财务02	冯天民	70	77	89	236
9	财务02	李小明	57	70	71	198
10	财务02	张喆	71	71	67	209
11	财务02	胡涛	97	70	67	234
12	财务02	徐春雨	85	49	86	220

图 5-52

② 选择“折线图”中的“带数据标记的折线图”图表子类型。

③ 设置图表标题和数据标签。

完成图 5-53 所示的图表。

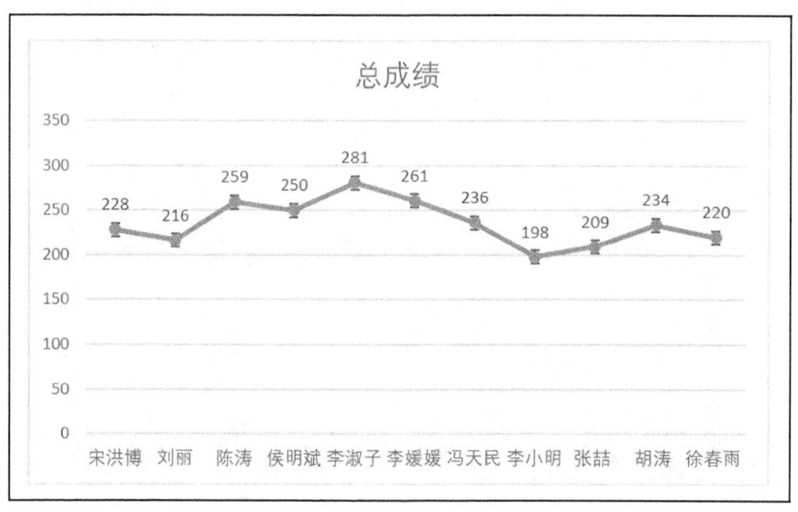

图 5-53

5. 利用图表反映班级性别比例

利用百分比堆积柱形图可反映 7 个班级的男女生比例情况。

① 选定数据源区域。首先选中 B1:D8 单元格区域，如图 5-54 所示。

	A	B	C	D
1	学院	班级	男	女
2	计算机学院	计算01	5	4
3	计算机学院	计算02	9	2
4	经济与管理学院	财务01	8	6
5	经济与管理学院	财务02	6	5
6	经济与管理学院	财务03	8	2
7	数理学院	物理01	6	1
8	数理学院	物理02	3	5

图 5-54

② 选择“柱形图”中的“百分比堆积柱形图”图表子类型。

③ 设置图表标题和数据标签。

完成效果如图 5-55 所示。

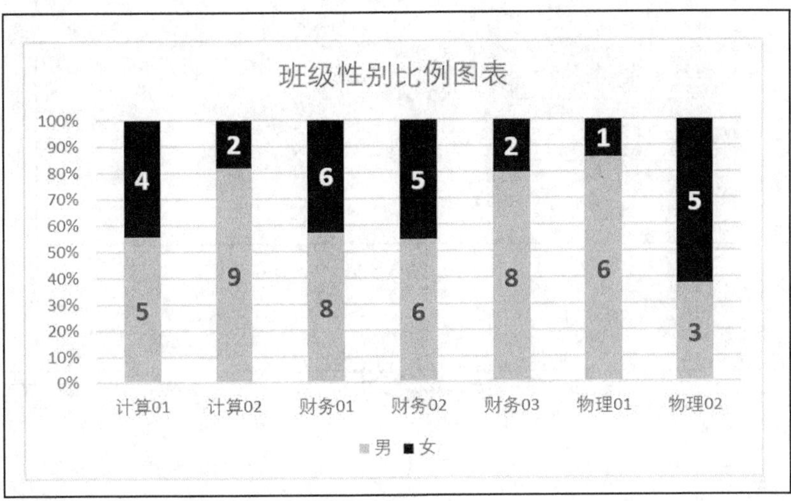

图 5-55

6. 利用图表反映成绩分布情况

利用散点图可反映学生的“计算机成绩”分布情况。

① 选定数据源区域。首先选中 C1:C71 单元格区域的 70 个学生成绩。

② 选择“XY 散点图”的类型。

③ 设置坐标轴格式，因为成绩在 50～100 分，所以设置边界的最小值为 50、最大值为 100，坐标的间距为 10，如图 5-56 所示。

完成图 5-57 所示的图表，图表清晰地反映了“计算机成绩”主要集中在 70～85 分。

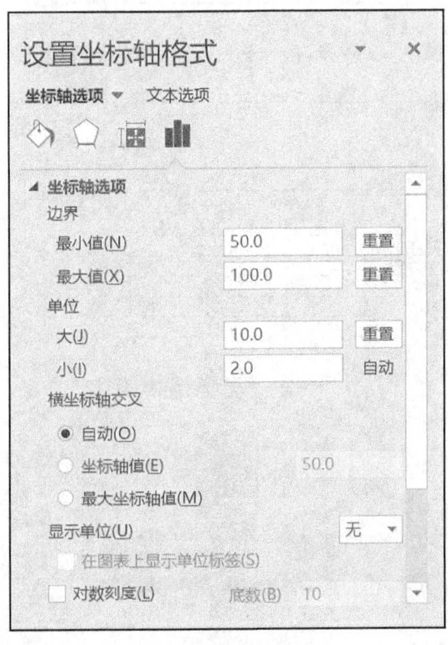

图 5-56

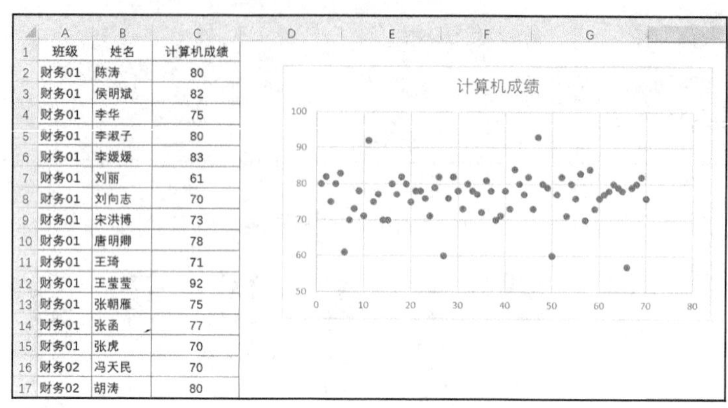

	A	B	C
1	班级	姓名	计算机成绩
2	财务01	陈涛	80
3	财务01	侯明斌	82
4	财务01	李华	75
5	财务01	李淑子	80
6	财务01	李媛媛	83
7	财务01	刘丽	61
8	财务01	刘向志	70
9	财务01	宋洪博	73
10	财务01	唐明卿	78
11	财务01	王琦	71
12	财务01	王萱萱	92
13	财务01	张朝雁	75
14	财务01	张函	77
15	财务01	张虎	70
16	财务02	冯天民	70
17	财务02	胡涛	80

图 5-57

课堂实验

一、实验目的

1. 掌握创建图表的方法。
2. 掌握图表的格式化方法。

二、实验内容

1. 新建一个空白工作簿，命名为“实验 5.xlsx”，在新工作簿中建立一个如样张所示的一季度家电销售量统计表。

2. 利用一季度家电销售量统计表创建一个三维簇状柱形图表。图表标题为“一季度家电销售统计”；横坐标标题为“月份”；纵坐标标题为“销售量”，取值范围 0～1350，主要刻度单位为 150。最后将图表放在 A8:F23 区域。

如果图表的行列位置与样张不一致，则要切换行/列。

样张：

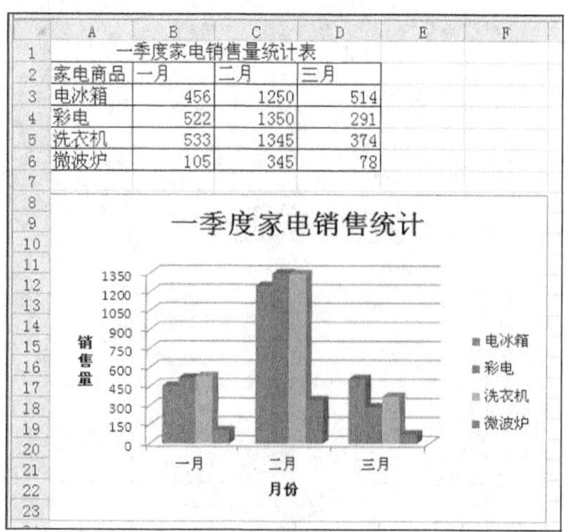

一季度家电销售量统计表

家电商品	一月	二月	三月
电冰箱	456	1250	514
彩电	522	1350	291
洗衣机	533	1345	374
微波炉	105	345	78

3. 在一季度家电销售量统计表中增加一行，内容为“空调，80，124，430”，然后将空调产品系列添加到前面生成的图表中。

4. 利用一季度家电销售量统计表创建一个二月产品销量的饼图，要求在饼图周围显示各产品销量所占的百分比，并且独立存放在一个工作表中，图表中的文字大小均为 20。

样张：

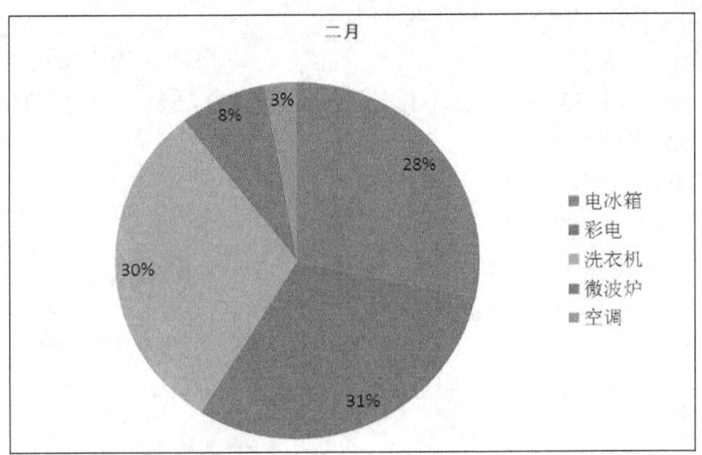

习　题

一、单项选择题

1. 在 Excel 中建立图表时，通常______。
   A. 建完图表后，再输入数据　　B. 先输入数据，再建立图表
   C. 在输入数据的同时，建立图表　　D. 首先建立一个图表标签
2. Excel 中的图表形式有______。
   A. 嵌入式和独立的图表　　B. 级联式的图表
   C. 插入式和级联式的图表　　D. 数据源图表
3. 在 Excel 中，有关图表的操作，下面正确的表述是______。
   A. 创建的图表只能放在含有用于创建图表数据的工作表之中
   B. 图表建立之后，不能改变其类型，如柱形图不能改为条形图
   C. 数据修改后，相应的图表中的数据也随之变化
   D. 不允许在已建好的图表中添加数据，若要添加只能重新建立图表
4. 删除工作表中与图表链接的数据时，图表将______。
   A. 被删除　　B. 必须用编辑器删除相应的数据点
   C. 不会发生变化　　D. 自动删除相应的数据点
5. 在 Excel 中，对于已经建立的图表，下列说法中正确的是______。
   A. 工作表中的数据源发生变化，图表相应更新
   B. 工作表中的数据源发生变化，图表不更新，只能重新创建
   C. 建立的图表，不可以改变图表中的字体大小、背景颜色等
   D. 已经建立的图表，不可以再增加数据项目

二、判断题

1. 工作表可以用图表形式表现出来，但它的图表类型是不能改变的。
2. 当前工作表中指定的区域的数值发生变化时，对应生成的独立图表不变。
3. 直方图是用矩形的高低来表示数值的大小。
4. 饼图的数据源只能包含一个数值数据系列。
5. 图表中可以改变垂直坐标轴刻度单位的大小。

三、简答题

1. 如果对社会生活中的热点事件设计了几个态度（例如，支持、反对、不关心）的投票，其结果可以采用什么类型的图表反映？
2. 简述趋势线在图表中的作用。

第 6 章 数据管理

Excel 除了可以完成各种复杂的数据计算，还可以实现数据库软件所具备的一些基本数据管理功能，主要包括对数据的正确性验证、排序、筛选和分类汇总等。

6.1 数据验证

为了保证系统录入数据的正确性，Excel 支持对单元格进行数据验证，以限定单元格中输入数据的类型和范围，并且能够在数据录入操作过程中及时地给出提示信息。数据验证的最常见用法之一是创建下拉列表。

6.1.1 数据验证设置

数据验证设置主要包括 3 部分内容。

1. 验证条件设置

验证条件设置用于设定单元格内容的数据类型和范围。Excel 支持的数据类型有：任何值、整数、小数、序列、日期、时间和文本长度，如图 6-1 所示。范围条件需要根据用户所选择的数据类型进行相应的设置。范围条件可以是介于、未介于、等于、不等于、大于、小于、大于或等于、小于或等于，如图 6-2 所示。

图 6-1

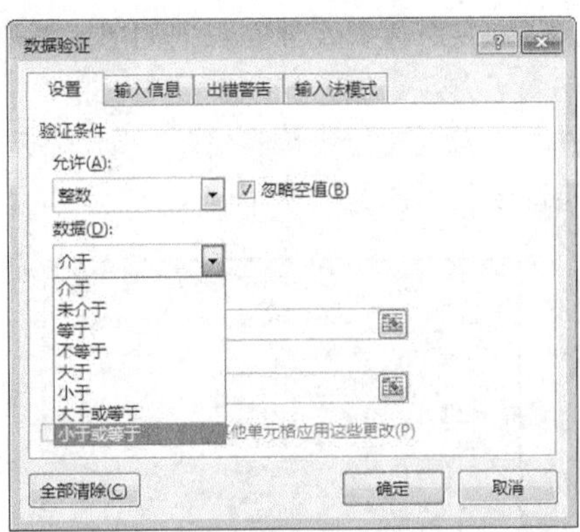

图 6-2

2. 输入信息设置

输入信息设置是针对用户数据录入过程中的信息提示。当用户向单元格输入数据时，系统会自动显示输入信息设置所指定的提示信息。

3. 出错警告设置

出错警告设置主要针对用户录入错误数据时，系统按照出错警告的设置内容向用户显示提示信息。

视频 6-1

【例 6-1】 对工作表中的成绩所在列设置数据验证，只能输入范围在 0～100 之间的整数；在数据录入过程中，系统提示标题为“成绩录入”内容为“有效范围：0～100”的输入信息；若发生录入错误，系统弹出标题为“成绩录入错误”内容为“成绩范围：0～100”的出错警告信息。

① 在成绩列中选定需要设置数据验证的单元格或单元格区域。

② 在“数据”选项卡的“数据工具”选项组中，单击“数据验证”按钮，选择“数据验证”命令，打开“数据验证”对话框。

③ 在“设置”选项卡中，通过“允许”下拉框指定数据类型为“整数”；通过“数据”下拉框指定需要满足的范围条件是介于最小值 0 和最大值 100 之间，如图 6-3 所示。

④ 在“输入信息”选项卡中，选中“选定单元格时显示输入信息”复选框，然后指定标题为“成绩录入”；输入信息的内容为“有效范围：0～100”，如图 6-4 所示。

图 6-3

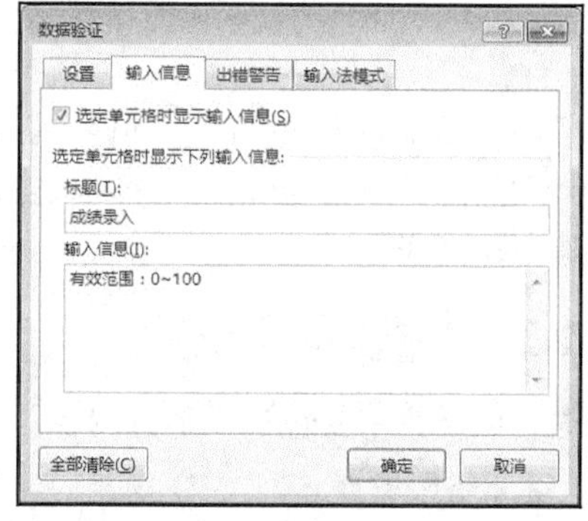

图 6-4

⑤ 在“出错警告”选项卡中，选中“输入无效数据时显示出错警告”复选框，指定标题为“成绩录入错误”，错误信息的内容为“成绩范围：0～100”，如图 6-5 所示。

⑥ 单击“确定”按钮，完成设置。

当用户在已设置了数据验证的单元格中输入信息时，系统会给出图 6-6 所示的提示信息；如果用户输入了无效数据，当离开该单元格时系统会弹出图 6-7 所示的出错警告信息。如果在设置了验证条件后，未设置出错警告信息，则默认显示图 6-8 所示的系统提示信息“此值与此单元格定义的数据验证限制不匹配”。

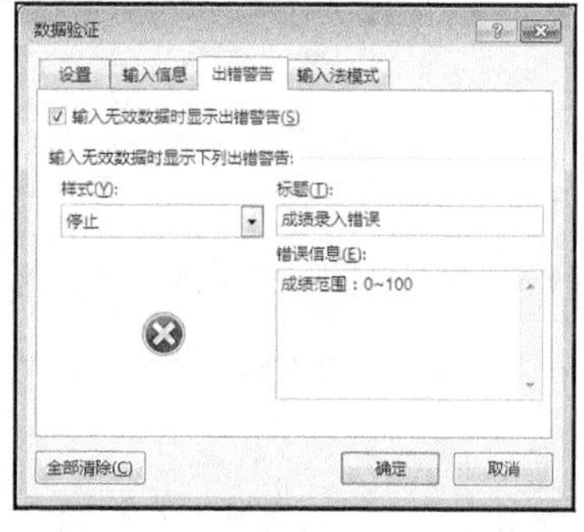

图 6-5

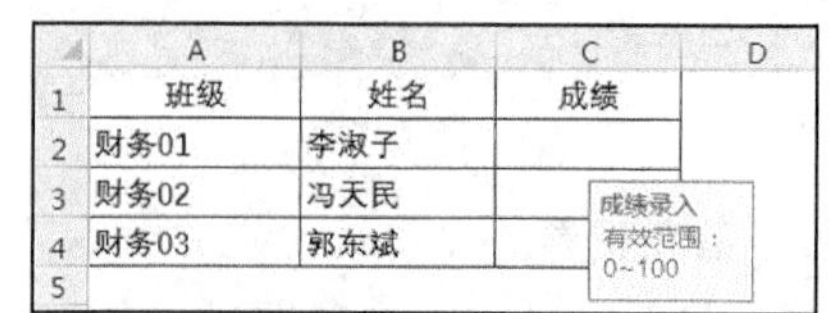

图 6-6

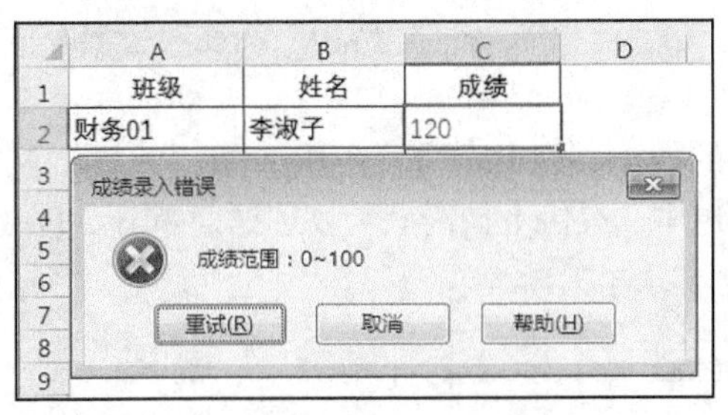

图 6-7

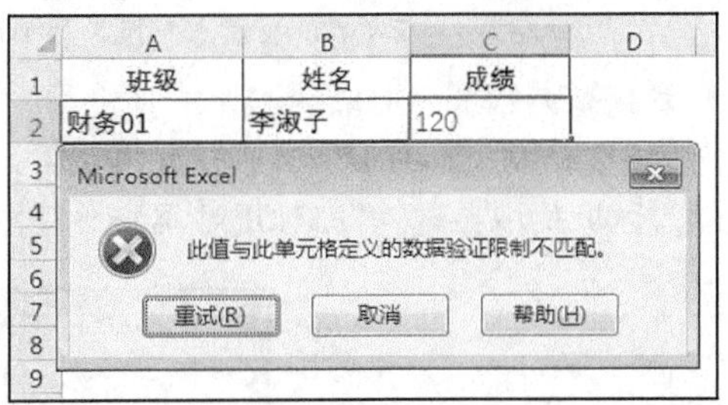

图 6-8

6.1.2　限制数据录入的下拉列表设置

Excel 的数据验证功能可以为用户提供一种录入限制数据内容的下拉列表选择录入方法。例如，用户需要在数据表中录入性别和学院两项内容。对于性别录入，内容只有“男”和“女”两个选择；对于学院录入，需要根据不同学校的具体情况进行设置，录入内容会有所变化。针对这种情况，用户可以通过设置下拉列表，实现单元格内容的选择录入，以保证录入内容的正确性。

1. 固定内容的下拉列表

由于性别内容只有“男”和“女”两个固定选项，采用固定内容的下拉列表实现。操作过程如下。

① 在性别列中选定需要使用下拉列表的单元格或单元格区域。

② 在“数据”选项卡的“数据工具”选项组中，单击“数据验证”按钮，选择“数据验证”命令，打开“数据验证”对话框。

③ 在“设置”选项卡中，将“允许”下拉框中的数据类型指定为“序列”；在“来源”文本框中直接输入列表内容“男,女”（注意其中的逗号必须是英文符号），而且必须选中“提供下拉箭头”复选框，如图 6-9 所示。

④ 单击“确定”按钮，完成性别列的下拉列表设置，数据录入效果如图 6-10 所示。

图 6-9

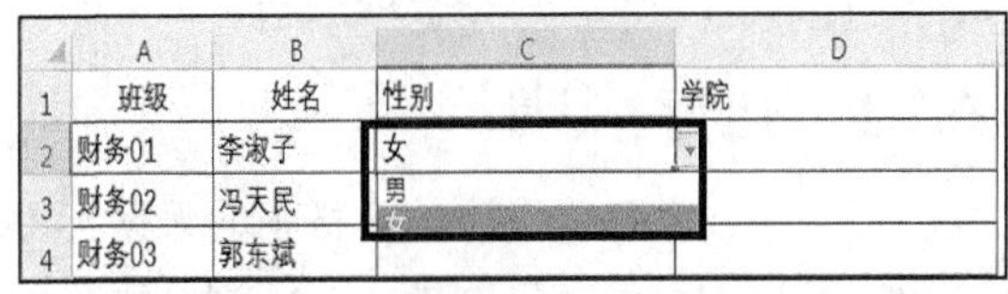

图 6-10

2. 可变内容的下拉列表

对于数据表中学院信息的录入，我们需要根据不同学校的具体情况进行，录入时录入内容会有所变化，这时可以采用可变内容的下拉列表实现，在进行数据验证设置之前，首先要建立下拉列表中的列表数据。创建学院下拉列表的操作步骤如下。

① 在工作表中任意选择一列来建立下拉列表数据，这里选择了 F1:F3 区域。

② 在学院列中选定需要使用下拉列表的单元格或单元格区域。

③ 在“数据”选项卡的“数据工具”选项组中，单击“数据验证”按钮，选择“数据验证”命令，打开“数据验证”对话框。

④ 在“设置”选项卡中，将“允许”下拉框中的数据类型指定为“序列”；在“来源”文本框中，通过区域拾取器选择$F$1:$F$3 区域，注意必须选中“提供下拉箭头”复选框，如图 6-11 所示。

图 6-11

⑤ 单击“确定”按钮，完成学院列的下拉列表设置，数据录入效果如图 6-12 所示。

图 6-12

6.2 数据排序

工作表数据通常包含标题和数据两个部分。数据的每一行对应一条记录，每一列对应一个字段。对数据进行排序是数据分析不可缺少的组成部分，排序就是按照用户指定的某一列（单个字段）或多列（多个字段）中的数据值，将所有记录进行升序或降序的重新排列。数据排序要求每列中的数据类型相同，而且不允许有空行或空列，也不能有合并的单元格。

6.2.1 排序规则

在 Excel 中，不仅可以按单元格中的数据（可以是文本、数字或日期和时间）进行排序，还可以按照自定义序列、单元格颜色、字体颜色或图标等进行排序。排序规则如下。

① 数字按照值大小排序，升序按从小到大排序，降序按从大到小排序。

② 英文按照字母顺序排序，升序按 A～Z 排序，降序按 Z～A 排序，而且大写字母<小写字母。

③ 汉字可以按照拼音字母的顺序排序，升序按 A～Z 排序，降序按 Z～A 排序；或者按照笔画的顺序排序。

④ 文本中的数字<英文字母<汉字。

⑤ 日期和时间按日期、时间的先后顺序排序，升序按从前到后的顺序排序，降序按从后向前的顺序排序。

⑥ 自定义序列在定义时所指定的顺序是从小到大。

⑦ 必须设置了单元格颜色或字体颜色后，才能按颜色进行排序。同样，只有使用条件格式创建了图标集，才能按图标进行排序。

6.2.2　单字段排序

单字段排序能够实现将工作表中的所有数据按照表中的某一列数据升序（从小到大）或降序（从大到小）进行组织的需求。

若要按照单个列（字段）进行排序，操作步骤如下。

① 选中要排序的字段列，或者选中该列的任意一个单元格。

② 通过执行下列操作之一来完成排序。

- 在“数据”选项卡的“排序和筛选”选项组中，若要按照升序排序，单击“升序”按钮 A↓Z；若要按照降序排序，单击“降序”按钮 Z↓A。
- 在“开始”选项卡的“编辑”选项组中，单击“排序和筛选”按钮，在出现的选项中选择“升序”或“降序”。

例如，对学生成绩数据（字段有班级、姓名、性别、出生日期、高等数学、英语、物理、总成绩）按照“班级”字段进行单字段升序排序的效果如图 6-13 所示；按照“总成绩”字段降序排序的效果如图 6-14 所示。

	A	B	C	D	E	F	G	H
1	班级	姓名	性别	出生日期	高等数学	英语	物理	总成绩
2	财务01	宋洪博	男	1997/4/5	73	68	87	228
3	财务01	刘丽	女	1997/10/18	61	68	87	216
4	财务01	陈涛	男	1997/12/3	88	93	78	259
5	财务01	侯明斌	男	1999/1/1	84	78	88	250
6	财务01	李淑子	女	1999/3/2	98	92	91	281
7	财务01	李媛媛	女	1999/5/31	96	87	78	261
8	财务02	冯天民	男	1997/8/28	70	77	89	236
9	财务02	李小明	女	1998/1/17	57	70	71	198
10	财务02	张喆	男	1998/2/8	71	71	67	209
11	财务02	胡涛	男	1998/3/25	97	70	67	234
12	财务02	徐春雨	女	1998/4/3	85	49	86	220
13	财务03	王毅刚	男	1997/4/6	96	82	86	264
14	财务03	郭东斌	男	1997/6/12	60	77	71	208
15	财务03	张荣伟	男	1998/1/18	57	98	89	244
16	财务03	马垚	男	1998/5/4	78	97	77	252

图 6-13

	A	B	C	D	E	F	G	H
1	班级	姓名	性别	出生日期	高等数学	英语	物理	总成绩
2	财务01	李淑子	女	1999/3/2	98	92	91	281
3	财务03	王毅刚	男	1997/4/6	96	82	86	264
4	财务01	李媛媛	女	1999/5/31	96	87	78	261
5	财务01	陈涛	男	1997/12/3	88	93	78	259
6	财务03	马垚	男	1998/5/4	78	97	77	252
7	财务01	侯明斌	男	1999/1/1	84	78	88	250
8	财务03	张荣伟	男	1998/1/18	57	98	89	244
9	财务02	冯天民	男	1997/8/28	70	77	89	236
10	财务02	胡涛	男	1998/3/25	97	70	67	234
11	财务01	宋洪博	男	1997/4/5	73	68	87	228
12	财务02	徐春雨	女	1998/4/3	85	49	86	220
13	财务01	刘丽	女	1997/10/18	61	68	87	216
14	财务02	张喆	男	1998/2/8	71	71	67	209
15	财务03	郭东斌	男	1997/6/12	60	77	71	208
16	财务02	李小明	女	1998/1/17	57	70	71	198

图 6-14

6.2.3 多字段排序

如果仅根据一列数据进行排序，可能会遇到在这一列中存在大量重复数据的情况，这时就需要使数据在具有相同值的记录中按另一个或多个其他列的内容进行组织，这就是多字段排序。操作步骤如下。

① 选择要排序的整个数据区域，或者选择数据区域中任意一个单元格。

② 在“数据”选项卡“排序和筛选”选项组中，单击“排序”按钮，打开“排序”对话框。

③ 按顺序指定主要关键字、次要关键字后，单击“确定”按钮完成排序。

视频 6-2

【例 6-2】对学生成绩数据（字段有班级、姓名、性别、出生日期、高等数学、英语、物理、总成绩）按照班级升序、总成绩降序进行排序。

① 在工作表中选择数据区域的任意一个单元格。

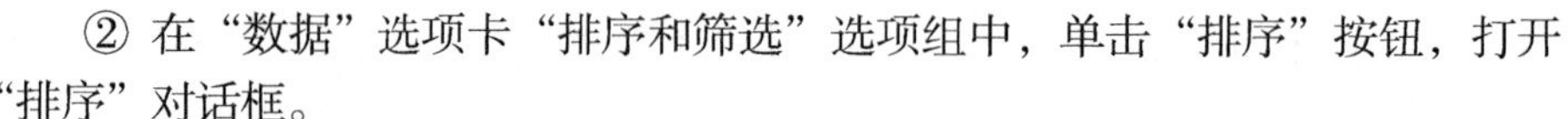

② 在“数据”选项卡“排序和筛选”选项组中，单击“排序”按钮，打开“排序”对话框。

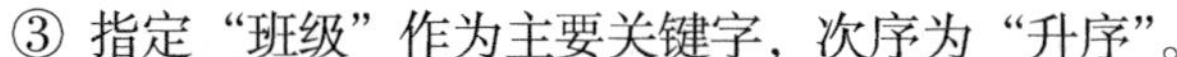

③ 指定“班级”作为主要关键字，次序为“升序”。

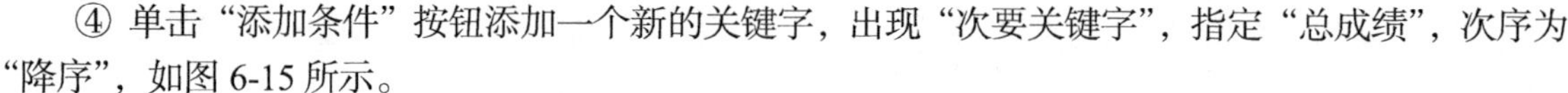

④ 单击“添加条件”按钮添加一个新的关键字，出现“次要关键字”，指定“总成绩”，次序为“降序”，如图 6-15 所示。

如果还有其他排序字段，重复“添加条件”即可。如果想要改变这些排序字段的顺序，可选择一个条目，然后单击“上移”或“下移”箭头进行调整。单击“选项”按钮，在排序选项对话框中可以设置：是否区分英文字母大小写；按行还是按列排序；汉字是按照拼音字母还是按照笔画进行排序，如图 6-16 所示。

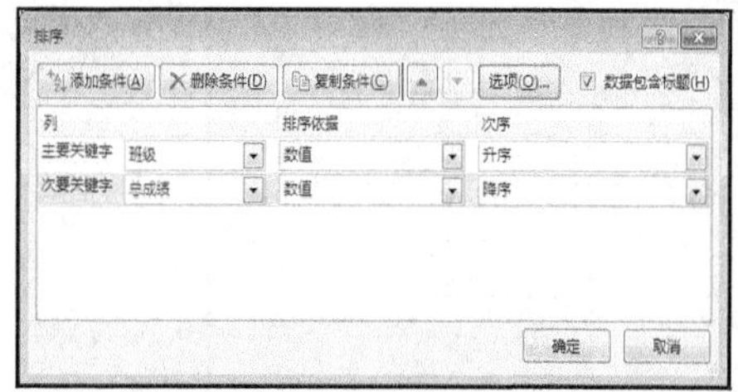

图 6-15

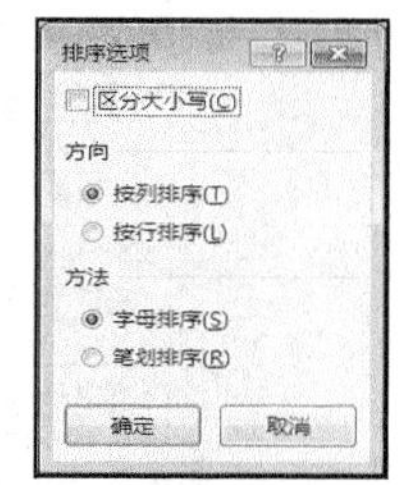

图 6-16

⑤ 单击“确定”按钮完成排序。排序前的数据如图 6-17 所示，排序后的结果如图 6-18 所示，首先按照“班级”排序，然后在同一班内按照“总成绩”降序排序。

	A	B	C	D	E	F	G	H
1	班级	姓名	性别	出生日期	高等数学	英语	物理	总成绩
2	财务01	陈涛	男	1997/12/3	88	93	78	259
3	财务02	冯天民	男	1997/8/28	70	77	89	236
4	财务03	郭东斌	男	1997/6/12	60	77	71	208
5	财务01	侯明斌	男	1999/1/1	84	78	88	250
6	财务02	胡涛	男	1998/3/25	97	70	67	234
7	财务01	李淑子	女	1999/3/2	98	92	91	281
8	财务02	李小明	女	1998/1/17	57	70	71	198
9	财务01	李媛媛	女	1999/5/31	96	87	78	261
10	财务01	刘丽	女	1997/10/18	61	68	87	216
11	财务03	马垚	男	1998/5/4	78	97	77	252
12	财务01	宋洪博	男	1997/4/5	73	68	87	228
13	财务03	王毅刚	男	1997/4/6	96	82	86	264
14	财务02	徐春雨	女	1998/4/3	85	49	86	220
15	财务03	张荣伟	男	1998/1/18	57	98	89	244
16	财务02	张喆	男	1998/2/8	71	71	67	209

图 6-17

	A	B	C	D	E	F	G	H
1	班级	姓名	性别	出生日期	高等数学	英语	物理	总成绩
2	财务01	李淑子	女	1999/3/2	98	92	91	281
3	财务01	李媛媛	女	1999/5/31	96	87	78	261
4	财务01	陈涛	男	1997/12/3	88	93	78	259
5	财务01	侯明斌	男	1999/1/1	84	78	88	250
6	财务01	宋洪博	男	1997/4/5	73	68	87	228
7	财务01	刘丽	女	1997/10/18	61	68	87	216
8	财务02	冯天民	男	1997/8/28	70	77	89	236
9	财务02	胡涛	男	1998/3/25	97	70	67	234
10	财务02	徐春雨	女	1998/4/3	85	49	86	220
11	财务02	张喆	男	1998/2/8	71	71	67	209
12	财务02	李小明	女	1998/1/17	57	70	71	198
13	财务03	王毅刚	男	1997/4/6	96	82	86	264
14	财务03	马垚	男	1998/5/4	78	97	77	252
15	财务03	张荣伟	男	1998/1/18	57	98	89	244
16	财务03	郭东斌	男	1997/6/12	60	77	71	208

图 6-18

6.2.4　自定义序列排序

在实际应用中，除了按系统默认的排序规则处理数据，还存在许多其他的排序需求。例如，一个学校的教师档案数据（字段有教师编号、姓名、性别、出生日期、职称），按职称级别（助教、讲师、副教授、教授）排序就是一个典型的应用需求。职称的称谓在 Excel 排序中默认是按汉字排序即按拼音字母顺序或笔画顺序进行排序，而实际上我们需要按照职称级别的高低进行排序。针对这种情况，Excel 提供了按自定义序列排序的功能，使用户能够根据实际问题给这些文本集合专门指定一个排序关系。

例如，将教师档案数据按照职称级别排序。其操作过程如下。

① 单击“文件”选项卡下的“选项”命令按钮，打开“Excel 选项”对话框，在对话框左侧单击“高级”，在右侧找到“编辑自定义列表”按钮，单击该按钮打开“自定义序列”对话框，按“助教，讲师，副教授，教授”顺序输入自定义序列内容，然后单击“添加”按钮添加到自定义序列中，如图 6-19 所示，添加完成后关闭对话框。

② 在工作表中选择数据区域的任意一个单元格。

③ 在“数据”选项卡“排序和筛选”选项组中，单击“排序”按钮，打开“排序”对话框。

④ 指定“职称”为主要关键字，次序为“自定义序列”，并指定所定义的自定义数据序列，如图 6-20 所示。

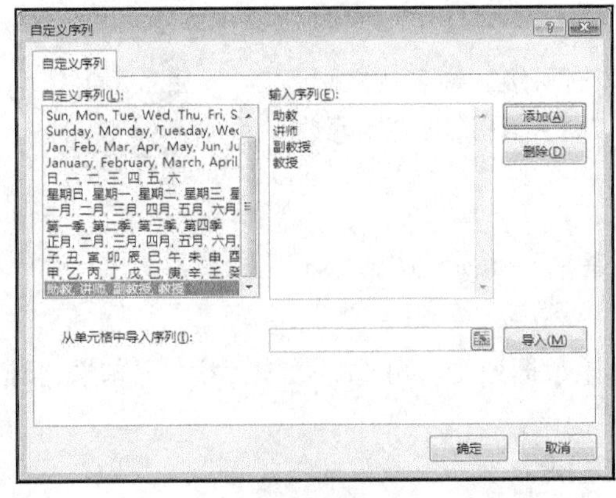

图 6-19

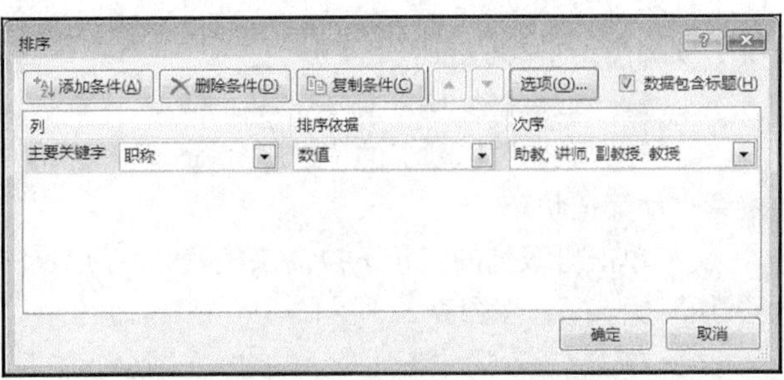

图 6-20

⑤ 单击“确定”按钮，系统按自定义序列的顺序为数据排序。

对教师档案数据的职称字段按拼音字母升序排序的结果如图 6-21（a）所示，按自定义序列排序的结果如图 6-21（b）所示。

	A	B	C	D	E
1	教师编号	姓名	性别	出生日期	职称
2	10100391	杨丽	女	1974/11/8	副教授
3	10401561	赵晓丽	女	1969/11/28	副教授
4	10110120	马丽	女	1980/10/11	讲师
5	10302011	周萍萍	女	1984/4/25	讲师
6	10110910	王平	男	1965/3/15	教授
7	10510050	朱军	男	1960/9/21	教授
8	10101110	李斯	女	1995/3/21	助教
9	10101250	吴军	男	1992/7/4	助教

（a）按拼音字母升序排序

	A	B	C	D	E
1	教师编号	姓名	性别	出生日期	职称
2	10101110	李斯	女	1995/3/21	助教
3	10101250	吴军	男	1992/7/4	助教
4	10110120	马丽	女	1980/10/11	讲师
5	10302011	周萍萍	女	1984/4/25	讲师
6	10100391	杨丽	女	1974/11/8	副教授
7	10401561	赵晓丽	女	1969/11/28	副教授
8	10110910	王平	男	1965/3/15	教授
9	10510050	朱军	男	1960/9/21	教授

（b）按自定义序列排序

图 6-21

6.3 数据筛选

数据筛选就是在数据表中仅仅显示满足筛选条件的数据记录，把不满足筛选条件的数据记录暂时隐藏起来，便于用户从众多的数据中检索出有用的数据信息。常用的筛选方式有两种：自动筛选和高级筛选。自动筛选支持用户按照某一个数据列的内容筛选显示数据；而高级筛选可以通过用户指定复杂的筛选条件得到更精简的筛选结果。

6.3.1 自动筛选

自动筛选一般用于简单的条件筛选，可以满足绝大部分的筛选需求。

1. 创建自动筛选

创建自动筛选的步骤如下。

① 选择数据区域中任意一个单元格。

② 在“数据”选项卡的“排序和筛选”选项组中，单击“筛选”按钮；或者在“开始”选项卡的“编辑”选项组中，单击“排序和筛选”按钮，选择“筛选”命令，切换到自动筛选状态。

③ 此时工作表第一行中的每个列标题旁都会出现三角下拉箭头按钮，通过单击相应列的三角下拉箭头按钮，完成筛选条件的设置即可。

【例 6-3】利用自动筛选功能，在学生成绩数据（字段有班级、姓名、性别、出生日期、高等数学、英语、物理、总成绩）中筛选出“财务 01”班“高等数学”成绩高于平均值的学生。

视频 6-3

① 选择数据区域中任意一个单元格。

② 在“数据”选项卡的“排序和筛选”选项组中，单击“筛选”按钮，切换到自动筛选状态。

③ 单击班级列的三角下拉箭头按钮，系统自动列出该数据列所有可选的数据元素，只勾选“财务 01”复选框，如图 6-22 所示。

④ 单击“确定”按钮，工作表中立即显示数据筛选结果。

⑤ 单击高等数学列的三角下拉箭头按钮，选择“数字筛选”中的“高于平均值”选项，如图 6-23 所示。

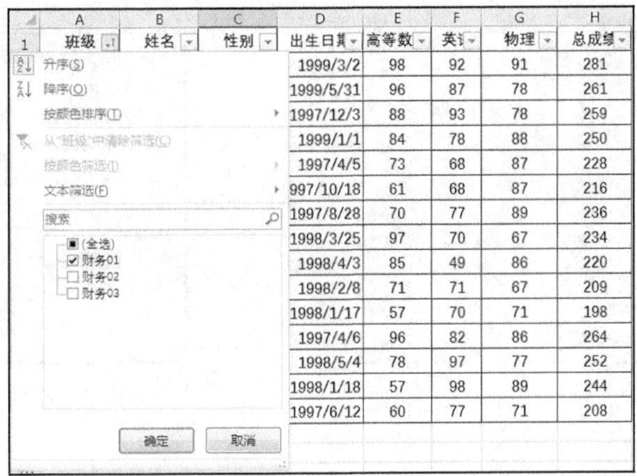

图 6-22

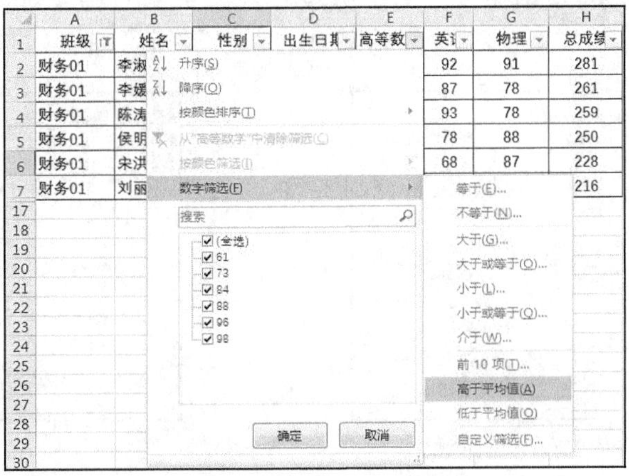

图 6-23

⑥ 单击“确定”按钮，最终的数据筛选结果如图 6-24 所示。

	A	B	C	D	E	F	G	H
1	班级	姓名	性别	出生日期	高等数学	英语	物理	总成绩
2	财务01	李淑子	女	1999/3/2	98	92	91	281
3	财务01	李媛媛	女	1999/5/31	96	87	78	261
4	财务01	陈涛	男	1997/12/3	88	93	78	259
5	财务01	侯明斌	男	1999/1/1	84	78	88	250

图 6-24

我们从这个例子可以看出，在单个筛选结果的基础上，可以通过单击其他数据列的筛选按钮来建立多个筛选条件，实现进一步筛选。但是要注意，自动筛选时的条件选择是通过多次选择构建，每次筛选过程都是在前一次操作的基础上进行的。也就是说，自动筛选每次只能实现一个简单条件的筛选操作。

2. 筛选条件设置

在自动筛选状态下，系统会根据要筛选的数据列的数据类型提供相应的筛选条件设置。

（1）文本筛选

文本筛选有等于、不等于、开头是、结尾是、包含、不包含等条件，如图 6-25 所示。如果希望筛选出姓“王”的学生，可以选择“文本筛选”中的“开头是”选项，并按图 6-26 所示的内容进行设置。

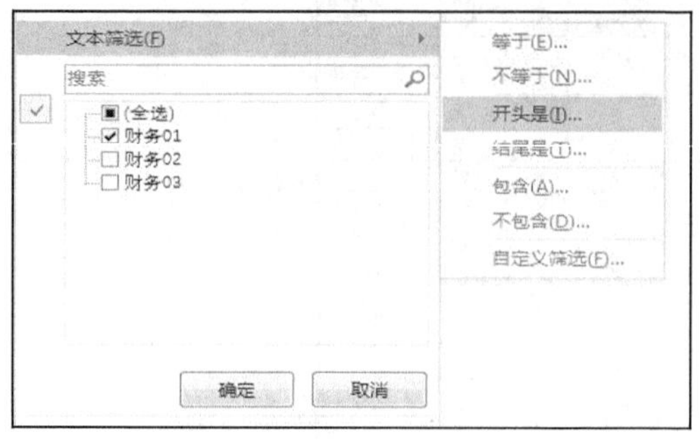

图 6-25

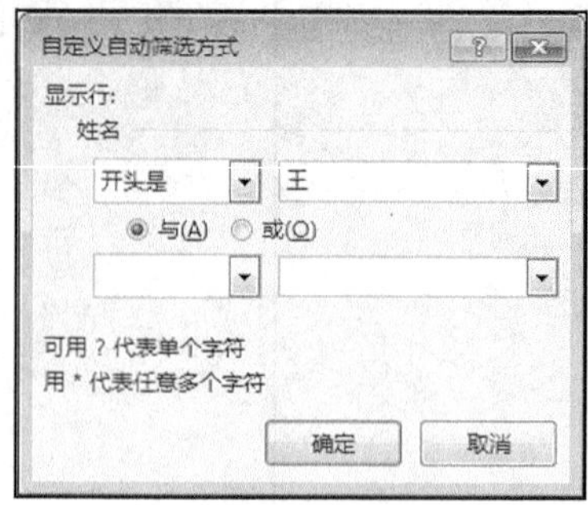

图 6-26

（2）数字筛选

数字筛选有等于、不等于、大于、大于或等于、小于、……、自定义筛选等条件，如图 6-27 所示。如果希望筛选出“物理”成绩在 80～89 分数段的学生，应该在物理列的“数字筛选”中选择“介于”。在打开的“自定义自动筛选方式”对话框中同时设置两个条件，如图 6-28 所示。

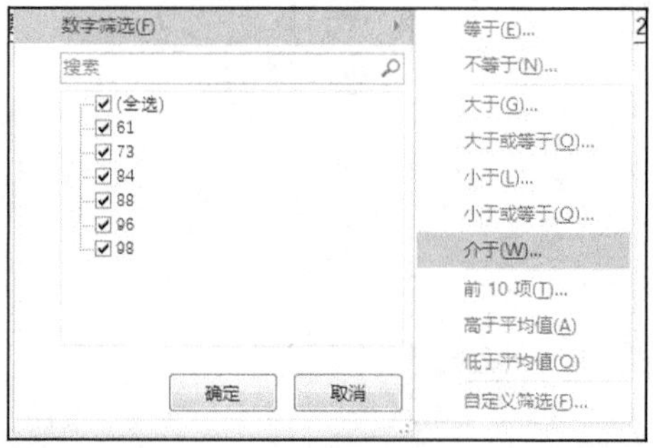

图 6-27

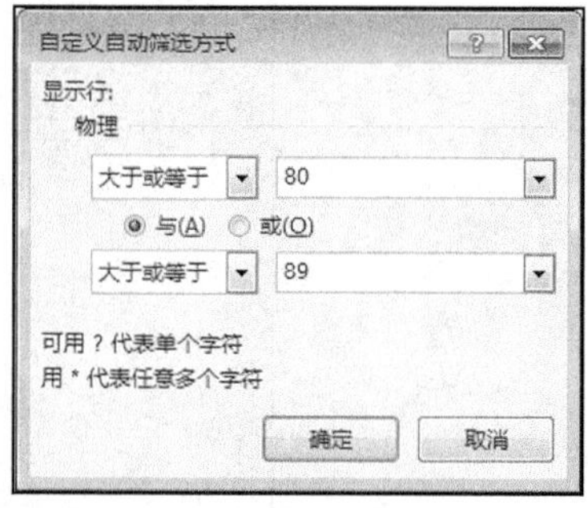

图 6-28

（3）日期筛选

日期筛选有等于、之前、之后、介于、本周、下月、上季度、……、本年度截止到现在等条件，如图 6-29 所示。如果希望筛选六月出生的学生，应该在出生日期列的“日期筛选”中选择“期间所有日期”中的“六月”。

图 6-29

3. 取消自动筛选

在自动筛选的状态下，再次单击“筛选”按钮，则取消自动筛选状态，恢复数据的原始状态。如果筛选数据后，单击“排序和筛选”选项组中的“清除”按钮，则清除已经设置的筛选条件，但是仍然保持自动筛选状态。

6.3.2　高级筛选

当用户需要进行复杂条件筛选，而自动筛选无法满足筛选要求时，可以通过对各个数据列同时指定不同的条件，来实现对数据表的高级筛选。高级筛选可以一次设置多个筛选条件。

1. 创建高级筛选条件区域

在高级筛选条件区域中需要指定各个数据列的筛选条件，创建步骤如下。

① 在工作表的空白位置输入要指定筛选条件的列名称。

② 在列名称下方相应行中输入该数据列的筛选条件表达式。这里不同行之间的筛选条件是“或”的关系；同一行中不同列之间的筛选条件是“与”的关系。

2. 创建高级筛选

创建好高级筛选条件区域后，按照如下步骤进行高级筛选操作。

① 选择数据区域的任意一个单元格。

② 在“数据”选项卡的“排序和筛选”选项组中，单击“高级”筛选按钮，打开“高级筛选”对话框。

③“高级筛选”对话框的“列表区域”自动选择了需要进行筛选的整个数据区域；在“条件区域”选择已经创建好的条件区域。

④ 如果要将符合筛选条件的结果复制到指定的工作表区域中，应选择筛选“方式”为“将筛选结果复制到其他位置”；默认情况下选中“在原有区域显示筛选结果”，只隐藏不符合条件的记录。

视频 6-4

【例 6-4】利用高级筛选功能，在学生成绩数据（字段有班级、姓名、性别、出生日期、高等数学、英语、物理、总成绩）中筛选出“高等数学”“英语”和“物理”3 门课程的成绩均在 90 分（含 90）以上的学生。

① 在工作表的空白位置创建筛选条件区域。因为要同时满足 3 个条件，是“与”关系，所以 3 个条件在同一行中，如图 6-30 所示。

	A	B	C	D	E	F	G	H
1	班级	姓名	性别	出生日期	高等数学	英语	物理	总成绩
2	财务01	陈涛	男	1997/12/3	88	93	78	259
3	财务01	侯明斌	男	1999/1/1	84	78	88	250
4	财务01	李淑子	女	1999/3/2	98	92	91	281
5	财务01	李媛媛	女	1999/5/31	96	87	78	261
6	财务01	刘丽	女	1997/10/18	61	68	87	216
7	财务01	宋洪博	男	1997/4/5	73	68	87	228
8	财务02	冯天民	男	1997/8/28	70	77	89	236
9	财务02	胡涛	男	1998/3/25	97	70	67	234
10	财务02	李小明	女	1998/1/17	57	70	71	198
11	财务02	徐春雨	女	1998/4/3	85	49	86	220
12	财务02	张喆	男	1998/2/8	71	71	67	209
13	财务03	郭东斌	男	1997/6/12	60	77	71	208
14	财务03	马垚	男	1998/5/4	78	97	77	252
15	财务03	王毅刚	男	1997/4/6	96	82	86	264
16	财务03	张荣伟	男	1998/1/18	57	98	89	244
17								
18		高等数学	英语	物理				
19		>=90	>=90	>=90				
20								

数据区域

筛选条件区域

图 6-30

② 选择数据区域的任意一个单元格，在“数据”选项卡的“排序和筛选”选项组中，单击“高级”筛选按钮，打开“高级筛选”对话框。

③ 高级筛选对话框的“列表区域”自动选择了需要进行筛选的整个数据区域$A$1:$H$16；在“条件区域”利用区域拾取器选择已经创建好的条件区域$B$18:$D$19，如图 6-31 所示。

④ 单击“确定”按钮，筛选结果如图 6-32 所示。

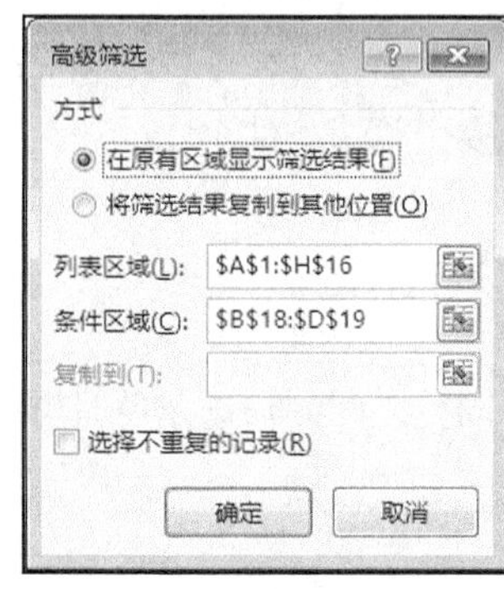

图 6-31

	A	B	C	D	E	F	G	H
1	班级	姓名	性别	出生日期	高等数学	英语	物理	总成绩
4	财务01	李淑子	女	1999/3/2	98	92	91	281

图 6-32

【例 6-5】利用高级筛选功能，在学生成绩数据（字段有班级、姓名、性别、出生日期、高等数学、英语、物理、总成绩）中筛选出“高等数学”“英语”和“物理”3 门课程中有 1 门成绩在 90 分（含 90）以上的学生。

① 在工作表的空白位置创建筛选条件区域。因为只要满足 1 个条件即可，是“或”关系，所以 3 个条件在不同行中，如图 6-33 所示。

	A	B	C	D	E	F	G	H
1	班级	姓名	性别	出生日期	高等数学	英语	物理	总成绩
2	财务01	陈涛	男	1997/12/3	88	93	78	259
3	财务01	侯明斌	男	1999/1/1	84	78	88	250
4	财务01	李淑子	女	1999/3/2	98	92	91	281
5	财务01	李媛媛	女	1999/5/31	96	87	78	261
6	财务01	刘丽	女	1997/10/18	61	68	87	216
7	财务01	宋洪博	男	1997/4/5	73	68	87	228
8	财务02	冯天民	男	1997/8/28	70	77	89	236
9	财务02	胡涛	男	1998/3/25	97	70	67	234
10	财务02	李小明	女	1998/1/17	57	70	71	198
11	财务02	徐春雨	女	1998/4/3	85	49	86	220
12	财务02	张喆	男	1998/2/8	71	71	67	209
13	财务03	郭东斌	男	1997/6/12	60	77	71	208
14	财务03	马垚	男	1998/5/4	78	97	77	252
15	财务03	王毅刚	男	1997/4/6	96	82	86	264
16	财务03	张荣伟	男	1998/1/18	57	98	89	244
17								
18		高等数学	英语	物理				
19		>=90						
20			>=90					
21				>=90				
22								

数据区域

筛选条件区域

图 6-33

② 选择数据区域的任意一个单元格，在“数据”选项卡的“排序和筛选”选项组中，单击“高级”筛选按钮，打开“高级筛选”对话框。

③“高级筛选”对话框的“列表区域”自动选择了需要进行筛选的整个数据区域$A$1:$H$16；在“条件区域”利用区域拾取器选择已经创建的条件区域$B$18:$D$21，如图 6-34 所示。

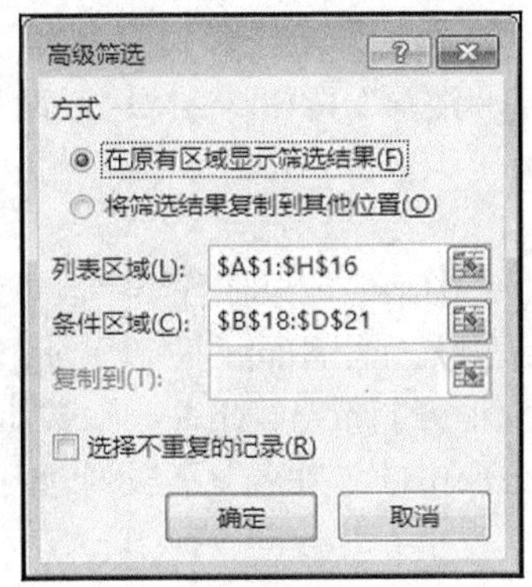

图 6-34

④ 单击“确定”按钮，筛选结果如图 6-35 所示。

	A	B	C	D	E	F	G	H
1	班级	姓名	性别	出生日期	高等数学	英语	物理	总成绩
2	财务01	陈涛	男	1997/12/3	88	93	78	259
4	财务01	李淑子	女	1999/3/2	98	92	91	281
5	财务01	李媛媛	女	1999/5/31	96	87	78	261
9	财务02	胡涛	男	1998/3/25	97	70	67	234
14	财务03	马垚	男	1998/5/4	78	97	77	252
15	财务03	王毅刚	男	1997/4/6	96	82	86	264
16	财务03	张荣伟	男	1998/1/18	57	98	89	244

图 6-35

3. 高级筛选条件区域示例

（1）筛选出财务 01 和财务 02 班级的所有学生

实际筛选条件是：班级是财务 01 和财务 02，只要满足一个条件即可，是“或”关系，所以两个条件在不同行中，如图 6-36 所示。

（2）筛选出姓“李”的“英语”成绩在 70～79 的学生

实际筛选条件是：姓名以“李”开头并且英语成绩在 70～79，是“与”关系，所以 3 个条件在同一行中，如图 6-37 所示，其中“*”表示任意多个字符，如果想表示任意 1 个字符使用“？”。

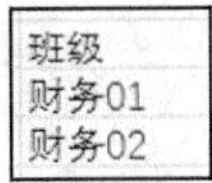

班级
财务01
财务02

图 6-36

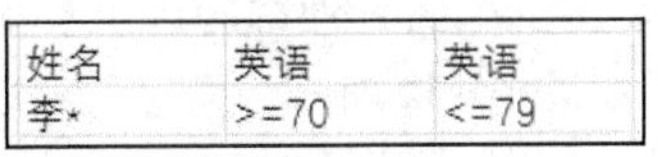

姓名	英语	英语
李*	>=70	<=79

图 6-37

（3）筛选出姓名中含“明”的“总成绩”在 240 分以上的学生

实际筛选条件是：姓名包含“明”并且总成绩在 240 分（含 240 分）以上，是“与”关系，所以两个条件在同一行中，如图 6-38 所示。

（4）筛选出 1998 年出生的学生

实际筛选条件是：出生日期在 1998/1/1～1998/12/31，是“与”关系，所以两个条件在同一行中，如图 6-39 所示。

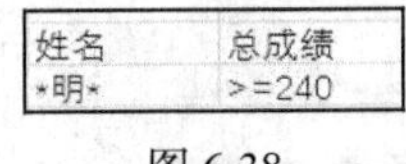

姓名	总成绩
明	>=240

图 6-38

出生日期	出生日期
>=1998/1/1	<=1998/12/31

图 6-39

4. 取消高级筛选

单击“排序和筛选”选项组中的“清除”按钮，清除已经设置的高级筛选条件，恢复原始状态。

6.3.3 删除重复记录

所谓重复记录，通常是指在 Excel 中某些记录在各个字段中都有相同的内容，例如，图 6-40 中的第 2 行数据记录和第 6 行数据记录就是完全相同的两条记录，除此以外还有第 5 行和第 7 行也是一组相同记录。在有些情况下，用户也可能希望找出并删除某几个字段值相同的重复记录，例如，图 6-41 中的第 3 行记录和第 11 行记录中的“姓名”字段列的内容相同，但其他字段列的内容则不完全相同。

	A	B	C
1	姓名	性别	出生日期
2	李淑子	女	1999/3/2
3	刘丽	女	1997/10/18
4	侯明斌	男	1999/1/1
5	李媛媛	女	1999/5/31
6	李淑子	女	1999/3/2
7	李媛媛	女	1999/5/31
8	马垚	男	1998/5/4
9	郭东斌	男	1997/6/12
10	张喆	男	1998/2/8
11	刘丽	男	1999/1/10
12	张荣伟	男	1998/1/18

图 6-40

	A	B	C
1	姓名	性别	出生日期
2	李淑子	女	1999/3/2
3	刘丽	女	1997/10/18
4	侯明斌	男	1999/1/1
5	李媛媛	女	1999/5/31
6	李淑子	女	1999/3/2
7	李媛媛	女	1999/5/31
8	马垚	男	1998/5/4
9	郭东斌	男	1997/6/12
10	张喆	男	1998/2/8
11	刘丽	男	1999/1/10
12	张荣伟	男	1998/1/18

图 6-41

删除重复记录可以利用 Excel 的“删除重复项”功能或高级筛选功能实现，高级筛选功能是删除重复项的利器。

1. 利用“删除重复项”删除重复记录

其操作步骤如下。

① 选择数据区域的任意一个单元格，在“数据”选项卡的“数据工具”选项组中，单击“删除重复项”按钮，打开“删除重复项”对话框。

② 在“删除重复项”对话框中选择重复数据所在的列（字段）。如果要求删除所有字段内容都完全相同的记录，就要把所有列都勾选上；如果要删除的是某些列内容相同的记录，那么只需要勾选相应的列字段，如图 6-42 所示。

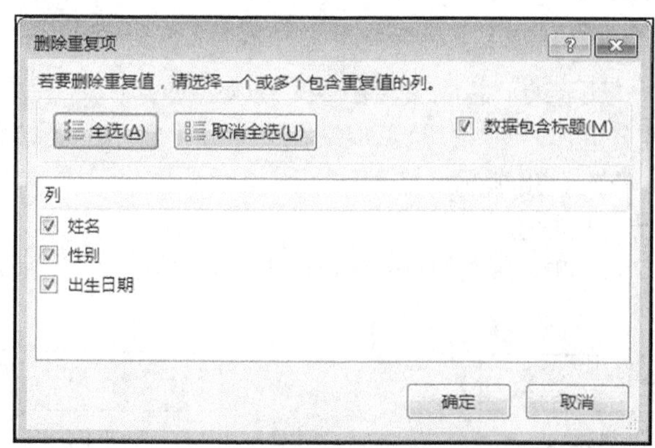

图 6-42

③ 单击“确定”按钮，立即得到删除重复项之后的数据清单，删除的行会自动由下方的数据行填补，并且不会影响数据表以外的其他区域。效果如图 6-43 所示。

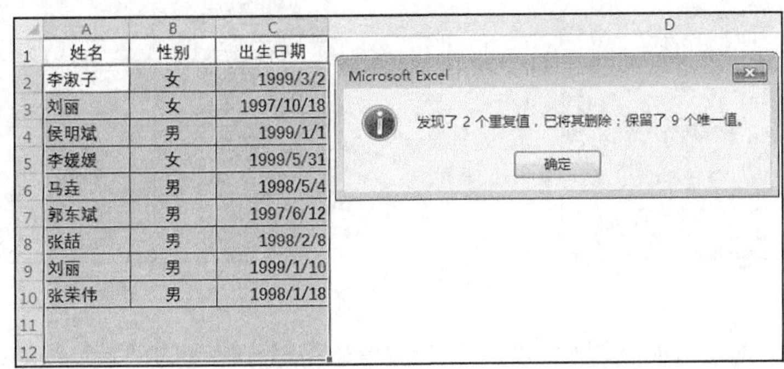

	A	B	C
1	姓名	性别	出生日期
2	李淑子	女	1999/3/2
3	刘丽	女	1997/10/18
4	侯明斌	男	1999/1/1
5	李媛媛	女	1999/5/31
6	马垚	男	1998/5/4
7	郭东斌	男	1997/6/12
8	张喆	男	1998/2/8
9	刘丽	男	1999/1/10
10	张荣伟	男	1998/1/18
11			
12			

图 6-43

此例中选中了所有字段，所以只删除完全相同的重复记录。如果想要删除姓名相同的重复记录，只需在图 6-42 中勾选“姓名”。

2. 利用“高级筛选”删除重复项

其操作步骤如下。

① 选择数据区域的任意一个单元格。

② 在“数据”选项卡的“排序和筛选”选项组中，单击“高级”筛选按钮，打开“高级筛选”对话框。

③“高级筛选”对话框的“列表区域”自动选择了需要进行筛选的整个数据区域；筛选方式一般选择“将筛选结果复制到其他位置”，以方便删除重复项以后的处理操作；在指定这种方式时，会要求用户指定“复制到”哪里，也就是删除重复项以后的数据清单放置位置，只需指定所要存放位置的第一个单元格即可，假设指定为 E1 单元格；必须勾选“选择不重复的记录”复选框，如图 6-44 所示。

④ 单击“确定”按钮，筛选结果如图 6-45 所示。在 E1 单元格开始的区域中生成删除重复记录以后的另一份数据清单。

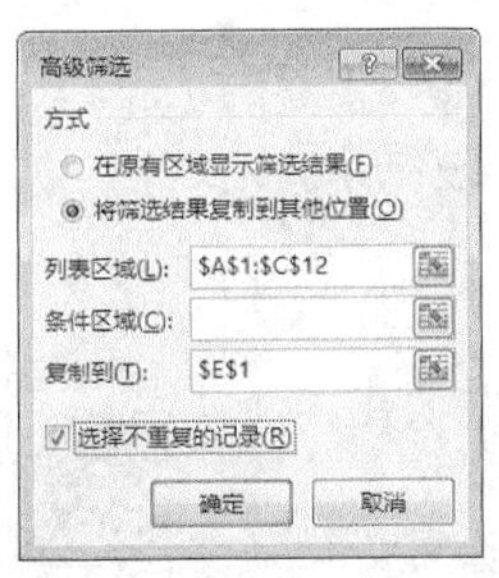

图 6-44

	A	B	C
1	姓名	性别	出生日期
2	李淑子	女	1999/3/2
3	刘丽	女	1997/10/18
4	侯明斌	男	1999/1/1
5	李媛媛	女	1999/5/31
6	李淑子	女	1999/3/2
7	李媛媛	女	1999/5/31
8	马垚	男	1998/5/4
9	郭东斌	男	1997/6/12
10	张喆	男	1998/2/8
11	刘丽	男	1999/1/10
12	张荣伟	男	1998/1/18

E	F	G
姓名	性别	出生日期
李淑子	女	1999/3/2
刘丽	女	1997/10/18
侯明斌	男	1999/1/1
李媛媛	女	1999/5/31
马垚	男	1998/5/4
郭东斌	男	1997/6/12
张喆	男	1998/2/8
刘丽	男	1999/1/10
张荣伟	男	1998/1/18

图 6-45

此例在高级筛选时将整个数据区域 A1:C12 作为列表区域，所以只删除完全相同的重复记录。如果想要删除姓名相同的重复记录，需要将姓名所在的区域 A1:A12 作为列表区域，筛选方式选择“在原有区域显示筛选结果”即可，如图 6-46 所示。筛选结果如图 6-47 所示。

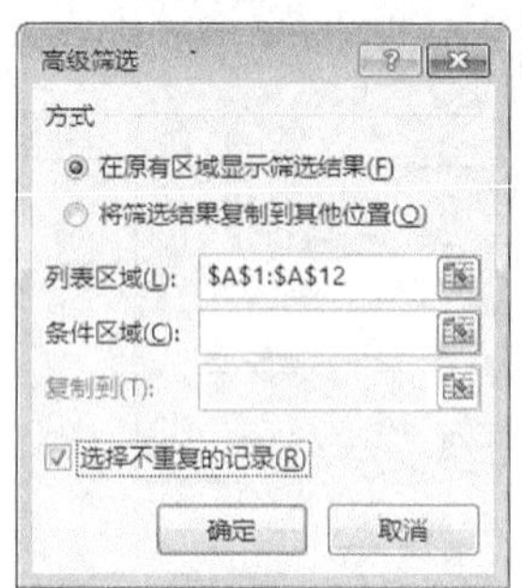

图 6-46

	A	B	C
1	姓名	性别	出生日期
2	李淑子	女	1999/3/2
3	刘丽	女	1997/10/18
4	侯明斌	男	1999/1/1
5	李媛媛	女	1999/5/31
8	马垚	男	1998/5/4
9	郭东斌	男	1997/6/12
10	张喆	男	1998/2/8
12	张荣伟	男	1998/1/18

图 6-47

需要说明的是，对于姓名字段相同的记录，保留的是最先出现的记录。例如，在第 3 行和第 11 行两个“刘丽”之间，Excel 保留的是最先出现的第 3 行记录，而掩藏后面的第 11 行记录。

6.4　分类汇总

分类汇总是指在对原始数据按某数据列（字段）的内容进行分类（排序）的基础上，对每一类数据分别进行统计计算。Excel 中的分类汇总功能能够支持在同一工作表中提供多次不同汇总结果的显示。

6.4.1　创建分类汇总

Excel 要求在进行分类汇总之前，首先要对数据按分类字段进行排序，在有序数据的基础上，再通过指定分类汇总方式，得到汇总结果。分类汇总的操作过程如下。

① 首先按分类字段列进行排序，使相同的记录集中在一起。

② 在“数据”选项卡的“分级显示”选项组中，单击“分类汇总”按钮，打开“分类汇总”对话框。

③ 在“分类汇总”对话框中，完成如下设置。

- 分类字段：选择要分类的字段。
- 汇总方式：选择汇总函数，可以是求和、计数、平均值、最大值、最小值、乘积、数值计数、标准偏差、总体标准偏差、方差、总体方差等。
- 选定汇总项：选中要计算的字段，可以根据需要勾选一个或多个需要汇总的字段。
- 替换当前分类汇总：用当前新建立的分类汇总替代原来的分类汇总结果。
- 每组数据分页：将每个分类的汇总结果自动分页显示。
- 汇总结果显示在数据下方：指定汇总行位于明细行的下方。

④ 若要进行多级分类汇总，重复①～③操作，但一定注意不要选中“替换当前分类汇总”复选框。

视频 6-5

【例 6-6】对学生成绩数据（字段有班级、姓名、性别、出生日期、高等数学、英语、物理、总成绩），要求按班级和性别分别汇总高等数学、英语和物理成绩的平均值。

分析：需要分别按“班级”和“性别”进行分类汇总，首先要按照“班级”和“性别”进行排序，然后分别按“班级”和“性别”进行两次分类汇总操作。

① 选择数据区域中任意一个单元格，在“数据”选项卡“排序和筛选”选项组中，单击“排序”

按钮，打开“排序”对话框，指定排序条件，主要关键字“班级”，次要关键字“性别”，如图 6-48 所示，设置完毕后单击“确定”按钮关闭该对话框。

② 在“数据”选项卡的“分级显示”选项组中，单击“分类汇总”按钮，打开“分类汇总”对话框，设置按“班级”汇总“高等数学”“英语”和“物理”的平均值，如图 6-49 所示。

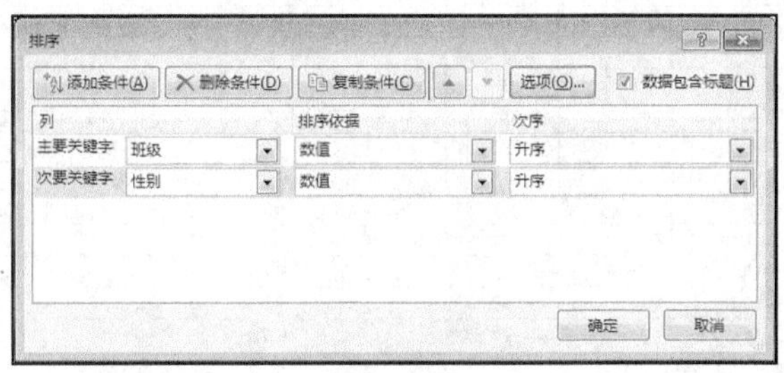

图 6-48

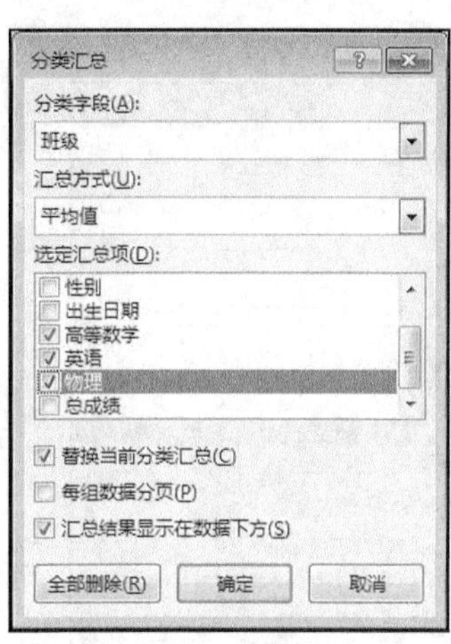

图 6-49

③ 单击“确定”按钮完成按班级的分类汇总，汇总结果如图 6-50 所示。

	A	B	C	D	E	F	G	H
1	班级	姓名	性别	出生日期	高等数学	英语	物理	总成绩
2	财务01	宋洪博	男	1997/4/5	73	68	87	228
3	财务01	陈涛	男	1997/12/3	88	93	78	259
4	财务01	侯明斌	男	1999/1/1	84	78	88	250
5	财务01	刘丽	女	1997/10/18	61	68	87	216
6	财务01	李淑子	女	1999/3/2	98	92	91	281
7	财务01	李媛媛	女	1999/5/31	96	87	78	261
8	财务01 平均值				83.3333	81	84.83333	
9	财务02	冯天民	男	1997/8/28	70	77	89	236
10	财务02	张喆	男	1998/2/8	71	71	67	209
11	财务02	胡涛	男	1998/3/25	97	70	67	234
12	财务02	李小明	女	1998/1/17	57	70	71	198
13	财务02	徐春雨	女	1998/4/3	85	49	86	220
14	财务02 平均值				76	67.4	76	
15	财务03	王毅刚	男	1997/4/6	96	82	86	264
16	财务03	郭东斌	男	1997/6/12	60	77	71	208
17	财务03	张荣伟	男	1998/1/18	57	98	89	244
18	财务03	马垚	男	1998/5/4	78	97	77	252
19	财务03 平均值				72.75	88.5	80.75	
20	总计平均值				78.0667	78.47	80.8	

图 6-50

④ 在“数据”选项卡的“分级显示”选项组中，单击“分类汇总”按钮，打开“分类汇总”对话框，设置按“性别”汇总“高等数学”“英语”和“物理”的平均值，并取消勾选“替换当前分类汇总”项，如图 6-51 所示。

⑤ 单击“确定”按钮完成按性别的分类汇总。汇总结果如图 6-52 所示。

在按班级分类汇总的基础上，继续按性别进行第二次分类汇总，并且在第二次分类汇总时不勾选“替换当前分类汇总”，实现了分类汇总的嵌套。如果在第二次分类汇总时勾选了“替换当前分类汇总”，将只保留按性别分类汇总的结果，同时删除第一次按班级的汇总结果。从图 6-52 中可以看出，由于财务 03 班中没有女生的数据，所以汇总结果中没有财务 03 班女生的平均成绩。

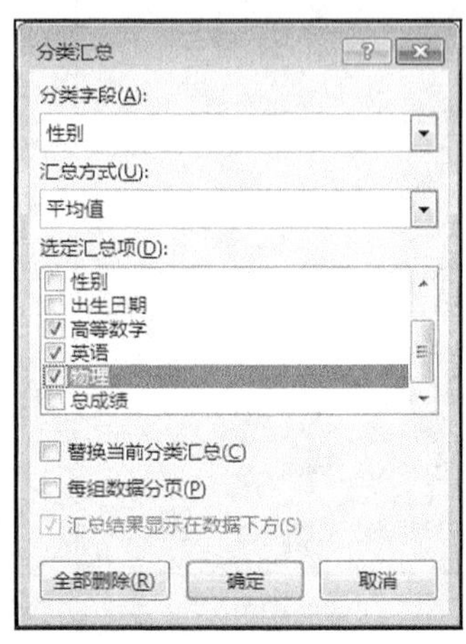

图 6-51

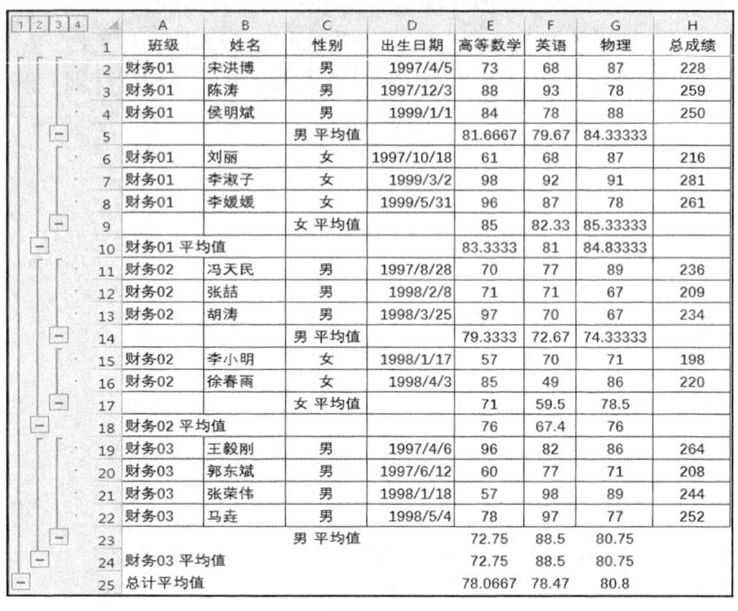

	A	B	C	D	E	F	G	H
1	班级	姓名	性别	出生日期	高等数学	英语	物理	总成绩
2	财务01	宋洪博	男	1997/4/5	73	68	87	228
3	财务01	陈涛	男	1997/12/3	88	93	78	259
4	财务01	侯明斌	男	1999/1/1	84	78	88	250
5			男 平均值		81.6667	79.67	84.33333	
6	财务01	刘丽	女	1997/10/18	61	68	87	216
7	财务01	李淑子	女	1999/3/2	98	92	91	281
8	财务01	李媛媛	女	1999/5/31	96	87	78	261
9			女 平均值		85	82.33	85.33333	
10	财务01 平均值				83.3333	81	84.83333	
11	财务02	冯天民	男	1997/8/28	70	77	89	236
12	财务02	张喆	男	1998/2/8	71	71	67	209
13	财务02	胡涛	男	1998/3/25	97	70	67	234
14			男 平均值		79.3333	72.67	74.33333	
15	财务02	李小明	女	1998/1/17	57	70	71	198
16	财务02	徐春雨	女	1998/4/3	85	49	86	220
17			女 平均值		71	59.5	78.5	
18	财务02 平均值				76	67.4	76	
19	财务03	王毅刚	男	1997/4/6	96	82	86	264
20	财务03	郭东斌	男	1997/6/12	60	77	71	208
21	财务03	张荣伟	男	1998/1/18	57	98	89	244
22	财务03	马垚	男	1998/5/4	78	97	77	252
23			男 平均值		72.75	88.5	80.75	
24	财务03 平均值				72.75	88.5	80.75	
25	总计平均值				78.0667	78.47	80.8	

图 6-52

提示

在分类汇总前必须先按分类的字段进行排序。

6.4.2 分级显示分类汇总

分类汇总完成后，在分类汇总结果的左侧会出现分级显示符号 1 2 3 4 和分级标识线。通常完成 1 次分类汇总后分为 3 个级别，嵌套 1 次分类汇总后分为 4 个级别，依次类推。用户可以根据需要分级显示数据。

例如，单击 1 级显示符号，只显示总的汇总结果，即总计平均值，其他级别的数据都被掩藏起来，如图 6-53 所示。

	A	B	C	D	E	F	G	H
1	班级	姓名	性别	出生日期	高等数学	英语	物理	总成绩
25	总计平均值				78.0667	78.47	80.8	

图 6-53

单击 2 级显示符号，将同时显示第 1 级和第 2 级的数据内容，即总计平均值和各个班级的平均值，其他级别的数据都被掩藏起来，如图 6-54 所示。

	A	B	C	D	E	F	G	H
1	班级	姓名	性别	出生日期	高等数学	英语	物理	总成绩
10	财务01 平均值				83.3333	81	84.83333	
18	财务02 平均值				76	67.4	76	
24	财务03 平均值				72.75	88.5	80.75	
25	总计平均值				78.0667	78.47	80.8	

图 6-54

单击 3 级显示符号，将同时显示第 1 级、第 2 级和第 3 级的数据内容，即总计平均值、各个班级的平均值、各班男女生的平均值，其他级别的数据都被掩藏起来，如图 6-55 所示。

	A	B	C	D	E	F	G	H
1	班级	姓名	性别	出生日期	高等数学	英语	物理	总成绩
5			男 平均值		81.6667	79.67	84.33333	
9			女 平均值		85	82.33	85.33333	
10	财务01 平均值				83.3333	81	84.83333	
14			男 平均值		79.3333	72.67	74.33333	
17			女 平均值		71	59.5	78.5	
18	财务02 平均值				76	67.4	76	
23			男 平均值		72.75	88.5	80.75	
24	财务03 平均值				72.75	88.5	80.75	
25	总计平均值				78.0667	78.47	80.8	

图 6-55

单击 4 级显示符号，将显示全部数据内容，如图 6-56 所示。

	A	B	C	D	E	F	G	H
1	班级	姓名	性别	出生日期	高等数学	英语	物理	总成绩
2	财务01	宋洪博	男	1997/4/5	73	68	87	228
3	财务01	陈涛	男	1997/12/3	88	93	78	259
4	财务01	侯明斌	男	1999/1/1	84	78	88	250
5			男 平均值		81.6667	79.67	84.33333	
6	财务01	刘丽	女	1997/10/18	61	68	87	216
7	财务01	李淑子	女	1999/3/2	98	92	91	281
8	财务01	李媛媛	女	1999/5/31	96	87	78	261
9			女 平均值		85	82.33	85.33333	
10	财务01 平均值				83.3333	81	84.83333	
11	财务02	冯天民	男	1997/8/28	70	77	89	236
12	财务02	张喆	男	1998/2/8	71	71	67	209
13	财务02	胡涛	男	1998/3/25	97	70	67	234
14			男 平均值		79.3333	72.67	74.33333	
15	财务02	李小明	女	1998/1/17	57	70	71	198
16	财务02	徐春雨	女	1998/4/3	85	49	86	220
17			女 平均值		71	59.5	78.5	
18	财务02 平均值				76	67.4	76	
19	财务03	王毅刚	男	1997/4/6	96	82	86	264
20	财务03	郭东斌	男	1997/6/12	60	77	71	208
21	财务03	张荣伟	男	1998/1/18	57	98	89	244
22	财务03	马垚	男	1998/5/4	78	97	77	252
23			男 平均值		72.75	88.5	80.75	
24	财务03 平均值				72.75	88.5	80.75	
25	总计平均值				78.0667	78.47	80.8	

图 6-56

如果需要查看或掩藏某一类的详细数据，可以单击分级标识线上的“+”或“-”符号，以展开或折叠其详细数据。图 6-57 是展开“财务 02”班详细数据的工作表。我们可以看到“财务 02”所有汇总项左侧分级标识线上都是“-”号。

	A	B	C	D	E	F	G	H
1	班级	姓名	性别	出生日期	高等数学	英语	物理	总成绩
10	财务01 平均值				83.3333	81	84.83333	
11	财务02	冯天民	男	1997/8/28	70	77	89	236
12	财务02	张喆	男	1998/2/8	71	71	67	209
13	财务02	胡涛	男	1998/3/25	97	70	67	234
14			男 平均值		79.3333	72.67	74.33333	
15	财务02	李小明	女	1998/1/17	57	70	71	198
16	财务02	徐春雨	女	1998/4/3	85	49	86	220
17			女 平均值		71	59.5	78.5	
18	财务02 平均值				76	67.4	76	
24	财务03 平均值				72.75	88.5	80.75	
25	总计平均值				78.0667	78.47	80.8	

图 6-57

6.4.3 复制分类汇总结果

如果用户需要将分类汇总的结果复制到其他位置或其他工作表，不能采用直接复制、粘贴的方法。因为分类汇总时有关明细数据只是隐藏了，直接复制、粘贴会将整个数据区域一并复制，复制分类汇总结果的具体操作步骤如下。

① 显示出要复制的汇总数据，掩藏其他数据，然后选取要复制的数据区域。

② 在“开始”选项卡的“编辑”选项组中，单击“查找和选择”按钮，选择“定位条件”，打开“定位条件”对话框。

③ 在“定位条件”对话框中选择“可见单元格”，如图 6-58 所示。设置完成后单击“确定”按钮关闭对话框。

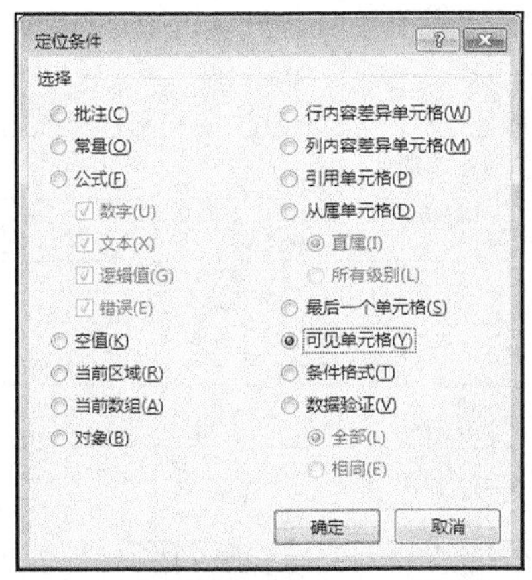

图 6-58

④ 此时执行复制操作，将不会复制那些隐藏的明细数据。然后选定目标位置，执行粘贴操作即可。

【例 6-7】将图 6-54 中按班级汇总的高等数学、英语和物理成绩的平均值复制到另一张工作表中。

视频 6-6

① 在分类汇总结果左侧单击 2 级显示符号，显示按班级汇总平均值（即总计平均值和各个班级的平均值），然后选取整个数据区域 A1:H25。

② 在“开始”选项卡的“编辑”选项组中，单击“查找和选择”按钮，选择“定位条件”，打开“定位条件”对话框。

③ 在“定位条件”对话框中选择“可见单元格”，单击“确定”按钮关闭对话框。

④ 执行复制操作，然后选定目标位置，执行粘贴操作即可，复制结果如图 6-59 所示。

	A	B	C	D	E	F	G	H
1	班级	姓名	性别	出生日期	高等数学	英语	物理	总成绩
2	财务01 平均值				83.33333	81	84.83333	
3	财务02 平均值				76	67.4	76	
4	财务03 平均值				72.75	88.5	80.75	
5	总计平均值				78.06667	78.46667	80.8	

图 6-59

6.4.4 删除分类汇总

删除分类汇总，使工作表还原成原始状态，操作步骤如下。

① 单击包含分类汇总的任意一个单元格。

② 在“数据”选项卡的“分级显示”选项组中，单击“分类汇总”按钮。

③ 在打开的“分类汇总”对话框中，单击“全部删除”按钮。

6.5　应用实例——学生成绩数据管理

1. 创建输入数据的下拉列表

在数据表中需要录入的内容包括：班级、姓名、性别、学院和专业。根据学校的实际情况，要求将性别、学院和专业 3 项内容设置为通过列表进行选择的录入方式。性别的录入，只包含“男”和“女”两项；学院的录入，需要根据不同学校的具体状况进行设置；而在录入专业时，录入的内容实际上已经受到指定学院的限制，必须在本学院内进行选择。

分析：对于性别录入，下拉列表中只包含“男”和“女”两项，可以直接利用数据验证功能进行设置。由于各学院所包含的专业较多，在进行设置之前，首先要建立下拉列表中使用的列表数据，并保存在一个独立的工作表中。如图 6-60 所示，在“下拉列表”工作表中，A 列列出了本校所有的学院名称，在构建学院的录入下拉列表时，将使用 A 列中限定的数据内容；B 列、C 列和 D 列中分别列出了各个学院的所有专业，在构建专业的录入下拉列表时，将根据所选择的学院分别使用 B 列、C 列或 D 列中限定的数据内容，如果在录入专业时尚未录入学院，则使用 E 列建立空白列表。

	A	B	C	D	E
1	学院	经济与管理学院相关专业	数理学院相关专业	计算机学院相关专业	空白列
2	经济与管理学院	工商管理	信息与计算科学	计算机科学与技术	
3	数理学院	会计学	应用物理学	软件工程	
4	计算机学院	财务管理		信息安全	
5		人力资源管理		物联网工程	
6		工程造价		网络工程	
7					

下拉列表

图 6-60

（1）创建“性别”下拉列表

“性别”下拉列表直接利用数据验证功能就可以完成创建，操作过程如下。

① 在性别列中选定需要使用下拉列表的单元格或单元格区域。

② 在“数据”选项卡的“数据工具”选项组中，单击“数据验证”按钮，选择“数据验证”命令，打开“数据验证”对话框。

③ 在“设置”选项卡中，将“允许”下拉列表框中的数据类型指定为“序列”；在“来源”文本框中直接输入列表内容“男,女”（注意其中的逗号必须是英文符号），而且必须勾选“提供下拉箭头”复选框，如图 6-61 所示。

④ 单击“确定”按钮，完成“性别”下拉列表的创建，数据录入效果如图 6-62 所示。

（2）创建“学院”下拉列表

对于数据表中学院的录入，需要根据不同学校的具体状况进行设置，录入内容会有所变化，操作过程如下。

① 在学院列中选定需要使用下拉列表的单元格或单元格区域。

② 在“数据”选项卡的“数据工具”选项组中，单击“数据验证”按钮，选择“数据验证”命令，打开“数据验证”对话框。

图 6-61

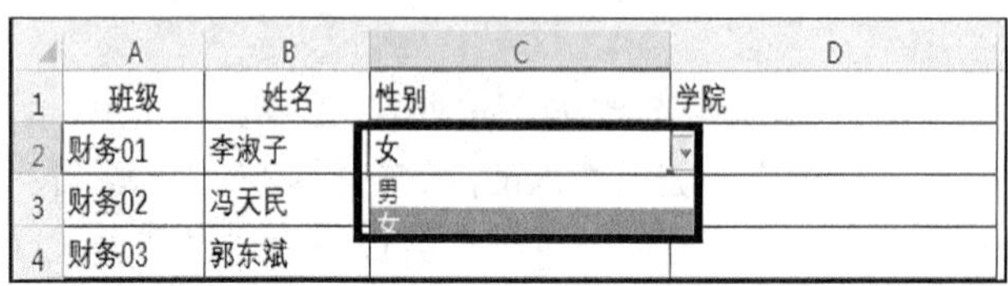

图 6-62

③ 在“设置”选项卡中，将“允许”下拉列表框中的数据类型指定为“序列”；在“来源”文本框中，通过区域拾取器选择“下拉列表”工作表中的 A 列（学院）中的数据区域，注意必须勾选“提供下拉箭头”复选框，如图 6-63 所示。

图 6-63

④ 单击“确定”按钮，完成“学院”下拉列表的创建，数据录入效果如图 6-64 所示。

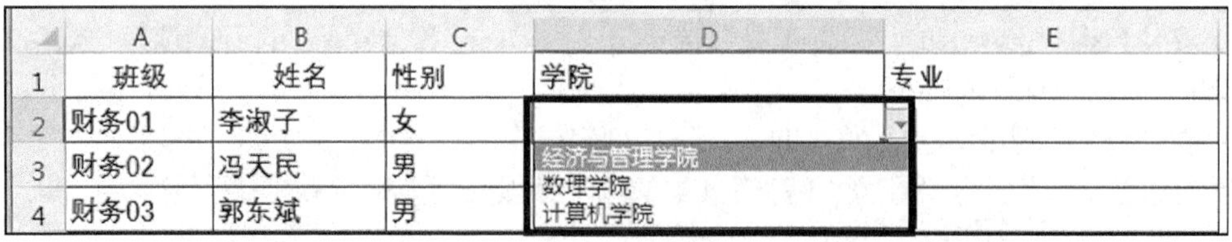

	A	B	C	D	E
1	班级	姓名	性别	学院	专业
2	财务01	李淑子	女		
3	财务02	冯天民	男	经济与管理学院 数理学院	
4	财务03	郭东斌	男	计算机学院	

图 6-64

（3）创建“专业”下拉列表

“专业”下拉列表的内容与学院数据内容相关，所以在设置数据来源时必须使用 IF 函数辅助实现，按学院数据列录入的不同内容选择不同的数据来源。操作过程如下。

① 在专业列中选定需要使用下拉列表的第一个单元格（其他单元格通过函数复制实现）。

② 在“数据”选项卡的“数据工具”选项组中，单击“数据验证”按钮，选择“数据验证”命

令，打开“数据验证”对话框。

③ 在“设置”选项卡中，将“允许”下拉列表框中的数据类型指定为“序列”；在“来源”文本框中，通过 IF 函数嵌套的方式最终选择不同的区域。完整的 IF 函数如下：

=IF(D2=下拉列表!$A$2, 下拉列表!$B$2: $B$6,
 IF(D2=下拉列表!$A$3, 下拉列表!$C$2: $C$3,
 IF(D2=下拉列表!$A$4, 下拉列表!$D$2: $D$6, 下拉列表!$E$2: $E$6)))

④ 单击“确定”按钮，完成专业下拉列表创建，数据录入效果如图 6-65 所示。

	A	B	C	D	E
1	班级	姓名	性别	学院	专业
2	财务01	李淑子	女	经济与管理学院	
3	财务02	冯天民	男	经济与管理学院	工商管理 会计学 财务管理 人力资源管理 工程造价
4	财务03	郭东斌	男	经济与管理学院	
5					

图 6-65

2. 多字段数据排序

对学生高等数学成绩数据（字段有班级、姓名、性别、成绩、评定等级）按照评定等级（优秀、良好、中等、及格、不及格）的顺序排序，若等级相同则按照班级升序排序，若班级又相同则按照成绩降序进行排序。

① 单击“文件”选项卡中的“选项”命令按钮，打开“Excel 选项”对话框，在对话框左侧单击“高级”，在右侧找到“编辑自定义列表”按钮并单击打开“自定义序列”对话框。

② 在“自定义序列”对话框按优秀、良好、中等、及格、不及格的顺序输入自定义序列内容，然后单击“添加”按钮添加到自定义序列中，如图 6-66 所示，添加完成后关闭对话框。

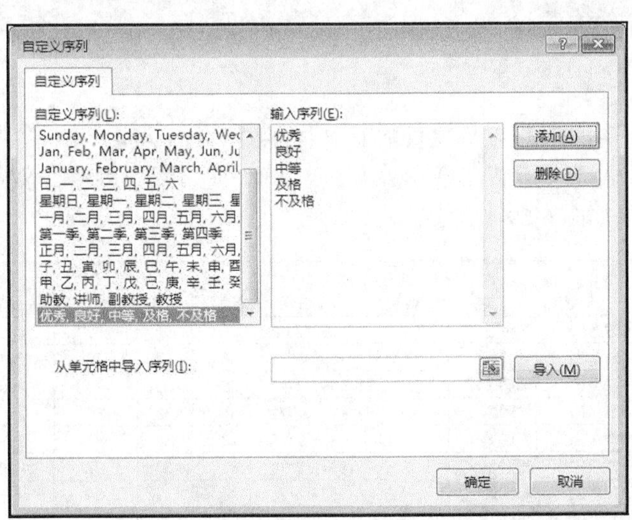

图 6-66

③ 在工作表中选择数据区域的任意一个单元格。

④ 在“数据”选项卡“排序和筛选”选项组中，单击“排序”按钮，打开“排序”对话框。

⑤ 在“排序”对话框中指定“评定等级”作为主要关键字，次序为“自定义序列”，并指定所定义的自定义数据序列；添加第一个次要关键字“班级”，次序为“升序”；添加第二个次要关键字“成绩”，次序为“降序”，如图 6-67 所示。

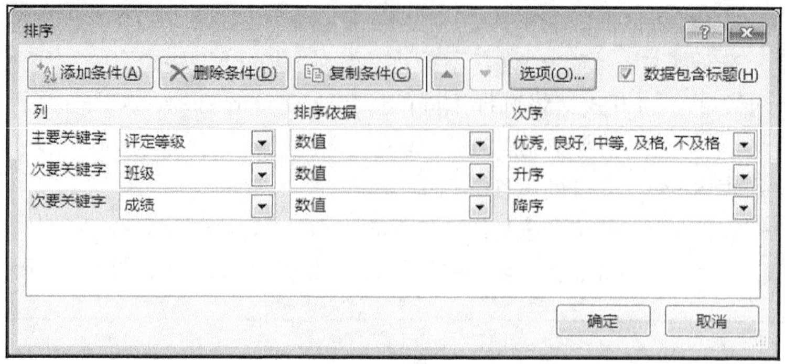

图 6-67

⑥ 单击“确定”按钮，排序结果如图 6-68 所示。

	A	B	C	D	E
1	班级	姓名	性别	成绩	评定等级
2	财务01	李淑子	女	98	优秀
3	财务01	李媛媛	女	96	优秀
4	财务01	陈涛	男	88	良好
5	财务01	侯明斌	男	84	良好
6	财务01	宋洪博	男	73	中等
7	财务01	刘丽	女	61	及格
8	财务02	冯天民	男	70	中等
9	财务02	胡涛	男	97	优秀
10	财务02	徐春雨	女	85	良好
11	财务02	张喆	男	71	中等
12	财务02	李小明	女	57	不及格
13	财务03	王毅刚	男	96	优秀
14	财务03	马垚	男	78	中等
15	财务03	张荣伟	男	57	不及格
16	财务03	郭东斌	男	60	及格

（a）排序前

	A	B	C	D	E
1	班级	姓名	性别	成绩	评定等级
2	财务01	李淑子	女	98	优秀
3	财务01	李媛媛	女	96	优秀
4	财务02	胡涛	男	97	优秀
5	财务03	王毅刚	男	96	优秀
6	财务01	陈涛	男	88	良好
7	财务01	侯明斌	男	84	良好
8	财务02	徐春雨	女	85	良好
9	财务01	宋洪博	男	73	中等
10	财务02	张喆	男	71	中等
11	财务02	冯天民	男	70	中等
12	财务03	马垚	男	78	中等
13	财务01	刘丽	女	61	及格
14	财务03	郭东斌	男	60	及格
15	财务02	李小明	女	57	不及格
16	财务03	张荣伟	男	57	不及格

（b）排序后

图 6-68

3. 数据查询

一般使用自动筛选功能就可以解决日常工作中的数据查询功能。下面以学生成绩数据（字段有班级、姓名、性别、出生日期、高等数学、英语、物理、总成绩）为例，实现不同的查询功能。学生成绩数据的原始记录如图 6-69 所示。

	A	B	C	D	E	F	G	H
1	班级	姓名	性别	出生日期	高等数学	英语	物理	总成绩
2	财务01	李淑子	女	1999/3/2	98	92	91	281
3	财务01	李媛媛	女	1999/5/31	96	87	78	261
4	财务01	陈涛	男	1997/12/3	88	93	78	259
5	财务01	侯明斌	男	1999/1/1	84	78	88	250
6	财务01	宋洪博	男	1997/4/5	73	68	87	228
7	财务01	刘丽	女	1997/10/18	61	68	87	216
8	财务02	冯天民	男	1997/8/28	70	77	89	236
9	财务02	胡涛	男	1998/3/25	97	70	67	234
10	财务02	徐春雨	女	1998/4/3	85	49	86	220
11	财务02	张喆	男	1998/2/8	71	71	67	209
12	财务02	李小明	女	1998/1/17	57	70	71	198
13	财务03	王毅刚	男	1997/4/6	96	82	86	264
14	财务03	马垚	男	1998/5/4	78	97	77	252
15	财务03	张荣伟	男	1998/1/18	57	98	89	244
16	财务03	郭东斌	男	1997/6/12	60	77	71	208

图 6-69

（1）查询总成绩最低的 3 位学生

可以通过总成绩列“数字筛选”中的“前 10 项”来实现。

① 选择数据区域中任意一个单元格。

② 在“数据”选项卡的“排序和筛选”选项组中，单击“筛选”按钮，切换到自动筛选状态。

③ 单击总成绩列的三角下拉箭头按钮，选择“数字筛选”中的“前 10 项”选项，打开“自动筛选前 10 个”对话框，设置显示“最小”的“3”“项”，如图 6-70 所示。

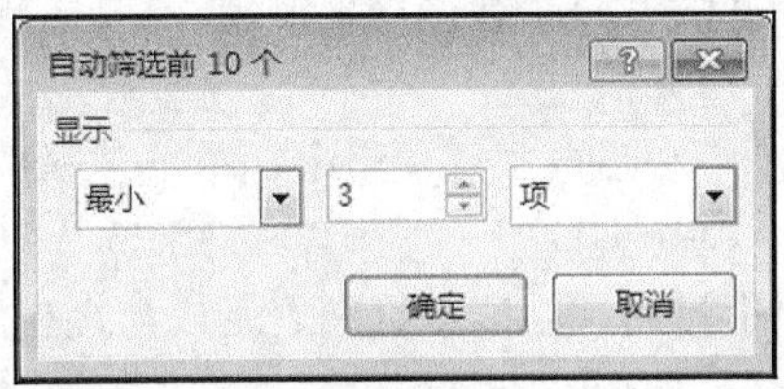

图 6-70

④ 单击“确定”按钮，工作表中立即显示数据筛选结果，如图 6-71 所示。

	A	B	C	D	E	F	G	H
1	班级	姓名	性别	出生日期	高等数学	英语	物理	总成绩
10	财务02	李小明	女	1998/1/17	57	70	71	198
12	财务02	张喆	男	1998/2/8	71	71	67	209
13	财务03	郭东斌	男	1997/6/12	60	77	71	208

图 6-71

（2）查询姓“李”的“英语”成绩大于 80 小于 100 的学生

可以通过姓名列“文本筛选”的“开头是”和英语列“数字筛选”中的“自定义筛选”来实现。

① 选择数据区域中任意一个单元格。

② 在“数据”选项卡的“排序和筛选”选项组中，单击“筛选”按钮，切换到自动筛选状态。

③ 单击姓名列的三角下拉箭头按钮，选择“文本筛选”中的“开头是”选项，打开“自定义自动筛选方式”对话框，设置姓名“开头是”“李”，如图 6-72 所示，设置完成后单击“确定”按钮关闭该对话框。

④ 单击英语列的三角下拉箭头按钮，选择“数字筛选”中的“自定义筛选”选项，打开“自定义自动筛选方式”对话框。设置英语“大于”“80”“与”“小于”“100”，如图 6-73 所示。

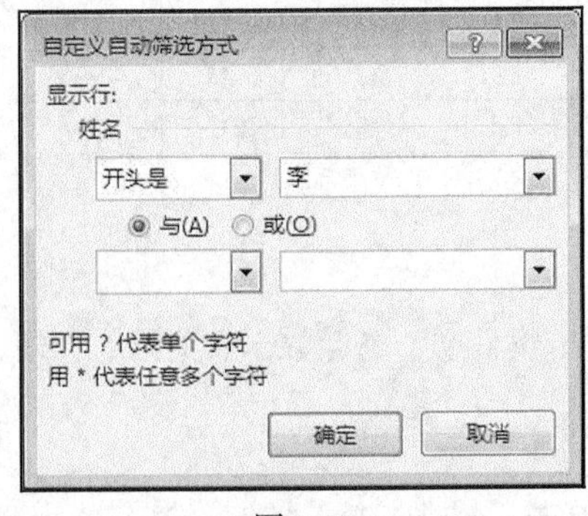

图 6-72

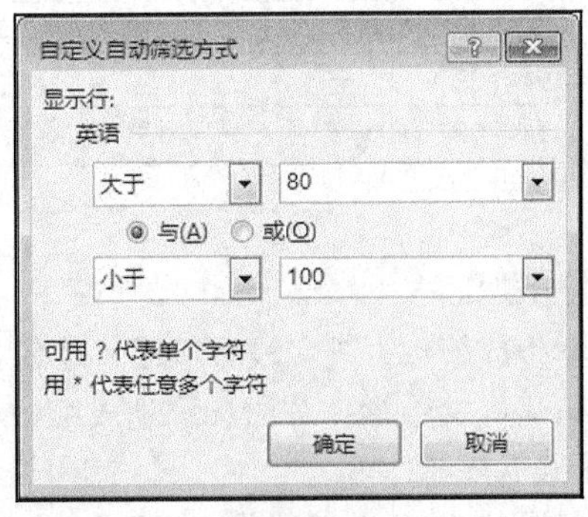

图 6-73

⑤ 单击“确定”按钮，工作表中立即显示数据筛选结果，如图 6-74 所示。

	A	B	C	D	E	F	G	H
1	班级	姓名	性别	出生日其	高等数	英i	物理	总成绩
4	财务01	李淑子	女	1999/3/2	98	92	91	281
5	财务01	李媛媛	女	1999/5/31	96	87	78	261

图 6-74

（3）查询 1998 年出生的学生

可以通过出生日期列日期筛选的“介于”选项来实现。

① 选择数据区域中任意一个单元格。

② 在“数据”选项卡的“排序和筛选”选项组中，单击“筛选”按钮，切换到自动筛选状态。

③ 单击出生日期列的三角下拉箭头按钮，选择“日期筛选”中的“介于”选项，打开“自定义自动筛选方式”对话框，设置出生日期“在以下日期之后或与之相同”“1998/1/1”“与”“在以下日期之前或与之相同”“1998/12/31”，如图 6-75 所示。

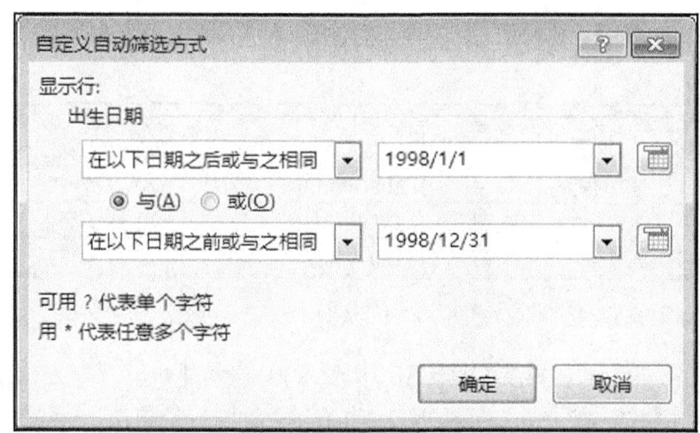

图 6-75

④ 单击“确定”按钮，工作表中立即显示数据筛选结果，如图 6-76 所示。

	A	B	C	D	E	F	G	H
1	班级	姓名	性别	出生日其	高等数	英i	物理	总成绩
9	财务02	胡涛	男	1998/3/25	97	70	67	234
10	财务02	李小明	女	1998/1/17	57	70	71	198
11	财务02	徐春雨	女	1998/4/3	85	49	86	220
12	财务02	张喆	男	1998/2/8	71	71	67	209
14	财务03	马垚	男	1998/5/4	78	97	77	252
16	财务03	张荣伟	男	1998/1/18	57	98	89	244

图 6-76

4. 数据分类汇总

（1）对学生成绩数据（字段有班级、姓名、性别、出生日期、高等数学、英语、物理、总成绩）按班级汇总各班高等数学、英语和物理成绩的最高分。

① 按班级升序排序。

② 在“数据”选项卡的“分级显示”选项组中，单击“分类汇总”按钮，打开“分类汇总”对话框，设置按“班级”汇总“高等数学”“英语”和“物理”的“最大值”，勾选“替换当前分类汇总”和“汇总结果显示在数据下方”两个复选框，如图 6-77 所示。

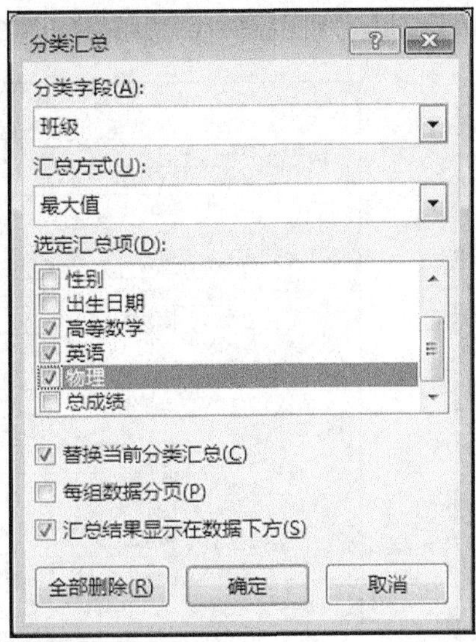

图 6-77

③ 单击“确定”按钮完成按班级的分类汇总，汇总结果如图 6-78 所示。

	A	B	C	D	E	F	G	H
1	班级	姓名	性别	出生日期	高等数学	英语	物理	总成绩
2	财务01	陈涛	男	1997/12/3	88	93	78	259
3	财务01	侯明斌	男	1999/1/1	84	78	88	250
4	财务01	李淑子	女	1999/3/2	98	92	91	281
5	财务01	李媛媛	女	1999/5/31	96	87	78	261
6	财务01	刘丽	女	1997/10/18	61	68	87	216
7	财务01	宋洪博	男	1997/4/5	73	68	87	228
8	财务01 最大值				98	93	91	
9	财务02	冯天民	男	1997/8/28	70	77	89	236
10	财务02	胡涛	男	1998/3/25	97	70	67	234
11	财务02	李小明	女	1998/1/17	57	70	71	198
12	财务02	徐春雨	女	1998/4/3	85	49	86	220
13	财务02	张喆	男	1998/2/8	71	71	67	209
14	财务02 最大值				97	77	89	
15	财务03	郭东斌	男	1997/6/12	60	77	71	208
16	财务03	马垚	男	1998/5/4	78	97	77	252
17	财务03	王毅刚	男	1997/4/6	96	82	86	264
18	财务03	张荣伟	男	1998/1/18	57	98	89	244
19	财务03 最大值				96	98	89	
20	总计最大值				98	98	91	

图 6-78

（2）对学生成绩数据（字段有班级、姓名、性别、出生日期、高等数学、英语、物理、总成绩）按性别汇总男女生人数。

① 按性别升序排序。

② 在“数据”选项卡的“分级显示”选项组中，单击“分类汇总”按钮，打开“分类汇总”对话框，设置按“性别”对“出生日期”进行计数，如图 6-79 所示。

③ 单击“确定”按钮完成按性别的分类汇总，汇总结果如图 6-80 所示。

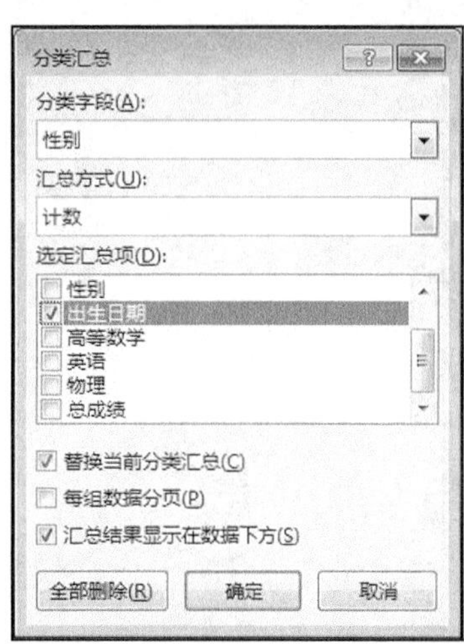

图 6-79

	A	B	C	D	E	F	G	H
1	班级	姓名	性别	出生日期	高等数学	英语	物理	总成绩
2	财务01	陈涛	男	1997/12/3	88	93	78	259
3	财务01	侯明斌	男	1999/1/1	84	78	88	250
4	财务01	宋洪博	男	1997/4/5	73	68	87	228
5	财务02	冯天民	男	1997/8/28	70	77	89	236
6	财务02	胡涛	男	1998/3/25	97	70	67	234
7	财务02	张喆	男	1998/2/8	71	71	67	209
8	财务03	郭东斌	男	1997/6/12	60	77	71	208
9	财务03	马垚	男	1998/5/4	78	97	77	252
10	财务03	王毅刚	男	1997/4/6	96	82	86	264
11	财务03	张荣伟	男	1998/1/18	57	98	89	244
12			男 计数	10				
13	财务01	李淑子	女	1999/3/2	98	92	91	281
14	财务01	李媛媛	女	1999/5/31	96	87	78	261
15	财务01	刘丽	女	1997/10/18	61	68	87	216
16	财务02	李小明	女	1998/1/17	57	70	71	198
17	财务02	徐春雨	女	1998/4/3	85	49	86	220
18			女 计数	5				
19			总计数	15				

图 6-80

提示

对于计数统计，统计结果将显示在所勾选的字段列中，因此可以任意选择一个字段进行统计。

（3）对学生高等数学成绩数据（字段有班级、姓名、性别、成绩、评定等级）按照评定等级（优秀、良好、中等、及格、不及格）汇总各个等级的人数。

① 按评定等级的自定义序列排序。

② 在“数据”选项卡的“分级显示”选项组中，单击“分类汇总”按钮，打开“分类汇总”对话框，设置按“评定等级”对“成绩”进行计数，即汇总结果显示在成绩列中，如图 6-81 所示。

③ 单击“确定”按钮完成按评定等级的分类汇总，汇总结果如图 6-82 所示。

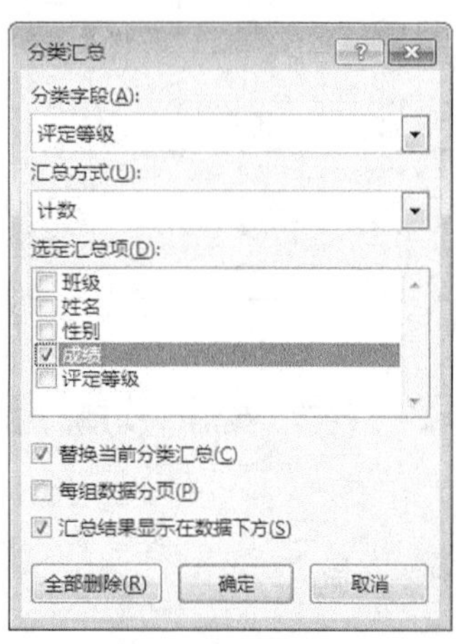

图 6-81

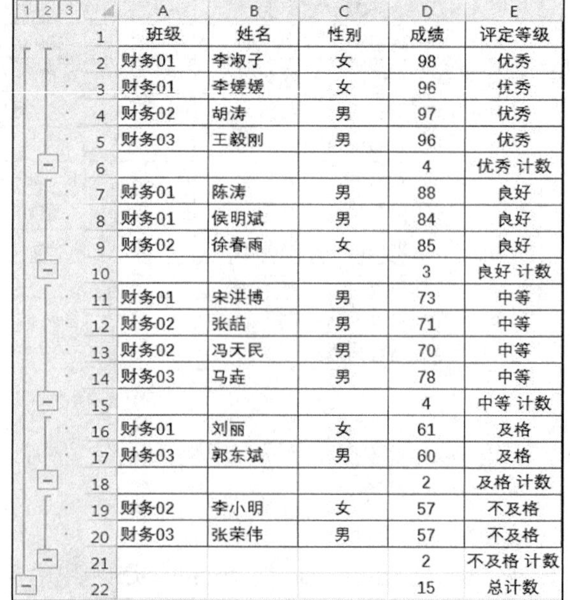

	A	B	C	D	E
1	班级	姓名	性别	成绩	评定等级
2	财务01	李淑子	女	98	优秀
3	财务01	李媛媛	女	96	优秀
4	财务02	胡涛	男	97	优秀
5	财务03	王毅刚	男	96	优秀
6				4	优秀 计数
7	财务01	陈涛	男	88	良好
8	财务01	侯明斌	男	84	良好
9	财务02	徐春雨	女	85	良好
10				3	良好 计数
11	财务01	宋洪博	男	73	中等
12	财务02	张喆	男	71	中等
13	财务02	冯天民	男	70	中等
14	财务03	马垚	男	78	中等
15				4	中等 计数
16	财务01	刘丽	女	61	及格
17	财务03	郭东斌	男	60	及格
18				2	及格 计数
19	财务02	李小明	女	57	不及格
20	财务03	张荣伟	男	57	不及格
21				2	不及格 计数
22				15	总计数

图 6-82

课堂实验

实验一　数据验证实验

一、实验目的

1. 掌握各种类型数据验证的设置方法。
2. 掌握数据输入下拉列表的设置方法。

二、实验内容

打开实验素材中的文件“实验 6-1.xlsx”，利用数据验证功能制作表格模板，强制性要求必须按规定填写表格中的数据。具体要求如下。

1. 姓名列：要求不能出现重名，如果出现重名，给出错误提示信息“有同名的学生存在!”。

选中姓名列中相应单元格后的设置样例：

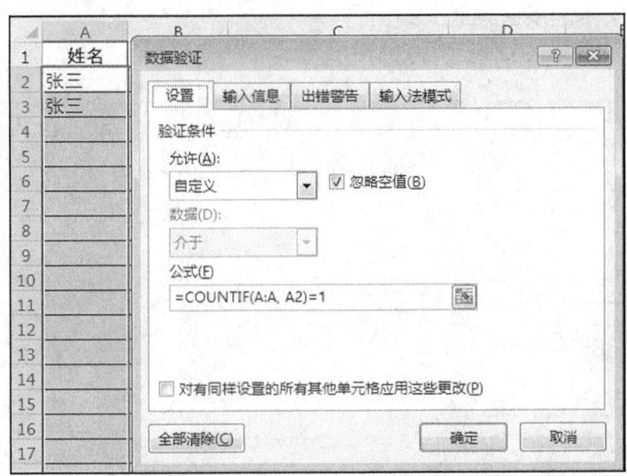

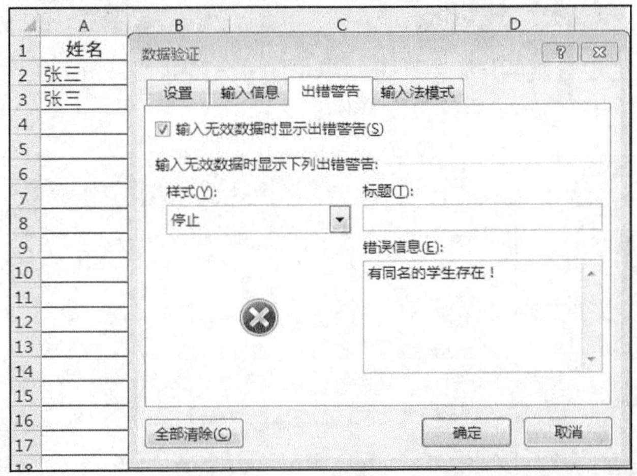

其中：函数 COUNTIF(A:A，A2)的功能是统计 A2 单元格中的姓名在 A 列中出现的次数，由于不允许重名，所以只能为 1。

2. 性别列：只能输入“男”或“女”。

选中性别列中相应单元格后的设置样例：

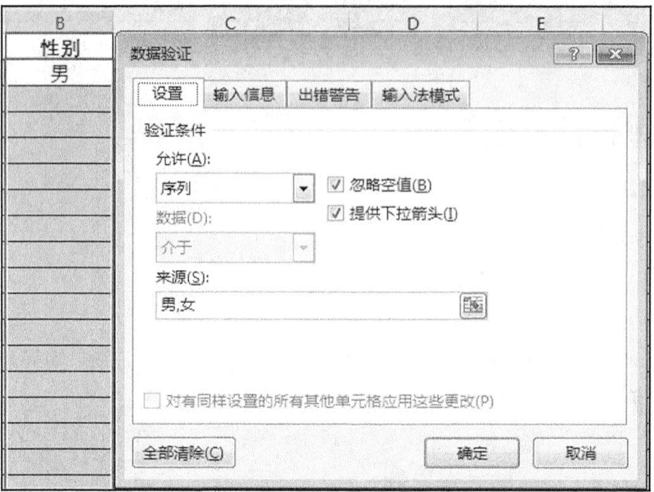

3. 身份证号列：文本长度必须是18位。

选中身份证号列中相应单元格后的设置样例：

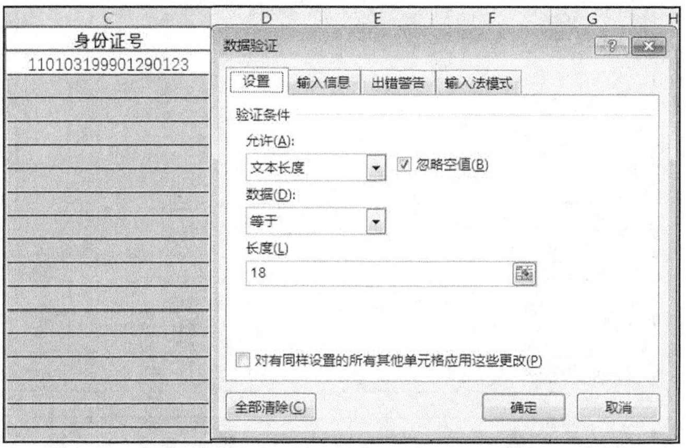

4. 入学总分列：规定只能填写整数，并且取值为0～750。

选中入学总分列中相应单元格后的设置样例：

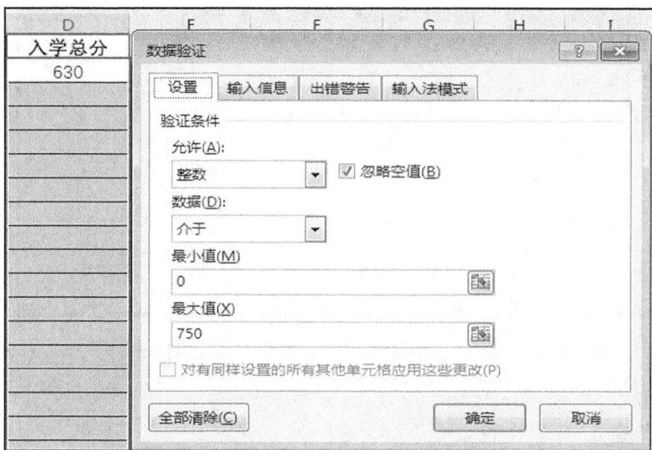

5. 所属年级列：只能从大一、大二、大三、大四、研一、研二、研三中进行选择。

选中所属年级列中相应单元格后的设置样例：

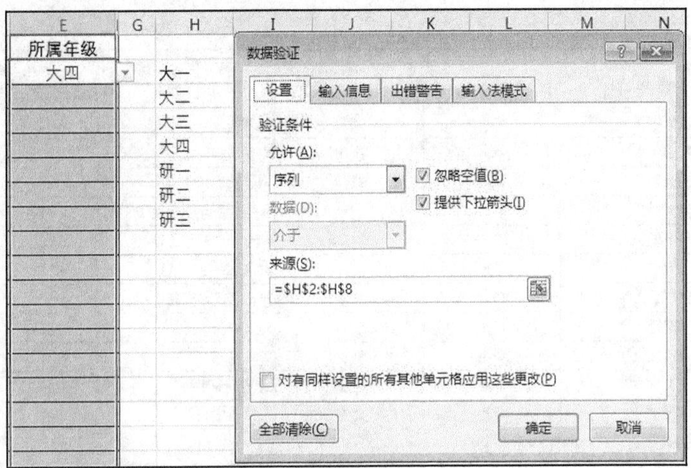

6. 填表日期列：只能输入当年的日期，例如，今年是 2019 年，则只能输入 2019 年 1 月 1 日到 2019 年 12 月 31 日之间的日期，并且日期格式为：年/月/日，即“2019/1/1”的形式。

选中填表日期列中相应单元格后的设置样例：

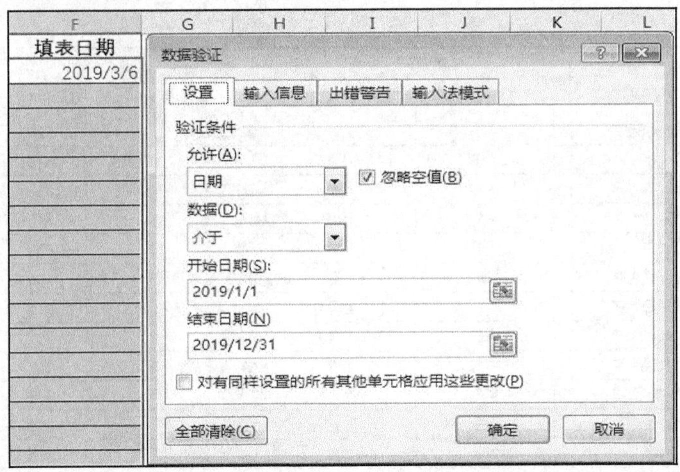

7. 任意录入 2 条满足数据验证条件的学生信息。在录入姓名时，请尝试录入同名。

实验二　排序与分类汇总

一、实验目的

1. 掌握排序的方法。
2. 掌握分类汇总的方法。

二、实验内容

打开实验素材中的文件“实验 6-2.xlsx”，完成下列操作。

1. 将“全校高考录取信息”工作表中所有同学的录取记录复制到一个新工作表中，并将新工作表重命名为“总分排序”。然后按照高考总分的降序排列。

2. 将“全校高考录取信息”工作表中所有同学的录取记录复制到一个新工作表中，并将新工作表重命名为“多字段排序”。然后，将主要关键字按照班级升序排序，次要关键字按照高考总分降序排序。

样张：

	A	B	C	D	E	F	G	H	I
1	班级	姓名	录取院校	院校所在地区	院校所在城市	录取专业	高考总分	分数线	成绩排名
2	高三(1)	张炜	武汉大学	华中	武汉	化学类	684	本科1批	4
3	高三(1)	徐忠	华南理工大学	华南	广州	电子科学与技术	680	本科1批	8
4	高三(1)	苏嘉丽	四川大学	西南	成都	电子信息科学类	678	本科1批	11
5	高三(1)	雷云	清华大学	华北	北京	工程力学与航天航空工程	671	本科1批	18
6	高三(1)	张丽娟	哈尔滨理工大学	东北	哈尔滨	高分子材料与工程	670	本科1批	20
7	高三(1)	贾晓	复旦大学	华东	上海	临床医学	668	本科1批	22
8	高三(1)	刘庆娥	北京理工大学	华北	北京	国际经济与贸易	665	本科1批	27
9	高三(1)	覃刚	上海财经大学	华北	北京	电子商务	661	本科1批	33
10	高三(1)	赵培军	华中科技大学	华中	武汉	临床医学	661	本科1批	33
11	高三(1)	赵体芳	武汉大学	华中	武汉	新闻传播学类	660	本科1批	40
12	高三(1)	李小静	北京大学	华北	北京	环境科学类	657	本科1批	49

全校高考录取信息　总分排序　多字段排序

3. 将“全校高考录取信息”工作表中所有同学的录取记录复制到一个新工作表中，并将新工作表重命名为“自定义序列排序”。然后，将主要关键字按照院校所在地区（华东、华南、华北、华中、东北、西北、西南）的顺序排序，次要关键字按照院校所在城市的笔画升序排序。

样张：

	A	B	C	D	E	F	G	H	I
1	班级	姓名	录取院校	院校所在地区	院校所在城市	录取专业	高考总分	分数线	成绩排名
2	高三(1)	巫溪	上海交通大学	华东	上海	电气信息类	615	本科2批	179
3	高三(1)	李燕	复旦大学	华东	上海	环境科学	649	本科2批	74
4	高三(1)	贾晓	复旦大学	华东	上海	临床医学	668	本科1批	22
5	高三(1)	王霞	上海财经大学	华东	上海	金融工程	645	本科2批	85
6	高三(2)	黄杰峰	北京大学	华东	上海	环境科学类	654	本科1批	55
7	高三(2)	林美玉	上海财经大学	华东	上海	房地产经营管理	670	本科1批	20
8	高三(2)	魏东瑞	上海财经大学	华东	上海	国际商务	650	本科1批	68
9	高三(2)	张华	上海财经大学	华东	上海	新闻学	667	本科1批	26
10	高三(3)	刘敏	上海交通大学	华东	上海	生物科学类	683	本科1批	5
11	高三(3)	隋文荣	上海财经大学	华东	上海	电子商务	657	本科1批	49
12	高三(3)	王爱英	同济大学	华东	上海	土木工程	660	本科1批	40
13	高三(3)	王坤丽	复旦大学	华东	上海	工商管理类	675	本科1批	13
14	高三(3)	王敏敏	北京邮电大学	华东	上海	软件工程	654	本科1批	55
15	高三(4)	刁志	上海财经大学	华东	上海	电子商务	649	本科2批	74

全校高考录取信息　总分排序　多字段排序　自定义序列排序　...

4. 将“全校高考录取信息”工作表中所有同学的录取记录复制到一个新工作表中，并将新工作表重命名为“高考成绩汇总”。然后进行多层次的分类汇总，先按照班级进行分类汇总，统计每个班高考成绩的平均分；然后再统计出每个班级本科 1 批、本科 2 批、本科 3 批分数线的人数，并将高三（2）班各分数线的人数用三维饼图表示。图表标题为“高三（2）班”，并在图例旁显示人数。

分类汇总之前必须先按分类字段排序。

第二次分类汇总时，分类字段为“分数线”，汇总方式为“计数”，汇总项为“成绩排名”，一定不要选中“替换当前分类汇总”复选框。

样张：

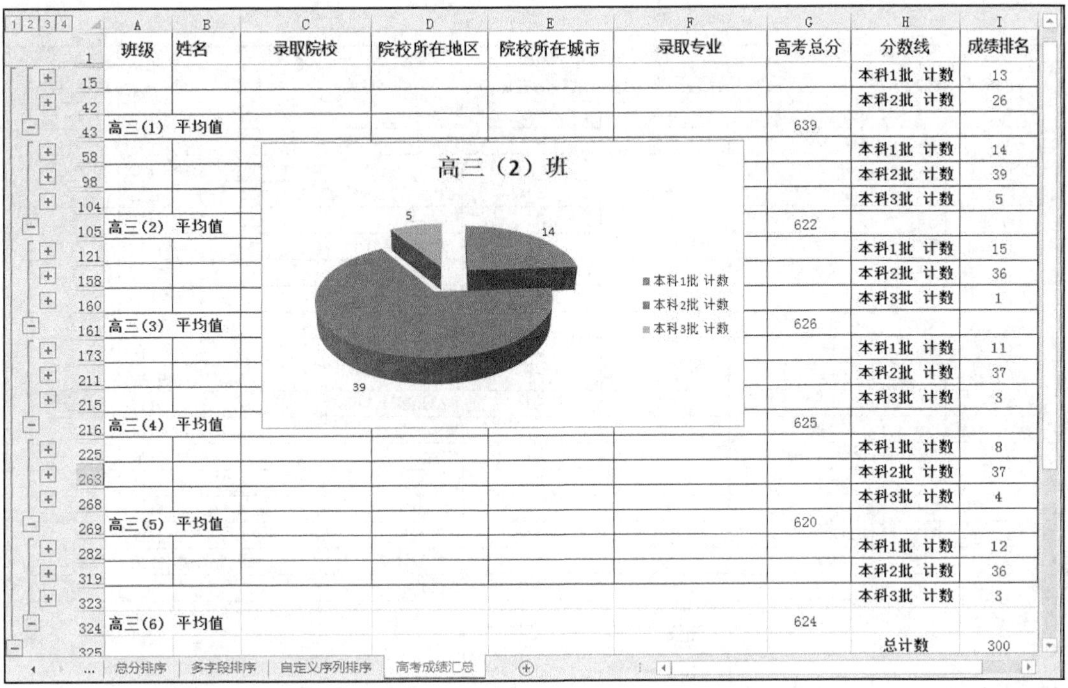

	班级	姓名	录取院校	院校所在地区	院校所在城市	录取专业	高考总分	分数线	成绩排名
15								本科1批 计数	13
42								本科2批 计数	26
43	高三（1）	平均值					639		
58								本科1批 计数	14
98								本科2批 计数	39
104								本科3批 计数	5
105	高三（2）	平均值					622		
121								本科1批 计数	15
158								本科2批 计数	36
160								本科3批 计数	1
161	高三（3）	平均值					626		
173								本科1批 计数	11
211								本科2批 计数	37
215								本科3批 计数	3
216	高三（4）	平均值					625		
225								本科1批 计数	8
263								本科2批 计数	37
268								本科3批 计数	4
269	高三（5）	平均值					620		
282								本科1批 计数	12
319								本科2批 计数	36
323								本科3批 计数	3
324	高三（6）	平均值					624		
325								总计数	300

实验三　筛选的应用

一、实验目的

1. 掌握筛选的基本方法。
2. 掌握自动筛选的方法。
3. 掌握高级筛选的使用方法。

二、实验内容

打开实验素材中的文件“实验 6-3.xlsx”，完成下列操作。

1. 将“全校高考录取信息”工作表中所有同学的记录数据复制到一个新工作表中，并将新工作表重命名为“自动筛选”。然后利用自动筛选功能，筛选出高三（1）班、高三（3）班和高三（5）班“高考总分”为 675～680 分的学生。

样张：

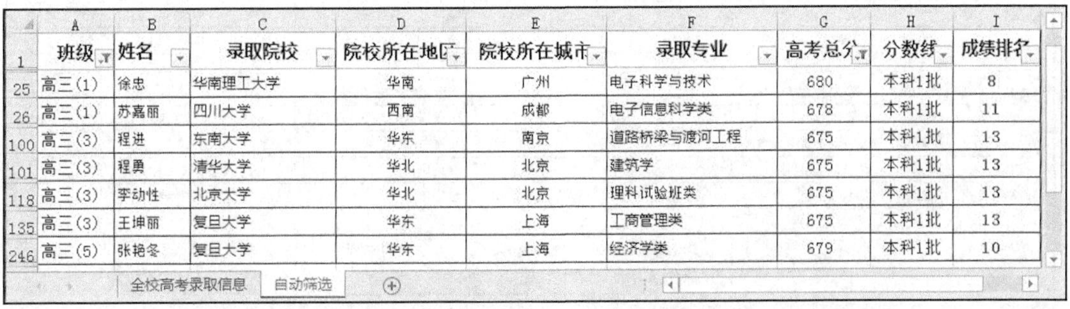

	班级	姓名	录取院校	院校所在地区	院校所在城市	录取专业	高考总分	分数线	成绩排名
25	高三(1)	徐忠	华南理工大学	华南	广州	电子科学与技术	680	本科1批	8
26	高三(1)	苏嘉丽	四川大学	西南	成都	电子信息科学类	678	本科1批	11
100	高三(3)	程进	东南大学	华东	南京	道路桥梁与渡河工程	675	本科1批	13
101	高三(3)	程勇	清华大学	华北	北京	建筑学	675	本科1批	13
118	高三(3)	李劲性	北京大学	华北	北京	理科试验班类	675	本科1批	13
135	高三(3)	王坤丽	复旦大学	华东	上海	工商管理类	675	本科1批	13
246	高三(5)	张艳冬	复旦大学	华东	上海	经济学类	679	本科1批	10

2. 将“全校高考录取信息”工作表中所有同学的记录数据复制到一个新工作表中，并将新工作表重命名为“高级筛选 1”。然后利用高级筛选功能，筛选出高考分数在 680 分以上或者被清华大学

录取的学生情况。

样张：

	A	B	C	D	E	F	G	H	I
1	班级	姓名	录取院校	院校所在地区	院校所在城市	录取专业	高考总分	分数线	成绩排名
5	高三(1)	张炜	武汉大学	华中	武汉	化学类	684	本科1批	4
21	高三(1)	汪微	清华大学	华北	北京	机械工程及自动化	611	本科2批	191
25	高三(1)	徐忠	华南理工大学	华南	广州	电子科学与技术	680	本科1批	8
32	高三(1)	雷云	清华大学	华北	北京	工程力学与航天航空工程	671	本科1批	18
43	高三(2)	陈小明	清华大学	华北	北京	临床医学	672	本科1批	17
49	高三(2)	黄晓静	浙江大学	华东	杭州	工科试验班	680	本科1批	8
63	高三(2)	侣琳琅	清华大学	华北	北京	机械工程及自动化	661	本科1批	33
83	高三(2)	徐丽娜	清华大学	华北	北京	电子信息科学类	651	本科1批	65
97	高三(2)	张炜林	清华大学	华北	北京	制造自动化与测控技术	661	本科1批	33
101	高三(3)	程勇	清华大学	华北	北京	建筑学	675	本科1批	13
102	高三(3)	邓艳兵	浙江大学	华东	杭州	工科试验班	682	本科1批	6
121	高三(3)	梁永才	清华大学	华东	南京	机械工程及自动化	654	本科1批	55
126	高三(3)	刘敏	上海交通大学	华东	上海	生物科学类	683	本科1批	5
167	高三(4)	李智	北京邮电大学	华北	北京	数学类	690	本科1批	2
190	高三(4)	羊佳筠	清华大学	华北	北京	经济与金融(国际班)	660	本科1批	40
202	高三(5)	蔡东升	上海交通大学	华东	上海	电气信息类	688	本科1批	3
260	高三(6)	蒋世苑	复旦大学	华东	上海	经济学类	681	本科1批	7
276	高三(6)	商可易	清华大学	华北	北京	土木工程	662	本科1批	31
282	高三(6)	王明谦	复旦大学	华东	上海	经济学类	698	本科1批	1
302									
303				录取院校	高考总分				
304				清华大学					
305					>=680				

全校高考录取信息　自动筛选　高级筛选1

3. 将“全校高考录取信息”工作表中所有同学的记录数据复制到一个新工作表中，并将新工作表重命名为“高级筛选 2”。然后利用高级筛选功能，筛选出满足条件：高考分数为 600～660 分，并且录取专业与自动化相关的学校的录取情况。

样张：

	A	B	C	D	E	F	G	H	I
1	班级	姓名	录取院校	院校所在地区	院校所在城市	录取专业	高考总分	分数线	成绩排名
14	高三(1)	曹阳	四川大学	西南	成都	机械设计制造及其自动化	617	本科2批	174
21	高三(1)	汪微	清华大学	华北	北京	机械工程及自动化	611	本科2批	191
29	高三(1)	何地禄	哈尔滨工业大学	东北	哈尔滨	机械设计制造及其自动化	651	本科1批	65
61	高三(2)	刘旭	北京理工大学	华北	北京	电气工程与自动化	642	本科2批	91
104	高三(3)	冯立勇	华中科技大学	华中	武汉	自动化	626	本科2批	139
109	高三(3)	洪霞	河海大学	华东	南京	电气工程及其自动化	605	本科2批	227
121	高三(3)	梁永才	清华大学	华东	南京	机械工程及自动化	654	本科1批	55
144	高三(3)	张冰	合肥工业大学	华东	合肥	电气工程及其自动化	609	本科2批	208
189	高三(4)	徐绍阳	国防科学技术大学	华中	长沙	机械工程及自动化	635	本科2批	106
206	高三(5)	范兰兰	北京理工大学	华北	北京	自动化	616	本科2批	176
222	高三(5)	陆建辉	西安交通大学	西北	西安	电气工程与自动化	644	本科2批	89
234	高三(5)	魏引	合肥工业大学	华东	合肥	机械设计制造及其自动化	602	本科2批	233
240	高三(5)	熊晏缨	国防科学技术大学	华中	长沙	指挥自动化工程	622	本科2批	150
272	高三(6)	马强	北京交通大学	华北	北京	自动化	604	本科2批	229
286	高三(6)	吴欣然	北京航空航天大学	华北	北京	自动化	638	本科2批	103
302									
303				录取专业	高考总分	高考总分			
304				*自动化*	>=600	<=660			

全校高考录取信息　自动筛选　高级筛选1　高级筛选2

习 题

一、单项选择题

1. 利用 Excel 的数据验证功能不能实现的是______。

A. 制作下拉列表　　B. 指定日期数据的取值范围

C. 防止输入不符合条件的数据　　D. 保证录入数据的正确性

2. 在对 Excel 工作表中选定的数据区域进行排序时，下列选项中不正确的是______。

A. 可以按关键字递增或递减排序

B. 可以按自定义系列关键字递增或递减排序

C. 可以指定本数据区域以外的字段作为排序关键字

D. 可以指定数据区域中的任意多个字段作为排序关键字

3. 对于 Excel 工作表中的汉字数据，______。

A. 不可以排序　　B. 只可按拼音字母排序

C. 只可按笔画排序　　D. 既可按拼音字母，也可按笔画排序

4. 在 Excel 中，关于“筛选”的错误叙述是______。

A. 自动筛选和高级筛选都可以将结果筛选至另外的区域中

B. 执行高级筛选前必须在另外的区域中给出筛选条件

C. 每一次自动筛选的条件只能是一个，高级筛选的条件可以是多个

D. 如果筛选条件出现在多列中，并且条件间有“或”的关系，必须使用高级筛选

5. Excel 中取消工作表的自动筛选后______。

A. 工作表的数据消失　　B. 工作表恢复原样

C. 只剩下符合筛选条件的记录　　D. 不能取消自动筛选

6. 在 Excel 高级筛选的条件区域中，如果几个条件在同一行中，表示这几个条件是______关系。

A. 与　　B. 或　　C. 非　　D. 异或

7. 已知 Excel 数据表中有“单位”与“销售额”等字段，如下说法中，利用自动筛选不能实现的是______。

A. 可以筛选出“销售额”前 5 名

B. 可以筛选出以“公司”结尾的所有单位

C. 可以同时筛选出销售额在 10000 元以上或者在 5000 元以下的所有数据

D. 可以同时筛选出单位的第一个字为“湖”字并且销售额在 10000 元以上的数据

8. 在 Excel 数据表的应用中，一次分类汇总可以按______分类字段进行。

A. 1 个　　B. 2 个　　C. 3 个　　D. 多个

9. 在 Excel 中，下面关于分类汇总的叙述错误的是______。

A. 分类汇总前必须按分类关键字段排序

B. 可以进行多次分类汇总，而且每次汇总的关键字段可以不同

C. 分类汇总的结果可以删除

D. 分类汇总的方式只能是求和

10. 只复制工作表中分类汇总结果数据，不复制明细数据，以下正确的操作是______。

A. 选中整个工作表，然后进行复制，在目的地粘贴

B. 选中整个数据区域，然后进行复制，在目的地粘贴

C. 隐藏明细数据，选中整个数据区域，在“定位条件”对话框中选择“可见单元格”，然后进行复制，在目的地粘贴

D. 隐藏明细数据，选中整个数据区域，然后进行复制，在目的地粘贴

二、判断题

1. 利用 Excel 中的数据验证功能可以限定单元格中输入数据的类型和范围。

2. 在 Excel 排序时，只能按标题行中的关键字进行排序，不能按标题列中的关键字进行排序。

3. 在 Excel 中，可以按照汉字笔画进行排序。

4. 在 Excel 中，可以通过筛选功能只显示包含指定内容的数据信息。

5. 在 Excel 中，使用分类汇总之前，必须先按欲分类汇总的字段进行排序，使同一分类的记录集中在一起。

三、简答题

1. 在 Excel 中，筛选数据有哪两种方法？已知数据清单中字段有班级、姓名、性别、总成绩，如何分别使用两种方法筛选出性别为“男”且总成绩大于或等于 600 分的学生名单。写出主要操作步骤。

2. 在 Excel 数据清单中包含的字段有班级、姓名、性别、高等数学、英语、物理，请写出按班级分类汇总出各门课程平均分的主要操作步骤。

第 7 章 数据透视分析

数据透视表和数据透视图是数据统计分析的有力工具。数据透视表是 Excel 提供的一种交互式报表，可以根据不同的分析目的进行汇总、分析、浏览数据，得到想要的分析结果，它是一种动态数据分析工具，而数据透视图则是将数据透视表中的数据图形化，便于用户比较、分析数据。

7.1 创建数据透视表

当数据规模较大时，运用数据透视表可以方便地查看源数据的不同汇总结果。Excel 要求创建数据透视表的源数据区域必须没有空行或空列，而且每列都有列标题。

7.1.1 创建数据透视表

创建数据透视表的关键问题是设计数据透视表的字段布局，即源数据中按哪些字段分页（筛选），哪些字段组成行，哪些字段组成列，对哪些字段进行计算。创建数据透视表的操作步骤如下。

① 在工作表中选择数据区域的任意一个单元格。

② 在“插入”选项卡的“表格”选项组中，单击“数据透视表”按钮，打开“创建数据透视表”对话框，如图 7-1 所示。

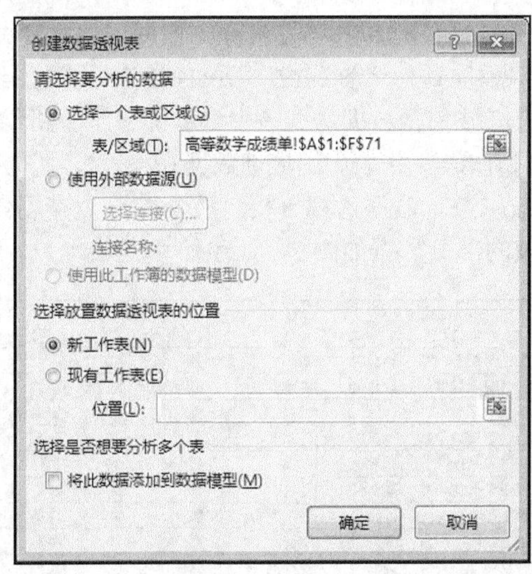

图 7-1

③ 在“创建数据透视表”对话框中，系统一般会自动选定整个数据区域作为数据透视表的源数

据，如果要透视分析的数据区域与此有出入，可以在“表/区域”框内进行修改。

④ 选择放置数据透视表的位置，有“新工作表”或“现有工作表”两种选择，默认选择放置到“新工作表”中。

- 如果选择“新工作表”，则系统会自动创建一个新的工作表，并将数据透视表放在该新工作表中。
- 如果选择“现有工作表”，则可以在“位置”框中指定放置数据透视表的单元格区域或第一个单元格位置。

⑤ 单击“确定”按钮，在新工作表中创建图 7-2 所示的数据透视表框架。

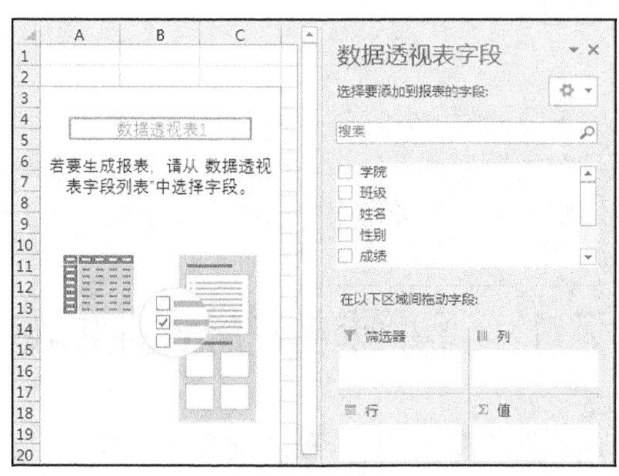

图 7-2

⑥ 使用数据透视表框架右侧的“数据透视表字段”窗格设置字段布局。数据透视表的字段布局包括 4 个区域，具体如下。

- 筛选器：用该区域中的字段来筛选整个报表，对应分页字段；
- 行：将该区域中的字段显示在左侧的行，对应行字段；
- 列：将该区域中的字段显示在顶部的列，对应列字段；
- 值：将该区域中的字段进行汇总分析，对应数据项。

分页字段、行字段、列字段完成的是类和子类的划分；数据项完成汇总统计，可以是求和、计数、平均值、最大值、最小值等。右键单击字段名称，根据需要选择“添加到报表筛选”“添加到列标签”“添加到行标签”或“添加到值”选项；或者用鼠标直接将字段逐个拖曳到相应区域中，数据透视表中将立即显示分析结果。

视频 7-1

【例 7-1】对“高等数学成绩单”工作表中的成绩数据（列标题为学院、班级、姓名、性别、成绩、评定等级）进行数据透视分析，按学院分页查看各个班级男女生成绩的平均值。工作表的部分数据如图 7-3 所示。

	A	B	C	D	E	F
1	学院	班级	姓名	性别	成绩	评定等级
2	数理学院	物理01	曹蛟	男	49	不及格
3	计算机学院	计算02	陈聪	男	85	良好
4	计算机学院	计算02	陈仁庆	男	57	不及格
5	经济与管理学院	财务01	陈涛	男	88	良好
6	计算机学院	计算01	陈涛	男	85	良好
7	经济与管理学院	财务03	陈祥	男	82	良好
8	计算机学院	计算02	程景序	男	96	优秀
9	数理学院	物理01	丛莹	女	70	中等
10	计算机学院	计算02	崔广胜	男	88	良好
11	数理学院	物理01	方英儒	男	84	良好

图 7-3

① 在“高等数学成绩单”工作表中选择数据区域的任意一个单元格。

② 在“插入”选项卡的“表格”选项组中，单击“数据透视表”按钮，打开“创建数据透视表”对话框。

③ 在“创建数据透视表”对话框中，默认选定整个数据区域作为数据透视表的源数据，不用修改。

④ 选定将数据透视表放置到新工作表中。

⑤ 单击“确定”按钮，在新工作表中创建数据透视表框架。

⑥ 将“学院”添加到筛选器，“班级”添加到行，“性别”添加到列，“成绩”添加到值。初步创建的数据透视表如图 7-4 所示。可以通过学院右侧 B1 单元格中的筛选按钮实现按学院分页显示，筛选出“经济与管理学院”的男女生总成绩情况如图 7-5 所示。

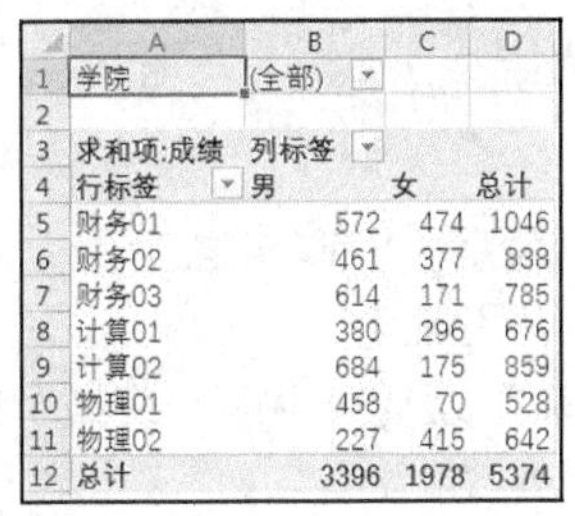

	A	B	C	D
1	学院	(全部)		
2				
3	求和项:成绩	列标签		
4	行标签	男	女	总计
5	财务01	572	474	1046
6	财务02	461	377	838
7	财务03	614	171	785
8	计算01	380	296	676
9	计算02	684	175	859
10	物理01	458	70	528
11	物理02	227	415	642
12	总计	3396	1978	5374

图 7-4

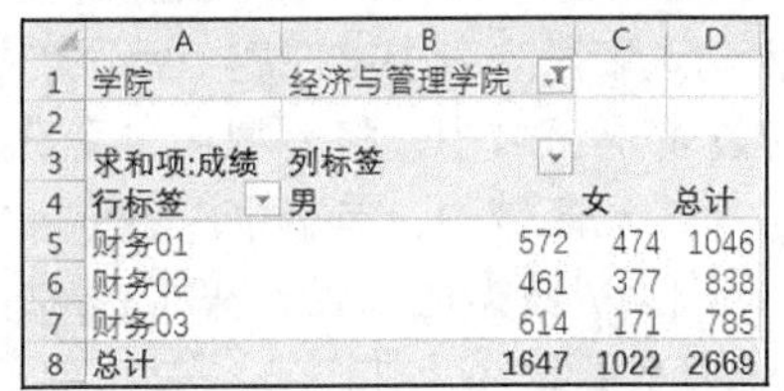

	A	B	C	D
1	学院	经济与管理学院		
2				
3	求和项:成绩	列标签		
4	行标签	男	女	总计
5	财务01	572	474	1046
6	财务02	461	377	838
7	财务03	614	171	785
8	总计	1647	1022	2669

图 7-5

默认情况下，数据透视表对数值型字段总是进行“求和”运算，而对非数值型字段进行“计数”运算，因此默认生成的数据透视表对成绩进行了求和，还需要进行编辑修改。

7.1.2　编辑数据透视表

创建完数据透视表后，用户可以进行改变汇总方式、在字段布局中添加或删除字段、改变数值显示方式等操作。

1．更改数据透视表的汇总方式

默认情况下，数据透视表对数值型字段总是进行“求和”运算，而对非数值型字段进行“计数”运算，实际应用中可以根据需要使用其他运算，如平均值、最大值、最小值等。改变汇总方式的操作步骤如下。

① 在“数据透视表字段”窗格中单击“值”区域中的字段，在弹出的菜单中选择“值字段设置”，打开“值字段设置”对话框，如图 7-6 所示。

② 在“值字段设置”对话框中，选择“值汇总方式”选项卡。例如，将“成绩”的汇总方式改为“平均值”，单击“确定”按钮后数据透视表结果如图 7-7 所示（保留 2 位小数）。

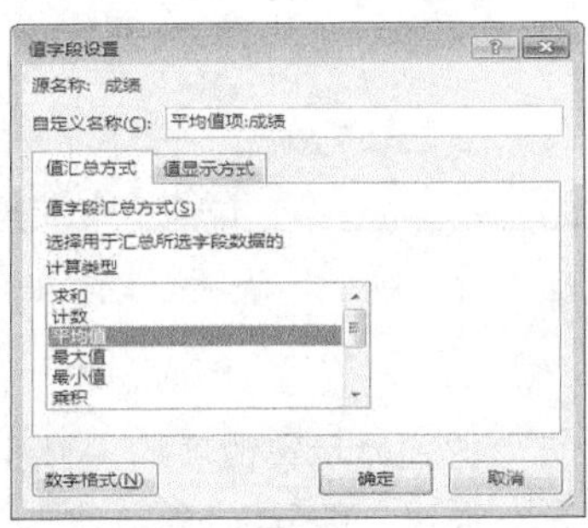

图 7-6

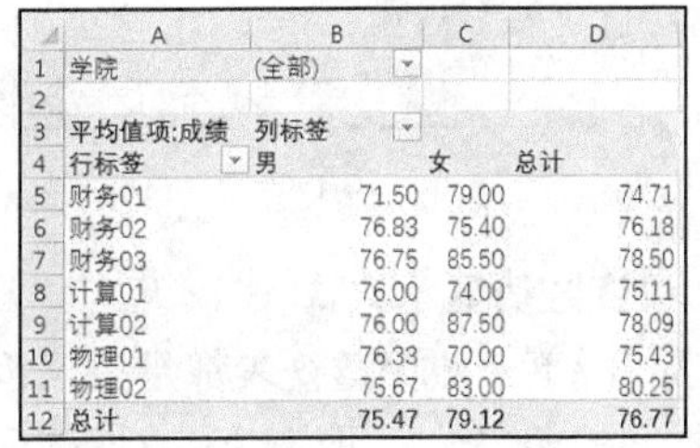

	A	B	C	D
1	学院	(全部)		
2				
3	平均值项:成绩	列标签		
4	行标签	男	女	总计
5	财务01	71.50	79.00	74.71
6	财务02	76.83	75.40	76.18
7	财务03	76.75	85.50	78.50
8	计算01	76.00	74.00	75.11
9	计算02	76.00	87.50	78.09
10	物理01	76.33	70.00	75.43
11	物理02	75.67	83.00	80.25
12	总计	75.47	79.12	76.77

图 7-7

2. 在字段布局中添加或删除字段

数据透视表中的数据是只读的，不允许直接在数据透视表中添加或删除数据，只能根据需要在字段布局中添加或删除字段。

（1）添加字段

要添加字段，用户可以在“数据透视表字段”窗格中执行下列操作之一。

- 右键单击要添加的字段名称，根据需要选择“添加到报表筛选”“添加到列标签”“添加到行标签”或“添加到值”选项。
- 用鼠标将字段逐个拖曳到相应区域中。
- 勾选要添加字段名称前的复选框，字段将自动被放置到默认的区域中，非数值字段默认被添加到“行”区域，数值字段默认被添加到“值”区域。

（2）删除字段

要删除字段，用户可以在“数据透视表字段”窗格中执行下列操作之一。

- 取消勾选字段列表中需要删除字段前的复选框。
- 在 4 个布局区域中，将要删除的字段拖曳到“数据透视表字段”窗格之外。
- 在 4 个布局区域中，单击字段名称，然后选择“删除字段”命令。

例如，在图 7-7 数据透视表的基础上，将筛选器中的“学院”以及行中的“班级”删除，然后将“学院”添加到行，结果如图 7-8 所示。

3. 删除行总计或列总计

当不需要显示行总计或列总计的信息时，可以执行下列操作之一。

- 在数据透视表中的“总计”上单击鼠标右键，在弹出的快捷菜单中选择“删除总计”命令。
- 在数据透视表中的任意一个单元格上单击鼠标右键，在弹出的快捷菜单中选择“数据透视表选项”命令，打开“数据透视表选项”对话框，在对话框的“汇总和筛选”选项卡中，取消勾选“显示行总计”和“显示列总计”两个复选框，如图 7-9 所示。

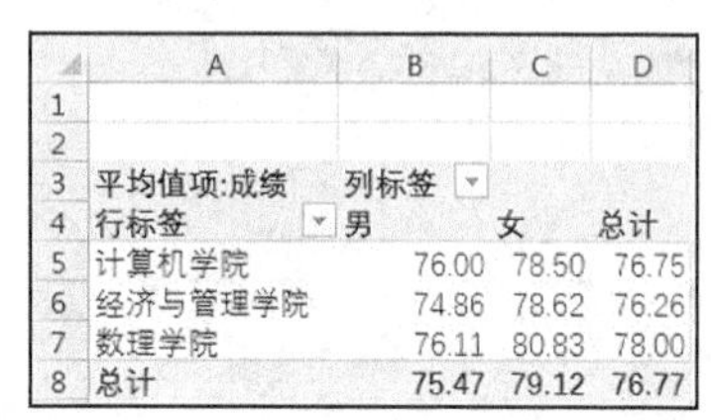

	A	B	C	D
1				
2				
3	平均值项:成绩	列标签		
4	行标签	男	女	总计
5	计算机学院	76.00	78.50	76.75
6	经济与管理学院	74.86	78.62	76.26
7	数理学院	76.11	80.83	78.00
8	总计	75.47	79.12	76.77

图 7-8

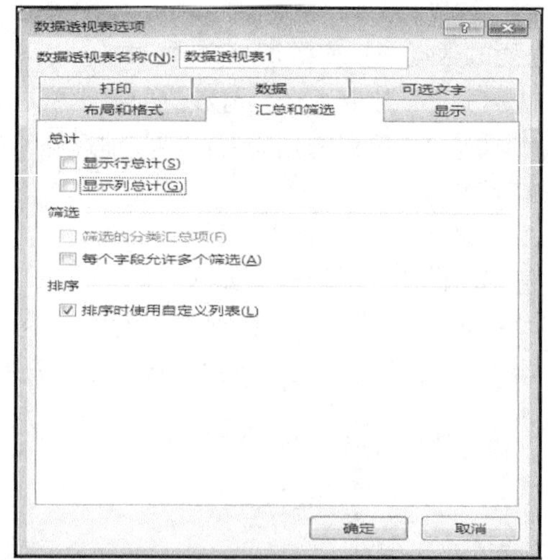

图 7-9

4. 改变数值显示方式

默认情况下，数据透视表都是按照普通方式，即“无计算”方式显示数值项的，为了更清晰地分析数据间的相关性，可以指定数据透视表以特殊的方式显示，如以“差异”“百分比”“差异百分比”等方式显示数据。例如，对图 7-7 中的数据透视表，需要以财务 01 班的平均值为基准，分析其他班级平均分的差异情况，则可以使用“差异”方式显示数据项。具体操作步骤如下。

① 在“数据透视表字段”窗格中单击“值”区域中的字段，在弹出的菜单中选择“值字段设置”，打开“值字段设置”对话框。

② 在“值字段设置”对话框中，选择“值显示方式”选项卡，如图 7-10 所示。将值显示方式设置为“差异”，然后指定差异的基准比较对象。这里选择基本字段为“班级”，基本项为“财务 01”。

③ 单击“确定”按钮，以“财务 01”班为基准按差异显示的数据透视表如图 7-11 所示，表中显示数据为其他班级平均分与“财务 01”班平均分的差额，其中“财务 01”班的数据为空。

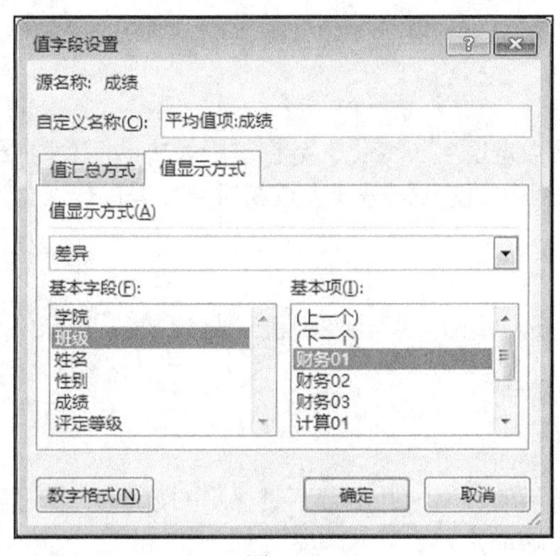

图 7-10

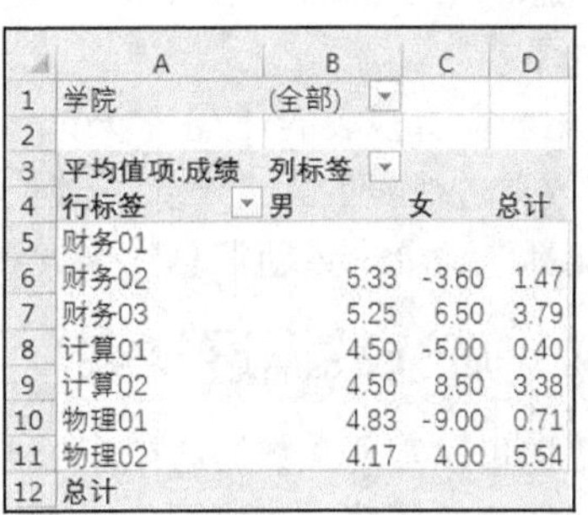

	A	B	C	D
1	学院	(全部)		
2				
3	平均值项:成绩	列标签		
4	行标签	男	女	总计
5	财务01			
6	财务02	5.33	-3.60	1.47
7	财务03	5.25	6.50	3.79
8	计算01	4.50	-5.00	0.40
9	计算02	4.50	8.50	3.38
10	物理01	4.83	-9.00	0.71
11	物理02	4.17	4.00	5.54
12	总计			

图 7-11

5. 显示明细数据

默认情况下，数据透视表中显示的是经过分类汇总后的汇总数据。如果用户需要了解其中某个汇总项的具体数据，可以让数据透视表显示该汇总项对应的明细数据。显示明细数据可以执行下列操作之一。

- 在数据透视表中的要查看明细数据的单元格上单击鼠标右键，在弹出的快捷菜单中选择“显示详细信息”命令，系统会自动创建一个新工作表，显示该汇总数据的明细数据。
- 在数据透视表中的要查看明细数据的单元格上双击鼠标左键，系统会自动创建一个新工作表，显示该汇总数据的明细数据。

例如，在图 7-11 中“计算 01”班男生的平均分汇总单元格（即单元格 B8）双击鼠标左键可以查看明细数据如图 7-12 所示。

	A	B	C	D	E	F
1	学院	班级	姓名	性别	成绩	评定等级
2	计算机学院	计算01	王炜	男	78	中等
3	计算机学院	计算01	赵利宁	男	49	不及格
4	计算机学院	计算01	黄志文	男	97	优秀
5	计算机学院	计算01	凌震宇	男	71	中等
6	计算机学院	计算01	陈涛	男	85	良好

图 7-12

6. 数据透视表的清除和删除

清除数据透视表是指删除所有筛选器、行、列、值的设置，但是数据透视表并没有被删除，只是需要重新设计布局。操作步骤如下。

① 单击数据透视表的任意一个单元格。

② 在数据透视表工具“分析”选项卡“操作”选项组中，单击“清除”按钮，然后选择“全部清除”命令。

删除不再使用的数据透视表，操作步骤如下。

① 单击数据透视表的任意一个单元格。

② 在数据透视表工具“分析”选项卡“操作”选项组中，单击“选择”按钮，然后选择“整个数据透视表”命令。

③ 按【Delete】键删除。

7.1.3 更新数据透视表

如果数据透视表的源数据更改，即用于分析的数据发生了变化，数据透视表中的汇总数据不会同步更新。这时，用户可以通过刷新来更新数据透视表，使数据透视表重新对源数据进行汇总计算。操作步骤如下。

① 单击数据透视表的任意一个单元格。

② 在数据透视表工具“分析”选项卡“数据”选项组中，单击“刷新”按钮，然后选择“刷新”或“全部刷新”命令来重新汇总数据。

7.1.4 筛选数据透视表

通过筛选可以实现在数据透视表中查看想要显示的数据，并隐藏不想显示的数据。在数据透视表中，可以按标签筛选、按值筛选或者按选定内容筛选。

1. 按标签筛选

在数据透视表中，单击列标签或行标签右侧的下拉箭头，在筛选下拉列表中选择“标签筛选”，然后根据实际需要设置筛选条件即可，筛选条件可以是等于、不等于、开头是、……、不介于等，如图 7-13 所示。

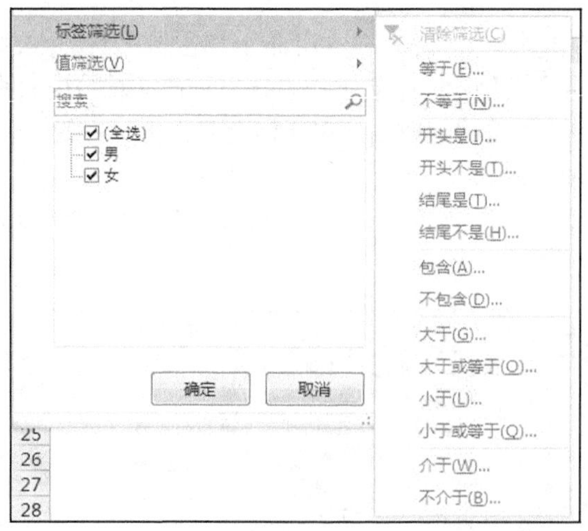

图 7-13

2. 按值筛选

在数据透视表中，单击列标签或行标签右侧的下拉箭头，在筛选下拉列表中选择“值筛选”，然后根据实际需要设置筛选条件即可，筛选条件可以是等于、不等于、大于、……、前 10 项等，如图 7-14 所示。

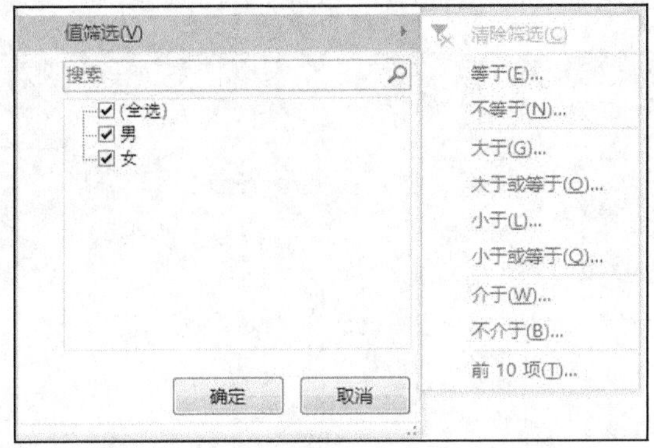

图 7-14

3. 按选定内容筛选

在数据透视表中，在相应行或列标题中的内容上单击鼠标右键，在弹出的快捷菜单中选择“筛选”，然后选择“仅保留所选项目”或“隐藏所选项目”命令。

4. 删除筛选

要删除数据透视表中的所有筛选，操作步骤如下。

① 单击数据透视表的任意一个单元格。

② 在数据透视表工具“分析”选项卡“操作”选项组中，单击“清除”按钮，然后选择“清除筛选”命令。

7.2　创建数据透视图

图表是展示数据最直观、有效的手段。数据透视图通常有一个与之相关联的数据透视表，数据透视图是以图形的形式表示数据透视表中的数据。

创建数据透视图有两种方法：通过数据透视表创建和通过数据区域创建。

7.2.1　通过数据透视表创建

如果已经创建了数据透视表，用户可以利用数据透视表直接创建数据透视图，操作步骤如下。

① 单击数据透视表中任意一个单元格。

② 在“插入”选项卡“图表”选项组中，单击“数据透视图”按钮，选择“数据透视图”命令，打开　“插入图表”对话框。

③ 在“插入图表”对话框中根据实际需要选择一种图表类型，单击“确定”按钮即可得到数据透视图，该数据透视图的布局（即数据透视图字段的位置）由数据透视表的布局决定。

视频 7-2

【例 7-2】在图 7-7 创建的数据透视表基础上，创建相应的数据透视图（三维簇状柱形图）按学院分页查看各个班级男女生成绩的平均值情况。

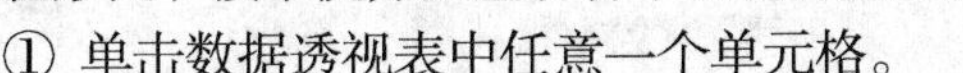

① 单击数据透视表中任意一个单元格。

② 在“插入”选项卡的“图表”选项组中，单击“数据透视图”按钮，选择“数据透视图”命

令，打开 “插入图表”对话框。

③ 在“插入图表”对话框中选择“三维簇状柱形图”，如图 7-15 所示。

④ 单击“确定”按钮即可得到数据透视图，如图 7-16 所示。

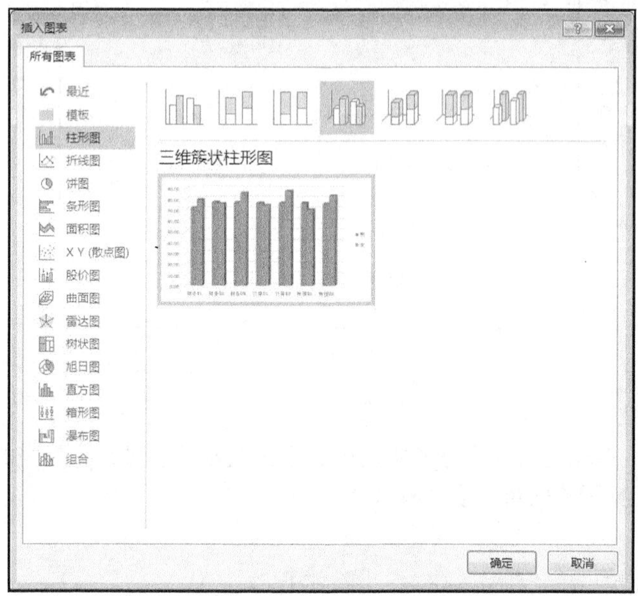

图 7-15

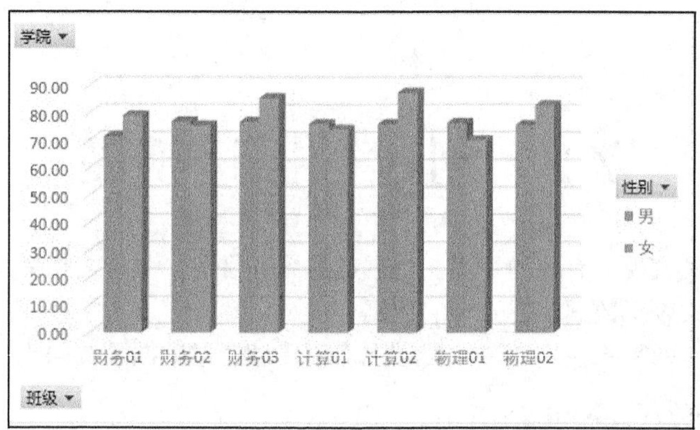

图 7-16

7.2.2 通过数据区域创建

Excel 要求创建数据透视图的源数据区域必须没有空行或空列，而且每列都有列标题。通过数据区域创建数据透视图的操作步骤如下。

① 在工作表中选择数据区域的任意一个单元格。

② 在“插入”选项卡的“图表”选项组中，单击“数据透视图”按钮，选择“数据透视图”或“数据透视图和数据透视表”命令，打开“创建数据透视图”对话框。

③ 在“创建数据透视图”对话框中，一般系统会自动选定整个数据区域作为数据透视图的源数据，如果要透视分析的数据区域与此有出入，可以在“表/区域”文本框内进行修改。

④ 选择放置数据透视图的位置，有新工作表或现有工作表两种选择，默认选择放置到“新工作

表”中。

- 如果选择“新工作表”，则系统会自动创建一个新的工作表，并将数据透视图放在该新工作表中。
- 如果选择“现有工作表”，则可以在“位置”框中指定放置与该数据透视图相关联的数据透视表的单元格区域或第一个单元格位置。

⑤ 单击“确定”按钮，在新工作表中立即插入了一个数据透视图和相关联的数据透视表，并出现“数据透视图字段”窗格，如图 7-17 所示。

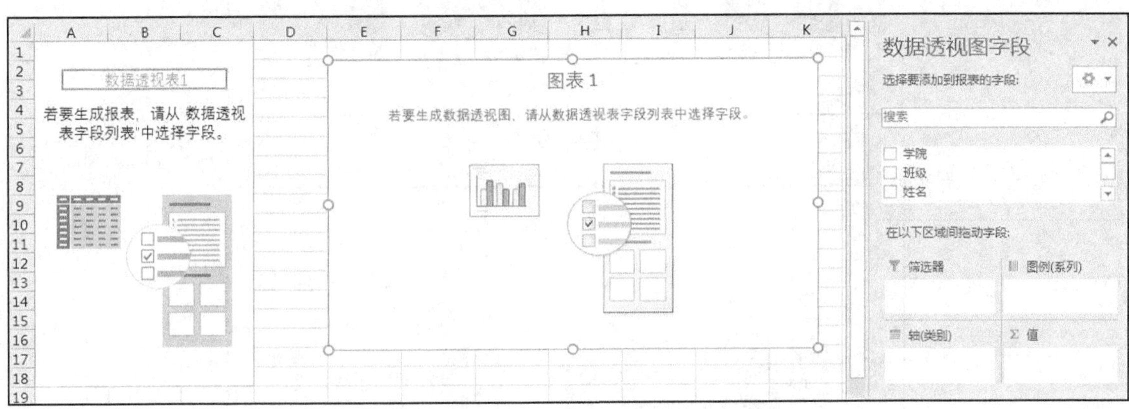

图 7-17

⑥ 使用“数据透视图字段”窗格来设置字段布局。数据透视图的字段布局包括 4 个区域，具体如下。

- 筛选器：用该区域中的字段来筛选整个图表，对应分页字段。
- 轴（类别）：将该区域中的字段作为横坐标，对应数据透视表的“行”。
- 图例（系列）：将该区域中的字段作为纵坐标，对应数据透视表的“列”。
- 值：将该区域中的字段进行汇总分析并在图中显示，对应数据透视表的“值”。

根据需要直接将字段逐个拖曳到相应区域中，数据透视图中将立即显示结果。

【例 7-3】对“高等数学成绩单”工作表中的成绩数据（列标题为学院、班级、姓名、性别、成绩、评定等级）创建数据透视图，按学院分页查看各个班级男女生人数。

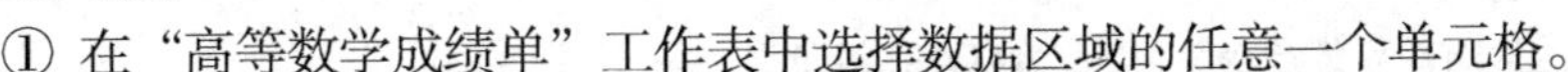

① 在“高等数学成绩单”工作表中选择数据区域的任意一个单元格。

② 在“插入”选项卡的“图表”选项组中，单击“数据透视图”按钮，选择“数据透视图”命令，打开 “创建数据透视图”对话框。

③ 在“创建数据透视图”对话框中，默认选定整个数据区域作为数据透视图的源数据，不用修改。

④ 选定将数据透视图放置到新工作表中。

⑤ 单击“确定”按钮，在新工作表中立即插入了一个数据透视图，并出现“数据透视图字段”窗格。

⑥ 将“学院”添加到筛选器，“班级”添加到轴（类别），“性别”添加到图例（系列），“姓名”添加到值。初步创建的数据透视图如图 7-18 所示。

⑦ 通过学院右侧的筛选按钮实现按学院分页显示，筛选出“经济与管理学院”的班级人数情况如图 7-19 所示。

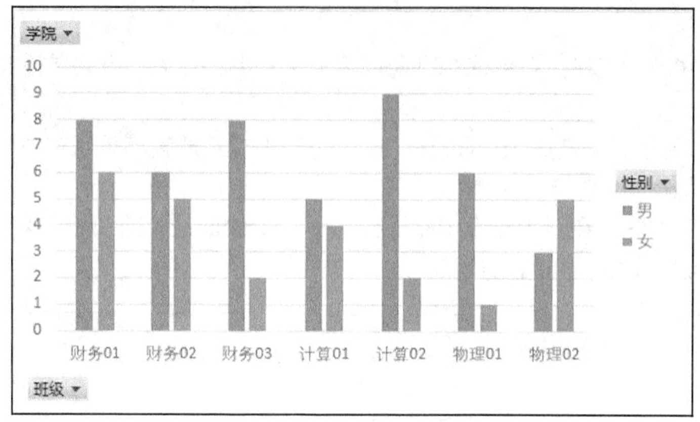

图 7-18

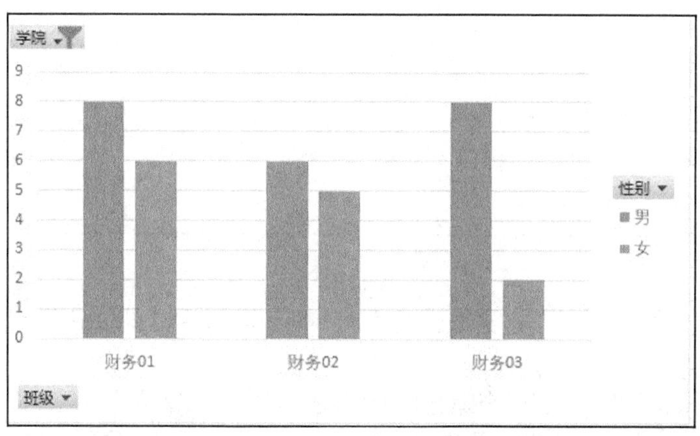

图 7-19

默认情况下数据透视图对非数值型字段进行“计数”运算，实际上对“计数”运算而言，可以使用任意一个字段进行。

7.2.3 删除数据透视图

用户需要及时删除不再使用的数据透视图，操作步骤如下。

① 单击选中数据透视图。

② 按【Delete】键删除。

7.2.4 设置数据透视图

在 Excel 中创建数据透视图后，单击选中该数据透视图，功能区将出现“分析”“设计”“格式”3 个关联选项卡。用户可以像处理普通 Excel 图表一样处理数据透视图，包括改变图表类型、设置图表格式等，而且如果在数据透视图中改变了字段布局，与之关联的数据透视表也会同时发生改变。

视频 7-4

和普通图表相比，数据透视图存在部分限制，包括不能使用散点图、股价图和气泡图等图表类型，也无法直接调整数据标签、图表标题和坐标轴标题等。

【例 7-4】利用切片器筛选功能，实现对在图 7-18 中创建的数据透视图按学

院分页查看各个班级男女生人数。

① 单击数据透视图。

② 在数据透视图工具“分析”选项卡的“筛选”选项组中，单击“插入切片器”按钮，打开“插入切片器”对话框。

③ 在“插入切片器”对话框中，选定“学院”字段，如图 7-20 所示。

④ 单击“确定”按钮，在工作表中插入了一个切片器，可以直观地查看学院字段的所有数据项信息，单击某个学院，即可实现按该数据项的筛选功能。图 7-21 所示为单击“数理学院”后的筛选结果。

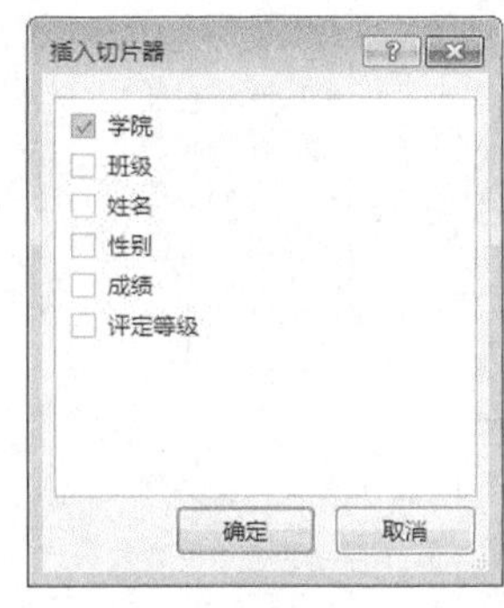

图 7-20

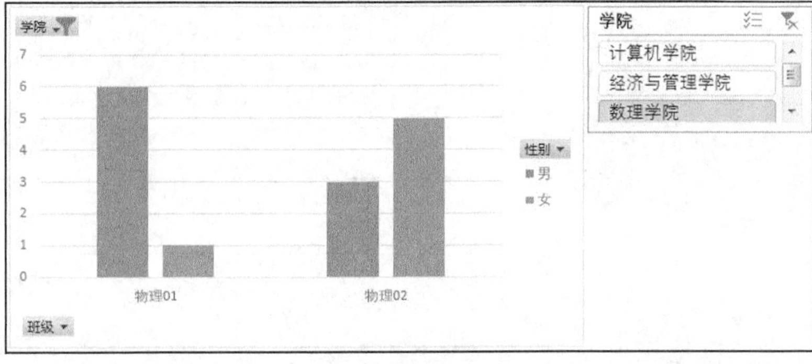

图 7-21

我们可以把切片器看作数据透视表或数据透视图的一种筛选方式，数据透视表中的每一个字段都可以创建一个切片器，通过选择切片器中的数据项实现筛选，比使用下拉列表方式的筛选更加直观。

7.3　应用实例——学生成绩数据透视分析

在“高等数学成绩单”工作表中，创建按学院分页统计各班级中各个评定等级（优秀、良好、中等、及格、不及格）学生人数的数据透视图（三维簇状柱形图），并插入切片器实现按班级筛选查看。

① 在“高等数学成绩单”工作表中选择数据区域的任意一个单元格。

② 在“插入”选项卡的“图表”选项组中，单击“数据透视图”按钮，选择“数据透视图”命令，打开 “创建数据透视图”对话框。

③ 在“创建数据透视图”对话框中，默认选定整个数据区域作为数据透视图的源数据，不用修改。

④ 选定将数据透视图放置到新工作表中。

⑤ 单击“确定”按钮，在工作表中立即插入了一个数据透视图和相关联的数据透视表，并出现“数据透视图字段”窗格。

⑥ 将“学院”添加到筛选器，“班级”添加到轴（类别），“评定等级”添加到图例（系列），“姓名”添加到值。

⑦ 在数据透视图单击鼠标右键，在弹出的快捷菜单中选择“更改图表类型”命令，将图表类型修改为“三维簇状柱形图”，创建的数据透视图如图 7-22 所示，与之关联的数据透视表如图 7-23 所示。

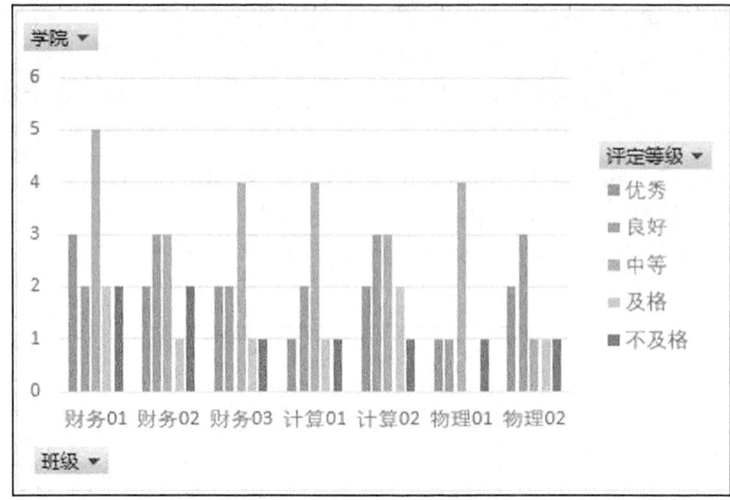

图 7-22

	A	B	C	D	E	F	G
1	学院	(全部)					
2							
3	计数项:姓名	列标签					
4	行标签	优秀	良好	中等	及格	不及格	总计
5	财务01	3	2	5	2	2	14
6	财务02	2	3	3	1	2	11
7	财务03	2	2	4	1	1	10
8	计算01	1	2	4	1	1	9
9	计算02	2	3	3	2	1	11
10	物理01	1	1	4		1	7
11	物理02	2	3	1	1	1	8
12	总计	13	16	24	8	9	70

图 7-23

⑧ 单击数据透视图，在数据透视图工具“分析”选项卡的“筛选”选项组中，单击“插入切片器”按钮，打开“插入切片器”对话框。

⑨ 在“插入切片器”对话框中，选定“班级”字段，然后单击“确定”按钮，在工作表中插入了一个切片器，可以直观地查看班级字段的所有数据项信息，单击某个班级，即可实现按该班级筛选。图 7-24 是单击“财务 01”班后的筛选结果。

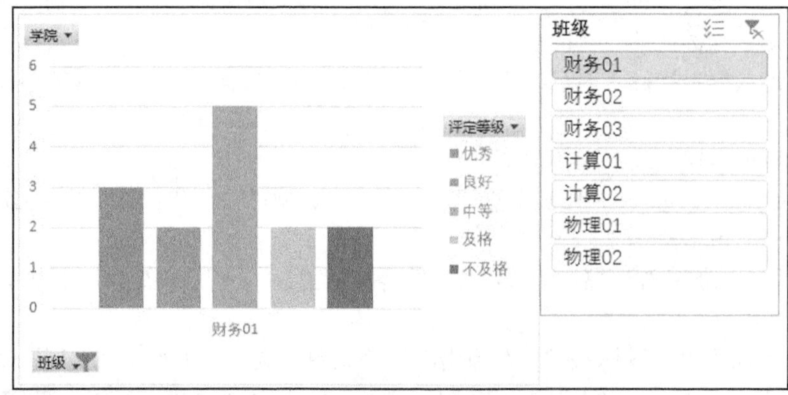

图 7-24

课堂实验

实验一　数据透视表和数据透视图的创建

一、实验目的

1. 掌握数据透视表的创建方法。
2. 掌握数据透视图的创建方法。
3. 掌握切片器筛选的创建方法。

二、实验内容

打开实验素材中的文件“实验 7-1.xlsx”，完成下列操作。

1. 以单元格区域 A1:D19 为数据源，在 F1 单元格开始的区域创建一个数据透视表，统计各个季度各种商品的生产数量之和。

样张：

	A	B	C	D	E	F	G	H	I
1	商品	部门	季度	生产数量		求和项:生产数量	列标签		
2	篮球	一车间	第1季度	1000		行标签	第1季度	第2季度	总计
3	篮球	二车间	第1季度	1200		篮球	3000	3150	6150
4	篮球	三车间	第1季度	800		排球	1250	1430	2680
5	排球	一车间	第1季度	300		足球	1320	1440	2760
6	排球	二车间	第1季度	350		总计	5570	6020	11590
7	排球	三车间	第1季度	600					
8	足球	一车间	第1季度	400					
9	足球	二车间	第1季度	380					
10	足球	三车间	第1季度	540					
11	篮球	一车间	第2季度	1200					
12	篮球	二车间	第2季度	1100					
13	篮球	三车间	第2季度	850					
14	排球	一车间	第2季度	360					
15	排球	二车间	第2季度	380					
16	排球	三车间	第2季度	690					
17	足球	一车间	第2季度	420					
18	足球	二车间	第2季度	470					
19	足球	三车间	第2季度	550					

2. 以单元格区域 A1:D19 为数据源，创建一个数据透视表，并保存在一张新工作表中，以“商品”作为分页字段，“部门”为行字段、“季度”为列字段，统计各个部门的平均产量（小数位数为0），要求不显示行总计，按一车间、二车间、三车间的顺序排序，并将新工作表命名为“平均产量”。

样张：

	A	B	C
1	商品	(全部)	
2			
3	平均值项:生产数量	列标签	
4	行标签	第1季度	第2季度
5	一车间	567	660
6	二车间	643	650
7	三车间	647	697
8	总计	619	669

3. 基于“平均产量”工作表中的数据透视表数据，创建一个三维簇状柱形图，并保存在该工作表中。

样张：

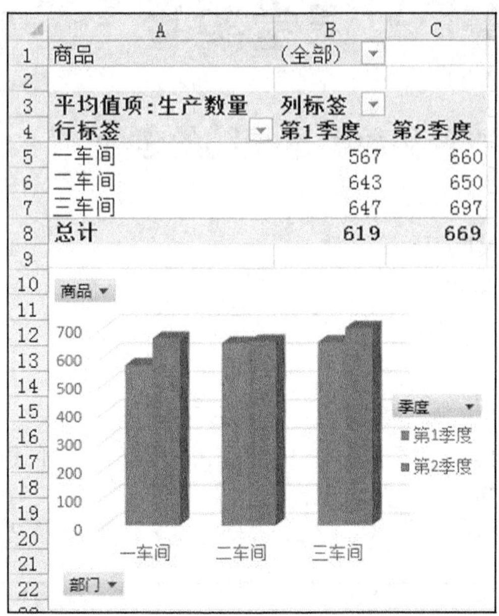

4. 在“平均产量”工作表中插入一个切片器，实现对三维簇状柱形图按商品筛选查看，并筛选查看排球的产量情况。

样张：

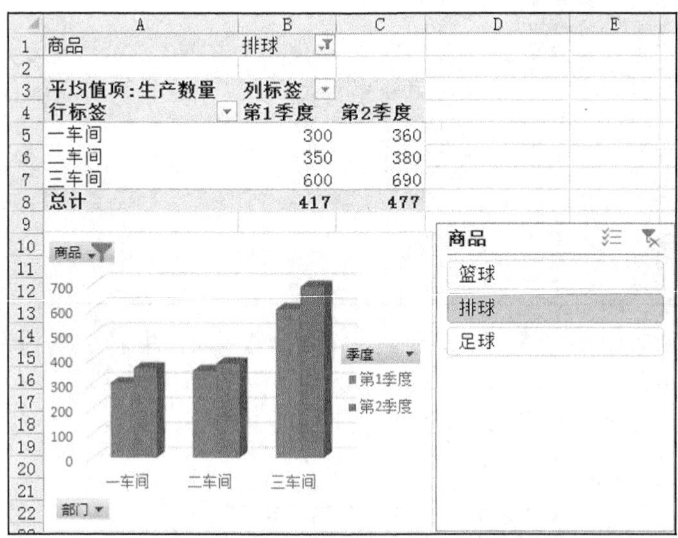

实验二　数据透视表的应用

一、实验目的

1. 掌握数据透视表的创建方法。
2. 掌握数据透视表的设置方法。

二、实验内容

打开实验素材“实验 7-2.xlsx”，完成下面的操作。

1. 将整个“全校高考录取信息”作为数据源，建立数据透视表，并保存在名为“高校录取平均成绩”的工作表中。要求以“院校所在地区”为分页，“院校所在城市”为行字段，“分数线”为列字段建立数据透视表，查询不同地区各个城市各分数线下高校录取学生的平均成绩（保留 2 位小数）。

2. 在“高校录取平均成绩”的数据透视表中查看华北地区北京和天津的高校录取学生情况。

样张：

院校所在地区	华北			
平均值项:高考总分	列标签			
行标签	本科1批	本科2批	本科3批	总计
北京	660.70	620.86		632.36
天津	659.00	618.14	569.00	616.64
总计	660.59	620.63	569.00	630.85

3. 将整个“全校高考录取信息”作为数据源，建立数据透视表，并保存在名为“高校录取人数”的工作表中。要求以“院校所在地区”为行字段，“分数线”为列字段建立数据透视表，查询不同地区各分数线下高校录取的学生人数，要求不显示列总计，并按照录取人数行总计的降序显示。

样张：

计数项:姓名	列标签			
行标签	本科1批	本科2批	本科3批	总计
华北	32	82	3	117
华东	32	25		57
华中	4	29	2	35
西南	1	29	3	33
华南	2	19	3	24
西北		17	3	20
东北	2	10	2	14

4. 在“高校录取人数”工作表中。插入“分数线”切片器实现筛选查看“本科 1 批”的录取情况。

样张：

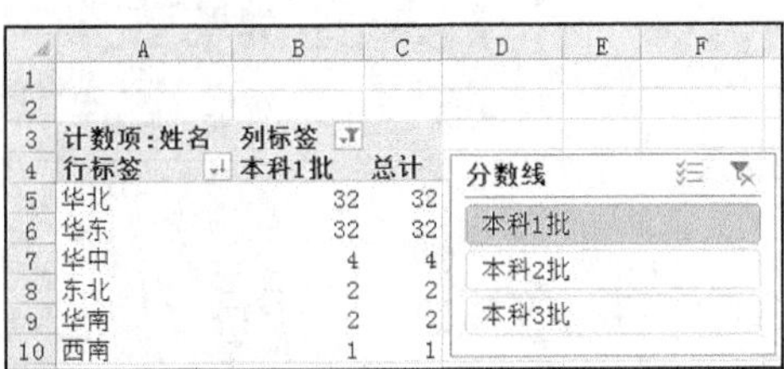

计数项:姓名	列标签	
行标签	本科1批	总计
华北	32	32
华东	32	32
华中	4	4
东北	2	2
华南	2	2
西南	1	1

实验三　数据透视图的应用

一、实验目的

1. 掌握数据透视图的创建方法。
2. 掌握数据透视图的设置方法。

二、实验内容

打开实验素材“实验 7-3.xlsx”，完成下面的操作。

1. 将整个“全校高考录取信息”作为数据源，建立数据透视表，并保存在名为“班级录取人数”的工作表中。要求以“院校所在地区”为分页字段，“院校所在城市”为行字段，“班级”为列字段建立数据透视表，显示各个班级在华南地区不同城市录取的学生人数，然后用簇状条形图显示。华南地区的班级录取人数如样张所示。

样张：

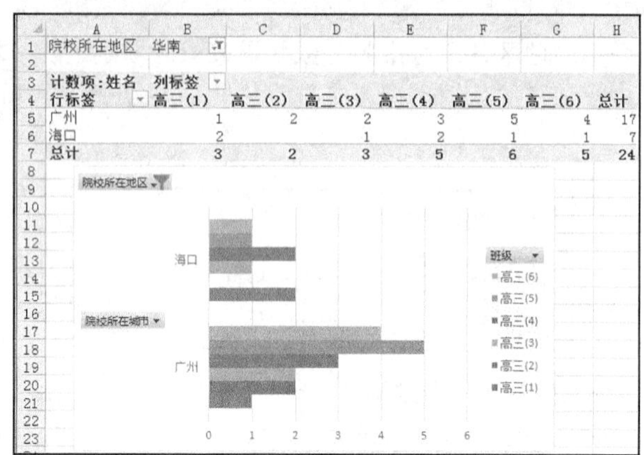

院校所在地区	华南						
计数项:姓名	列标签						
行标签	高三(1)	高三(2)	高三(3)	高三(4)	高三(5)	高三(6)	总计
广州	1	2	2	3	5	4	17
海口	2		1	2	1	1	7
总计	3	2	3	5	6	5	24

2. 在数据透视图中查看华北地区高三（1）班和高三（3）班的高校录取情况。

样张：

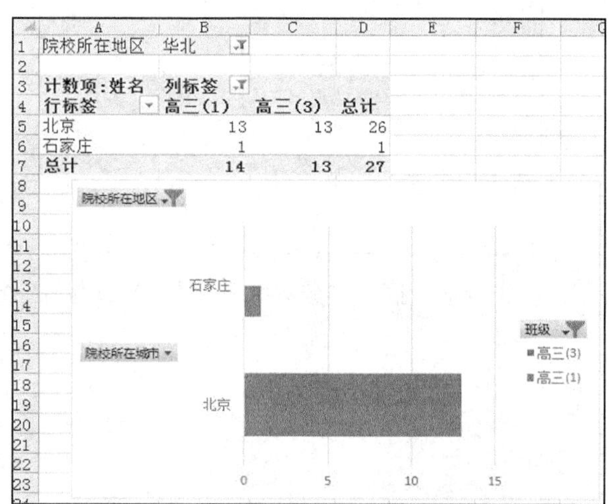

院校所在地区	华北		
计数项:姓名	列标签		
行标签	高三(1)	高三(3)	总计
北京	13	13	26
石家庄	1		1
总计	14	13	27

习　　题

一、单项选择题

1. 在 Excel 数据透视表中不能进行的操作是______。

   A. 编辑　　B. 筛选　　C. 刷新　　D. 排序

2. 在 Excel 数据透视表中，不能设置筛选条件的是______。

   A. 筛选器字段　　B. 列字段　　C. 行字段　　D. 值字段

3. 在 Excel 数据透视表中默认的字段汇总方式是______。

   A. 平均值　　B. 最小值　　C. 求和　　D. 最大值

4. 在 Excel 中，创建数据透视表的目的在于______。

   A. 制作包含图表的工作表　　B. 制作工作表的备份

   C. 制作包含数据清单的工作表　　D. 从不同角度分析工作表中的数据

5. 在创建数据透视表时，对源数据表的要求是______。
   A. 在同一列中既可以有文本也可以有数字
   B. 在数据表中无空行和空列
   C. 可以没有列标题
   D. 在数据表中可以有空行，但不能有空列
6. 在下列关于 Excel 数据透视表的叙述中，正确的是______。
   A. 数据透视表的筛选器对应的是分页字段
   B. 数据透视表的行字段和列字段区域都只能设置 1 个字段
   C. 数据透视表的行字段和列字段无法设置筛选条件
   D. 数据透视表的值字段区域只能是数值类型的字段。
7. 在创建数据透视表时，存放数据透视表的位置______。
   A. 可以是新工作表，也可以是现有工作表
   B. 只能是新工作表
   C. 只能是现有工作表
   D. 可以是新工作簿
8. 在 Excel 数据透视图中不能创建的图表类型是______。
   A. 饼图　　B. 气泡图　　C. 雷达图　　D. 曲面图
9. 在 Excel 中以下说法错误的是______。
   A. 不能更改数据透视表的名称
   B. 如果在源数据区域中添加或减少了行或列数据，则可以通过更改数据源将这些行、列包含到数据透视表或移出数据透视表
   C. 如果更改了数据透视表的源数据，需要刷新数据透视表，所做的更改才能反映到数据透视表中
   D. 在数据透视图中会显示字段筛选器，以便对数据实现筛选查看
10. 在下列关于 Excel 数据透视表中切片器的叙述中，正确的是______。
   A. 只能有一个切片器
   B. 切片器中所指定的字段只能是数据透视表中使用的字段
   C. 可以有多个切片器，但只能指定相连的多个字段
   D. 可以有多个切片器，但一个切片器只能指定一个字段

二、判断题

1. 在 Excel 中，数据透视表可用于对数据表进行数据的汇总与分析。
2. 在 Excel 中，变更源数据后，数据透视表的内容也自动随之更新。
3. 在 Excel 中，为数据透视图提供源数据的是相关联的数据透视表。
4. 在 Excel 中，在相关联的数据透视表中对字段布局和数据所做的修改，会立即反映在数据透视图中。
5. 在 Excel 中，数据透视图及其相关联的数据透视表可以不在同一个工作簿中。

三、简答题

1. 数据透视表可以完成的计算有哪些？
2. 如何查看数据透视表中的明细数据？如何更新数据透视表？
3. 在 Excel 数据清单中包含的字段有班级、姓名、性别、高等数学、英语、物理，要创建一个数据透视图，直观地查看各个班级男女生的英语成绩平均分，请写出主要操作步骤。

第8章 宏与VBA编程

VBA 是 Visual Basic for Application 的缩写，它是一种自动化语言，可以使已有的应用程序自动化，因此 VBA 必须寄生于已有的应用程序中，即 VBA 开发的程序必须依赖于它的“父”应用程序，例如 Excel 系统。

8.1 宏

Excel 宏指的是一系列可以在 Excel 环境中运行的操作指令，这些操作指令实际上就是 VBA 语句。录制宏是快速学习 VBA 的重要途径。因为在录制宏时，用户不需要编写任何一行代码，Excel 会自动产生与操作相对应的代码，并且可以调用所录制的宏，完成相应任务。

8.1.1 录制宏

录制宏就是将所有在 Excel 中的操作过程用 VBA 代码记录下来。具体的操作可以是在单元格中输入数据，单击功能区中的相关命令，设置单元格格式等。

【例 8-1】录制宏并命名为“设置单元格字体和背景色”，实现将某个单元格的字体设置为楷体，背景色为蓝色。

视频 8-1

① 创建一个新工作簿。

② 单击“开发工具”选项卡“代码”选项组中的“录制宏”按钮，打开“录制宏”对话框。

如果没有找到“开发工具”选项卡，单击“文件”选项卡中的“选项”命令按钮，在“Excel 选项”对话框左侧选择“自定义功能区”，右侧选中“开发工具”项，单击“确定”按钮即可，如图 8-1 所示。

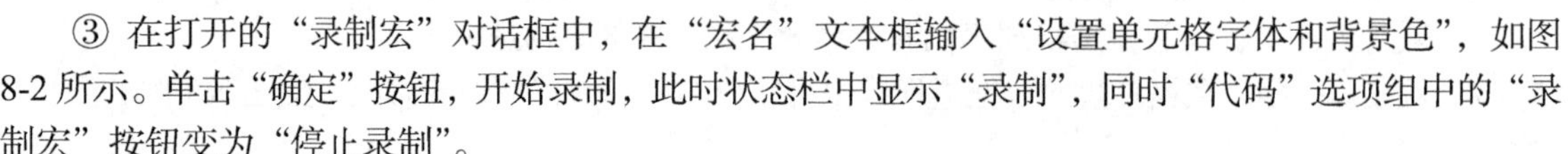

③ 在打开的“录制宏”对话框中，在“宏名”文本框输入“设置单元格字体和背景色”，如图 8-2 所示。单击“确定”按钮，开始录制，此时状态栏中显示“录制”，同时“代码”选项组中的“录制宏”按钮变为“停止录制”。

④ 在 A1 单元格中单击鼠标右键，在弹出的快捷菜单中选择“设置单元格格式”，打开“设置单元格格式”对话框，在“字体”选项卡中将字体设置为“楷体”，在“填充”选项卡中将背景色设置为“蓝色”，单击“确定”按钮。

⑤ 单击“开发工具”选项卡“代码”选项组中的“停止录制”按钮，结束宏录制。

说明：

- 在图 8-2“录制宏”对话框中，默认是将宏保存在当前工作簿中。如果用户想让该宏在其他工作簿中仍然有效，必须正确地选择宏的保存位置。宏可保存在以下 3 个位置。

位置一：当前工作簿。该宏只能在当前工作簿中使用。

位置二：新工作簿。新建一个工作簿来保存该宏。

位置三：个人宏工作簿。该宏在多个工作簿都能使用。

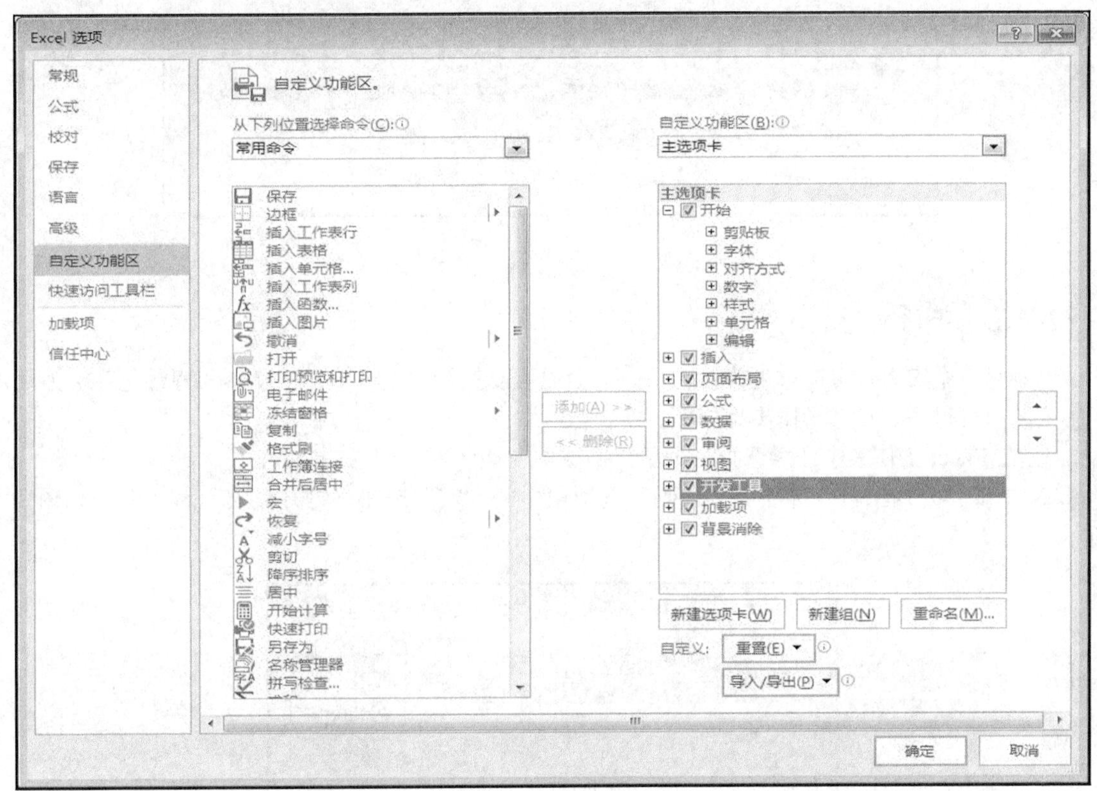

图 8-1

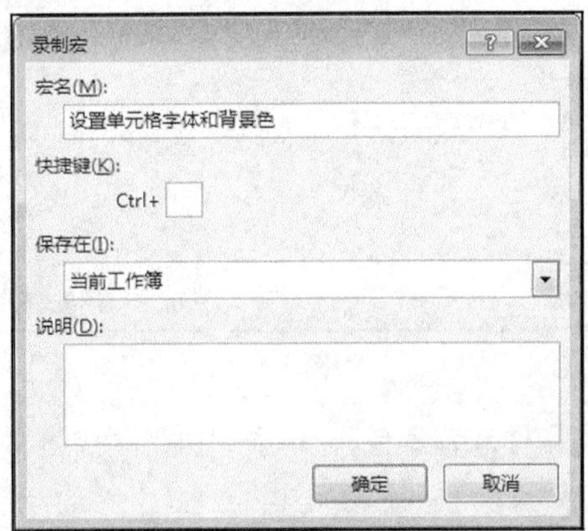

图 8-2

- 个人宏工作簿是为宏而设计的一种特殊的具有自动隐藏特性的工作簿。第一次将宏保存到个人宏工作簿时，系统会自动创建名为“PERSONAL.XLSB”的新文件。如果该文件存在，则每当 Excel 启动时会自动将此文件打开并隐藏在活动工作簿后面。在“视图”选项卡“窗口”选项组中选择“取消隐藏”后可以很方便地发现它的存在。

- 在保存包含了宏的 Excel 文件时，系统会弹出图 8-3 所示的对话框提示。此时应该单击“否”按钮，然后保存时选择文件类型为“Excel 启用宏的工作簿”；否则，所有的宏代码都会丢失。

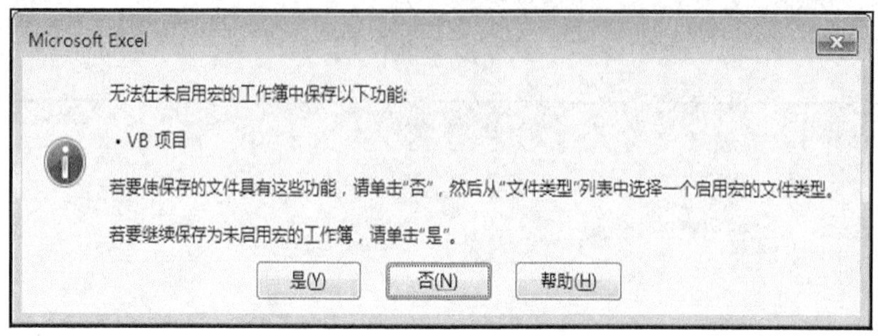

图 8-3

8.1.2 执行宏

录制完一个宏后就可以重复执行它了。下面以重复执行“设置单元格字体和背景色”宏为例，了解宏的执行过程。具体操作步骤如下。

① 在 Excel 工作表中任意选择一个单元格或单元格区域，如 A3 单元格。

② 单击“开发工具”选项卡“代码”选项组中的“宏”按钮，打开“宏”对话框，如图 8-4 所示。

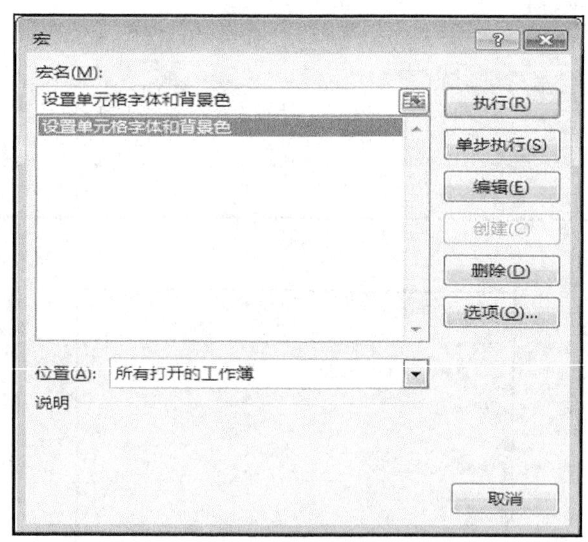

图 8-4

③ 选择宏名“设置单元格字体和背景色”，单击“执行”按钮，则 A3 单元格的字体和颜色变得同 A1 的一样。

用户可以尝试选择一个单元格区域，然后再执行该宏，这时所选中的单元格区域的字体和背景色也会变得同 A1 的一样。

8.1.3 编辑宏

录制宏时，宏录制器几乎可以捕获你进行的所有操作。因此如果操作过程中出现错误，例如，单击了一个本不打算单击的按钮，宏录制器同样会录制该操作。解决方法是重新录制整个操作序列，或编辑 VBA 代码本身完成宏的修改。

编辑查看“设置单元格字体和背景色”宏代码的操作步骤如下。

① 单击“开发工具”选项卡“代码”选项组中的“宏”按钮，打开“宏”对话框。

② 选择宏名“设置单元格字体和背景色”，单击“编辑”按钮，打开 VBA 的编辑器窗口，并同时显示该宏的代码，在代码中可以直接修改宏。“设置单元格字体和背景色”宏的代码如下。

```
Sub 设置单元格字体和背景色()
' 设置单元格字体和背景色宏
    With Selection.Font
        .Name = "楷体"
        .FontStyle = "常规"
        .Size = 11
        .Strikethrough = False
        .Superscript = False
        .Subscript = False
        .OutlineFont = False
        .Shadow = False
        .Underline = xlUnderlineStyleNone
        .ThemeColor = xlThemeColorLight1
        .TintAndShade = 0
        .ThemeFont = xlThemeFontNone
    End With
    With Selection.Interior
        .Pattern = xlSolid
        .PatternColorIndex = xlAutomatic
        .Color = 12611584
        .TintAndShade = 0
        .PatternTintAndShade = 0
    End With
End Sub
```

8.1.4　宏按钮

按钮是 Windows 中最常见的界面组成元素之一。将宏指定给某个按钮，这样可以很方便地直接通过按钮来执行相应的宏。通过“开发工具”选项卡“控件”选项组中的“插入”按钮，可以在工作表中添加按钮控件。在创建完按钮后，可以给它指定宏，然后用户就可以通过单击该按钮来执行该宏。

【例 8-2】在工作表中创建一个按钮，并给它指定“设置单元格字体和背景色”宏。然后通过单击该按钮来执行宏。具体操作步骤如下。

视频 8-2

① 打开已经创建了“设置单元格字体和背景色”宏的工作簿。

② 单击“开发工具”选项卡“控件”选项组中的“插入”按钮，选择表单控件中的“按钮（窗体控件）”，此时鼠标指针变成十字形状。

③ 在希望放置按钮的位置绘制一个按钮，同时自动弹出“指定宏”对话框。

④ 在“指定宏”对话框中选择“设置单元格字体和背景色”宏，如图 8-5 所示。单击“确定”按钮，这样就把该宏指定给了所绘制的按钮。

⑤ 在工作表中选中该按钮，将按钮上显示的标题“按钮 1”修改为“设置单元格字体和背景色”，如图 8-6 所示。

⑥ 任意选中某个单元格或单元格区域，单击按钮即可运行该宏，可以看到单元格或单元格区域的格式发生变化。

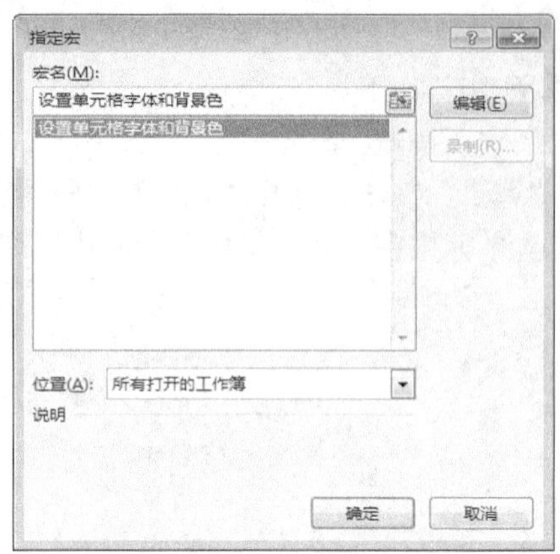

图 8-5

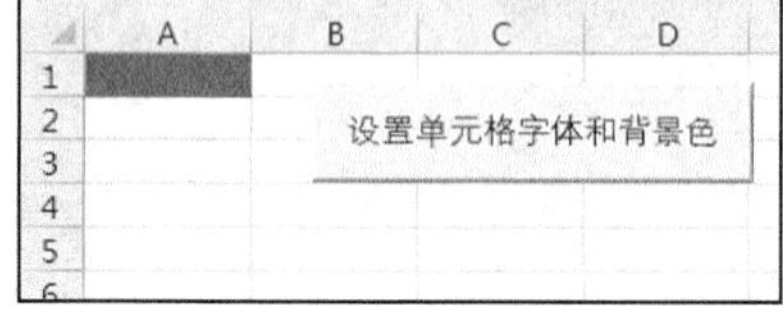

图 8-6

8.1.5 宏实例

下面通过两个例子来更深入地理解宏。

1. 创建“隐藏重复记录”宏

这里的重复记录是指各个字段内容都相同的数据记录，需要利用高级筛选功能实现隐藏。操作步骤如下。

视频 8-3

（1）利用高级筛选功能创建“隐藏重复记录”宏

① 打开保存了数据记录的工作表。

② 单击“开发工具”选项卡“代码”选项组中的“录制宏”按钮，打开“录制宏”对话框。

③ 在“宏名”文本框中输入“隐藏重复记录”，如图 8-7 所示。单击“确定”按钮，开始录制，此时状态栏中显示“录制”，同时“代码”选项组中的“录制宏”按钮变为“停止录制”。

④ 在工作表中选择数据区域的任意一个单元格；在“数据”选项卡的“排序和筛选”选项组中，单击“高级”筛选按钮，打开“高级筛选”对话框；“高级筛选”对话框的“列表区域”自动选择了需要进行筛选的整个数据区域；必须勾选“选择不重复的记录”复选框，如图 8-8 所示；单击“确定”按钮，完成筛选。

图 8-7

	A	B	C
1	姓名	性别	出生日期
2	李淑子	女	1999/3/2
3	刘丽	女	1997/10/18
4	侯明斌	男	1999/1/1
5	李媛媛	女	1999/5/31
6	李淑子	女	1999/3/2
7	李媛媛	女	1999/5/31
8	马垚	男	1998/5/4
9	郭东斌	男	1997/6/12
10	张喆	男	1998/2/8
11	刘丽	男	1999/1/10
12	张荣伟	男	1998/1/18

高级筛选
方式
在原有区域显示筛选结果(F)
将筛选结果复制到其他位置(O)
列表区域(L): $A$1:$C$12
条件区域(C):
复制到(T):
选择不重复的记录(R)
确定　取消

图 8-8

⑤ 单击“开发工具”选项卡“代码”选项组中的“停止录制”按钮，结束宏录制。

（2）在工作表中创建一个按钮，并给它指定“隐藏重复记录”宏，通过单击该按钮来执行宏，操作步骤如下。

① 单击“开发工具”选项卡“控件”选项组中的“插入”按钮，选择表单控件中的“按钮（窗体控件）”，此时鼠标指针变成十字形状。

② 在希望放置按钮的位置绘制一个按钮，同时自动弹出“指定宏”对话框。

③ 在“指定宏”对话框中选择“隐藏重复记录”宏，单击“确定”按钮。这样，就把该宏指定给了所绘制的按钮。

④ 在工作表中选中该按钮，将按钮上显示的标题“按钮 1”修改为“隐藏重复记录”。

⑤ 此时如果数据区域 A1:C12 中的原数据记录中存在完全相同的记录，单击该按钮将隐藏重复记录，如图 8-9 所示。

	A	B	C	D	E
1	姓名	性别	出生日期		
2	李淑子	女	1999/3/2		
3	刘丽	女	1997/10/18	隐藏重复记录	
4	侯明斌	男	1999/1/1		
5	李媛媛	女	1999/5/31		
8	马鑫	男	1998/5/4		
9	郭东斌	男	1997/6/12		
10	张喆	男	1998/2/8		
11	刘丽	男	1999/1/10		
12	张荣伟	男	1998/1/18		

图 8-9

2. 创建“字体斜体加下画线”宏并保存到个人宏工作簿

如果不同的工作簿中都需要用到相同的宏，可以将这些宏保存在个人宏工作簿中。所有的本地 Excel 工作簿都可以使用个人宏工作簿中的宏。例如，将改变单元格字体为斜体和加下画线的宏保存到个人宏工作簿中，然后可以在其他工作簿中执行该宏。

（1）创建“字体斜体加下画线”宏

其操作步骤如下。

① 创建一个新工作簿。

② 单击“开发工具”选项卡“代码”选项组中的“录制宏”按钮、打开“录制宏”对话框。

③ 在“宏名”文本框输入“字体斜体加下画线”，并选择保存在“个人宏工作簿”，如图 8-10 所示。单击“确定”按钮，开始录制，此时状态栏中显示“录制”，同时“代码”选项组中的“录制宏”按钮变为“停止录制”。

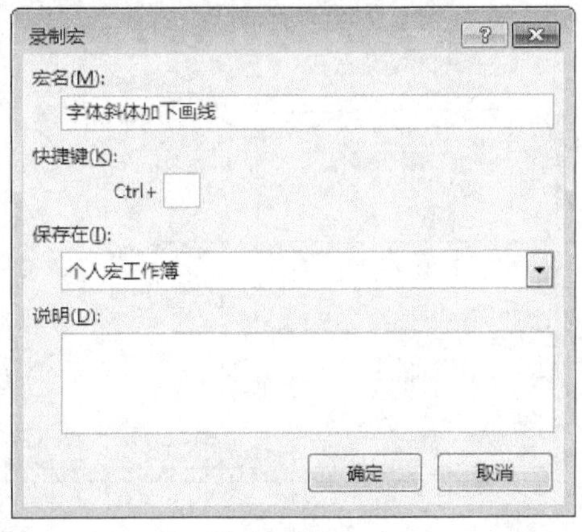

图 8-10

④ 在“开始”选项卡“字体”选项组中分别单击“倾斜”和“下画线”。

⑤ 单击“开发工具”选项卡“代码”选项组中的“停止录制”按钮，结束宏录制。

在“视图”选项卡“窗口”选项组中选择“取消隐藏”后可以打开“PERSONAL.XLSB”个人宏工作簿查看，该 Excel 文件中没有任何内容，但是在 VBA 编辑器的模块中可以找到“字体斜体加下画线”宏。

（2）在本地其他工作簿中使用“字体斜体加下画线”宏

其操作步骤如下。

① 新建或打开一个工作簿。

② 单击“开发工具”选项卡“代码”选项组中的“宏”按钮，在打开的“宏”对话框中可以看到“字体斜体加下画线”宏。

③ 选中需要设置格式的单元格或单元格区域，然后执行“字体斜体加下画线”宏即可。

8.2 Visual Basic 编辑器

Visual Basic 编辑器 VBE（Visual Basic Editor）是编辑 VBA 代码时使用的界面。VBE 提供了完整的开发和调试环境，可以用于创建和编辑 VBA 程序代码。

8.2.1 启动 VBE 编辑窗口

用户可以使用以下 3 种方法在 Excel 中打开 VBE 窗口进行代码输入和编辑。

方法一：在工作表标签上单击鼠标右键，在弹出的快捷菜单中选择“查看代码”项，打开 VBE 窗口。

方法二：单击“开发工具”选项卡“代码”选项组中的“Visual Basic”按钮。

方法三：在工作表中使用【Alt+F11】组合键。

8.2.2 VBE 窗口的组成

VBE 窗口主要由菜单栏、工具栏、工程资源管理器窗口、代码窗口、属性窗口等组成，如图 8-11 所示。

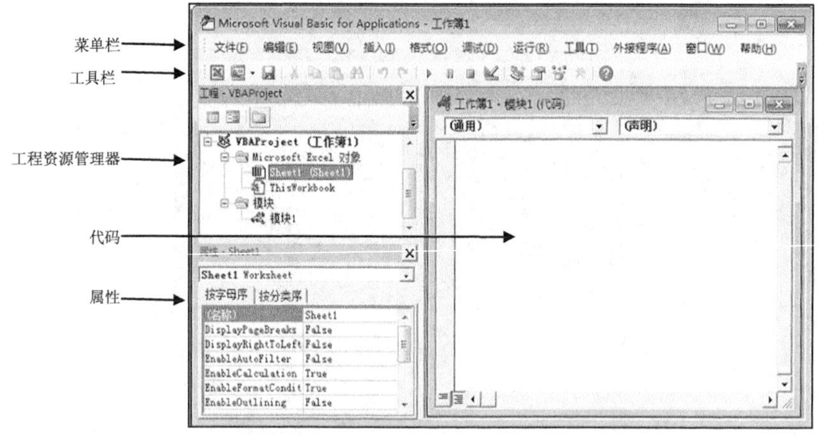

图 8-11

（1）工程资源管理器窗口

单击菜单栏中的“视图|工程资源管理器”即可打开工程资源管理器窗口。在该窗口中列出了该工作簿的所有模块，双击其中的一个模块，该模块相应的代码窗口就会显示出来。

（2）代码窗口

单击菜单栏中的“视图|代码窗口”即可打开代码窗口。在代码窗口中，可以编辑 VBA 程序代码。

（3）属性窗口

单击菜单栏中的“视图|属性窗口”即可打开属性窗口。在属性窗口中，列出了所选择对象的全部属性，可以按照“按字母序”和“按分类序”两种方法查看。用户可以直接在属性窗口中设置与

对象相关的属性。

8.2.3　在 VBE 中编写代码

VBE 窗口提供了完整的开发和调试 VBA 程序代码的环境。Excel 中的宏实际上就是一个 VBA 子过程，子过程名就是宏名。子过程定义格式为：

```
Sub 子过程名（[<形参列表>]）
    [<语句 1>]
    ......
    [<语句 n>]
End Sub
```

其中由[ ]所包含的部分表示可以省略。下面通过一个简单的 VBA 小程序来了解 VBA 代码编写的操作步骤。

视频 8-4

【例 8-3】在工作表 A2 单元格中输入一个圆的半径，单击按钮后在 B2 单元格输出该圆的面积。具体的操作步骤如下。

① 在工作表的 A1:B2 区域按图 8-12 所示输入内容。

② 使用【Alt+F11】组合键打开 VBE 窗口。

③ 在 VBE 中单击菜单“插入|模块”命令创建一个空白模块，将下面的子过程程序代码输入该模块中，以创建一个“计算圆面积”宏。

```
Sub 计算圆面积( )
    Dim r As Single, area As Single
    r=Range("A2").Value                    '获得 A2 单元格中的数据值
    area=3.14159*r*r                       '计算圆面积
    Range("B2").Value=area                 '将面积值写入 B2 单元格
End Sub
```

④ 切换到 Excel 环境，单击“开发工具”选项卡“控件”选项组中的“插入”按钮，选择表单控件中的“按钮（窗体控件）”，在工作表中绘制一个按钮，并指定执行刚刚创建的“计算圆面积”宏。

⑤ 在工作表中选中按钮，将按钮上显示的标题“按钮 1”修改为“计算”。

⑥ 此时单击“计算”按钮，即可在 B2 中输出面积值，如图 8-13 所示。修改 A2 单元格中圆的半径值，再次单击“计算”按钮，则 B2 单元格中输出新的圆面积。

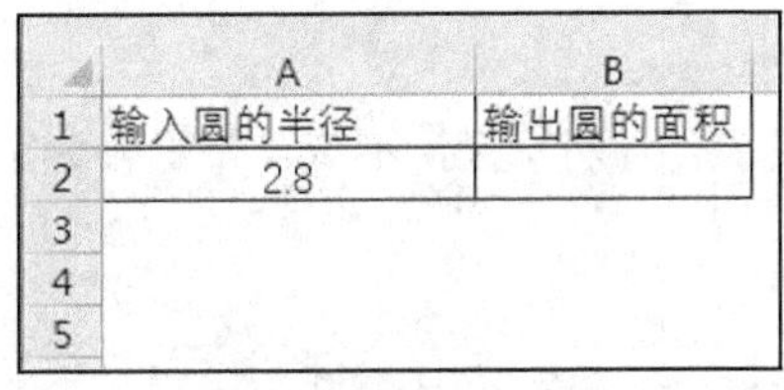

	A	B
1	输入圆的半径	输出圆的面积
2	2.8	
3		
4		
5		

图 8-12

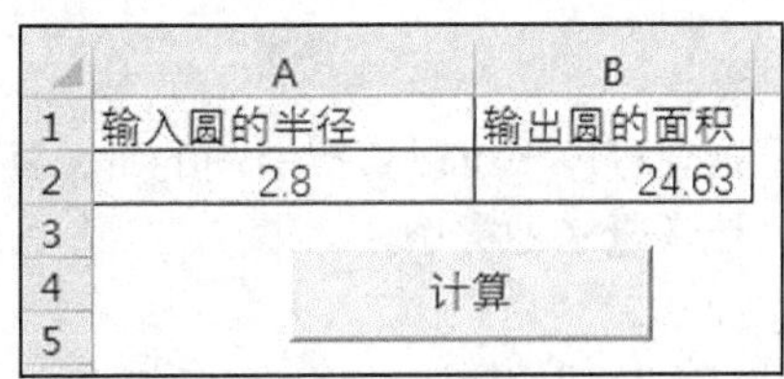

	A	B
1	输入圆的半径	输出圆的面积
2	2.8	24.63
3		
4	计算	
5		

图 8-13

说明：

- 在代码窗口中输入程序代码时，VBE 会根据情况显示不同的提示信息。
- 当输入控件名称后接着输入圆点字符“.”时，VBE 将自动弹出该控件可以使用的属性和方法列表，用户选择自己需要的属性或方法后，双击该属性或方法即可。
- 当输入函数时，VBE 自动列出该函数的使用格式，包括参数的提示信息。
- 当输入命令时，在关闭 VBE 窗口时，VBE 会自动检查命令代码的语法是否正确。

- Range 函数用来表示某个单元格，Range("A2")表示 A2 单元格；Range("B2")表示 B2 单元格。
- Value 是单元格的属性，可以通过 Value 属性获得单元格中的数值，语句 r = Range("A2").Value 表示将 A2 单元格中的数值赋给变量 r。
- 同样可以通过 Value 属性将某个数值写入单元格中，语句 Range("B2").Value = area 表示将变量 area 中的数值写入 B2 单元格中。

8.3 VBA 编程基础与程序结构

用户若要使用 VBA 编写程序代码，必须熟悉 VBA 编程语言的基础知识以及程序结构。

8.3.1 VBA 编程基础

使用 VBA 编写应用程序时，主要的处理对象是单元格中的各种数据，所以首先要掌握数据的类型和数据运算等基础知识。

1. 数据类型

VBA 支持多种数据类型，表 8-1 中列出了 VBA 程序中的基本数据类型，以及它们在计算机中所占用的字节数和取值范围等。

表 8-1 VBA 的数据类型

数据类型	类型标识	占用字节	取值范围
字节型	Byte	1 字节	0～255
整型	Integer	2 字节	-32768～32767
长整型	Long	4 字节	-2147483648～2147483647
单精度	Single	4 字节	-3.402823E38～3.402823E38
双精度	Double	8 字节	-1.79769313486232E308～1.79769313486232E308
日期型	Date	8 字节	100 年 1 月 1 日～9999 年 12 月 31 日
字符串型	String	不定	0～65535 个字符
布尔型	Boolean	2 字节	True、False
对象型	Object	4 字节	任何对象引用
变体型	Variant	不定	由最终的数据类型决定

2. 常量

常量是指在程序中可以直接引用的量，其值在程序运行期间保持不变。常量分为字面常量、符号常量和系统常量 3 种类型。

（1）字面常量

字面常量直接按照实际值出现在程序中，它的表示形式决定了其类型。常用的字面常量有以下几种类型。

- 数值常量：由数字组成，如 156、3.14、1.25E10。
- 字符串常量：由双引号括起来的字符串，如 "学生成绩管理系统" "Office"。
- 布尔常量：只有两个值 True 和 False。

（2）符号常量

符号常量是用标识符表示常量，它必须使用常量说明语句进行声明，符号常量声明语句的格式为：

```
Const 符号常量名 [As 类型名] =常量值
```

如果程序中多处使用了某个常量，将其声明成符号常量的好处是：一方面增加了程序的可读性；另一方面也便于程序的修改和维护，可以做到“一改全改”。

例如：

```
Const PI As Single = 3.14159
```

程序执行语句 s = r * r * PI 时，自动将 PI 用 3.14159 替换。

（3）系统常量

系统常量是系统预先定义的常量，用户可以直接引用。如系统对话框中的按钮常量，vbOK 代表确定，vbCancel 代表取消，vbIgnore 代表忽略，vbYes 代表是，vbNo 代表否等。

3. 变量

变量是指在程序运行期间取值可以变化的量。在程序中每个变量都用唯一的名称来标识，用户可以通过变量名来访问内存中的数据。

一个变量有 3 个基本要素：变量名、变量的数据类型和变量值。

（1）变量的命名规则

变量命名时应该遵守以下的规则。

- 变量名必须以英文字母或汉字为起始字符。
- 变量名可以包含字母、汉字、数字或下画线，但不能包含空格和标点符号。
- 变量名的长度不能超过 255 个字符，变量名不区分大小写。
- 变量名不能使用 VBA 的关键字。

例如，sum、a_1、成绩、x1 等都是合法的变量名，但是 5b、sum-1、a.3、a 1、if 都是不合法的变量名。

提示

变量命名最好遵循“见名知义”的原则，例如，name、age、sum 等，避免使用 a、b、c 这类含义不明确的变量名。

（2）变量的声明

一般来说，在程序中使用变量时需要先声明后使用。变量声明可以起到两个作用，一是指定变量的名称和数据类型；二是指定变量的取值范围。

① 显式变量声明。通常情况下，变量在使用之前需要声明，变量先声明后使用是一个良好的编程习惯。

显式声明变量的格式为：

```
Dim 变量名 [As 类型名] [, 变量名 [As 类型名], …]
```

变量声明的功能是定义变量并为其分配内存空间。其中，Dim 为关键字；As 用于指定变量的数据类型，如果缺省，则默认定义变量为变体型（Variant）。

例如：

```
Dim score As Integer
```

声明了一个整型变量 score。

```
Dim n As Integer, sum As Long, aver As Single, str As String, flag As Boolean, w
```

声明了整型变量 n，长整型变量 sum，单精度型变量 aver，字符串型变量 str，布尔型变量 flag，变体型变量 w。

② 隐式变量声明。隐式变量是指没有使用变量声明语句进行声明而直接使用的变量，隐式变量的数据类型是变体型（Variant）。

例如：

```
i = 0
```

因为没有为变量 i 声明数据类型，所以变量 i 是变体型（Variant），i 的值是 0。

提示　在 VBA 编程中应该尽量减少隐式变量的使用，大量使用隐式变量会增加识别变量的难度，为调试程序带来了困难。

③ 强制变量声明。建议用户使用显式变量声明，显式变量声明可以使程序更加清晰。通过设置强制显式声明变量的方法使用户必须显式声明变量。在 VBE 环境下选择菜单中的“工具|选项”命令，在打开的“选项”对话框中，勾选“编辑器”选项卡上的“要求变量声明”复选框后，单击“确定”按钮，则在代码区域中会出现语句 Option Explicit，该语句说明在输入程序时，所有的变量必须进行显式声明。

4. 数组

数组是由一组具有相同数据类型的变量组成的集合，数组中的变量称为数组元素。数组元素由变量名称和数组下标组成，在 VBA 中不允许隐式声明数组，必须用 Dim 语句显式声明数组。

（1）一维数组

一维数组的声明语句格式为：

Dim 数组名([下标下界 To]下标上界) [As 数据类型]

说明：

- 下标下界缺省值为 0。数组元素为：数组名(0)～数组名(下标上界)。
- 如果设置下标下界非 0，要使用 To 选项。

例如：

```
Dim a(5) As Integer
```

该语句声明了一个一维数组，数组的名称为 a，数据类型为整型，该数组包含 6 个数组元素，分别为 a(0)、a(1)、a(2)、a(3)、a(4)和 a(5)，数组下标为 0～5。

```
Dim b(1 To 5) As Single
```

该语句声明了一个一维数组，数组的名称为 b，数据类型为单精度，该数组包含 5 个数组元素，分别为 b(1)、b(2)、b(3)、b(4)和 b(5)，数组下标为 1～5。

（2）二维数组

二维数组的声明语句格式为：

```
Dim 数组名([下标下界1 To ]下标上界1, [下标下界2 To ]下标上界2) [As 数据类型]
```

如果省略下标下界，则默认值为 0。

例如：

```
Dim s(3,2) As Integer
```

该语句声明了一个二维数组，数组名称为 s，数据类型为整型，该数组包含 4 行（0～3）3 列（0～2）共 12 个数组元素，如表 8-2 所示。

表 8-2　二维数组 s 的数组元素排列示意表

	第 0 列	第 1 列	第 2 列
第 0 行	s(0, 0)	s(0, 1)	s(0, 2)
第 1 行	s(1, 0)	s(1, 1)	s(1, 2)
第 2 行	s(2, 0)	s(2, 1)	s(2, 2)
第 3 行	s(3, 0)	s(3, 1)	s(3, 2)

（3）数组元素的引用

数组声明后，用户可以在程序中使用数组元素。数组元素的引用格式为：

```
数组名(下标值)
```

其中，如果该数组是一维数组，则下标值的范围为“下标下界～下标上界”的整数值；如果该数组是多维数组，则下标值为多个用逗号分隔的整数序列，每个整数表示对应的下标值。

例如，可以引用前面声明的数组。

```
a(2)       '引用一维数组 a 中的第 3 个元素，数组下标下界为 0
b(2)       '引用一维数组 b 中的第 2 个元素，数组下标下界为 1
s(1, 2)    '引用二维数组 s 中的第 2 行第 3 列的元素，数组行列下标下界均为 0
```

5. 运算符

运算符是表示实现某种运算的符号，VBA 提供了多种类型的运算符，通过运算符与操作数组合成表达式，完成各种形式的运算和处理。根据运算形式的不同，可以将运算符分为算术运算符、关系运算符、逻辑运算符和字符串连接运算符。

（1）算术运算符

算术运算符用来执行算术运算。VBA 提供了 8 个算术运算符，如表 8-3 所示。

表 8-3　算术运算符

运算符	功能	优先级	示例	结果
^	乘幂	1	2^4	16
−	取负	2	−(−6)	6
*	乘法	3	3*5	15
/	除法	3	15/2	7.5
\	整除	4	15\2	7
Mod	取模	5	17 Mod 5	2
+	加法	6	3+5	8
−	减法	6	8−3	5

说明：

- 整除（\）运算时，如果参与运算的数不是整数，则系统先将带小数的数据进行四舍五入成为整数后再进行运算。例如，15.8\2.3 的值是 8。
- 取模（Mod）运算是求整数除法的余数，如果有小数，则系统先将带小数的数据进行四舍五入成为整数后再运算。例如，25.8 Mod 5 的值是 1。
- 优先级的值越小，所表示的优先级越高。优先级值为 1 代表了最高的优先级。

（2）关系运算符

关系运算符也称为比较运算符，用来比较两个表达式的值，比较的结果是逻辑值 True（真）或 False（假）。关系运算符有 7 个，它们的优先级均为 7，如表 8-4 所示。

表 8-4　关系运算符

运算符	运算	示例	结果
=	相等	5 = 3	False
>	大于	5 > 3	True
>=	大于等于	5 >= 5	True
<	小于	"B" < "A"	False
<=	小于等于	"AB" <= "A"	False
<>	不等于	"ABC" <> "abc"	True
Like	字符串匹配	"This" Like "*is"	True

说明：

- 数值型数据按照大小进行比较。
- 字符型数据自左向右按照其 ASCII 码值逐个进行比较，直到遇到不同字符或没有可比较的字符时结束。
- 汉字也是自左向右按照拼音字母序逐个进行比较，且汉字字符大于西文字符。

（3）逻辑运算符

逻辑运算符也称为布尔运算符，逻辑运算符是对逻辑值进行运算，结果为逻辑值（True 或 False）。逻辑运算符有 3 个，如表 8-5 所示。

表 8-5 逻辑运算符

运算符	运算	优先级	示例	结果
Not	非	8	Not False	True
And	与	9	5>2 And 3>4	False
Or	或	10	5>2 Or 3>4	True

说明：

- 当与运算（And）的两个逻辑值均为真（True）时，结果为真（True）；当其中任意一个值为假（False）时，结果为假（False）。
- 当或运算（Or）的两个逻辑值均为假（False）时，结果为假（False）；当其中任意一个值为真（True）时，结果为真（True）。

（4）字符串连接运算符

字符串连接运算符的作用是将两个字符串连接起来生成一个新的字符串。字符串连接运算符有“&”和“+”两种。

“&”运算符用来强制两个表达式作为字符串连接。运算符“&”两边的操作数可以是字符串型，也可以是数值型。如果操作数是数值型，系统先将其转换为字符串型，然后再进行连接运算。需要注意的是，在字符串变量后使用运算符“&”时，字符串变量与运算符“&”之间需要加一个空格。

例如：

```
Dim str As String
str = "中国" & "北京"              '结果为"中国北京"
str = "123" & "456"               '结果为"123456"
str = 123 & 456                   '结果为"123456"
str = "北京" & 2008 & "奥运会"     '结果为"北京2008奥运会"
```

“+”运算符用来连接两个字符串，形成一个新字符串。运算符“+”要求两边的操作数都是字符串。如果两边都是数值型操作数，则进行加法运算。

例如：

```
"123" + "456"                     '两个字符串连接，结果为"123456"
"123" + 456                       '出错
123 + 456                         '两个数相加，结果为579
```

提示　在 VBA 中，“+”既可以作为加法运算符，又可以作为字符串连接运算符。但是“&”是专用的字符串连接运算符，所以使用“&”比“+”更安全。

8.3.2　VBA 程序语句

VBA 程序是由 VBA 语句序列组成的。每一条语句是能够完成某个操作的命令，包括关键字、运算符、常量、变量和表达式等。

1. 语句的书写规则

在编写 VBA 语句时需要按照一定的规则来进行书写，主要的书写规则如下。

① 通常将一条语句书写在一行内。若语句较长时，可以使用续行符（空格加下画线）在下一行继续书写。

② 在同一行内可以书写多条语句，语句之间需要用冒号“:”进行分隔。

③ 语句中不区分字母的大小写。语句的关键字首字母自动转换成大写，其余字母转换为小写。

④ 语句中的所有符号和括号必须使用英文格式。

输入一行语句并按下【Enter】键后，VBA 会自动进行语法检查。如果语句中存在错误，则该行代码将以红色显示或有错误提示信息，用户需要及时改正错误。

2. 赋值语句

赋值语句是给某个变量赋予一个值或表达式。赋值语句格式为：

```
[Let] 变量名=表达式
```

功能：计算等号右端表达式的值，并将计算结果赋值给等号左端的变量。Let 是可选项，通常可以省略。

例如：

```
Dim r As Single, area As Single
r = 10                                   '变量 r 赋值为常量 10
area = r * r * PI                        '变量 area 赋值为计算圆面积的表达式
Range("B2").Value=area                   '将面积 area 值写入 B2 单元格
```

使用赋值语句时需要注意以下几个方面。

① 不能在一个赋值语句中同时给多个变量赋值。

例如，a=b=c=0 语句没有语法错误，但是运行结果是错误的。

② 赋值语句中的“=”为赋值号，表示赋值操作。不要与关系运算符的“=”混淆。

③ 赋值号左端只能是变量名称，不能是常量、常量标识符或表达式。

例如，$3=x+y$ 或 $x+y=3$ 都是错误的赋值语句。

3. 注释语句

注释语句用于对程序或语句的功能进行解释和说明，适当使用注释语句可以增强程序的可读性和可维护性。

在 VBA 程序中，可以使用以下两种方法添加注释语句。

① 使用 Rem 语句。格式为：Rem 注释语句

② 使用英文单引号'。格式为：'注释语句

注释语句可以写在某个语句之后，也可以独占一行。但是当在语句后用 Rem 语句格式进行注释时，必须在语句与 Rem 之间用一个冒号进行分隔。

例如：

```
Rem 求圆面积程序
Const PI=3.14159
Dim r As Single, area As Single
```

```
r=10                                        : Rem 给变量 r 赋值为常量 10
area=r*r*PI                                 '变量 area 赋值为计算圆面积的表达式
```

4. MsgBox 对话框

MsgBox 的功能是在一个对话框中显示消息，等待用户单击按钮，并返回一个整数值来告诉系统单击的是哪个按钮。MsgBox 分为函数和子过程两种调用格式，格式分别为：

① MsgBox 函数调用格式：MsgBox(prompt[,buttons][,title])

② MsgBox 子过程调用格式：MsgBox prompt[,buttons][,title]

参数说明：

- prompt：必需的参数项，显示在对话框内部的提示信息。
- buttons：用来指定对话框中按钮的数目和使用的图标类型，是可选项，默认值为 0。按钮设置值的含义如表 8-6 所示。

表 8-6　　MsgBox 中“buttons”值及含义

分组	常数	按钮值	描述
按钮数目	vbOKOnly	0	只显示“确定”按钮
	vbOKCancel	1	显示“确定”“取消”按钮
	vbAbortRetryIgnore	2	显示“终止”“重试”“忽略”按钮
	vbYesNoCancel	3	显示“是”“否”“取消”按钮
	vbYesNo	4	显示“是”“否”按钮
	vbRetryCancel	5	显示“重试”“取消”按钮
图标类型	vbCritical	16	显示红色停止图标
	vbQuestion	32	显示询问信息图标
	vbExclamation	48	显示警告信息图标
	vbInformation	64	显示信息图标

- title：在对话框标题栏显示的信息，是可选项，默认显示“Microsoft Excel”。

例如：

```
f=MsgBox("要退出吗?")
```

函数参数中没有指定按钮和标题，运行结果如图 8-14（a）所示。

```
f=MsgBox("要退出吗?", 4, "退出提示")
```

函数参数中的 4 表示显示“是”和“否”按钮，并指定了对话框的标题为“退出提示”，运行结果如图 8-14（b）所示。

```
f=MsgBox("要退出吗?", 4+32, "退出提示")
```

函数参数中的 32 表示显示询问信息图标，运行结果如图 8-14（c）所示。

（a）默认的按钮和标题

（b）指定按钮和标题后

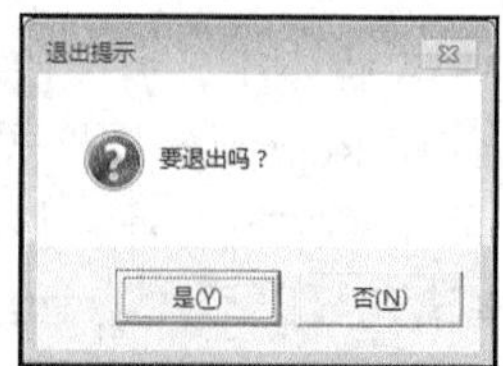

（c）指定图标类型后

图 8-14

使用 MsgBox 对话框时，需要注意 MsgBox 函数和 MsgBox 子过程的区别。MsgBox 函数用圆括号将参数括起来，并且该函数调用后会得到一个返回值，返回值的具体含义如表 8-7 所示；而

MsgBox 子过程中参数不需要圆括号括起来，并且没有返回值。

表 8-7　　MsgBox 函数的返回值

常数	返回值	单击的按钮
vbOK	1	确定
vbCancel	2	取消
vbAbort	3	终止
vbRetry	4	重试
vbIgnore	5	忽略
vbYes	6	是
vbNo	7	否

例如：

```
f=MsgBox("要退出吗?", 4, "退出提示")                '函数调用
MsgBox "要退出吗?", 4, "退出提示"                   '子过程调用
```

函数调用后一定会返回一个值，在这里函数调用后如果用户单击了对话框中的“是”按钮，*f* 的值为 6，如果单击了“否”按钮，则 *f* 的值为 7。

8.3.3　VBA 程序结构

程序是按照一定的结构来控制整个流程的。常用的程序控制结构可以分为 3 种：顺序结构、选择结构和循环结构。

1. 顺序结构

顺序结构是在程序执行时，按照程序中语句的书写顺序依次自上而下执行语句序列。

【例 8-4】设计一个子过程（宏）实现交换工作表中 A2 和 B2 两个单元格中的数据。

视频 8-5

① 在工作表的 A1:B2 单元格区域按图 8-15（a）所示输入内容。

② 使用【Alt+F11】组合键打开 VBE 窗口。

③ 单击菜单中的“插入|模块”命令创建一个空白模块，将下面的程序代码输入该模块中，以创建一个“两个单元格交换”宏。

```
Sub 两个单元格交换( )
    Dim a As Integer, b As Integer, t As Integer
    a = Range("A2").Value                  '将 A2 单元格中输入的值赋给变量 a
    b = Range("B2").Value                  '将 B2 单元格中输入的值赋给变量 b
    t = a: a = b: b = t                    '实现变量 a 与变量 b 的值交换
    Range("A2").Value = a                  '将变量 a 的值赋给 A2 单元格
    Range("B2").Value = b                  '将变量 b 的值赋给 B2 单元格
End Sub
```

④ 切换到 Excel 环境，单击“开发工具”选项卡“控件”选项组中的“插入”按钮，选择表单控件中的“按钮（窗体控件）”，在工作表中绘制一个按钮，并指定执行刚刚创建的“两个单元格交换”宏。

⑤ 在工作表中选中按钮，将按钮上显示的标题修改为“交换”。

⑥ 这时单击“交换”按钮可以看到交换了 A2 和 B2 两个单元格中的数据，如图 8-15（b）所示。

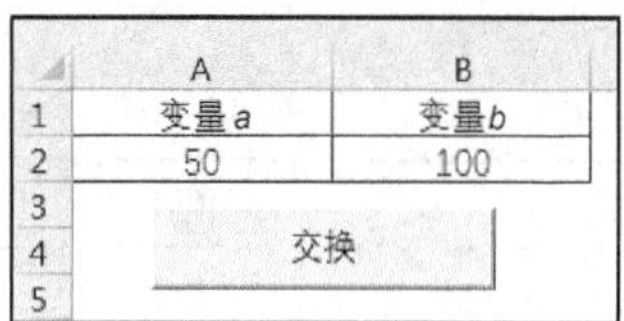

（a）单击按钮前

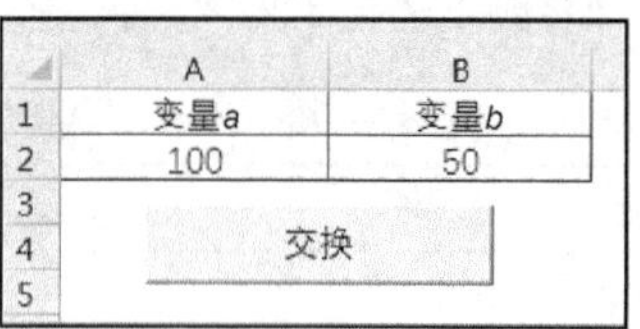

（b）单击按钮后

图 8-15

2. 选择结构

选择结构是在程序执行时，根据不同的条件选择执行不同的程序语句。选择结构有以下 4 种形式。

（1）两个分支的 If 语句

两个分支 If 语句的格式为：

```
If 条件表达式 Then
    语句序列 1
Else
    语句序列 2
End If
```

功能：先计算条件表达式的值，当条件表达式的值为真（True）时，执行语句序列 1 中的语句，然后执行 End If 语句之后的语句；当条件表达式的值为假（False）时，执行语句序列 2 中的语句，然后执行 End If 语句之后的语句，其执行过程如图 8-16 所示。

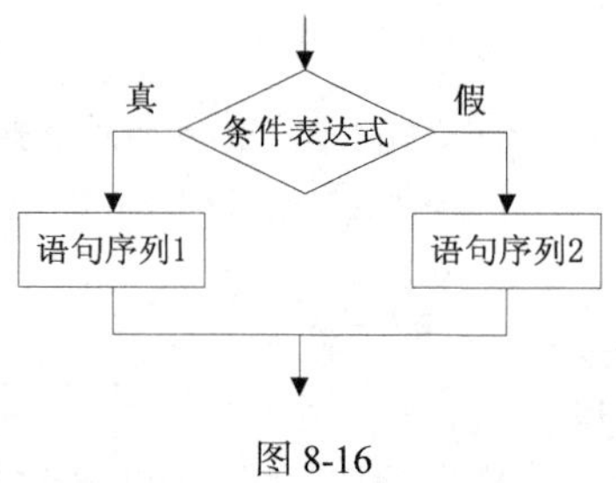

图 8-16

视频 8-6

【例 8-5】设计一个子过程（宏）实现比较工作表中 A2 和 B2 两个单元格中的数值的大小，单击命令按钮后通过对话框输出两个数中较大的数。

① 在工作表的 A1:B2 单元格区域中按图 8-17（a）所示输入内容。

② 使用【Alt+F11】组合键打开 VBE 窗口。

③ 单击菜单中的“插入|模块”命令创建一个空白模块，将下面的程序代码输入该模块中，以创建一个“比较两个数值大小”宏。

```
Sub 比较两个数值大小( )
    Dim a As Integer, b As Integer
    a = Range("A2").Value              '将 A2 单元格中输入的值赋给变量 a
    b = Range("B2").Value              '将 B2 单元格中输入的值赋给变量 b
    If (a>b) Then
        MsgBox a & “较大”              '通过对话框输出 a 较大
    else
        MsgBox b & “较大”              '通过对话框输出 b 较大
    EndIf
```

```
End Sub
```

④ 切换到 Excel 环境，单击“开发工具”选项卡“控件”选项组中的“插入”按钮，选择表单控件中的“按钮（窗体控件）”，在工作表中绘制一个按钮，并指定执行刚刚创建的“比较两个数值大小”宏。

⑤ 在工作表中选中按钮，将按钮上显示的标题修改为“比较”。

⑥ 这时单击“比较”按钮后将弹出一个对话框显示较大的数，如图 8-17（b）所示。

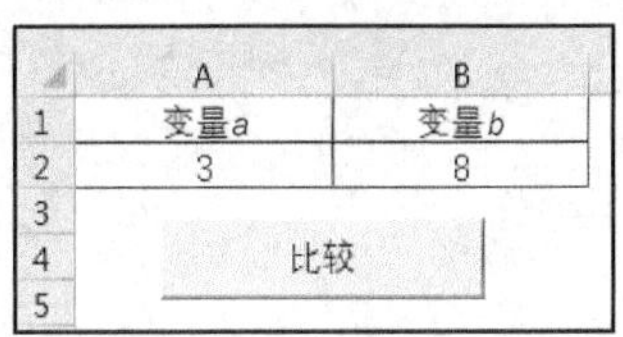

（a）工作表中的数据

（b）在对话框中输出比较结果

图 8-17

【例 8-6】设计一个子过程（宏）实现在 A2 单元格中输入年份，单击按钮后通过对话框输出该年份是否为闰年。如果年份能够被 4 整除并且不能被 100 整除，或者能被 400 整除则该年是闰年。

① 在工作表的 A1:A2 单元格区域中按图 8-18（a）所示输入内容。

② 使用【Alt+F11】组合键打开 VBE 窗口。

③ 单击菜单中的“插入|模块”命令创建一个空白模块，将下面的程序代码输入该模块中，以创建一个“判断闰年”宏。

```
Sub 判断闰年( )
   Dim y As Integer
   y = Range("A2").Value
   If y Mod 4 = 0 And y Mod 100 <> 0 Or y Mod 400 = 0 Then          '判断闰年表达式
         MsgBox Str(y) +"年是闰年"                  '整型变量 y 必须转换成字符串后才能用+进行连接
   Else
         MsgBox Str(y) + "年不是闰年"
   End If
End Sub
```

④ 切换到 Excel 环境，单击“开发工具”选项卡“控件”选项组中的“插入”按钮，选择表单控件中的“按钮（窗体控件）”，在工作表中绘制一个按钮，并指定执行刚刚创建的“判断闰年”宏。

⑤ 在工作表中选中按钮，将按钮上显示的标题修改为“判断闰年”。

⑥ 这时单击“判断闰年”按钮后将弹出一个对话框显示该年份是否为闰年，如图 8-18（b）所示。

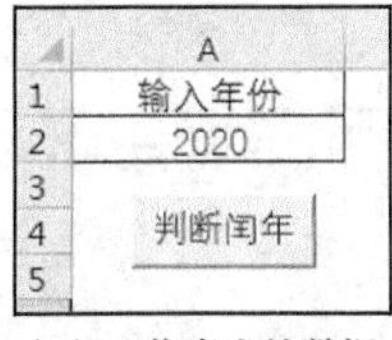

（a）工作表中的数据

（b）在对话框中输出结果

图 8-18

（2）单分支 If 语句

单分支 If 语句格式为：

```
If 条件表达式 Then
```

```
    语句序列
End If
```

功能：先计算条件表达式的值，当条件表达式的值为真（True）时，执行语句序列。执行完语句序列后，将执行 End If 语句之后的语句；当条件表达式的值为假（False）时，直接执行 End If 语句之后的语句。其执行过程如图 8-19 所示。

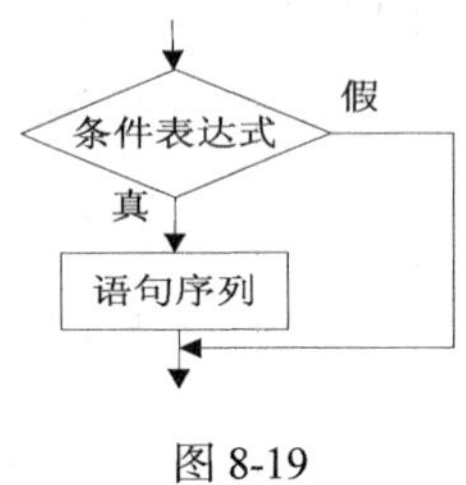

图 8-19

视频 8-7

【例 8-7】设计一个子过程（宏）实现在工作表的 A2 单元格输入 *x* 的值，单击命令按钮后在 B2 单元格中显示 *x* 的绝对值。

① 在工作表的 A1:B2 单元格区域中按图 8-20（a）所示输入内容。

② 使用【Alt+F11】组合键打开 VBE 窗口。

③ 单击菜单中的“插入|模块”命令创建一个空白模块，将下面的程序代码输入该模块中，以创建一个“求绝对值”宏。

```
Sub 求绝对值( )
   Dim x As Integer
   x= Range("A2").Value                    '将 A2 单元格中输入的值赋给变量 x
   If x < 0 Then
         x = -x                            '如果 x 的值小于 0，则将-x 赋给 x
   End If
   Range("B2").Value =x                    '将 x 的绝对值赋给 B2 单元格
End Sub
```

④ 切换到 Excel 环境，单击“开发工具”选项卡“控件”选项组中的“插入”按钮，选择表单控件中的“按钮（窗体控件）”，在工作表中绘制一个按钮，并指定执行刚刚创建的“求绝对值”宏。

⑤ 在工作表中选中按钮，将按钮上显示的标题修改为“计算绝对值”。

⑥ 这时单击按钮将在 B2 单元格中显示 *x* 的绝对值，如图 8-20（b）所示。

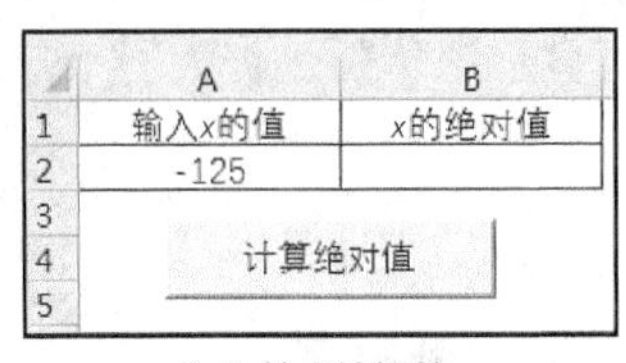

	A	B
1	输入x的值	x的绝对值
2	-125	
3		
4	计算绝对值	
5		

（a）单击按钮前

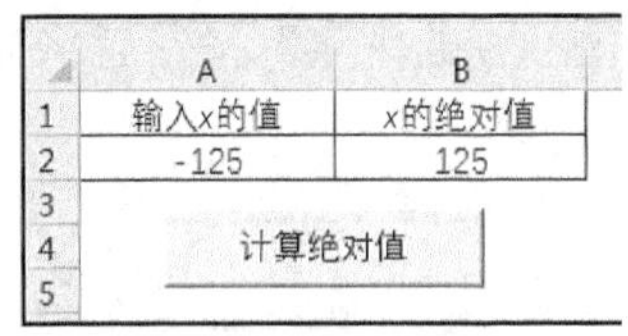

	A	B
1	输入x的值	x的绝对值
2	-125	125
3		
4	计算绝对值	
5		

（b）单击按钮后

图 8-20

（3）多分支 If 语句

当判断分支的条件比较复杂时，可以使用多分支语句形式。语句格式为：

```
If 条件表达式 1  Then
    语句序列 1
ElseIf 条件表达式 2  Then
    语句序列 2
```

```
......
ElseIf 条件表达式 n  Then
    语句序列 n
[ Else
    语句序列 n+1 ]
End If
```

功能：依次判断各个条件表达式的值，当出现某个条件表达式的值为真（True）时，执行其对应的语句序列，然后执行 End If 语句之后的语句；如果所有条件表达式的值都为假（False），则执行语句序列 *n*+1，然后执行 End If 语句之后的语句。其执行过程如图 8-21 所示。

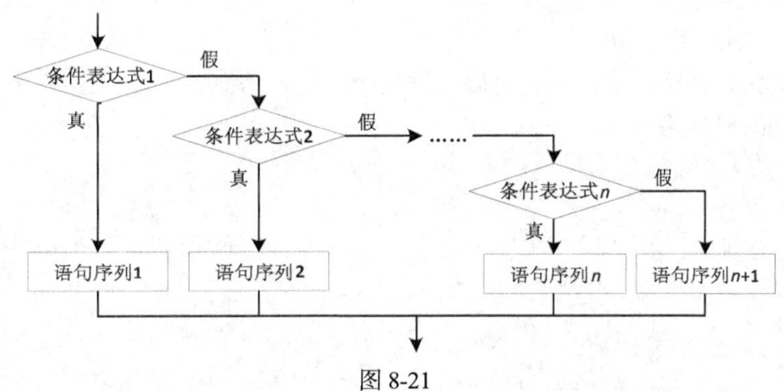

图 8-21

【例 8-8】设计一个子过程（宏）实现在工作表 A2 单元格中输入一个学生的成绩，单击命令按钮后通过对话框输出该学生的成绩评定结果。成绩：90～100 分为“优秀”；80～89 分为“良好”；70～79 分为“中等”；60～69 分为“及格”；0～59 分为“不及格”。

视频 8-8

① 在工作表的 A1:A2 单元格区域中按图 8-22（a）所示输入内容。

② 使用【Alt+F11】组合键打开 VBE 窗口。

③ 单击菜单中的“插入|模块”命令创建一个空白模块，将下面的程序代码输入该模块中，以创建一个“成绩等级评定”宏。

```
Sub  成绩等级评定( )
    Dim score As Integer
    score = Range("A2").Value                    '将 A2 单元格中输入的成绩赋给变量 score
    If score >= 90 Then
         MsgBox "优秀"                            'score 大于等于 90，则输出优秀
    ElseIf score >= 80 Then
         MsgBox "良好"
    ElseIf score >= 70 Then
         MsgBox "中等"
    ElseIf score >= 60 Then
         MsgBox "及格"
    Else
         MsgBox "不及格"
    End If
End Sub
```

④ 切换到 Excel 环境，单击“开发工具”选项卡“控件”选项组中的“插入”按钮，选择表单控件中的“按钮（窗体控件）”，在工作表中绘制一个按钮，并指定执行刚刚创建的“成绩等级评定”宏。

⑤ 在工作表中选中按钮，将按钮上显示的标题修改为“评定等级”。

⑥ 这时单击按钮后将弹出一个对话框输出该学生的成绩评定结果，如图 8-22（b）所示。

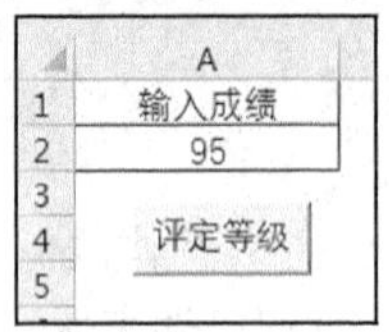

（a）工作表中的数据

（b）在对话框中输出评定等级

图 8-22

（4）多路分支 Select Case 语句

Select Case 语句是多路分支语句，可以根据多个表达式的值，从多个操作中选择一个对应的执行，多路分支语句的格式为：

```
Select Case 表达式
    Case 条件表达式 1
        语句序列 1
    Case 条件表达式 2
        语句序列 2
        ……
    Case 条件表达式 n
        语句序列 n
    [Case Else
        语句序列 n+1
End Select
```

功能：先计算表达式的值，如果表达式的值与第 i（$i = 1，2，\cdots，n$）个 Case 条件表达式的值匹配，则执行语句序列 i 中的语句；如果表达式的值与所有条件表达式中的值都不匹配，则执行语句序列 n+1，其执行过程如图 8-23 所示。

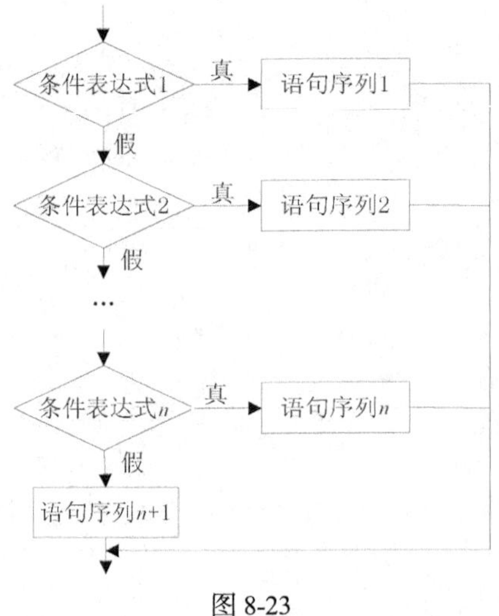

图 8-23

说明：Select Case 后面的表达式只能是数值型或字符型，而且 Case 语句是依次测试的，执行了第 1 个匹配的 Case 语句序列，后面即使再有符合条件的分支也不被执行。Case 后面的表达式可以采用以下的形式。

- 表达式
- 用逗号分隔开的一组枚举表达式
- 表达式 1 To 表达式 2
- Is 关系运算符表达式

例如，将【例 8-8】中的成绩等级评定采用 Select Case 多分支语句编写实现。

当输入的成绩为 85 时，运行结果如图 8-24 所示。程序代码如下：

```
Sub  成绩等级评定( )
    Dim score As Integer
    Dim grade As String                    '定义字符串变量 grade，用来存储不同的等级
    score = Range("A2").Value
    Select Case score
          Case Is >= 90
                grade = "优秀"
          Case 80 To 89
                grade = "良好"
          Case 70 To 79
                grade = "中等"
          Case 60, 61, 62, 63, 64, 65, 66, 67, 68, 69
                grade = "及格"
          Case Else
                grade = "不及格"
    End Select
    MsgBox "成绩等级为：" + grade               '字符串连接
End Sub
```

3. 循环结构

在实际的编程过程中，某些语句需要重复执行多次，解决这类问题时需要使用循环结构。VBA 提供了多种形式的循环语句。

（1）For…Next 语句

用 For…Next 语句可以将一段程序重复执行指定的次数，该语句的一般格式为：

```
For 循环变量=初值 To 终值 [Step 步长]
    循环体
Next [循环变量]
```

图 8-24

For…Next 语句的执行过程如图 8-25 所示。

① 将初值赋值给循环变量。

② 将循环变量与终值比较，如果没有超出终值，则执行循环体中的语句，否则终止循环，执行 Next 后面的语句。

③ 执行到 Next 时，循环变量增加步长，即循环变量=循环变量+步长，程序转到②执行。当步长缺省时，步长的默认值为 1。

例如，计算 1+2+3+…+10 的累加和，可以使用下面这段代码实现：

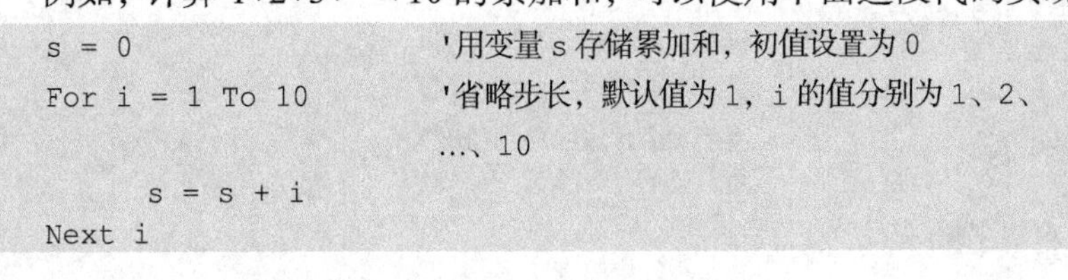

```
s = 0                        '用变量 s 存储累加和，初值设置为 0
For i = 1 To 10              '省略步长，默认值为 1，i 的值分别为 1、2、
                             …、10
     s = s + i
Next i
```

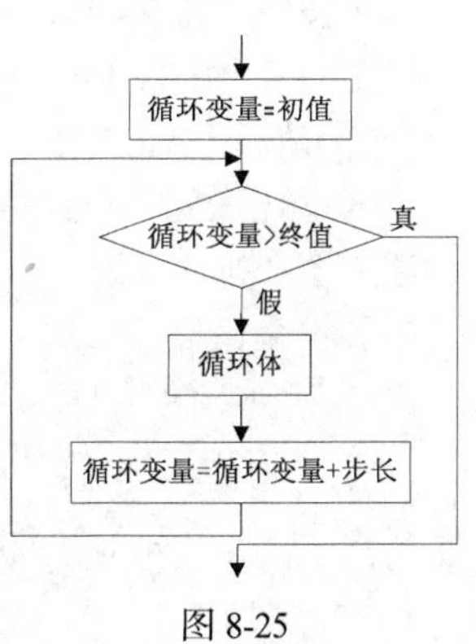

图 8-25

例如，计算 100 以内偶数的累加和，即 2+4+6+…+100，可以使用下面这段代码实现

```
s = 0                          '用变量 s 存储累加和，初值设置为 0
For i = 2 To 100 step 2        '步长为 2，i 的值分别为 2、4、6、…、100
    s = s + i
Next i
```

【例 8-9】设计一个子过程（宏）实现在工作表 A2 单元格输入一个大于 0 的整数 *n*，单击命令按钮后在 B2 单元格中计算出 1+2+3+…+*n* 的累加和。

视频 8-9

① 在工作表的 A1:B2 单元格区域中按图 8-26（a）所示输入内容。

② 使用【Alt+F11】组合键打开 VBE 窗口。

③ 单击菜单中的“插入|模块”命令创建一个空白模块，将下面的程序代码输入该模块中，以创建一个“求累加和”宏。

```
Sub  求累加和( )
    Dim i As Integer, n As Integer, s As Integer
    n = Range("A2").Value                  '获得输入的 n 值
    s = 0                                  '用变量 s 存储求和的结果，初值设置为 0
    For i = 1 To n                         '省略步长，默认值为 1，i 的值分别为 1、2、3、…、n
        s = s + i
    Next i
    Range("B2").Value =s                   '将累加和赋给 B2 单元格
End Sub
```

④ 切换到 Excel 环境，单击“开发工具”选项卡“控件”选项组中的“插入”按钮，选择表单控件中的“按钮（窗体控件）”，在工作表中绘制一个按钮，并指定执行刚刚创建的“求累加和”宏。

⑤ 在工作表中选中按钮，将按钮上显示的标题修改为“计算累加和”。

⑥ 这时单击按钮将在 B2 单元格中显示 1+2+3+…+*n* 的累加和计算结果，如图 8-26（b）所示。

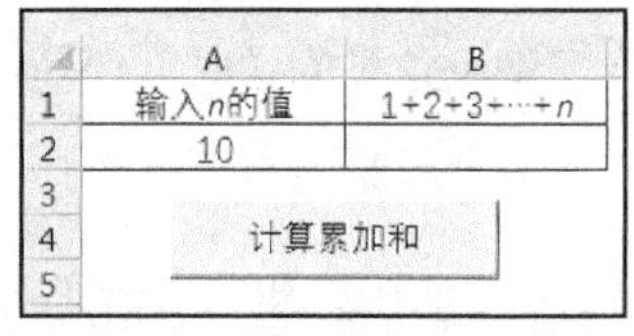

（a）单击按钮前

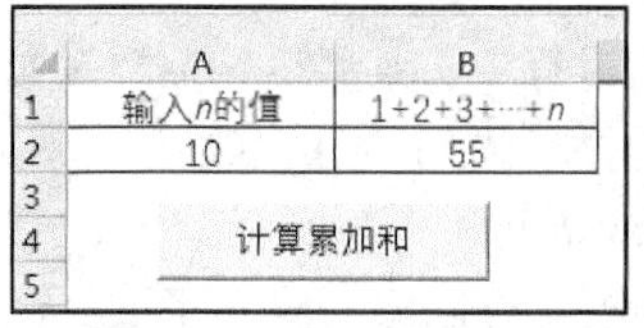

（b）单击按钮后

图 8-26

【例 8-10】设计一个子过程（宏）实现在工作表 A1:A10 单元格区域中任意输入 10 个整数，单击命令按钮后将它们从小到大排序。

① 在工作表的 A1:A10 区域按图 8-26（a）所示输入 10 个整数。

② 使用【Alt+F11】组合键打开 VBE 窗口。

③ 单击菜单中的“插入|模块”命令创建一个空白模块，将下面的程序代码输入该模块中，以创建一个“排序”宏。

```
Sub 排序()
    Dim arr(1 to 10) As Integer, t As Integer
    Dim i As Integer, j As Integer
    For i = 1 To 10
        arr(i) = Range("A" & i)            '单元格区域保存到数组中
    Next

    For i = 1 To 9                         '双循环排序
```

```
        For j = i + 1 To 10
            If arr(j) < arr(i) Then
                t = arr(i)           '交换数据
                arr(i) = arr(j)
                arr(j) = t
            End If
        Next
    Next
    For i = 1 To 10                  '数组赋值给单元格区域
        Range("A" & i) = arr(i)
    Next
End Sub
```

④ 切换到 Excel 环境，单击“开发工具”选项卡“控件”选项组中的“插入”按钮，选择表单控件中的“按钮（窗体控件）”，在工作表中绘制一个按钮，并指定执行刚刚创建的“排序”宏。

⑤ 在工作表中选中按钮，将按钮上显示的标题修改为“从小到大排序”。

⑥ 这时单击按钮可以实现将这 10 个整数将从小到大排序，如图 8-27 所示。

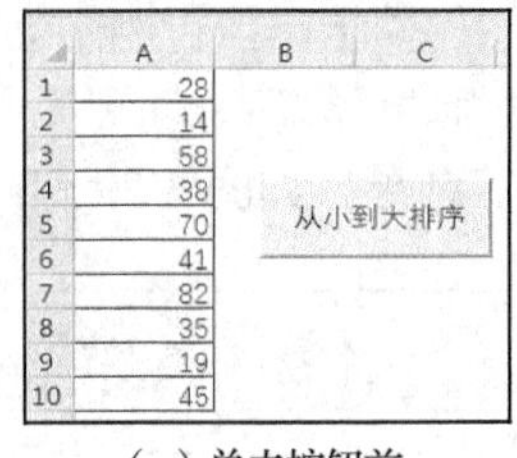

（a）单击按钮前

（b）单击按钮后

图 8-27

（2）Do While…Loop 语句

For…Next 循环适合于事先知道循环次数的情况。如果事先不知道循环次数，但是知道循环的条件，可以使用 Do While…Loop 语句。语句格式为：

```
Do While 条件表达式
    循环体
Loop
```

Do While…Loop 语句的执行过程如图 8-28 所示。

① 判断条件是否成立。如果条件成立，则执行循环体中的语句；否则终止循环，执行 Loop 后面的语句。

② 执行到 Loop 语句，转到①继续执行。

Do While…Loop 循环语句的几点说明：

- Do While…Loop 循环语句本身不能修改循环条件，所以必须在循环体内设置相应的语句来修改循环条件，使得整个循环趋于结束，避免出现死循环。
- Do While…Loop 循环语句先对条件进行判断，如果条件成立，则执行循环体；否则一次也不执行循环体。

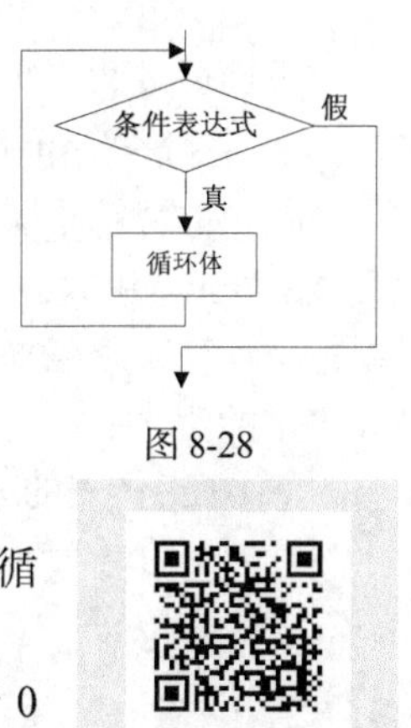

图 8-28

视频 8-10

【例 8-11】设计一个子过程（宏）实现在工作表 A2 单元格输入一个大于 0 的整数 n，单击命令按钮后在 B2 单元格中计算出 n 的阶乘，即 1*2*3*…*n 的值。

① 在工作表的 A1:B2 单元格区域中按图 8-29（a）所示输入内容。

② 使用【Alt+F11】组合键打开 VBE 窗口。

③ 单击菜单中的“插入|模块”命令创建一个空白模块，将下面的程序代码输入该模块中，以创建一个“求阶乘”宏。

```
Sub 求阶乘( )
    Dim i As Integer, n As Integer
    Dim f As Double                 '阶乘的结果 f 可能会超出整型范围，所以定义为双精度型
    n = Range("A2").Value           '获得输入的 n 值
    i = 1                           '循环变量初始值为 1
    f = 1                           '阶乘的初始值设为 1
    Do While i <= n
        f = f * i                   '连乘
        i = i + 1                   '修改循环变量的值
    Loop
    Range("B2").Value = f           '将阶乘的结果赋给 B2 单元格
End Sub
```

④ 切换到 Excel 环境，单击“开发工具”选项卡“控件”选项组中的“插入”按钮，选择表单控件中的“按钮（窗体控件）”，在工作表中绘制一个按钮，并指定执行刚刚创建的“求阶乘”宏。

⑤ 在工作表中选中按钮，将按钮上显示的标题修改为“计算阶乘”。

⑥ 这时单击按钮将在 B2 单元格中显示 *n* 的阶乘计算结果，如图 8-29（b）所示。

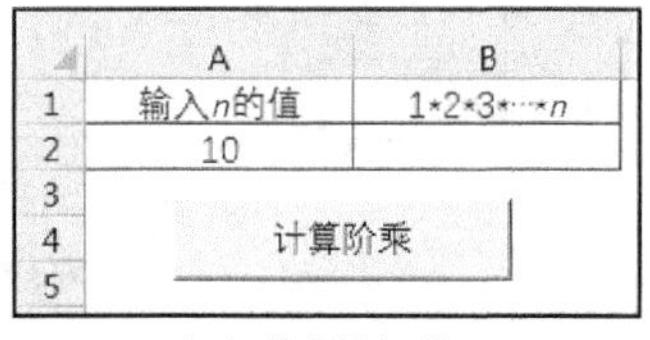

	A	B
1	输入*n*的值	1*2*3*…*n
2	10	
3		
4	计算阶乘	
5		

（a）单击按钮前

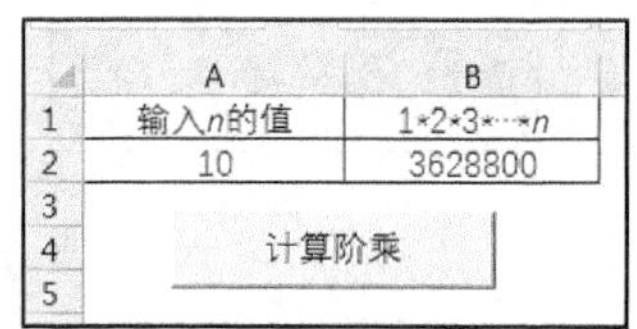

	A	B
1	输入*n*的值	1*2*3*…*n
2	10	3628800
3		
4	计算阶乘	
5		

（b）单击按钮后

图 8-29

8.4 VBA 程序设计实例

下面通过两个实例进一步了解 VBA 程序设计。

1. 一个简单的计算器

这里以日常生活中计算器实现加、减、乘、除四则运算为例。要求设计一个子过程实现在工作表 A2 单元格输入一个数，在 B2 单元格中选择运算符（+、-、*、/），在 C2 单元格中输入另一个数，单击“计算”命令按钮后在 E2 单元格中输出计算结果，单击“清除结果值”命令按钮后清除 E2 单元格中的值。

① 在工作表的 A1:E2 单元格区域中按图 8-30 所示输入内容。

	A	B	C	D	E
1	数据1	运算符	数据2		计算结果
2	12	+	5	=	
3					
4	计算		清除结果值		
5					

图 8-30

② 选中 B2 单元格，单击“数据”选项卡“数据工具”选项组中的“数据验证”按钮，打开“数据验证”对话框，如图 8-31 所示。将“允许”下拉组合框设置为“序列”，在“来源”文本框中输入“+,-,*,/”（注意这里的逗号必须是英文符号），单击“确定”按钮，实现在 B2 单元格下拉选择运算符。

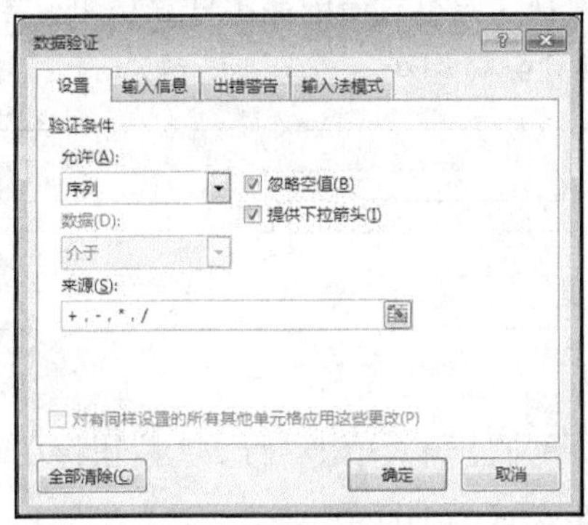

图 8-31

③ 使用【Alt+F11】组合键打开 VBE 窗口。

④ 单击菜单中的“插入|模块”命令创建一个空白模块，将下面的程序代码输入该模块中，以创建“计算器”宏和“清除结果”宏。

```
Sub 计算器()
    Dim n1 As Single, n2 As Single, n3 As Single
    Dim op As String
    n1 = Range("A2").Value                          '第 1 个数赋值给 n1
    n2 = Range("C2").Value                          '第 2 个数赋值给 n2
    op = Range("B2").Value                          '运算符赋值给 op
    Select Case op                                  '根据运算符 op 产生不同的分支
        Case "+"
            n3 = n1 + n2
        Case "-"
            n3 = n1 - n2
        Case "*"
            n3 = n1 * n2
        Case "/"
            If n2 = 0 Then                          '判断除数是否为 0
                MsgBox "除数不能为 0! ", vbOKOnly + vbCritical, "警告"
            Else
                n3 = n1 / n2
            End If
    End Select
    Range("E2").Value = n3
End Sub

Sub 清除结果()
    Dim k As Integer
    k=msgbox("确定要清除吗", 4+32)
    If k = 6 Then                                   '如果单击了“是”按钮
        Range("E2").Value = ""                      '清空 E2 单元格
    End If
End Sub
```

⑤ 切换到 Excel 环境，单击“开发工具”选项卡“控件”选项组中的“插入”按钮，选择表单控件中的“按钮（窗体控件）”，在工作表中绘制两个按钮，分别指定执行刚刚创建的“计算器”宏和“清除结果”宏。

⑥ 在工作表中分别选中按钮，将按钮上显示的标题修改为“计算”和“清除结果值”。

⑦ 这时单击“计算”按钮将在 E2 单元格中显示计算结果，单击“清除结果值”按钮将把 E2 单元格中的计算结果值清除，如图 8-32 所示。

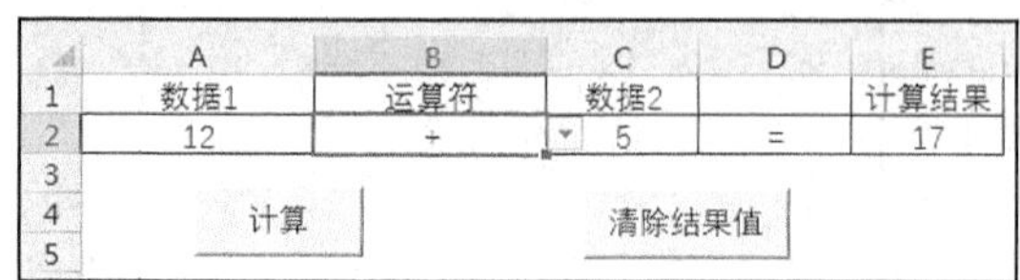

图 8-32

修改数据 1、运算符及数据 2 的值，再次单击“计算”按钮将在 E2 单元格中重新显示计算结果。

2. 在学生成绩工作表中完成总成绩的计算

在学生成绩数据（字段有班级、姓名、高等数学、英语、物理、总成绩）中已经填写了各学生各门课程的考试成绩，如图 8-33 所示。要求设计一个子过程实现“总成绩”列的计算，实现单击“计算总分”命令按钮后完成计算。

	A	B	C	D	E	F
1	班级	姓名	高等数学	英语	物理	总成绩
2	财务01	宋洪博	73	68	87	
3	财务01	刘丽	61	68	87	
4	财务01	陈涛	88	93	78	
5	财务01	侯明斌	84	78	88	
6	财务01	李淑子	98	92	91	
7	财务01	李媛媛	96	87	78	
8	财务02	冯天民	70	77	89	
9	财务02	李小明	57	70	71	
10	财务02	张喆	71	71	67	
11	财务02	胡涛	97	70	67	
12	财务02	徐春雨	85	49	86	
13	财务03	王毅刚	96	82	86	
14	财务03	郭东斌	60	77	71	
15	财务03	张荣伟	57	98	89	
16	财务03	马垚	78	97	77	

图 8-33

① 打开学生成绩数据工作表。

② 使用【Alt+F11】组合键打开 VBE 窗口。

③ 单击菜单中的“插入|模块”命令创建一个空白模块，将下面的程序代码输入该模块中，以创建“计算总成绩”宏。

```
Sub 计算总成绩()
    Dim math As Integer, english As Integer, physics As Integer
    Dim i As Integer
    For i = 2 To 16                               '计算第 2 行到第 16 行
        math = Range("C" & i).Value               '高等数学成绩
        english = Range("D" & i).Value            '英语成绩
        physics = Range("E" & i).Value            '物理成绩
        Range("F" & i).Value=math+english+physics
```

```
    Next
End Sub
```

④ 切换到 Excel 环境，单击“开发工具”选项卡“控件”选项组中的“插入”按钮，选择表单控件中的“按钮（窗体控件）”，在工作表中绘制一个按钮，并指定执行刚刚创建的“计算总成绩”宏。

⑤ 在工作表中选中按钮，将按钮上显示的标题修改为“计算总成绩”。

⑥ 这时单击按钮将在总成绩列中显示计算结果，如图 8-34 所示。

	A	B	C	D	E	F	G	H
1	班级	姓名	高等数学	英语	物理	总成绩		
2	财务01	宋洪博	73	68	87	228	计算总成绩	
3	财务01	刘丽	61	68	87	216		
4	财务01	陈涛	88	93	78	259		
5	财务01	侯明斌	84	78	88	250		
6	财务01	李淑子	98	92	91	281		
7	财务01	李媛媛	96	87	78	261		
8	财务02	冯天民	70	77	89	236		
9	财务02	李小明	57	70	71	198		
10	财务02	张喆	71	71	67	209		
11	财务02	胡涛	97	70	67	234		
12	财务02	徐春雨	85	49	86	220		
13	财务03	王毅刚	96	82	86	264		
14	财务03	郭东斌	60	77	71	208		
15	财务03	张荣伟	57	98	89	244		
16	财务03	马垚	78	97	77	252		

图 8-34

课堂实验

实验一　宏实验

一、实验目的

1. 掌握在 Excel 工作簿中录制宏和执行宏的方法。
2. 熟悉在 VBE 中查看已录制宏的方法。

二、实验内容

打开实验素材中的文件“实验 8-1.xlsx”，完成下列宏操作。

1. 录制一个宏自动完成高级筛选，然后在 VBE 中查看该宏的代码。

要求录制宏对“高级筛选”工作表中的学生录取信息实施高级筛选。其中 A2:C3 为高级筛选条件区域；之后只需要设置好筛选条件，单击“筛选”按钮就能自动完成筛选。

样张：

	A	B	C	D	E	F	G	H	I
1	筛选条件								
2	班级	院校所在地区	分数线		筛选				
3	高三(1)	华南	本科1批						
4									
5	班级	姓名	录取院校	院校所在地区	院校所在城市	录取专业	高考总分	分数线	成绩排名
6	高三(1)	李阳	昆明理工大学	西南	昆明	金融学	649	本科2批	74
7	高三(1)	晏肃冰	海南大学	华南	海口	海洋科学	599	本科2批	245
8	高三(1)	潘珂	北京邮电大学	华北	北京	信息安全	598	本科2批	253
9	高三(1)	张炜	武汉大学	华中	武汉	化学类	684	本科1批	4
10	高三(1)	陈韶光	华中科技大学	华中	武汉	光信息科学与技术	648	本科2批	79
11	高三(1)	侣琳琅	上海财经大学	华北	北京	金融工程	635	本科2批	106
12	高三(1)	徐晖	西北民族大学	西北	兰州	口腔医学	612	本科2批	186
13	高三(1)	巫溪	上海交通大学	华东	上海	电气信息类	615	本科2批	179

提示

① 开始录制后，执行高级筛选，完成后停止录制。

② 创建一个按钮并指定该宏。

③ 修改条件区域的内容后再次单击按钮，便可以得到新条件的筛选结果。

2. 录制一个宏自动完成所有学生成绩排名的计算，然后在 VBE 中查看宏的代码。

要求创建 2 个宏并指定给“成绩排名”工作表中相应的按钮；

- 计算成绩排名：单击该按钮可以自动计算出每个学生的成绩排名。
- 清空成绩排名：单击该按钮可以清空成绩排名列中数据。

样张：

	A	B	C	D	E	F	G	H	I	J	K
1	班级	姓名	录取院校	院校所在地区	院校所在城市	录取专业	高考总分	成绩排名			
2	高三(1)	李阳	昆明理工大学	西南	昆明	金融学	649				
3	高三(1)	晏肃冰	海南大学	华南	海口	海洋科学	599			计算成绩排名	
4	高三(1)	潘珂	北京邮电大学	华北	北京	信息安全	598				
5	高三(1)	张炜	武汉大学	华中	武汉	化学类	684				
6	高三(1)	陈韶光	华中科技大学	华中	武汉	光信息科学与技术	648			清空成绩排名	
7	高三(1)	倡琳琅	上海财经大学	华北	北京	金融工程	635				
8	高三(1)	徐晖	西北民族大学	西北	兰州	口腔医学	612				
9	高三(1)	巫溪	上海交通大学	华东	上海	电气信息类	615				
10	高三(1)	王伟	华北电力大学	华北	北京	工程管理	642				
11	高三(1)	麁敏	湖南大学	华中	长沙	给排水科学与工程	639				
12	高三(1)	林庆九	四川大学	西南	成都	电气信息类	631				

提示

① 计算成绩排名：开始录制后，在 A2 单元格利用 RANK 函数计算第一个学生的成绩排名，然后利用填充功能计算其他同学的成绩排名，完成后停止录制。

② 清空成绩排名：开始录制后，将所有学生的成绩排名清除，完成后停止录制。

③ 创建两个按钮分别指定相应的宏。

④ 单击“清空成绩排名”后再次单击“计算成绩排名”，将重新计算成绩排名。

实验二 顺序结构程序设计实验

一、实验目的

1. 熟悉 VBA 程序的开发环境。
2. 掌握 VBA 的基本输出函数 MsgBox。
3. 掌握顺序结构程序设计方法。

二、实验内容

新建一个工作簿并保存为“实验 8-2.xlsx”，然后在该工作簿中完成下列 VBA 程序。

1. 创建“两数之和”工作表。需要用到 2 个单元格和 1 个按钮，在 2 个单元格中任意输入 2 个整数，单击“两数之和”按钮后，用 MsgBox 输出 2 个数的和。

2. 创建“华氏温度转换摄氏温度”工作表。需要用到 1 个单元格和 1 个按钮，在单元格中输入华氏温度 F，单击“华氏温度转换摄氏温度”按钮后，用 MsgBox 输出其对应的摄氏温度 C。转化公式为：C=5(F−32)/9。

3. 创建“两数交换”的工作表。需要用到 2 个单元格和 1 个按钮，在 2 个单元格中任意输入两个整数，单击“两数交换”按钮后，将两个整数交换位置。

4. 创建“计算圆面积和周长”工作表。需要用到 3 个单元格和 1 个按钮，在第一个单元格中输入半径的值，单击“计算圆面积和周长”按钮后，在第二个单元格中输出面积；在第三个单元格中输出周长。

实验三　选择结构程序设计实验

一、实验目的

1. 掌握单分支 If 结构和两个分支 If 结构的程序设计。
2. 掌握多分支 If 结构和多分支 Select Case 结构的程序设计。

二、实验内容

新建一个工作簿并保存为“实验 8-3.xlsx”，然后在该工作簿中完成下列 VBA 程序。

1. 创建“奇偶判断”工作表。需要用到 1 个单元格和 1 个按钮，在单元格中任意输入一个整数 x，如果 x 是偶数，单击“奇偶判断”按钮后，用 MsgBox 输出“x 是偶数”；否则，输出“x 是奇数”。偶数的判断方法为 $x \bmod 2 = 0$。

2. 创建“行李计费”工作表。需要用到 2 个单元格和一个按钮，在第一个单元格中输入行李的重量，单击“行李计费”按钮后，在第二个单元格中输出费用。计费的标准为：不超过 20 千克的每千克 0.2 元；超出部分每千克 0.5 元。

3. 创建“计算水费”工作表。需要用到 1 个单元格和 1 个按钮，在单元格中任意输入居民的用水量（吨），单击“计算水费”按钮后，用 MsgBox 输出居民应交水费（元）。自来水公司采用分段计费的办法，居民应交水费 y 元与月用水量 x 吨的函数关系式为（设 $x \geqslant 0$）：

$$y=\begin{cases}\dfrac{4x}{3} & x \leqslant 15 \\ 2.5x-10.5 & x>15\end{cases}$$

4. 创建“计算三角形面积”工作表。需要用到 3 个单元格和一个按钮。在 3 个单元格中分别输入三角形的三条边，单击“计算三角形面积”按钮后，首先判断所输入的三条边是否能够构成三角形（任意两边之和大于第三边），若能构成三角形，则输出三角形的面积；否则，输出“不能构成三角形!”的提示信息。输出用 MsgBox 实现。提示：三角形面积公式为：$\sqrt{s(s-a)(s-b)(s-c)}$，其中 $s=(a+b+c)/2$。

5. 创建“闰年判断”工作表。需要用到 1 个单元格和 1 个按钮。在单元格中输入年份，单击“闰年判断”按钮后，用 MsgBox 显示该年是否为闰年。提示：年份若能够被 4 整除并且不能被 100 整除，或者能被 400 整除则该年是闰年。

6. 创建“学生成绩评定”工作表。需要用到 1 个单元格和 1 个按钮。在单元格中输入一个学生的成绩，单击“学生成绩评定”按钮后，用 MsgBox 显示该学生的成绩评定。成绩在 90～100 分为“优秀”；在 80～89 分为“良好”；在 70～79 分为“中等”；在 60～69 分为“及格”；在 0～59 分之间为“不及格”。

实验四　循环结构程序设计实验

一、实验目的

1. 掌握多种形式的循环结构语句。
2. 掌握多重循环程序设计。

二、实验内容

新建一个工作簿并保存为“实验 8-4.xlsx”，然后在该工作簿中完成下列 VBA 程序。

1. 创建“1 到 10 的平方和”工作表。需要用到 1 个单元格和 1 个按钮。单击“1 到 10 的平方和”按钮后，在单元格中输出 $1^2+2^2+3^2+\cdots+10^2$ 的结果。

2. 创建“求 n 以内奇数和”工作表。需要用到 2 个单元格和 1 个按钮。在第一个单元格中输入

n 的值，单击“求 *n* 以内奇数和”按钮后，在第二个单元格中输出 *n* 以内奇数之和。

3. 创建“从大到小排序”工作表。需要用到 10 个单元格和 1 个按钮。在 10 个单元格中任意输入 10 个整数，单击“从大到小排序”按钮后，将 10 个单元格中的数据按从大到小排序。

习　　题

一、单项选择题

1. 在 Excel 中，以下有关宏的说法中错误的是______。

   A. 可以在 Excel 中快速录制宏，也可以使用 VBA 创建宏

   B. 宏是可运行任意次数的一个操作或一组操作

   C. 在创建一个宏后，就不能再编辑该宏

   D. 默认情况下，Excel 禁用宏

2. 如果在 VBA 中没有用显式声明来定义变量的数据类型，则变量默认的数据类型是______。

   A. Int　　B. String　　C. Variant　　D. Boolean

3. 下列变量名中合法的是______。

   A. *a*–*b*　　B. 3*a*　　C. next　　D. *a*3

4. 语句 Dim a（10）As Integer 的含义是______。

   A. 定义了一个整型变量 a 且初值为 10　　B. 定义了 10 个整型元素构成的数组 a

   C. 定义了 11 个整型元素构成的数组 a　　D. 将数组的第 10 个元素设置为整数

5. 定义了二维数组 *a*（2 to 5, 5），则该数组的元素个数为______。

   A. 25　　B. 36　　C. 20　　D. 24

6. VBA 运算符优先级中，正确的是______。

   A. 关系运算符>算术运算符>逻辑运算符　　B. 算术运算符>逻辑运算符>关系运算符

   C. 算术运算符>关系运算符>逻辑运算符　　D. 关系运算符>逻辑运算符>算术运算符

7. 下列逻辑表达式中，能正确表示条件“*x* 和 *y* 都是偶数”的是______。

   A. *x* Mod 2=1 Or *y* Mod 2=1　　B. *x* Mod 2=0 Or *y* Mod 2=0

   C. *x* Mod 2=1 And *y* Mod 2=1　　D. *x* Mod 2=0 And *y* Mod 2=0

8. 执行如下语句后，变量 *y* 的值是______。

```
x = -9
If x > 0 then
      y = 1
ElseIf x = 0 Then
      y = 0
Else
      y = -1
End If
```

   A. 1　　B. 0　　C. –1　　D. 任意

9. 执行如下语句后，输出的结果是______。

```
sum = 0
For i = 10 To 1 Step -2
      sum = sum + i
Next i
MsgBox sum
```

   A. 10　　B. 25　　C. 30　　D. 55

10. 执行如下语句后，*k* 的值是______。

```
k = 0
For i = 1 To 3
      For j = 1 To i
            k = k + j
      Next j
Next i
```

A. 8　　B. 10　　C. 14　　D. 21

11. 执行下面的程序来计算一个表达式的值，这个表达式是______。

```
Dim sum As Single, x As Single
sum = 0
n = 0
For i = 1 To 5
      x = n / i
      n = n + 1
      sum = sum + x
Next i
```

A. 1/2+2/3+3/4+4/5　　B. 1+1/2+2/3+3/4+4/5

C. 1/2+1/3+1/4+1/5　　D. 1+1/2+1/3+1/4+1/5

12. 执行如下语句后，输出的结果是______。

```
a = 1
For i = 1 To 3
      Select Case i
           Case 1, 3
                a = a + 1
           Case 2, 4
                a = a + 2
      End Select
Next i
MsgBox  a
```

A. 3　　B. 4　　C. 5　　D. 6

13. 执行如下语句后，变量 *x* 的值是______。

```
x = 2
y = 4
Do
    x = x * y
    y = y + 1
Loop While y < 4
```

A. 2　　B. 4　　C. 8　　D. 20

14. 执行如下语句后，变量 *m* 的值是______。

```
m = 20
Do
    m = m + 5
Loop While m < 28
```

A. 20　　B. 28　　C. 25　　D. 30

15. VBA 中定义符号常量使用的关键字是______。

A. Dim　　B. Const　　C. Public　　D. Static

二、判断题

1. VBA 有 3 种程序控制结构，分别是顺序结构、选择结构和循环结构。

2. VBA 中的变量必须先声明才可使用。

3. Dim *a*1,*a*2 As Integer 语句显式声明变量 *a*1 和 *a*2 都为整型变量。

4. 假设 *A*=10：*B*=8：*C*=6 则表达式：*A*<*B* OR Not（*B*>C）的值为 True。

5. For 循环中如果省略步长，表示步长为 1。

三、简答题

1. 什么是宏？

2. 从 Excel 中进入 VBE 有哪几种方法？

3. 定义一个存放 3.1415926 值的常量，一个可以存放班级人数的变量和一个可存放 30 个学生姓名的一维数组。

4. 简述字符串运算符“+”和“&”的区别。

5. VBA 中定义了哪几种数据类型？

第 9 章 财务分析函数及应用

Excel 提供了丰富的财务函数，它们为财务分析提供了极大的便利。财务函数可以进行一般的财务计算，如确定贷款的支付额、投资的未来值或净现值等。用户在使用这些函数之前可以不必理解深奥的财务知识，只要输入相应的参数就可以得到结果。通过本章的学习，读者能够正确地使用财务分析函数，并能应用到实际工作中。

9.1 常用的财务分析函数

在介绍具体的财务分析函数之前，我们先了解一下财务分析函数中常见的各种参数的含义。

- rate（利率）：投资或贷款的利率或贴现率。
- nper（期间数）：投资（或贷款）的总期数，即该项投资（或贷款）的付款总期数。
- pmt（各期支付金额）：对于一项投资或贷款的各期支付金额，其数值在整个投资或贷款期间保持不变。通常 pmt 包括本金和利息，但不包括其他费用及税款。
- fv（未来值）：在所有付款发生后的投资或贷款的价值，即在最后一次付款后希望得到的现金余额。
- pv（现值）：在投资期初的投资或贷款的价值。例如，贷款的现值为所借入的本金数额。
- type（付款时间类型）：用以指定各期的付款时间是在期初还是期末。有两种取值，0 或省略代表期末，1 代表期初。
- basis（日基准）：有 5 种取值。值为 0 或省略时采用“US（NASD）30/360”，值为 1 时采用“实际天数/实际天数”，值为 2 时采用“实际天数/360”，值为 3 时采用“实际天数/365”，值为 4 时采用“欧洲 30/360”。

本章主要介绍各类主要的财务分析函数，更详细的财务分析函数的使用请参看 Excel 帮助文件及相关书籍。

9.1.1 投资函数

Excel 中常用的投资函数有 PV、FV、NPV 及 XNPV。这些函数的功能是计算不同形式的投资回报。

1. PV 函数

语法格式：PV(rate, nper, pmt, [fv], [type])

函数功能：用于根据固定利率计算投资的现值，或者说总额。

参数说明：rate 为投资利率；nper 为投资总期数；pmt 为各期支付金额；fv 为未来值或在最后

一次支付后希望得到的现金余额，省略时默认其值为 0；type 为付款时间类型，省略时默认其值为 0（代表期末）。

PV 函数主要用来计算投资的现值，如果一个投资的现值大于所投资的金额，则这项投资是有收益的。

【例 9-1】假设要购买一份保险理财产品，一次性投资 30 万元，投资回报率 7%（年回报率），购买该理财产品后，可以在今后 20 年内于每月底返还 1500 元。该投资合算吗？

视频 9-1

分析：表面看 1500*12*20=36 万元，大于投资本金 30 万元，投资可行，但考虑到资金的时间价值，需要将该固定的每月等额收款 1500 元，按照每月回报率（7%/12），折现期 20*12 月进行折现，看其现值是否大于初始投资金额，如果大于，该投资合算，否则不合算。

如图 9-1 所示，在单元格区域 A1:A4 中建立了购买保险理财产品的基本数据，在单元格 A6 中输入“=PV(A3/12,A4*12,A2,0,0)”，计算结果为该投资的现值￥-193473.76，负值表示这是一笔支出金额。由于现值￥-193473.76 小于实际支出值 30 万元，因此这是一项不合算的投资。

	A	B
1	¥300,000	初始投资金额
2	¥1,500	每月底返还额
3	7%	投资年回报率
4	20	领取年限
5		
6	¥-193,473.76	上述条件下的投资现值 =PV(A3/12,A4*12,A2,0,0)

图 9-1

2. FV 函数

语法格式：FV(rate, nper, pmt, [fv], [type])

函数功能：基于固定利率及等额分期付款方式，计算某项投资在将来某个日期的价值（未来值）。

参数说明：同 PV 函数。

在日常工作与生活中，我们经常会遇到要计算某项投资的未来值的情况，如果合理利用 FV 函数，可以帮助我们进行一些有计划、有目的、有效益的投资。

【例 9-2】假设一个家庭 5 年后需要一笔比较大的孩子教育费用支出，计划从现在起每月初存入 2000 元，如果按年利率 6%，按月计息，那么 5 年以后该账户的存款额应该是多少呢？

分析：按照每月利率 6%/12，存期共 5*12 月，每月初等额存入 2000 元，现值为 0 进行计算。

如图 9-2 所示，在单元格区域 A1:A5 中建立了投资基本数据，在单元格 A7 中输入“=FV(A1/12, A2*12,A3, A4, A5)”，计算结果为在上述条件下的投资未来值，即 5 年以后该账户的存款额应该是￥140237.76。

3. NPV 函数

语法格式：NPV(rate, value1, [value2], …)

函数功能：基于一系列现金流和固定的各期贴现率，计算一项投资的净现值（当前纯利润）。投资的净现值是指投资所产生的现金净流量以资金成本为贴现率折现之后（正值）与原始投资额金额（负值）之和。净现值越大，投资效益越好。

	A	B
1	6%	年利率
2	5	期间数（付款期总数）
3	¥-2,000	各期支付金额
4	0	现值
5	1	各期的支付时间为月初
6		
7	¥140,237.76	上述条件下的投资未来值 =FV(A1/12,A2*12,A3,A4,A5)

图 9-2

参数说明：rate 为某一期间的贴现率，value1，value2，…编号可以从 1 到 254，代表支出或收入的现金流。value1，value2，…所属各期间的长度必须相等，而且都发生在期末，并且 NPV 按顺序使用 value1，value2 来标注现金流的次序。所以一定要保证支出和收入的数额按正确的顺序输入。

NPV 投资开始于 value1 现金流所在日期的前一期，并以列表中最后一笔现金流为结束。如果第一笔现金流发生在第一期的期初，则第一笔现金必须添加到 NPV 的结果中，而不应包含在值参数中。

【例 9-3】假设要开一家食品加工厂，打算初期投资 20 万元，而希望未来 4 年中各年的收入分别为 5 万元、10 万元、20 万元和 40 万元。假定每年的贴现率是 8%（相当于通货膨胀率或竞争投资的利率），问投资的净现值是多少？

分析：年贴现率为 8%，第一笔 20 万元付款发生在期初，所以不应包含在 value 参数中。

如图 9-3 所示，在单元格区域 A1:A7 中建立了投资基本数据，在单元格 A9 中输入“=NPV(A1, A3:A6)+A2”，计算结果为该投资 4 年后的净现值￥384808.57。假设该食品加工厂到第 5 年时，要扩大生产，估计要付出 10 万元，则 5 年后食品加工厂投资的净现值为￥316750.25；如果 20 万元投资的付款发生在期末，则该投资 4 年后的净现值为￥356304.23。

	A	B
1	8%	贴现率
2	¥-200,000	初期投资
3	¥50,000	第一年的收益
4	¥100,000	第二年的收益
5	¥200,000	第三年的收益
6	¥400,000	第四年的收益
7	¥-100,000	第五年的扩大生产费
8		
9	¥384,808.57	该投资的净现值 =NPV(A1,A3:A6)+A2
10	¥316,750.25	该投资的净现值，包括第五年的扩大再生产费 =NPV(A1,A3:A7)+A2
11	¥356,304.23	该投资的净现值（投资付款发生在期末） =NPV(A1,A2:A6)

图 9-3

4. XNPV 函数

语法格式：XNPV(rate, values, dates)

函数功能：计算一组现金流的净现值，这些现金流不一定定期发生。若要计算一组定期现金流的净现值，请使用函数 NPV。

参数说明：rate 是应用于现金流的贴现率，values 是与 dates 中的支付时间相对应的一系列现金流。如果第一个 values 值是成本或支付，则它必须是负值，而且 values 系列必须至少要包含一个正数和一个负数。所有后续支付都基于每年 365 天进行贴现。

【例 9-4】假定某项投资需要在 2019-1-1 支付现金 3 万元，并于下述时间获取以下金额的返回资金：2019-7-1 返回 8750 元；2020-1-1 返回 7250 元；2020-7-1 返回 16250 元；2020-12-31 返回 9750 元。假设资金流转贴现率为 7%，则净现值为多少？

分析：年贴现率为 7%，values 参数对应所有的金额，dates 参数对应相应的日期。

如图 9-4 所示，在单元格区域 A2:B6 中建立了基本数据，在单元格 B8 中输入“=XNPV(0.07,A2:A6,B2:B6)”，计算结果为净现值￥8436.13。

	A	B
1	数值	日期
2	¥-30,000	2019/1/1
3	¥8,750	2019/7/1
4	¥7,250	2020/1/1
5	¥16,250	2020/7/1
6	¥9,750	2020/12/31
7		
8	净现值 =XNPV(0.07,A2:A6,B2:B6)	¥8,436.13

图 9-4

9.1.2　利率函数

常用的利率函数有 RATE、IRR、MIRR 及 XIRR。这些函数的功能是计算不同形式的利率。Excel 使用迭代法计算函数 RATE、IRR 和 XIRR 的值，直至结果的精度达到 0.00001%时结束，如果函数经过所规定的迭代次数仍未找到结果，则返回错误值#NUM!。

1. RATE 函数

语法格式：RATE(nper, pmt, pv, [fv], [type], [guess])

函数功能：用于计算连续分期等额投资（或贷款）的利率，也可以计算一次性偿还的投资（或贷款）利率。

参数说明：nper 为总投资（或贷款）期数；pmt 为各期支付金额；pv 为现值（本金）；fv 为未来值或在最后一次付款后希望得到的现金余额，省略时默认其值为 0；type 为付款时间类型，省略时默认其值为 0（期末）；guess 为预期利率，省略时默认其值为 10%。

【例 9-5】假设某人计划贷款 8 万元装修房子，贷款 5 年，月支付额为 1600 元，计算该笔贷款的月利率及年利率。

分析：按照贷款期数共 5*12 月，每月末等额支付 1600 元，贷款现值为 8 万元计算月利率。

如图 9-5 所示，在单元格区域 A1:A3 中建立贷款基本数据，在单元格 A5 中输入“=RATE(A2*12,A3,A1)”，计算结果为贷款月利率 0.62%；在单元格 A6 中输入“=RATE(A2*12,A3, A1)*12”，计算结果为贷款年利率 7.42%。

	A	B
1	¥80,000	贷款额
2	5	贷款期限
3	¥-1,600	每月偿还额
4		
5	0.62%	贷款月利率 =RATE(A2*12,A3,A1)
6	7.42%	贷款年利率 =RATE(A2*12,A3,A1)*12

图 9-5

视频 9-2

【例 9-6】假设有人建议你给他投资 10 万元，期限 4 年，那么是每年拿回 3 万元收益合适还是 4 年后一次性拿回 13 万元收益合适呢？

分析：这其实就是投资回报率多少的问题。按照期数共 5 年，每年末等额支付 3 万元，投资现值为 10 万元计算投资收益率；按照期数共 4 年，每年支付 0 元，投资现值为 10 万元，未来值 13 万元计算 4 年一次性的投资收益率。

如图 9-6 所示，在单元格区域 A1:A3 中建立投资基本数据，在单元格 A4 中输入“=RATE(A2, A3, A1)”，计算结果为每年实际盈利 7.71%；在单元格 A6 中输入 130000，在单元格 A7 中输入“=RATE(A2,0,A1, A6)”，计算结果为每年实际盈利 6.78%。显然，每年拿回 3 万元收益回报率更高。

	A	B
1	¥-100,000	初始投资额
2	4	投资期限
3	¥30,000	每年等额收益金额
4	7.71%	投资收益率 =RATE(A2,A3,A1)
5		
6	¥130,000	4年后一次性收益金额
7	6.78%	投资收益率 =RATE(A2,0,A1,A6)

图 9-6

提示

RATE 通过迭代法计算得出，如果在 20 次迭代之后，RATE 的连续结果不能收敛于 0.0000001 之内，则 RATE 返回错误值 #NUM!。

2. IRR 函数

语法格式：IRR(values, [guess])

函数功能：计算由数值代表的一组现金流的内部收益率。

参数说明：values 为一个数组或对包含数字的单元格的引用，包含用来计算返回的内部收益率的数字，values 必须包含至少一个正值和一个负值，values 值的顺序与现金流的顺序对应；guess 为对函数 IRR 计算结果的估计值，省略时默认其值为 10%。

【例 9-7】某人计划开一个食品厂，预计投资为 11 万元，并预期今后 5 年的净收益分别为：1.5 万元、2.1 万元、3 万元、4 万元和 5.5 万元。分别求出投资 2 年、4 年以及 5 年后的内部收益率。

分析：values 参数对应各个现金流，所以计算 4 年后的内部收益率应该包含初期投资和第 1 年、第 2 年、第 3 年、第 4 年的净收益。

如图 9-7 所示，在单元格区域 A1:A6 中建立了投资基本数据，在单元格 A8 中输入“=IRR(A1:A5)”，计算结果为投资 4 年后的内部收益率-1.27%；同理可得，投资 5 年后的内部收益率 11.43%；投资 2 年后的内部收益率-48.96%。

	A	B
1	¥-110,000	资产原值
2	¥15,000	预期第一年的净收入
3	¥21,000	预期第二年的净收入
4	¥30,000	预期第三年的净收入
5	¥40,000	预期第四年的净收入
6	¥55,000	预期第五年的净收入
7		
8	-1.27%	投资四年后的内部收益率 =IRR(A1:A5)
9	11.43%	投资五年后的内部收益率 =IRR(A1:A6)
10	-48.96%	投资二年后的内部收益率 =IRR(A1:A3)

图 9-7

IRR 也是使用迭代法进行计算，直至其精度小于 0.00001%。如果 IRR 运算 20 次仍未找到结果，则返回错误值 #NUM!。

3. MIRR 函数

语法格式：MIRR(values, finance_rate, reinvest_rate)

函数功能：计算某一连续期限内现金流的修正内部收益率，同时考虑了投资的成本和现金再投资的收益率。

参数说明：values 为一个数组或对包含数字的单元格的引用，包含各期的一系列支出及收入，其中必须至少包含一个正值和一个负值，才能计算修正后的内部收益率；finance_rate 为现金流中使用的资金支付的利率；reinvest_rate 为将现金流再投资的收益率。

【例 9-8】如果贷款 12 万元进行投资，5 年的净收益分别为：3.9 万元、3 万元、2.1 万元、3.7 万元和 4.6 万元；12 万元贷款的年利率为 10%，再投资收益的年利率为 12%，则 3 年、5 年后投资的修正收益率是多少？

分析：values 参数对应各个现金流，所以计算 5 年后的修正收益率应该包含初期投资和第 1 年、第 2 年、第 3 年、第 4 年、第 5 年的净收益。

如图 9-8 所示，在单元格区城 A1:A8 中建立了基本数据，在单元格 A10 中输入“=MIRR(A1:A6, A7, A8)”，计算结果为 5 年后投资的修正收益率为 12.61%；同理可以分别计算出 3 年后投资的修正收益率为-4.8%，如果基于 14% 的再投资收益率计算 5 年后修正收益率为 13.48%。

	A	B
1	¥-120,000	资产原值
2	¥39,000	第一年的收益
3	¥30,000	第二年的收益
4	¥21,000	第三年的收益
5	¥37,000	第四年的收益
6	¥46,000	第五年的收益
7	10%	12万贷款的年利率
8	12%	再投资收益的年利率
9		
10	12.61%	五年后投资的修正收益率 =MIRR(A1:A6, A7,A8)
11	-4.80%	三年后投资的修正收益率 =MIRR(A1:A4, A7,A8)
12	13.48%	基于14%的再投资收益率 的五年后修正收益率 =MIRR(A1:A6, A7,14%)

图 9-8

4. XIRR 函数

语法格式：XIRR(values, dates, [guess])

函数功能：计算一组现金流的内部收益率，这些现金流不一定定期发生。若要计算一组定期现金流的内部收益率，请使用 IRR 函数。

参数说明：values 是与 dates 中的支付时间相对应的一系列现金流；dates 是与现金流支付相对应的支付日期表；guess 是对函数 XIRR 计算结果的估计值，省略时默认其值为 0.1（10%）。

【例 9-9】假定在 2018-1-1 投资现金 1 万元，并于下述时间获取以下金额的返回资金：2018-3-1 返回 2750 元；2018-10-30 返回 4250 元；2019-2-15 返回 3250 元；2019-4-1 返回 2750 元，那么该笔投资的内部收益率为多少？

分析：values 参数对应所有的现金流，dates 参数对应相应的日期。

如图 9-9 所示，在单元格区域 A2:B6 中建立了基本数据，在单元格 B8 中输入"=XIRR(A2:A6,B2:B6,0.1)"，计算结果为该笔投资的内部收益率 37.49%。

	A	B
1	数值	日期
2	-10000	2018/1/1
3	2750	2018/3/1
4	4250	2018/10/30
5	3250	2019/2/15
6	2750	2019/4/1
7		
8	内部收益率 =XIRR(A2:A6,B2:B6,0.1)	37.49%

图 9-9

9.1.3 利息与本金函数

利息与本金函数主要包括 PMT、IPMT、PPMT、CUMPRINC、CUMIPMT 及 NPER，这些函数的功能是计算不同形式的投资（或贷款）利息与本金。

1. PMT 函数

语法格式：PMT(rate, nper, pv, [fv], [type])

函数功能：基于固定利率及等额分期付款方式，计算投资（或贷款）的每期偿还额。

参数说明：rate 为投资（或贷款）利率；nper 为总投资（或贷款）期数；pv 为现值（本金）；fv 为未来值或在最后一次付款后希望得到的现金余额，省略时默认其值为 0；type 为付款时间类型，省略时默认其值为 0（期末）。

PMT 函数返回的付款包括本金和利息，但不包括税金、准备金，也不包括某些与贷款有关的费用。

【例 9-10】某人准备向银行贷款 10 万元，期限为 1 年，假设银行给的年利率为 8%，采用等额分期方式还款，那么每月需要向银行还多少钱？

分析：按照每月利率为 8%/12，共 12 个月，贷款现值 10 万元进行计算。

如图 9-10 所示，在单元格区域 A1:A3 中建立基本数据，在单元格 A5 中输入"=PMT(A3/12, A2*12,A1)"，计算结果为每月偿还金额￥-8698.84。

	A	B
1	¥100,000	贷款额
2	1	贷款期限
3	8%	年利率
4		
5	¥-8,698.84	每月偿还额 =PMT(A3/12,A2*12,A1)

图 9-10

视频 9-3

2. IPMT 函数

语法格式：IPMT(rate, per, nper, pv, [fv], [type])

函数功能：基于固定利率及等额分期付款方式，计算投资贷款在某一给定期间内的利息偿还额。

参数说明：rate 为投资（或贷款）利率；per 为要计算利息数额的期数，必须在 1 到 nper 之间；nper 为总投资（或贷款）期数；pv 为现值（本金）；fv 为未来值或在最后一次付款后希望得到的现金余额，省略时默认其值为 0；type 为付款时间类型，省略时默认其值为 0（期末）。

【例 9-11】某人在银行贷款 1 万元，假定年利率为 10%，期限为 5 年，那该笔贷款在第一个月偿还的利息是多少？在上述条件下贷款最后一年的利息（按年支付）又是多少？

分析：要计算第一个月偿还的利息，按照每月利率 10%/12，第一个月即第 1 期，共 5*12 个月，贷款现值 1 万元进行计算。要计算最后一年偿还的利息，按照年利率 10%，最后一年即为按年计算的第 5 期，共 5 年，贷款现值 1 万元进行计算。

如图 9-11 所示，在单元格区域 A1:A3 中建立了贷款基本数据，在单元格 A5 中输入“=IPMT(A1/12,1, A2*12, A3)”，计算结果为在上述条件下贷款第一个月的利息￥-83.33；在单元格 A6 中输入“=IPMT(A1, 5, A2,A3)”，计算结果为在上述条件下贷款最后一年的利息￥-239.82。

	A	B
1	10%	年利率
2	5	贷款年限
3	¥10,000	现值
4		
5	¥-83.33	上述条件下贷款第一个月的利息 =IPMT(A1/12, 1, A2*12, A3)
6	¥-239.82	上述条件下贷款最后一年的利息 =IPMT(A1, 5, A2,A3)

图 9-11

3. PPMT 函数

语法格式：PPMT(rate, per, nper, pv, [fv], [type])

函数功能：基于固定利率及等额分期付款方式，计算投资（或贷款）在某一给定期间内的本金偿还额。

参数说明：同 IPMT 函数

【例 9-12】如果年利率为 8%，贷款年限为 2 年，贷款额为 20 万元，问贷款第一个月和第一年的本金偿还额分别是多少？

分析：要计算第一个月偿还的本金，按照每月利率 8%/12，第一个月即第 1 期，共 2*12 个月，贷款现值 20 万元进行计算。要计算第一年偿还的本金，按照年利率 8%，第一年即为按年计算的第 1 期，共 2 年，贷款现值 20 万元进行计算。

如图 9-12 所示，在单元格区域 A1:A3 中建立了贷款基本数据，在单元格 A5 中输入“=PPMT(A1/12,1, A2*12, A3)”，计算结果为该笔贷款在第一个月偿还的本金￥-7562.32；在单元格 A6 中输入“=PPMT(A1,1, A2, A3)”，计算结果为该笔贷款第一年偿还的本金￥-95238.10。

	A	B
1	10%	年利率
2	2	贷款年限
3	¥200,000	现值
4		
5	¥-7,562.32	该笔贷款在第一个月偿还的本金 =PPMT(A1/12, 1, A2*12, A3)
6	¥-95,238.10	该笔贷款在第一年偿还的本金 =PPMT(A1, 1, A2, A3)

图 9-12

4. CUMPRINC 函数

语法格式：CUMPRINC(rate, nper, pv, start_period, end_period, type)

函数功能：计算投资（或贷款）在给定的 start_period 到 end_period 期间累计偿还的本金数额。

参数说明：start_period 为计算期间的首期（付款期数从 1 开始计数）；end_period 为计算期间的末期；type 为付款时间类型，省略时默认其值为期末；其他参数同 IPMT 函数。

【例 9-13】某人在银行贷款 12.5 万元，假定年利率为 9%，期限为 30 年，那该笔贷款在第一个月偿还的本金和第二年（第 13 到 24 期）偿还的全部本金分别是多少呢？

分析：要计算第一个月偿还的本金，按照每月利率 9%/12，共 30*12 个月，贷款现值 12.5 万元，首期 1，末期 1 进行计算。要计算第二年偿还的本金，按照每月利率 9%/12，共 30*12 个月，贷款现值 12.5 万元，首期 13，末期 24 进行计算。

如图 9-13 所示，在单元格区域 A1:A3 中建立了贷款基本数据，在单元格 A5 中输入“=CUMPRINC (A1/12, A2*12, A3,1,1,0)”，计算结果为该笔贷款在第一个月偿还的本金￥-68.28，在单元格 A6 中输入“=CUMPRINC(A1/12, A2*12, A3,13,24,0)”，计算结果为该笔贷款在第二年偿还的所有本金￥-934.11。

	A	B
1	9%	年利率
2	30	贷款年限
3	¥125,000	现值
4		
5	¥-68.28	该笔贷款在第一个月偿还的本金 =CUMPRINC(A1/12, A2*12, A3,1,1,0)
6	¥-934.11	该笔贷款在第二年偿还的全部本金之和（第13期到第24 期） =CUMPRINC(A1/12, A2*12, A3, 13, 24,0)

图 9-13

5. CUMIPMT 函数

语法格式：CUMIPMT(rate, nper, pv, start_period,end_period, type)

函数功能：返回一笔投资（或贷款）在给定的 start_period 到 end_period 期间累计偿还的利息数额。

参数说明：同 CUMPRINC 函数。

【例 9-14】某人在银行贷款 12.5 万元，假定年利率为 9%，期限为 30 年，那该笔贷款在第一个月偿还的利息和第二年（第 13 到 24 期）要偿还的全部利息分别是多少？

分析：要计算第一个月偿还的利息，按照每月利率 9%/12，共 30*12 个月，贷款现值 12.5 万元，首期 1，末期 1 进行计算。要计算第二年偿还的利息，按照每月利率 9%/12，共 30*12 个月，贷款现值 12.5 万元，首期 13，末期 24 进行计算。

如图 9-14 所示，在单元格区域 A1:A3 中建立了贷款基本数据，在单元格 A5 中输入 “=CUMIPMT(A1/12, A2*12,A3,1,1,0)”，计算结果为该笔贷款在第一个月偿还的利息￥-937.50，在单元格 A6 中输入 “= CUMIPMT (A1/12, A2*12, A3,13,24,0)”，计算结果为该笔贷款在第二年偿还的所有利息￥-11135.23。

	A	B
1	9%	年利率
2	30	贷款年限
3	¥125,000	现值
4		
5	¥-937.50	该笔贷款在第一个月偿还的利息 = CUMIPMT(A1/12, A2*12, A3, 1, 1, 0)
6	¥-11,135.23	该笔贷款在第二年偿还的全部利息之和（第13期到第24 期） = CUMIPMT(A1/12, A2*12, A3, 13, 24, 0)

图 9-14

6. NPER 函数

语法格式：NPER(rate, pmt, pv, [fv], [type])

函数功能：计算按指定偿还金额分期偿还贷款的总期数。

参数说明：rate 为投资（或贷款）利率；pmt 为每一期支付金数；pv 为现值（本金）；fv 为未来值，省略时默认其值为 0；type 为付款时间类型，省略时默认其值为 0（期末）。

【例 9-15】某人计划从银行贷款 50 万元，年利率为 6%，采用等额分期付款方式，每月可偿还 6000 元，那么需要多久才能还清？

分析：按照每月利率为 6%/12，每期支付 6000 元，贷款现值 50 万元进行计算。

如图 9-15 所示，在单元格区域 A1:A3 中建立了贷款基本数据，在单元格 A5 中输入 “=NPER(A1/12,A2,A3)”，计算结果为 108（月），即该贷款需要 108 个月才能还清。

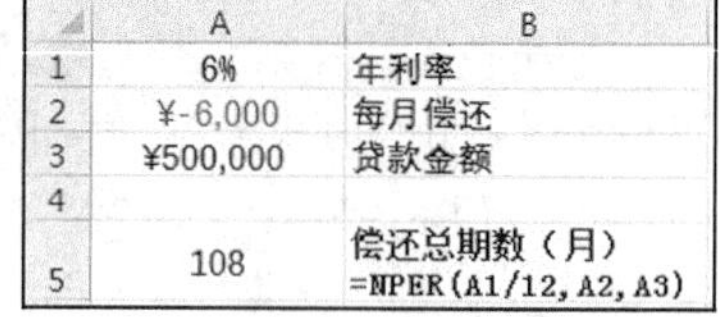

	A	B
1	6%	年利率
2	¥-6,000	每月偿还
3	¥500,000	贷款金额
4		
5	108	偿还总期数（月） =NPER(A1/12, A2, A3)

图 9-15

9.1.4 折旧函数

折旧计算函数主要包括 DB、DDB、VDB、SLN、SYD 和 AMORDEGRC。这些函数都是用来计算资产折旧的，只是用了不同的计算方法。具体选用哪种折旧方法，则须视情况而定。

1. DB 函数

语法格式：DB(cost, salvage, life, period, [month])

函数功能：使用固定余额递减法，计算指定的任何期间内的资产折旧值。

参数说明：cost 为资产原值；salvage 为资产残值；life 为折旧期限（使用寿命）；period 为需要计算折旧值的期间（必须使用与 life 相同的单位）；month 为第一年的月份数，省略时默认其值为 12。

【例 9-16】某人于 5 年前的 6 月份花 8500 元购买了一台计算机，现在报废得到 1000 元，那么这台计算机每年的折旧值分别是多少？

分析：计算机原值 8500 元，残值 1000 元，折旧期限 5 年，第一年使用的月份数是 7。

视频 9-4

如图 9-16 所示，在单元格区域 A1:A3 中建立了基本数据，在单元格 A5 中输入“=DB(A1,A2,A3,1,7)”，计算结果为第一年的折旧值￥1725.50，同理可以分别求出第二年、第三年、第四年、第五年、第六年的折旧值分别为￥2357.53、￥1537.11、￥1002.19、￥653.43 和￥177.52。

	A	B
1	¥8,500	计算机原值
2	¥1,000	报废价值
3	5	使用寿命
4		
5	¥1,725.50	第一年使用7个月的折旧值 =DB(A1,A2,A3,1,7)
6	¥2,357.53	第二年的折旧值 =DB(A1,A2,A3,2,7)
7	¥1,537.11	第三年的折旧值 =DB(A1,A2,A3,3,7)
8	¥1,002.19	第四年的折旧值 =DB(A1,A2,A3,4,7)
9	¥653.43	第五年的折旧值 =DB(A1,A2,A3,5,7)
10	¥177.52	第六年使用5个月的折旧值 =DB(A1,A2,A3,6,7)

图 9-16

2. DDB 函数

语法格式；DDB(cost, salvage, life, period, [factor])

函数功能：使用双倍余额递减法，计算指定的任何期间内的资产折旧值。

参数说明：cost 为资产原值；salvage 为资产残值；life 为折旧期限；period 为需要计算折旧值的期间（必须使用与 life 相同的单位）；factor 为余额递减速率，省略时默认其值为 2（双倍余额递减法）。

【例 9-17】某人花 10 万元购买了一台汽车，使用期限为 10 年，报废价值为 1 万元，分别计算第一天，第一个月、第一年、第三年各期间内的折旧值。

分析：汽车原值 10 万元，残值 1 万元，折旧期限按天计算为 10*365 天，按月计算为 10*12 月，按年计算为 10 年。

如图 9-17 所示，在单元格区域 A1:A3 中建立了基本数据，在单元格 A5 中输入“=DDB(A1, A2, A3*365, 1)”，计算结果为第一天的折旧值￥54.79，同理可以计算出第一个月、第一年、第三年的折旧值分别为￥1666.67、￥20000.00、￥12800.00。

	A	B
1	¥100,000	汽车原值
2	¥10,000	报废价值
3	10	使用年限
4		
5	¥54.79	第一天的折旧值 =DDB(A1, A2, A3*365, 1)
6	¥1,666.67	第一个月的折旧值 =DDB(A1, A2, A3*12,1)
7	¥20,000.00	第一年的折旧值 =DDB(A1, A2, A3, 1)
8	¥12,800.00	第三年的折旧值 =DDB(A1, A2, A3, 3)

图 9-17

3. VDB 函数

语法格式：VDB(cost, salvage, life, start_period, end_period, [factor], [no_switch])

函数功能：使用可变余额递减法，计算指定的 start_period 到 end_period 期间内的资产折旧值。

参数：cost 为资产原值；salvage 为资产残值；life 为折旧期限；start_period 为进行折旧计算的起始期间（必须与 1ife 单位相同）；end_period 为进行折旧计算的截止期间（必须与 life 单位相同）；factor 为余额递减速率（折旧因子），省略时默认其值为 2（双倍余额递减法）。如果不想使用双倍余额递减法，可改变参数 factor 的值；no_switch 为逻辑值，指定当折旧值大于余额递减计算值时，是否转用直线折旧法，如果该参数为 true，即使折旧值大于余额递减计算值，Excel 也不转用直线折旧法；如果该参数为 false 或被忽略，且折旧值大于余额递减计算值时，Excel 将转用直线折旧法。

【例 9-18】某人花 10 万元购买了一辆汽车，使用期限为 10 年，报废价值为 1 万元，分别计算第一天、第一年、第 6～15 个月各期间内的折旧值。

分析：汽车原值 10 万元，残值 1 万元，折旧期限按天计算为 10*365 天，按月计算为 10*12 月，按年计算为 10 年。

如图 9-18 所示，在单元格区域 A1:A3 中建立了基本数据，在单元格 A5 中输入”=VDB(A1, A2, A3*365,0,1)”，计算结果为第一天的折旧值￥54.79，同理可计算出第一年和第 6～15 个月的折旧值分别为￥20000.00 和￥12691.35，改变折旧因子为 1.5 后计算第 6～15 个月的折旧值为￥9925.50。

	A	B
1	¥100,000	汽车原值
2	¥10,000	报废价值
3	10	使用年限
4		
5	¥54.79	第一天的折旧值 =VDB(A1, A2, A3*365,0,1)
6	¥20,000.00	第一年的折旧值 =VDB(A1, A2, A3,0,1)
7	¥12,691.35	第6~15个月的折旧值 =VDB(A1, A2, A3*12,6,15)
8	¥9,925.50	第6~15个月的折旧值(用折旧因子 1.5 代替双倍余额法) =VDB(A1, A2, A3*12,6,15,1.5)

图 9-18

4. SLN 函数

语法格式：SLN(cost, salvage, life)

函数功能：基于直线折旧法计算某项资产每期的线性折旧值，即平均折旧值。

参数说明：cost 为资产原值；salvage 为资产残值；life 为折旧期限。

【例 9-19】假设要购买一辆价值 30 万元的小车，其折旧年限为 10 年，残值为 2 万，那每年的线性折旧额是多少？

分析：汽车原值 30 万元，残值 2 万元，折旧期限按年计算为 10 年。

如图 9-19 所示，在单元格区域 A1:A3 中建立了基本数据，在单元格 A5 中输入“=SLN(A1,A2,A3)”，计算结果为每年的线性折旧值￥28000.00。

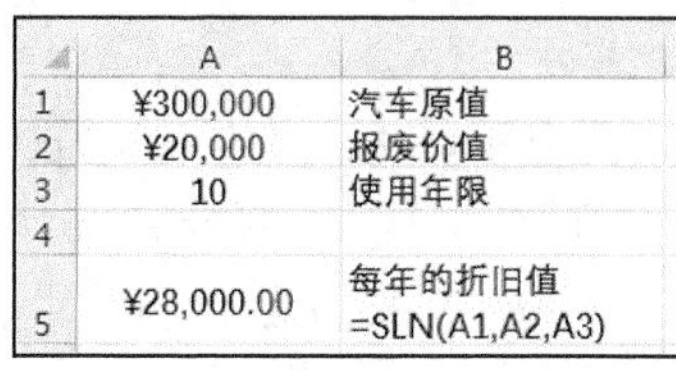

	A	B
1	¥300,000	汽车原值
2	¥20,000	报废价值
3	10	使用年限
4		
5	¥28,000.00	每年的折旧值 =SLN(A1,A2,A3)

图 9-19

5. SYD 函数

语法格式：SYD(cost, salvage, life, period)

函数功能：计算某项资产按年限总和折旧法计算的指定期间的折旧值。

参数说明：cost 为资产原值；salvage 为资产残值；life 为折旧期限；period 为需要计算折旧值的期间（必须使用与 life 相同的单位）。

【例 9-20】某人购买了一台计算机，如果计算机原值 8500 元，报废价值为 1000 元，使用寿命 5 年，则第一年和第四年的折旧值分别是多少？

分析：计算机原值 8500 元，残值 1000 元，折旧期限 5 年，计算第一年折旧值 period 值为 1，计算第四年折旧值 period 值为 4。

如图 9-20 所示，在单元格区域 A1:A3 中建立了基本数据，在单元格 A5 中输入“=SYD(A1,A2,A3,1)”，计算结果为第一年的折旧值￥2500.00。在单元格 A6 中输入“=SYD(A1,A2,A3,4)”，计算结果为第四年的折旧值￥1000.00。

	A	B
1	¥8,500	计算机原值
2	¥1,000	报废价值
3	5	使用年限
4		
5	¥2,500.00	第一年的折旧值 =SYD(A1,A2,A3,1)
6	¥1,000.00	第四年的折旧值 =SYD(A1,A2,A3,4)

图 9-20

6. AMORDEGRC 函数

语法格式：AMORDEGRC(cost, date_purchased, first_ period, salvage, period, rate, [basis])

函数功能：计算每个结算期间的折旧值。

参数说明：cost 为资产原值；date_purchased 为购入资产的日期；first_period 为第一个期间结束时的日期；salvage 为资产在使用寿命结束时的残值；period 是期间；rate 为折旧率；basis 是所使用

的年基准，省略时默认采用“US（NASD）30/360”。

【例 9-21】某人购买了一台计算机，如果计算机原值 8500 元，报废价值 1000 元。使用寿命 5 年，购入资产的日期为 2019 年 10 月 1 日，折旧率为 15%，使用的年基准为 1（按实际天数），计算第一个结算期间（结束日期 2019 年 12 月 31 日）的折旧值为多少？

分析：计算机原值 8500 元，购入资产的日期为 2019/10/1，第一个期间结束日期为 2019/12/31，残值 1000 元，折旧期限 5 年，计算第一年折旧值 period 值为 1。

如图 9-21 所示，在单元格区域 A1:A5 中建立了基本数据，在单元格 A7 中输入“= AMORDEGRC (A1,A2,A5,A3,1,15%,1)”，计算结果为第一个结算期间的折旧值 ¥2889.00。

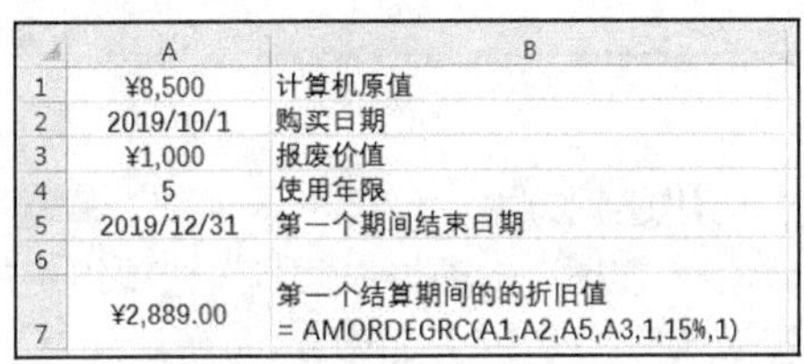

	A	B
1	¥8,500	计算机原值
2	2019/10/1	购买日期
3	¥1,000	报废价值
4	5	使用年限
5	2019/12/31	第一个期间结束日期
6		
7	¥2,889.00	第一个结算期间的的折旧值 = AMORDEGRC(A1,A2,A5,A3,1,15%,1)

图 9-21

9.2　应用实例——计算商品房贷款

在日常生活中，人们越来越多地同银行的存贷业务打交道，如住房贷款、汽车贷款、教育贷款及个人储蓄等。但很多人对贷款的月偿还金额的计算或利息的计算往往感到束手无策，Excel 提供的财务分析函数能够简单、方便地帮助大家完成这方面的工作。

由于房贷的数额大，周期长，家庭在制定还款计划时，要考虑各方面的因素才不会在还款的过程中因考虑不周而造成还贷困难甚至严重影响正常生活。那么如何根据自己的还款能力制定一个切实可行的购房贷款计划呢？下面我们利用 Excel 的 PMT 函数及模拟分析中的双变量模拟运算表（见第 10 章）构建了一个购房贷款方案表，人们可以根据自己的实际情况从中选择适合自己的一套方案，这样就不会因为还贷而影响正常生活了。

1．基本还款模型的建立

一般贷款者在制定贷款/还款计划的过程中要考虑诸多因素，比如贷款利率、按揭年限及个人承受能力等，根据这些特点，我们利用 Excel 建立了一个购房贷款基本还款模型，假定我们采用等额本金还款法还贷款。

① 新建一个 Excel 工作簿，在工作表 B2 单元格中输入贷款总额 50 万元，在 B3 单元格输入年利率 4.90%（2015-10-24 后期限 5 年以上基准利率），在 B4 单元格中输入按揭年数 20 年。

② 在 B5 单元格中输入支付利息款的计算函数。

=CUMIPMT(B3/12,B4*12,B2,1,B4*12,0)

③ 在 B6 单元格中输入每月等额还款额计算函数。

=PMT(B3/12,B4*12,B2)

④ 最终建立的基于等额本金还款法的购房贷款基本还款模型如图 9-22 所示。

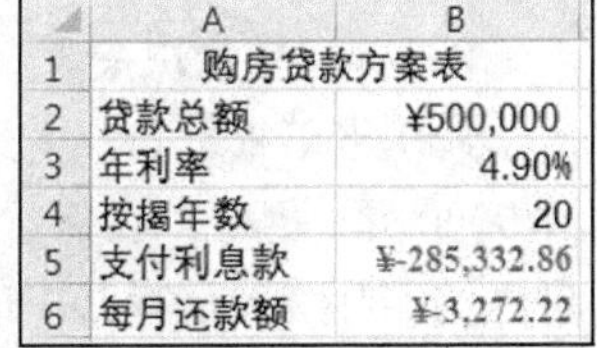

	A	B
1	购房贷款方案表	
2	贷款总额	¥500,000
3	年利率	4.90%
4	按揭年数	20
5	支付利息款	¥-285,332.86
6	每月还款额	¥-3,272.22

图 9-22

2．使用双变量模拟运算表构建还款方案

（1）构建还款方案框架

假如，可供选择的贷款总额有 50 万元、60 万元、70 万元、80 万元、90 万元、100 万元；可供选择的按揭年数有 5 年、10 年、15 年、20 年和 30 年。在 C6:H6 单元格区域中输入不同贷款总额，在 B7:B11 单元格区域中输入不同的按揭年数，构建还款方案框架如图 9-23 所示。

	A	B	C	D	E	F	G	H
1	购房贷款方案表							
2	贷款总额	¥500,000						
3	年利率	4.90%						
4	按揭年数	20						
5	支付利息款	¥-285,332.86						
6	每月还款额	¥-3,272.22	¥1,000,000	¥900,000	¥800,000	¥700,000	¥600,000	¥500,000
7	5年按揭	5						
8	10年按揭	10						
9	15年按揭	15						
10	20年按揭	20						
11	30年按揭	30						

图 9-23

（2）使用双变量模拟运算表构建还款方案

选取单元格区域 B6:H11，单击“数据”选项卡“预测”选项组中的“模拟分析”按钮，选择“模拟运算表”命令，打开“模拟运算表”对话框，如图 9-24 所示。

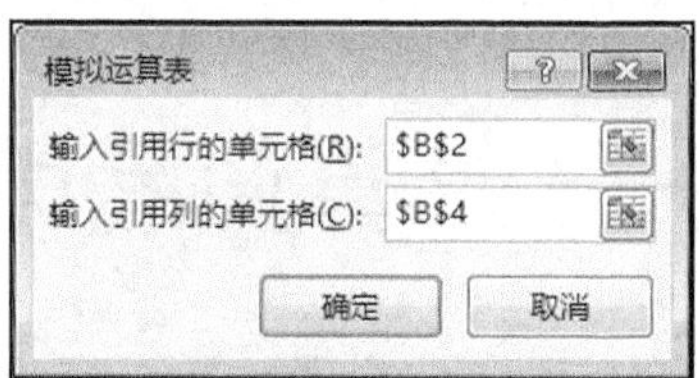

图 9-24

视频 9-5

在此例中，影响还款额的变量有“贷款总额”和“按揭年数”，我们将“贷款总额”设置为行变量，“按揭年数”设置为列变量，即分别指定“$B$2”为引用行的单元格，“$B$4”为引用列的单元格。单击“确定”按钮，在 C7:H11 单元格区域给出了不同贷款年限、不同贷款总额的月供额，如图 9-25 所示。例如，F9 单元格的数值表示贷款 70 万元、15 年按揭的月供额为￥-5499.16。

	A	B	C	D	E	F	G	H
1	购房贷款方案表							
2	贷款总额	¥500,000						
3	年利率	4.90%						
4	按揭年数	20						
5	支付利息款	¥-285,332.86						
6	每月还款额	¥-3,272.22	¥1,000,000	¥900,000	¥800,000	¥700,000	¥600,000	¥500,000
7	5年按揭	5	¥-18,825.45	¥-16,942.91	¥-15,060.36	¥-13,177.82	¥-11,295.27	¥-9,412.73
8	10年按揭	10	¥-10,557.74	¥-9,501.97	¥-8,446.19	¥-7,390.42	¥-6,334.64	¥-5,278.87
9	15年按揭	15	¥-7,855.94	¥-7,070.35	¥-6,284.75	¥-5,499.16	¥-4,713.57	¥-3,927.97
10	20年按揭	20	¥-6,544.44	¥-5,890.00	¥-5,235.55	¥-4,581.11	¥-3,926.66	¥-3,272.22
11	30年按揭	30	¥-5,307.27	¥-4,776.54	¥-4,245.81	¥-3,715.09	¥-3,184.36	¥-2,653.63

图 9-25

3. 购房贷款决策

购房者可根据自己的还款能力制定一个切实可行的购房贷款计划，假定每月还款额最高不能超过 5000 元，但也不要低于 4000 元，满足条件的方案有 4 个，如图 9-26 所示的黑框部分，可以根据自己的实际情况选择其中的一种。

采用同样的方法，可以求出不同还款期、不同贷款总额要支付的利息额，如图 9-27 所示。

在市场经济高度发达的今天，投资活动越来越频繁，人们对不同的投资方案进行比较就显得非常重要了。这里以购房贷款为例，利用 Excel 的财务分析函数并结合模拟分析对投资方案进行了分析、比较，为投资决策提供了帮助，此方法在实际工作和生活中具有很高的实用价值。

	A	B	C	D	E	F	G	H
1	购房贷款方案表							
2	贷款总额	¥500,000						
3	年利率	4.90%						
4	按揭年数	20						
5	支付利息款	¥-285,332.86						
6	每月还款额	¥-3,272.22	¥1,000,000	¥900,000	¥800,000	¥700,000	¥600,000	¥500,000
7	5年按揭	5	¥-18,825.45	¥-16,942.91	¥-15,060.36	¥-13,177.82	¥-11,295.27	¥-9,412.73
8	10年按揭	10	¥-10,557.74	¥-9,501.97	¥-8,446.19	¥-7,390.42	¥-6,334.64	¥-5,278.87
9	15年按揭	15	¥-7,855.94	¥-7,070.35	¥-6,284.75	¥-5,499.16	¥-4,713.57	¥-3,927.97
10	20年按揭	20	¥-6,544.44	¥-5,890.00	¥-5,235.55	¥-4,581.11	¥-3,926.66	¥-3,272.22
11	30年按揭	30	¥-5,307.27	¥-4,776.54	¥-4,245.81	¥-3,715.09	¥-3,184.36	¥-2,653.63

图 9-26

	A	B	C	D	E	F	G	H
1	购房贷款方案表							
2	贷款总额	¥500,000						
3	年利率	4.90%						
4	按揭年数	20						
5	每月还款额	¥-3,272.22						
6	支付利息款	¥-285,332.86	¥1,000,000	¥900,000	¥800,000	¥700,000	¥600,000	¥500,000
7	5年按揭	5	¥-129,527.21	¥-116,574.49	¥-103,621.77	¥-90,669.05	¥-77,716.33	¥-64,763.61
8	10年按揭	10	¥-266,928.75	¥-240,235.87	¥-213,543.00	¥-186,850.12	¥-160,157.25	¥-133,464.37
9	15年按揭	15	¥-414,069.59	¥-372,662.63	¥-331,255.67	¥-289,848.71	¥-248,441.76	¥-207,034.80
10	20年按揭	20	¥-570,665.72	¥-513,599.15	¥-456,532.57	¥-399,466.00	¥-342,399.43	¥-285,332.86
11	30年按揭	30	¥-910,616.19	¥-819,554.57	¥-728,492.96	¥-637,431.34	¥-546,369.72	¥-455,308.10

图 9-27

习　题

一、单项选择题

1. 在 Excel 的下列函数中，能够用来计算等额分期方式下每期偿还额的是______函数。

   A. NPV　　B. PV　　C. FV　　D. PMT

2. Excel 中的 SLN 函数采用______进行计算。

   A. 双倍余额递减法折旧　　B. 直线法折旧

   C. 年限总和法折旧　　D. 可变余额递减法折旧

3. 在 Excel 的下列函数中，能够用来计算在某一给定期间内的利息偿还额的函数是______。

   A. NPV　　B. RATE　　C. IPMT　　D. PMT

4. 在 Excel 的下列函数中，能够用来计算按指定偿还金额分期偿还贷款的总期数的函数是______。

   A. NPER　　B. PV　　C. PMT　　D. IRR

5. 在 Excel 中，DB 函数的格式为 DB(cost, salvage, life, period, [month])，其中第一个参数是______。

   A. 资产原值　　B. 资产残值　　C. 折旧年限　　D. 使用寿命

二、判断题

1. 函数 NPV(rate, value1, [value2], …) 中的参数 value1，value2，…要求所属各期间的长度必须相等，而且都发生在期末。

2. 函数 FV(rate, nper, pmt, [fv], [type])中的参数 type 为付款时间类型，省略时默认在期初。

3. Excel 使用迭代法计算利率函数 RATE、IRR 和 XIRR 的值，直至结果的精度达到 0.001%时结束。

4. PMT 函数的功能是基于固定利率及等额分期付款方式，计算贷款的每期偿还额。

5. DB 函数是用来计算资产折旧的函数。

三、计算分析题

1. 某人需要在 4 年后从银行取出 10 万元，假设银行年利率为 5%，问现在必须一次性存入多少钱？

2. 某企业计划在 5 年后创办一所希望小学，需要资金 50 万元。从现在开始等备资金，打算在每月的月初存入 7500 元，在整个投资期间内，年投资回报率为 7.6%，问 5 年后这笔存款是否足够满足创办一所希望小学？

3. 某企业需要拓展业务，欲向银行贷款 100 万元。假设企业每月有能力且最适合的还款额为 12000 元，银行年利率为 7.5%，企业至少需要多久才能还清贷款？

4. 某公司 2015 年初从租赁公司租入一套设备，价值 200 万元，租期为 6 年，租金每年年末支付一次。

（1）若预计租赁期满残值为 3 万元，残值归租赁公司所有，年利率按 8%计算，租赁费率为设备价值的 2%，按平均分摊法计算每年年末应付的租金应该是多少？

（2）若设备残值归承租公司，综合租赁费率确定为 10%，按等额年金法计算每年年末支付的租金应该是多少？

5. 某超市计划将现有一批已使用 5 年的货架转手卖出，5 年前的购买价值为 8 万元，使用年限为 10 年，报废价值为 15000 元，请使用直线折旧法、固定余额递减折旧法、双倍余额递减折旧法、年限总和折旧法和可变余额递减折旧法这 5 种不同的折旧方法计算出这批货架这 5 年的折旧金额。

第 10 章 模拟分析与规划求解

除了各种计算函数之外，Excel 还提供了许多数据分析工具，其中单变量求解、模拟运算表、方案管理器和规划求解等是最为常用的几个工具。相对来说，使用这些工具来分析处理数据更为方便、快捷和高效。本章将分别通过不同的应用实例学习 Excel 的单变量求解、模拟运算表、方案管理器、规划求解等数据分析工具的功能和使用方法。

10.1　单变量求解

单变量求解是对函数公式的逆运算，主要解决假定一个公式要取得某一结果值，公式中的某个变量应取值多少的问题。下面通过几个例子来理解单变量求解。

【例 10-1】简单函数 y=2x+10 的单变量求解。

视频 10-1

分析：如图 10-1 所示，在 B2 单元格中输入变量 x 的值；B3 单元格中输入函数的截距 10；B4 单元格中是 y 值的计算公式“=2*B2+B3”。如果 B2 单元格值为 5，则 B4 单元格会自动计算为 20。如果我们想让 B4 单元格为某个特定的值，那么与 x 对应的 B2 单元格值应该是多少呢？这就好比我们知道 x 的值可以求得 y 的值，但根据 y 的值如何求出 x 的值呢？这是典型的逆运算问题。

假设 y 的目标值为 100，通过单变量求解出 x 值的具体操作过程如下。

① 单击“数据”选项卡“预测”选项组中的“模拟分析”按钮，选择“单变量求解”命令，弹出“单变量求解”对话框。

② 在“单变量求解”对话框中将目标单元格设置为“\$B\$4”，目标值设置为“100”，可变单元格设置为“\$B\$2”，如图 10-1 所示。

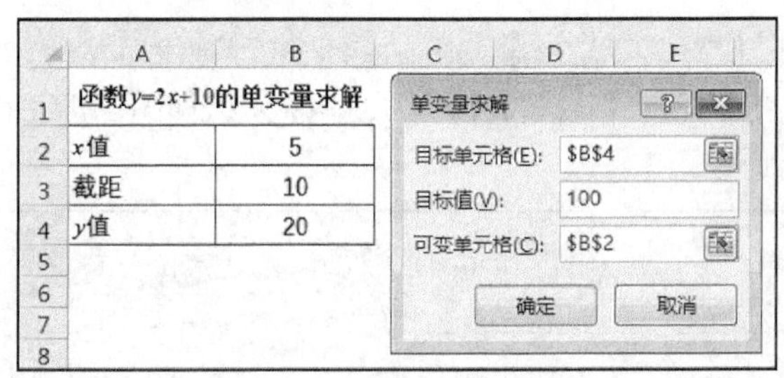

图 10-1

③ 单击“确定”按钮，执行单变量求解。Excel 自动进行迭代运算，最终得出使目标单元格（B4）等于目标值 100 时，可变单元格（B2）的值为 45，如图 10-2 所示。单击“确定”按钮，完成计算。

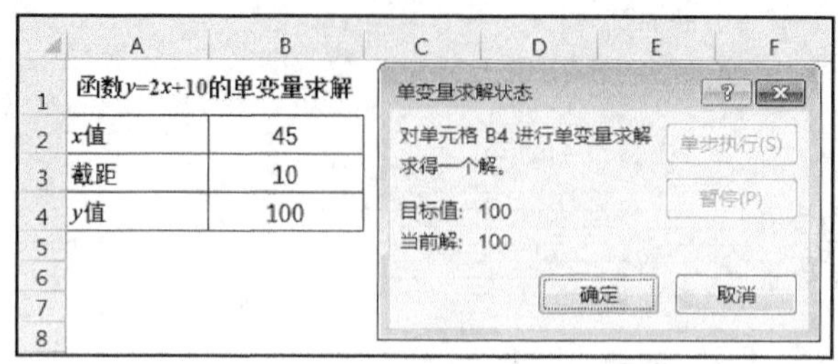

图 10-2

默认情况下，“单变量求解”命令最多进行 100 次迭代运算，最大误差值为 0.001。如果不需要这么高的精度，可以单击“文件”选项卡中的“选项”命令打开“Excel 选项”对话框，在对话框左侧选择“公式”，然后在右侧的“计算选项”中进行设置。

【例 10-2】贷款问题的单变量求解。某人买房计划贷款 100 万元，年限为 10 年，采取每月等额偿还本息的方法归还贷款本金并支付利息，按目前银行初步提出的年利率 5.5%的方案，利用财务函数 PMT 可以计算出每月需支付￥-10852.63。但目前每月可用于还贷的资金只有 8000 元。因此，要确定在年利率和贷款年限不变的条件下，可以申请贷款的最大额度。

分析：如图 10-3 所示，在 B2 单元格中输入贷款金额；B3 单元格中输入贷款年限；B4 单元格中输入年利率；B5 单元格是每月等额还款额的计算公式“=PMT(B4/12,B3*12,B2)”。当前 B2 单元格值为 100（万元），B3 单元格值为 10（年），B4 单元格值为 5.5%，则 B5 单元格会自动计算为￥-10852.63（PMT 函数的计算结果为每月偿还额，是支出项，所以为负值）。可以确定贷款金额 B2 单元格是可变单元格，每月等额还款额 B5 是目标单元格，目标值是-8000，单变量求解过程如下。

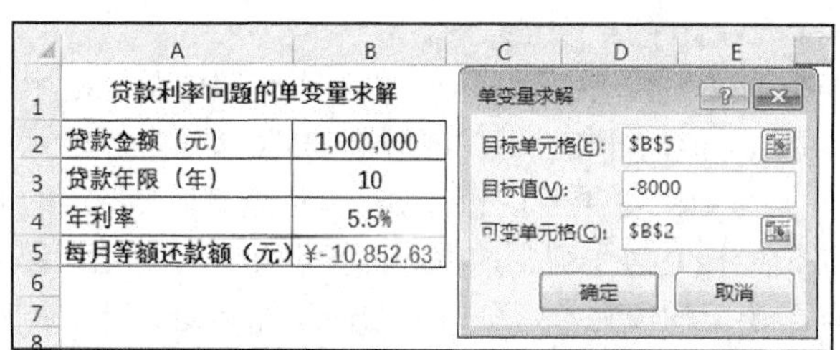

图 10-3

① 单击“数据”选项卡“预测”选项组中的“模拟分析”按钮，选择“单变量求解”命令，弹出“单变量求解”对话框。

② 在“单变量求解”对话框中将目标单元格设置为“$B$5”，目标值设置为“-8000”，可变单元格设置为“$B$2”。

③ 单击“确定”按钮，执行单变量求解。Excel 自动进行迭代运算，最终得出使目标单元格（B5）等于目标值-8000 时，可变单元格（B2）的值为 737149 元，如图 10-4 所示。单击“确定”按钮，完成计算。

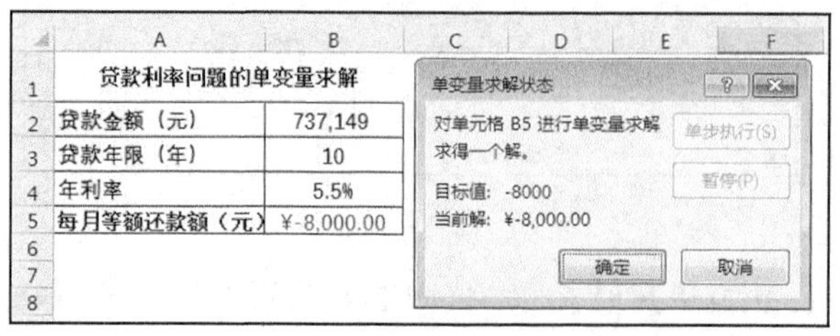

图 10-4

【例 10-3】年终奖金目标的单变量求解。某公司员工的年终奖金的计算方法为全年销售额的 8%，李小明前 3 个季度的销售额已经知道了，分别是 37554 元、19986 元和 29800 元，他想知道第 4 季度的销售额为多少时，才能保证年终奖金为 10000 元。

分析：如图 10-5 所示，在 B2:B4 单元格区域分别输入前 3 个季度的销售额；B5 单元格中第 4 季度的销售额未知；B6 单元格中输入年终奖金的计算公式“=(B2+B3+B4+B5)*8%”，自动计算出当前的年终奖金为 6987 元。可以确定第 4 季度的销售额 B5 单元格是可变单元格，年终奖金 B6 是目标单元格，目标值是 10000，单变量求解过程如下。

① 单击“数据”选项卡“预测”选项组中的“模拟分析”按钮，选择“单变量求解”命令，弹出“单变量求解”对话框。

② 在“单变量求解”对话框中将目标单元格设置为“$B$6”，目标值设置为“10000”，可变单元格设置为“$B$5”。

③ 单击“确定”按钮，执行单变量求解。Excel 自动进行迭代运算，最终得出使目标单元格（B6）等于目标值 10000 时，可变单元格（B5）的值为 37660 元（第 4 季度要完成的销售额），如图 10-6 所示。单击“确定”按钮，完成计算。

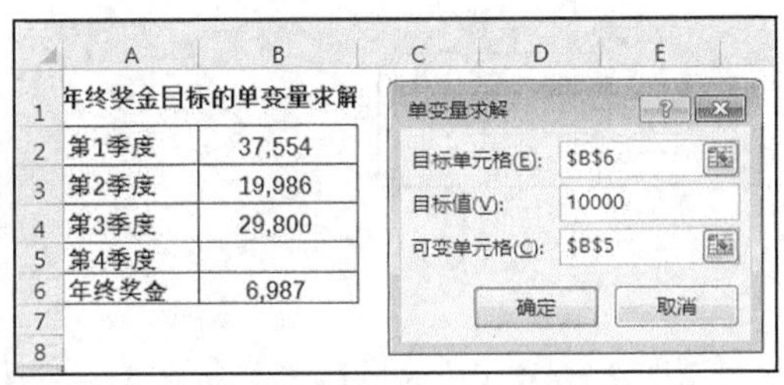

图 10-5

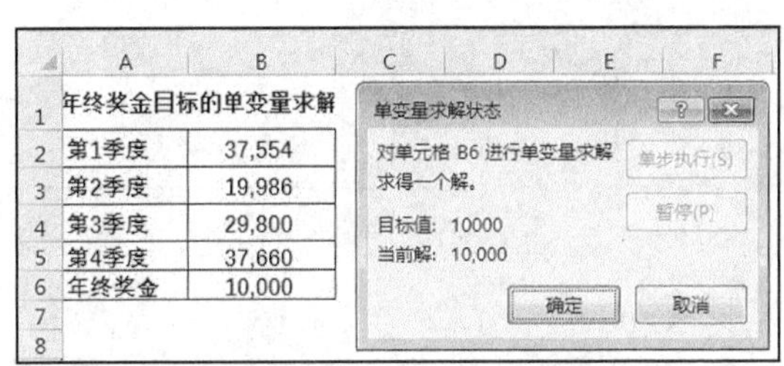

图 10-6

10.2　模拟运算表

模拟运算表是对一个单元格区域中的数据进行模拟运算，分析在公式中使用变量时，变量值的变化对公式运算结果的影响。在 Excel 中可以构造两种类型的模拟运算表：单变量模拟运算表和双变量模拟运算表。前者用来分析一个变量值的变化对公式运算结果的影响，后者用来分析两个变量值同时变化对公式运算结果的影响。

10.2.1　单变量模拟运算表

当需要分析单个决策变量变化对某个计算公式的影响时，可以使用单变量模拟运算表实现。例如，不同的年化收益率对理财产品收益的影响，不同的贷款年利率对还款额度的影响等。

视频 10-2

【例 10-4】某公司计划贷款 1000 万元，年限为 10 年，采取每月等额偿还本息的方法归还贷款本金并支付利息，目前的年利率为 4%，每月的偿还额为 101245.14 元。但根据宏观经济的发展情况，国家会通过调整利率对经济发展进行宏观调控。投资人为了更好地进行决策，需要全面了解利率变动对偿贷能力的影响。

分析：如图 10-7 所示，在 B2 单元格中输入贷款金额，B3 单元格中输入贷款年限，B4 单元格中输入年利率，B5 单元格是每月等额还款额的计算公式“=PMT(B4/12,B3*12,B2)”。当前 B2 单元格值为1000万元，B3单元格值为10年，B4单元格值为4%，则B5单元格会自动计算为￥-101245.14。使用单变量模拟运算表可以很直观地以表格的形式，将偿还贷款的能力与利率变化的关系在工作表上列出来，方便对比不同年利率下的每月贷款偿还额。

用单变量模拟运算表解决此问题的步骤如下。

① 选择一个单元格区域作为模拟运算表存放区域，本例选择 D1:E13 单元格区域。其中 D2:D13 单元格区域列出了利率的所有取值，本例为 3.25%、3.50%、…、6.00%。在 E1 单元格输入计算每月偿还额的计算公式“=PMT(B4/12,B3*12,B2)”，如图 10-7 所示。

	A	B	C	D	E
1	贷款问题的单变量模拟运算表				¥-101,245.14
2	贷款金额（元）	10,000,000		3.25%	
3	贷款年限（年）	10		3.50%	
4	年利率	4%		3.75%	
5	每月等额还款额（元）	¥-101,245.14		4.00%	
6				4.25%	
7				4.50%	
8				4.75%	
9				5.00%	
10				5.25%	
11				5.50%	
12				5.75%	
13				6.00%	

图 10-7

说明：

- 在单变量模拟运算表中，变量的数据值必须放在模拟运算表存放区域的第一行或第一列中。
- 如果放在第一列，则必须在变量数据值区域的上一行的右侧列所对应的单元格中输入计算公式。
- 如果放在第一行，则必须在变量数据值区域左侧列的下一行所对应的单元格中输入计算公式。本例中是放在 D1:E13 单元格区域的第一列中，所以应该在 E1 单元格中输入计算公式。

② 选定整个模拟运算表区域（即 D1:E13），单击“数据”选项卡“预测”选项组中的“模拟分析”按钮，选择“模拟运算表”命令，弹出“模拟运算表”对话框。

③ 在该对话框的“输入引用列的单元格”框中输入“$B$4”，如图 10-8 所示。

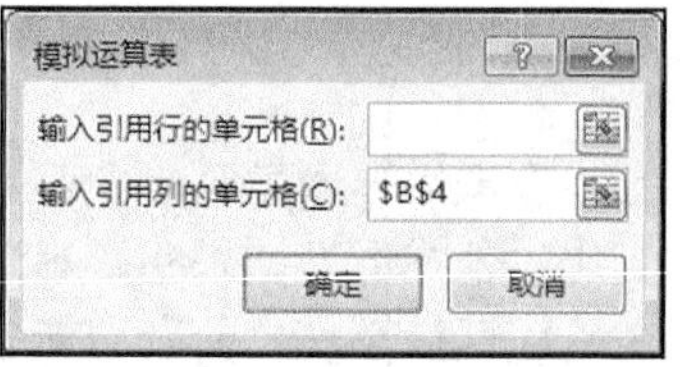

图 10-8

说明：

- 如果变量的数据值按列存放，则需要使用“输入引用列的单元格”；如果变量的数据值按行存放，则需要使用“输入引用行的单元格”。
- 被引用的单元格就是在模拟运算表进行计算时，变量的数据值要代替计算公式中的哪一个单元格数据值。本例中的变量数据值是“年利率”，所以指定“$B$4”为引用列的单元格，即年利率所在的单元格。

④ 单击“确定”按钮，模拟运算表的计算结果如图 10-9 所示。

在已经生成的模拟运算表中，单元格区域 E2:E13 中的公式为“=TABLE(,B4)”，表示一个以单元格 B4 为列变量的模拟运算表。

	A	B	C	D	E
1	贷款问题的单变量模拟运算表				¥-101,245.14
2	贷款金额（元）	10,000,000		3.25%	-97719
3	贷款年限（年）	10		3.50%	-98886
4	年利率	4%		3.75%	-100061
5	每月等额还款额（元）	¥-101,245.14		4.00%	-101245
6				4.25%	-102438
7				4.50%	-103638
8				4.75%	-104848
9				5.00%	-106066
10				5.25%	-107292
11				5.50%	-108526
12				5.75%	-109769
13				6.00%	-111021

图 10-9

如果将所有利率值按行存放，需要在利率值左侧下一行的单元格中输入计算公式，并指定“$B$4”为引用行的单元格。例如，选择 A7:M8 单元格区域作为模拟运算表存放区域，计算结果如图 10-10 所示。

	A	B	C	D	E	F	G	H	I	J	K	L	M
1	贷款问题的单变量模拟运算表												
2	贷款金额（元）	10,000,000											
3	贷款年限（年）	10											
4	年利率	4%											
5	每月等额还款额（元）	¥-101,245.14											
6													
7		3.25%	3.50%	3.75%	4.00%	4.25%	4.50%	4.75%	5.00%	5.25%	5.50%	5.75%	6.00%
8	¥-101,245.14	-97719	-98886	-100061	-101245	-102438	-103638	-104848	-106066	-107292	-108526	-109769	-111021

图 10-10

10.2.2　双变量模拟运算表

单变量模拟运算表只能解决一个变量值变化对公式计算结果的影响，如果想查看两个变量值变化对公式计算结果的影响就需要用到双变量模拟运算表。

【例 10-5】基于例 10-4，除了考虑年利率的变化，还需要同时分析不同贷款年限对偿还额的影响。

分析：这里涉及两个变量，需要使用双变量模拟运算表进行计算。

视频 10-3

用双变量模拟运算表解决此问题的步骤如下。

① 选择一个单元格区域作为模拟运算表存放区域。本例选择 A7:M13 单元格区域，其中 B7:M7 单元格区域列出年利率的所有取值，分别为 3.25%、3.50%、…、6.00%；A8:A13 单元格区域列出贷款年限的所有取值，分别为 5、10、…、30。在 A7 单元格输入计算每月偿还额的计算公式“=PMT(B4/12,B3*12,B2)”，如图 10-11 所示。

	A	B	C	D	E	F	G	H	I	J	K	L	M
1	贷款问题的双变量模拟运算表												
2	贷款金额（元）	10,000,000											
3	贷款年限（年）	10											
4	年利率	4%											
5	每月等额还款额（元）	¥-101,245.14											
6													
7	¥-101,245.14	3.25%	3.50%	3.75%	4.00%	4.25%	4.50%	4.75%	5.00%	5.25%	5.50%	5.75%	6.00%
8	5												
9	10												
10	15												
11	20												
12	25												
13	30												

图 10-11

说明：

- 在双变量模拟运算表中，两个变量的数据值必须分别放在模拟运算表存放区域的第一行和第一列，而且计算公式必须放在模拟运算表存放区域最左上角的单元格中。
- 本例中模拟运算表存放区域是 A7:M13，所以在 A7 单元格中输入计算公式，B7:M7 单元格区域列出年利率值，A8:A13 单元格区域列出贷款年限的所有取值。

② 选定整个模拟运算表区域（即 A7:M13），单击“数据”选项卡“预测”选项组中的“模拟分析”按钮，选择“模拟运算表”命令，弹出“模拟运算表”对话框。

③ 在该对话框的“输入引用行的单元格”框中输入“$B$4”，在“输入引用列的单元格”框中输入“$B$3”，即行变量是年利率，列变量是贷款年限，如图 10-12 所示。

④ 单击“确定”按钮，模拟运算表的计算结果如图 10-13 所示。

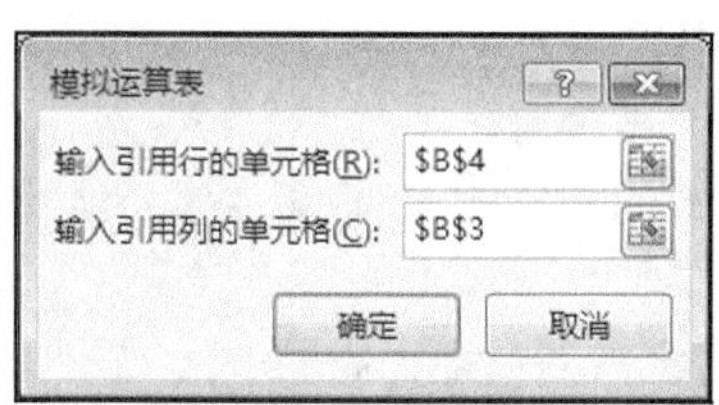

图 10-12

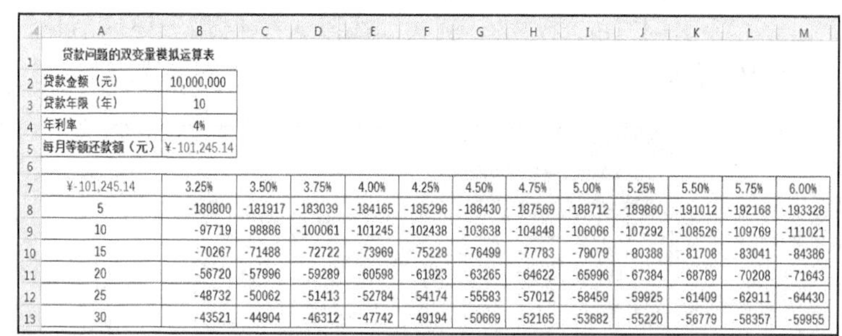

	A	B	C	D	E	F	G	H	I	J	K	L	M
1	贷款问题的双变量模拟运算表												
2	贷款金额（元）	10,000,000											
3	贷款年限（年）	10											
4	年利率	4%											
5	每月等额还款额（元）	¥-101,245.14											
6													
7	¥-101,245.14	3.25%	3.50%	3.75%	4.00%	4.25%	4.50%	4.75%	5.00%	5.25%	5.50%	5.75%	6.00%
8	5	-180800	-181917	-183039	-184165	-185296	-186430	-187569	-188712	-189860	-191012	-192168	-193328
9	10	-97719	-98886	-100061	-101245	-102438	-103638	-104848	-106066	-107292	-108526	-109769	-111021
10	15	-70267	-71488	-72722	-73969	-75228	-76499	-77783	-79079	-80388	-81708	-83041	-84386
11	20	-56720	-57996	-59289	-60598	-61923	-63265	-64622	-65996	-67384	-68789	-70208	-71643
12	25	-48732	-50062	-51413	-52784	-54174	-55583	-57012	-58459	-59925	-61409	-62911	-64430
13	30	-43521	-44904	-46312	-47742	-49194	-50669	-52165	-53682	-55220	-56779	-58357	-59955

图 10-13

在已经生成的模拟运算表中，单元格区域 B8:M13 中的公式为“=TABLE(B4,B3)”，表示一个以单元格 B4 为行变量、单元格 B3 为列变量的模拟运算表。

10.3 方案管理器

如果要解决包括更多可变因素的问题，或是要在多种假设分析中找出最佳执行方案，单变量模拟运算表和双变量模拟运算表就无法实现了，这时可以使用 Excel 的方案管理器来完成。

方案管理器主要用于解决多方案求解问题，利用方案管理器模拟不同方案的结果，根据多个方案的对比分析，考查不同方案的优劣，从中寻求最佳的解决方案。

【例 10-6】 基于例 10-5 双变量模拟运算表中的贷款问题，要求同时分析不同贷款年利率、贷款年限和贷款金额对每月偿还额的影响。

视频 10-4

分析：在单变量模拟运算表中，指定的变量是年利率，贷款金额和贷款年限都是固定值。在双变量数据表中，指定的变量是年利率和贷款年限，贷款金额是固定值。如果想把贷款金额也作为变量，即变量超过了两个，就要使用方案管理器。

在使用方案管理器之前，首先要建立一个双变量模拟运算表来分析不同贷款年限和贷款年利率对每月偿还额的影响；然后再按照贷款金额分别为 800 万元、900 万元、1000 万元、1100 万元、1200 万元创建多个方案。

（1）建立双变量模拟运算表

用双变量模拟运算表来分析不同贷款年限和贷款利率对每月偿还额的影响，如图 10-14 所示。

	A	B	C	D	E	F	G	H	I	J	K	L	M
1	贷款问题												
2	贷款金额（元）	10,000,000											
3	贷款年限（年）	10											
4	年利率	4%											
5	每月等额还款额（元）	¥-101,245.14											
6													
7	¥-101,245.14	3.25%	3.50%	3.75%	4.00%	4.25%	4.50%	4.75%	5.00%	5.25%	5.50%	5.75%	6.00%
8	5	-180800	-181917	-183039	-184165	-185296	-186430	-187569	-188712	-189860	-191012	-192168	-193328
9	10	-97719	-98886	-100061	-101245	-102438	-103638	-104848	-106066	-107292	-108526	-109769	-111021
10	15	-70267	-71488	-72722	-73969	-75228	-76499	-77783	-79079	-80388	-81708	-83041	-84386
11	20	-56720	-57996	-59289	-60598	-61923	-63265	-64622	-65996	-67384	-68789	-70208	-71643
12	25	-48732	-50062	-51413	-52784	-54174	-55583	-57012	-58459	-59925	-61409	-62911	-64430
13	30	-43521	-44904	-46312	-47742	-49194	-50669	-52165	-53682	-55220	-56779	-58357	-59955

图 10-14

（2）按照贷款金额分别为 800 万元、900 万元、1000 万元、1100 万元、1200 万元创建方案

创建方案的具体操作过程如下。

① 单击“数据”选项卡“预测”选项组中的“模拟分析”按钮，选择“方案管理器”命令，弹出“方案管理器”对话框，如图 10-15 所示。

② 在“方案管理器”对话框中单击“添加”按钮，弹出“添加方案”对话框。

③ 在“添加方案”对话框的“方案名”文本框中输入“贷款金额-800”，然后指定“贷款金额”所在的 B2 单元格为可变单元格，如图 10-16 所示。

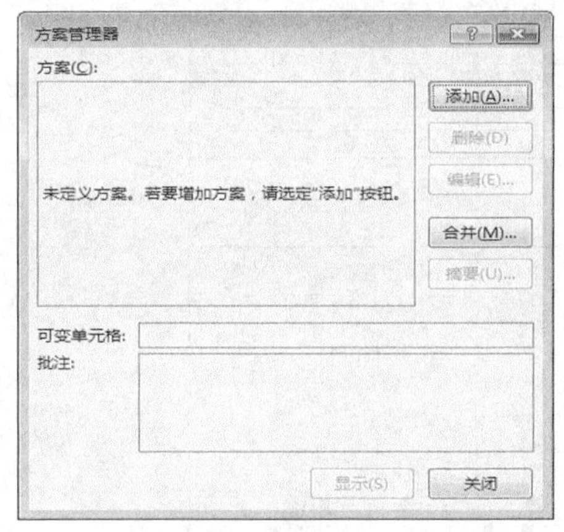

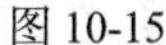

图 10-15

图 10-16

④ 单击“确定”按钮。出现“方案变量值”对话框，将文本框中显示的可变单元格原始数据修改为方案模拟数值 800 万元，如图 10-17 所示。

⑤ 单击“确定”按钮，“贷款金额-800”方案创建完毕，相应的方案自动添加到“方案管理器”的方案列表中。

⑥ 重复上述步骤可依次建立“贷款金额-900”“贷款金额-1000”“贷款金额-1100”和“贷款金额-1200”等 4 个方案。创建完成后的“方案管理器”对话框如图 10-18 所示。

（3）查看方案

方案创建完成以后，可以在“方案管理器”对话框中选定某一方案，单击“显示”按钮来查看方案。查看方案时，在方案中保存的变量值将会替换可变单元格中的数据值。例如，查看方案“贷款金额-800”的计算结果如图 10-19 所示，查看方案“贷款金额-1100”的计算结果如图 10-20 所示。对比这两个方案可以看到，所有与可变单元格相关的计算结果都是重新计算的，计算结果与方案设计一致。

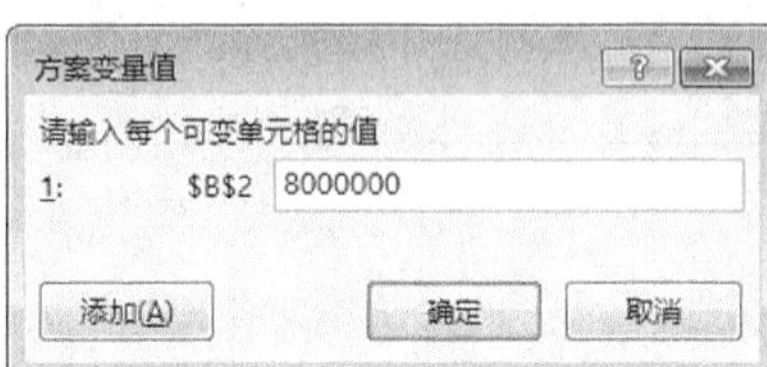

图 10-17

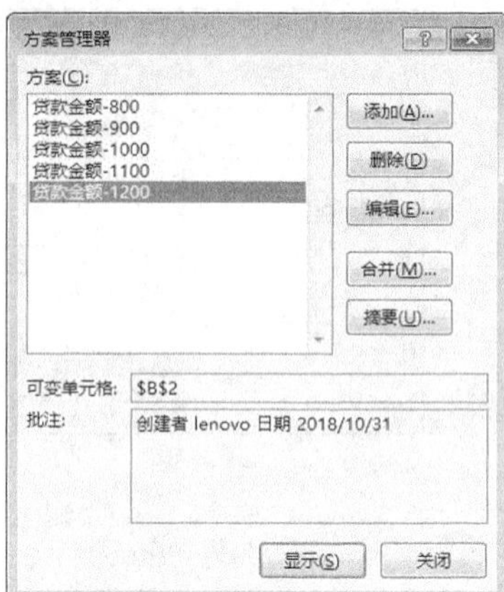

图 10-18

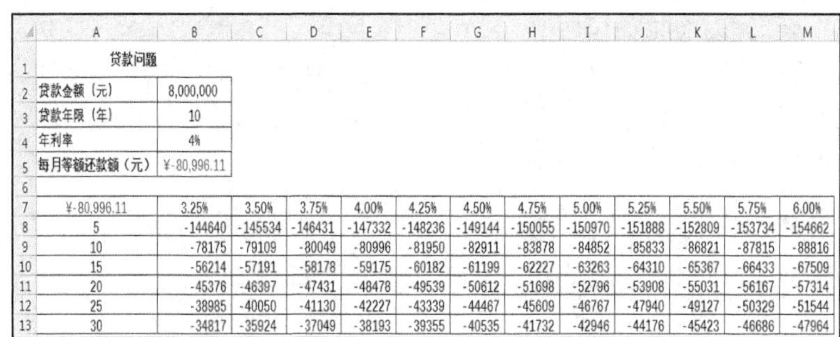

	A	B	C	D	E	F	G	H	I	J	K	L	M
1	贷款问题												
2	贷款金额（元）	8,000,000											
3	贷款年限（年）	10											
4	年利率	4%											
5	每月等额还款额（元）	¥-80,996.11											
6													
7	¥-80,996.11	3.25%	3.50%	3.75%	4.00%	4.25%	4.50%	4.75%	5.00%	5.25%	5.50%	5.75%	6.00%
8	5	-144640	-145534	-146431	-147332	-148236	-149144	-150055	-150970	-151888	-152809	-153734	-154662
9	10	-78175	-79109	-80049	-80996	-81950	-82911	-83878	-84852	-85833	-86821	-87815	-88816
10	15	-56214	-57191	-58178	-59175	-60182	-61199	-62227	-63263	-64310	-65367	-66433	-67509
11	20	-45376	-46397	-47431	-48478	-49539	-50612	-51698	-52796	-53908	-55031	-56167	-57314
12	25	-38985	-40050	-41130	-42227	-43339	-44467	-45609	-46767	-47940	-49127	-50329	-51544
13	30	-34817	-35924	-37049	-38193	-39355	-40535	-41732	-42946	-44176	-45423	-46686	-47964

图 10-19

	A	B	C	D	E	F	G	H	I	J	K	L	M
1	贷款问题												
2	贷款金额（元）	11,000,000											
3	贷款年限（年）	10											
4	年利率	4%											
5	每月等额还款额（元）	¥-111,369.65											
6													
7	¥-111,369.65	3.25%	3.50%	3.75%	4.00%	4.25%	4.50%	4.75%	5.00%	5.25%	5.50%	5.75%	6.00%
8	5	-198880	-200109	-201343	-202582	-203825	-205073	-206326	-207584	-208846	-210113	-211384	-212661
9	10	-107491	-108774	-110067	-111370	-112681	-114002	-115333	-116672	-118021	-119379	-120746	-122123
10	15	-77294	-78637	-79994	-81366	-82751	-84149	-85562	-86987	-88427	-89879	-91345	-92824
11	20	-62392	-63796	-65218	-66658	-68116	-69591	-71085	-72595	-74123	-75668	-77229	-78807
12	25	-53605	-55069	-56554	-58062	-59591	-61142	-62713	-64305	-65917	-67550	-69202	-70873
13	30	-47873	-49395	-50943	-52516	-54113	-55735	-57381	-59050	-60742	-62457	-64193	-65951

图 10-20

（4）生成方案摘要

应用“方案管理器”对话框中的“显示”按钮只能一个方案、一个方案地查看，如果能将所有方案汇总到一个工作表中，形成一个方案报表，然后再对不同方案的影响进行比较、分析，将更有助于决策人员综合考查各种方案的效果。生成方案摘要的具体操作步骤如下。

① 单击“方案管理器”对话框中的“摘要”按钮，出现“方案摘要”对话框，如图 10-21 所示。

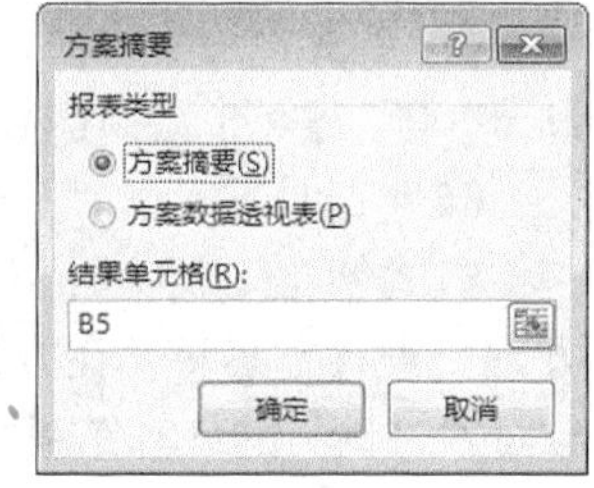

图 10-21

② 指定生成方案摘要的报表类型为“方案摘要”，在“结果单元格”文本框中指定“每月等额还款额”所在的单元格 B5，单击“确定”按钮。系统自动创建一个新的名为“方案摘要”的工作表，内容如图 10-22 所示。

方案摘要	当前值:	贷款金额-800	贷款金额-900	贷款金额-1000	贷款金额-1100	贷款金额-1200
可变单元格:						
$B$2	11,000,000	8,000,000	9,000,000	10,000,000	11,000,000	12,000,000
结果单元格:						
$B$5	¥-111,369.65	¥-80,996.11	¥-91,120.62	¥-101,245.14	¥-111,369.65	¥-121,494.17

图 10-22

说明：

- 在方案摘要中，“当前值”列显示的是在建立方案汇总时，方案的可变单元格中的数值。每组方案可变单元格均以灰色底纹突出显示，根据各方案的模拟数据计算的结果值也同时显示在摘要中，便于管理人员比较、分析。
- 从方案摘要结果中可以看到，在贷款年限 10 年，年利率 4%，每月等额偿还本息条件下，不同贷款金额每月的偿还额情况。
- 如果想查看其他贷款年限、年利率条件下，不同贷款金额每月的偿还额的方案摘要，在设置方案摘要时只需将相应的单元格设置为结果单元格即可。例如，想要查看在贷款 20 年、年利率 3.75%条件下，不同贷款金额每月的偿还额情况，则需要将 D11 单元格设置为结果单元格。生成的方案摘要如图 10-23 所示。

方案摘要	当前值:	贷款金额-800	贷款金额-900	贷款金额-1000	贷款金额-1100	贷款金额-1200
可变单元格:						
$B$2	11,000,000	8,000,000	9,000,000	10,000,000	11,000,000	12,000,000
结果单元格:						
$D$11	-65218	-47431	-53360	-59289	-65218	-71147

图 10-23

10.4 应用实例——个人投资理财模拟分析

某人计划向一个项目投资 20 万元，经过分析论证，该项目预计投资时间为 10 年，可以获得 6%的年收益率。现在需要了解不同投资金额，投资年限，投资收益率条件下最终可以获得的总收益情况。

$$总收益=初期投资金额\times（1+年收益率）^{投资年限}$$

分析：首先要建立投资基本数据，如图 10-24 所示，在 B2 单元格中输入初期投资金额；B3 单元格中输入投资年限；B4 单元格中输入年收益率；B5 单元格是总收益的计算公式“=B2*(1+B4)^B3”。当前 B2 单元格值为 20 万，B3 单元格值为 10 年，B4 单元格值为 6%，则 B5 单元格会自动计算为 ¥358169.54。然后建立一个双变量模拟运算表来分析不同投资年限和年收益率对总收益的影响；最后再按照投资金额分别为 10 万元、20 万元、30 万元、40 万元和 50 万元创建多个方案进行对比分析。具体操作过程如下。

① 建立双变量模拟运算表来分析不同投资年限和年收益率对总收益的影响。行变量为年收益率，取值分别为 4.50%、4.75%、…、7.00%；列变量为投资年限取值分别为 5、10、…、30；计算结果如图 10-24 所示。

② 单击“数据”选项卡“预测”选项组中的“模拟分析”按钮，选择“方案管理器”命令，弹出“方案管理器”对话框。

③ 单击“添加”按钮，弹出“添加方案”对话框。在“添加方案”对话框的“方案名”文本框中输入“投资金额-10”，然后指定“初期投资金额”所在的 B2 单元格为可变单元格，如图 10-25 所示。

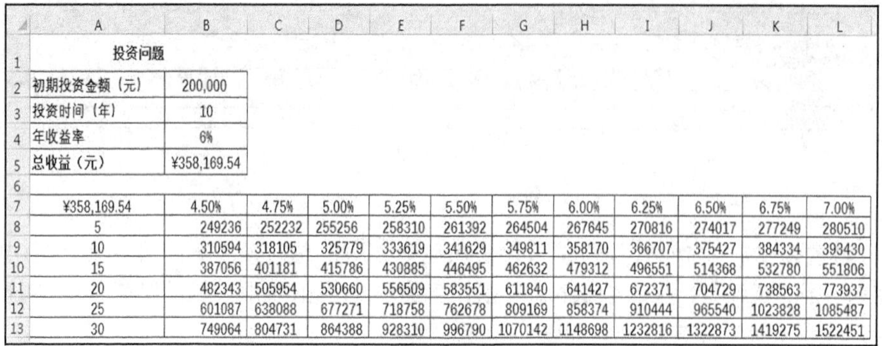

	A	B	C	D	E	F	G	H	I	J	K	L
1	投资问题											
2	初期投资金额（元）	200,000										
3	投资时间（年）	10										
4	年收益率	6%										
5	总收益（元）	¥358,169.54										
6												
7	¥358,169.54	4.50%	4.75%	5.00%	5.25%	5.50%	5.75%	6.00%	6.25%	6.50%	6.75%	7.00%
8	5	249236	252232	255256	258310	261392	264504	267645	270816	274017	277249	280510
9	10	310594	318105	325779	333619	341629	349811	358170	366707	375427	384334	393430
10	15	387056	401181	415786	430885	446495	462632	479312	496551	514368	532780	551806
11	20	482343	505954	530660	556509	583551	611840	641427	672371	704729	738563	773937
12	25	601087	638088	677271	718758	762678	809169	858374	910444	965540	1023828	1085487
13	30	749064	804731	864388	928310	996790	1070142	1148698	1232816	1322873	1419275	1522451

图 10-24

④ 单击“确定”按钮，出现“方案变量值”对话框，在相应的文本框中输入方案模拟数值 10 万元，如图 10-26 所示。

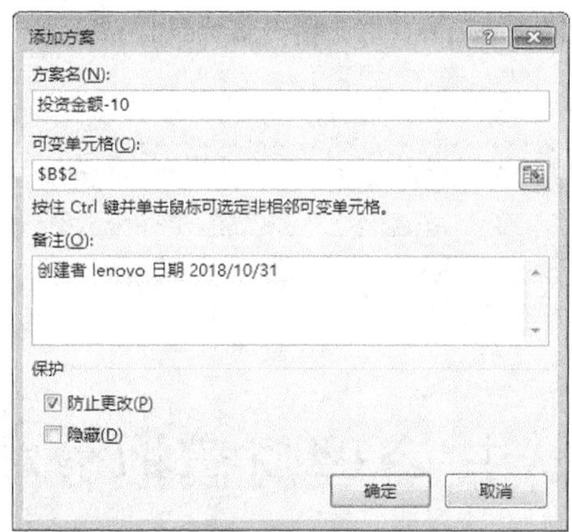

图 10-25

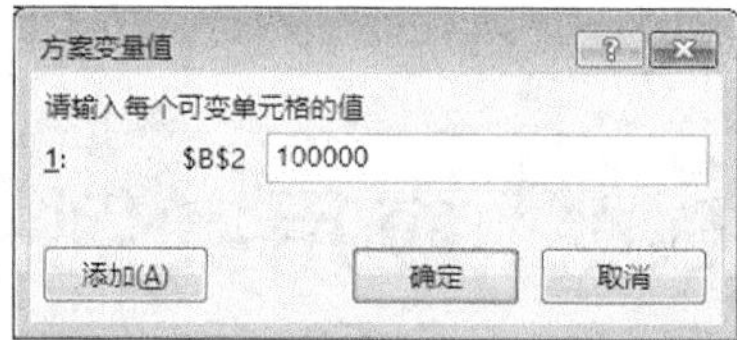

图 10-26

⑤ 单击“确定”按钮，“投资金额-10”方案创建完毕，相应的方案自动添加到“方案管理器”的方案列表中。

⑥ 重复上述步骤可依次建立“投资金额-20”“投资金额-30”“投资金额-40”和“投资金额-50”等 4 个方案。创建完成后的“方案管理器”对话框如图 10-27 所示。

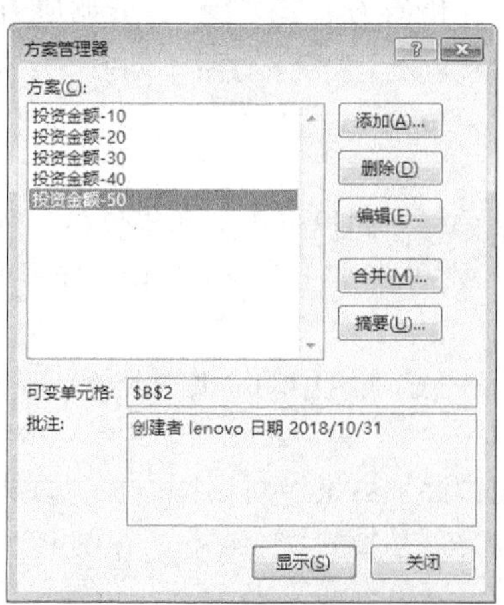

图 10-27

⑦ 选择某一方案，单击“显示”按钮可以查看方案。例如，查看方案“投资金额-50”的计算结果如图 10-28 所示。

	A	B	C	D	E	F	G	H	I	J	K	L
1	投资问题											
2	初期投资金额（元）	500,000										
3	投资时间（年）	10										
4	年收益率	6%										
5	总收益（元）	¥895,423.85										
6												
7	¥895,423.85	4.50%	4.75%	5.00%	5.25%	5.50%	5.75%	6.00%	6.25%	6.50%	6.75%	7.00%
8	5	623091	630580	638141	645774	653480	661259	669113	677041	685043	693122	701276
9	10	776485	795262	814447	834048	854072	874528	895424	916768	938569	960835	983576
10	15	967641	1002953	1039464	1077213	1116238	1156580	1198279	1241378	1285921	1331951	1379516
11	20	1205857	1264884	1326649	1391272	1458879	1529599	1603568	1680927	1761823	1846408	1934842
12	25	1502717	1595221	1693177	1796895	1906696	2022923	2145935	2276111	2413850	2559571	2713716
13	30	1872659	2011828	2160971	2320776	2491976	2675354	2871746	3082039	3307183	3548187	3806128

图 10-28

⑧ 单击“方案管理器”对话框中的“摘要”按钮，出现“方案摘要”对话框。指定生成方案摘要的报表类型为“方案摘要”，在“结果单元格”文本框中指定“总收益金额”所在的单元格 B5，单击“确定”按钮。系统自动创建一个新的名为“方案摘要”的工作表，内容如图 10-29 所示。

方案摘要	当前值	投资金额-10	投资金额-20	投资金额-30	投资金额-40	投资金额-50
可变单元格:						
$B$2	500,000	100,000	200,000	300,000	400,000	500,000
结果单元格:						
$B$5	¥895,423.85	¥179,084.77	¥358,169.54	¥537,254.31	¥716,339.08	¥895,423.85

图 10-29

说明：

- 从方案摘要结果中可以看到，在投资时间 10 年，投资年收益率 6%条件下，不同初期投资金额所能获得的总收益情况。
- 如果想查看其他投资时间、投资年收益率条件下，不同初期投资金额所能获得的总收益情况，在设置方案摘要时只需将相应的单元格设置为结果单元格即可。例如，想要查看投资时间 15 年，投资年收益率 7%条件下，不同初期投资金额所能获得的总收益情况，则需要将 L10 单元格设置为结果单元格。生成的方案摘要如图 10-30 所示。

方案摘要	当前值:	投资金额-10	投资金额-20	投资金额-30	投资金额-40	投资金额-50
可变单元格:						
$B$2	500,000	100,000	200,000	300,000	400,000	500,000
结果单元格:						
$L$10	1379516	275903	551806	827709	1103613	1379516

图 10-30

10.5　规划求解

规划求解主要用于解决有限资源的最佳分配问题。规划求解的问题归结起来可以分成两类：一类是确定了某个任务，研究如何使用最少的人力、物力和财力去完成它；另一类是已经有了一定数量的人力、物力和财力，研究如何使它们获得最大的收益。从数学角度来看，规划求解的问题都有下述 3 个共同特征。

（1）决策变量

每个规划问题都有一组需要求解的未知数（X_1，X_2，…，X_n），被称为“决策变量”。这组决策变量的一组确定值就代表一个具体的规划方案。

（2）约束条件

对于规划问题的决策变量通常都有一定的限制条件，称为“约束条件”。约束条件通常用包含决策变量的不等式或等式来表示。

（3）目标函数

每个问题都有一个明确的目标，如利润最大或成本最小。目标通常是用与决策变量有关的表达式表示，称为“目标函数”。

在 Excel 中进行规划求解时首先要将实际问题数学化、模型化，即将实际问题用一组决策变量、一组用不等式或等式表示的约束条件以及目标函数来表示，这是求解规划问题的关键，然后才可以应用 Excel 的规划求解工具求解。

规划求解是 Excel 的一个加载项，一般安装时默认不加载规划求解工具。如果用户需要使用规划求解工具，必须手动加载。具体操作步骤如下。

① 单击“文件”选项卡中的“选项”命令按钮，弹出“Excel 选项”对话框，在对话框左侧选择“加载项”，在对话框右侧选中“规划求解加载项”，如图 10-31 所示。

② 单击“确定”按钮完成加载。加载成功后，在“数据”选项卡“分析”选项组中可以看到“规划求解”工具按钮。

图 10-31

【例 10-7】 企业生产计划规划求解。某工厂要制订生产计划，已知该工厂有两种机器，一种机器用来生产 A 产品，每生产 1 吨 A 产品需要工时 3 小时，用电量 4 千瓦，原材料 9 吨，可以得到利润 200 万元；另一种机器用来生产 B 产品，每生产 1 吨 B 产品需要工时 7 小时，用电量 6 千瓦，原材料 5 吨，可以得到利润 210 万元。现厂房可提供的总工时为 300 小时，电量为 250 千瓦，原材料为 420 吨，用于生产两种产品。那么如何分配两种产品的生产量可以使利润最大化呢？

视频 10-5

分析：利用 Excel 中的规划求解来完成计算，需要先建立规划模型，即根据实际问题确定决策变量，设置约束条件和目标函数。

（1）决策变量

这个问题的决策变量有 2 个：A 产品的生产量 X_1 吨和 B 产品的生产量 X_2 吨。

（2）约束条件

生产量不能是负数：X_1>=0，X_2>=0

总工时不能超过 300 小时：$3X_1+7X_2$<=300

总电量不能超过 250 千瓦：$4X_1+6X_2$<=250

原材料不能超过 420 吨：$9X_1+5X_2$<=420

（3）目标函数

利润最大化：$P_{MAX}=200X_1+210X_2$

Excel 中的规划求解通过调整所指定的可变单元格中（决策变量）的值，并对可变单元格数值应用约束条件，从而求出目标单元格公式（目标函数）中的最优值。根据建立的规划模型，在 Excel 中利用规划求解工具的具体过程如下。

① 根据工厂的实际情况编制数据计算工作表，分别填写生产 1 吨 A 产品和 B 产品所需要的工时、用电量、原材料、利润以及厂房现在可提供资源的总工时、电量和原材料，如图 10-32 所示。当前无法预知各产品的产量为多少，可以先随意填写（这里分别填写为 10 和 15，肯定不是最优解）；在 D3 单元格输入计算工时需求量的公式：=B3*B7+C3*C7；在 D4 单元格输入计算用电需求量的公式：=B4*B7+C4*C7；在 D5 单元格输入计算原材料需求量的公式：=B5*B7+C5*C7，在 B8 单元格输入计算总利润的公式：=B6*B7+C6*C7。

	A	B	C	D	E
1	企业生产计划规划求解				
2		产品A	产品B	完成生产所需求的资源	现有资源
3	工时（小时/吨）	3	7	=B3*B7+C3*C7	300
4	用电量（千瓦/吨）	4	6	=B4*B7+C4*C7	250
5	原材料（吨/吨）	9	5	=B5*B7+C5*C7	420
6	单位利润（万元/吨）	200	210		
7	产量（吨）	10	15		
8	总利润（万元）	=B6*B7+C6*C7			

图 10-32

从工作表中可以看出：

- 两个决策变量 X_1 和 X_2 对应单元格 B7 和 C7。
- 约束条件：
  生产量不能是负数转换为：B7>=0，C7>=0
  总工时不能超过 300 小时转换为：D3 <=E3
  总电量不能超过 250 千瓦转换为：D4<=E4
  原材料不能超过 420 吨转换为：D5<=E5
- 目标函数对应单元格 B8。

② 在“数据”选项卡“分析”选项组中单击“规划求解”工具按钮，弹出“规划求解参数”对话框。

③ 设置目标为“$B$8”单元格也就是总利润，并选中“最大值”。

④ 在“通过更改可变单元格”中选定与决策变量对应的$B$7:$C$7 两个单元格，即产量是可变的。

⑤ 在“遵守约束”右侧单击“添加”按钮，逐条添加所有的约束条件，如图 10-33 所示。

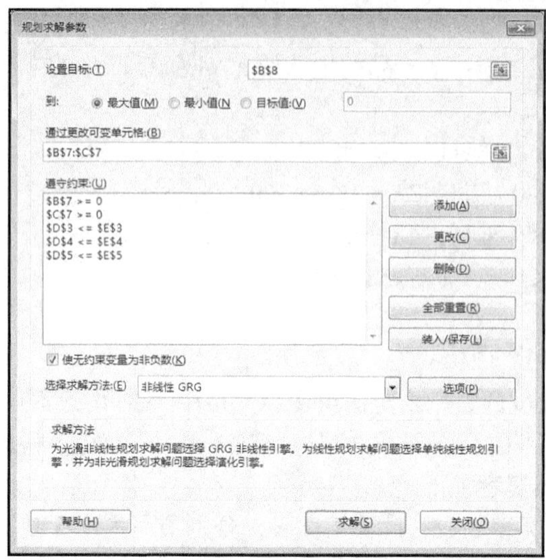

图 10-33

⑥ 单击“求解”按钮，系统给出规划求解结果，如图 10-34 所示。其中，最大总利润可以达到￥10991.18，产品 A 生产 37.35 吨，产品 B 生产 16.76 吨，其中用电量和原材料刚好用完，总工时符合要求，只用了 229.41 小时。

	A	B	C	D	E
1	企业生产计划规划求解				
2		产品A	产品B	完成生产所需求的资源	现有资源
3	工时（小时/吨）	3	7	229.41	300
4	用电量（千瓦/吨）	4	6	250.00	250
5	原材料（吨/吨）	9	5	420.00	420
6	单位利润（万元/吨）	200	210		
7	产量（吨）	37.35	16.76		
8	总利润（万元）	¥10,991.18			

图 10-34

系统在给出规划求解结果的同时会弹出一个“规划求解结果”对话框，如图 10-35 所示。通过该对话框可以自动生成有关的“运算结果报告”“敏感性报告”和“极限值报告”。用户可以根据需要在列表中选中需要建立的结果分析报告，单击“确定”按钮后 Excel 将在独立的工作表中自动建立有关报告。

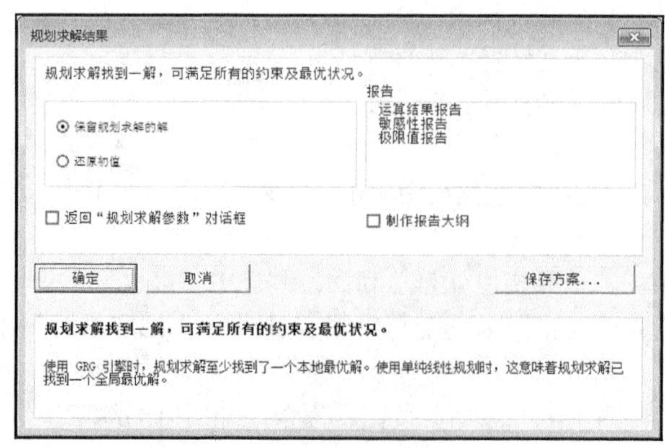

图 10-35

⑦ 选中“运算结果报告”，单击“确定”按钮后得到的报告如图 10-36 所示。报告内容包括：规划求解所采用的算法，有关参数和选项的说明，目标单元格、可变单元格的初值和终值，约束条件的状态等。

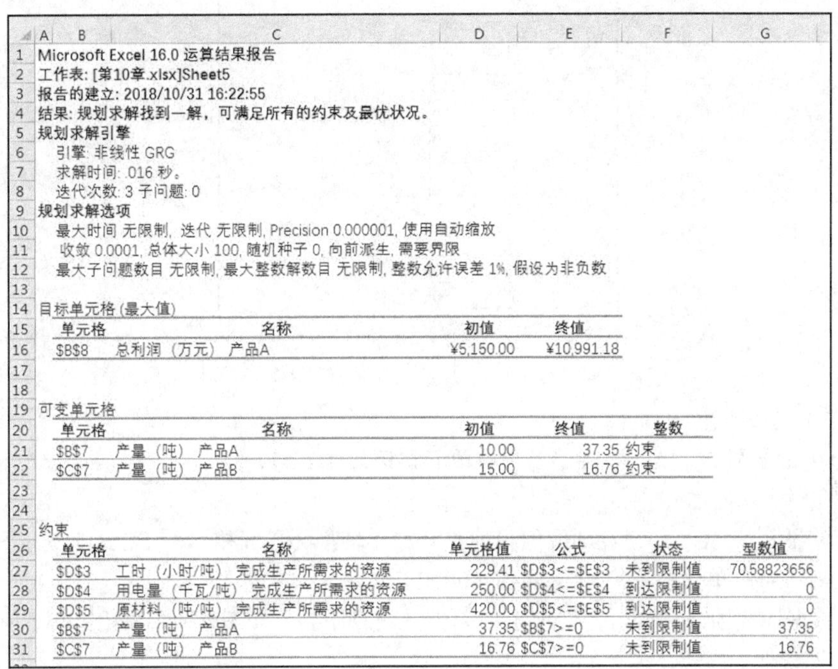

Microsoft Excel 16.0 运算结果报告
工作表: [第10章.xlsx]Sheet5
报告的建立: 2018/10/31 16:22:55
结果: 规划求解找到一解，可满足所有的约束及最优状况。
规划求解引擎
引擎: 非线性 GRG
求解时间: .016 秒。
迭代次数: 3 子问题: 0
规划求解选项
最大时间 无限制, 迭代 无限制, Precision 0.000001, 使用自动缩放
收敛 0.0001, 总体大小 100, 随机种子 0, 向前派生, 需要界限
最大子问题数目 无限制, 最大整数解数目 无限制, 整数允许误差 1%, 假设为非负数

目标单元格 (最大值)

单元格	名称	初值	终值
$B$8	总利润（万元） 产品A	¥5,150.00	¥10,991.18

可变单元格

单元格	名称	初值	终值	整数
$B$7	产量（吨） 产品A	10.00	37.35	约束
$C$7	产量（吨） 产品B	15.00	16.76	约束

约束

单元格	名称	单元格值	公式	状态	型数值
$D$3	工时（小时/吨） 完成生产所需求的资源	229.41	$D$3<=$E$3	未到限制值	70.58823656
$D$4	用电量（千瓦/吨） 完成生产所需求的资源	250.00	$D$4<=$E$4	到达限制值	0
$D$5	原材料（吨/吨） 完成生产所需求的资源	420.00	$D$5<=$E$5	到达限制值	0
$B$7	产量（吨） 产品A	37.35	$B$7>=0	未到限制值	37.35
$C$7	产量（吨） 产品B	16.76	$C$7>=0	未到限制值	16.76

图 10-36

从运算结果报告中给出的目标单元格和可变单元格的初值和终值可以清楚地看出最佳方案与原始方案的差异，以及所有约束条件是否达到了极限值。这些信息可以为进一步优化生产计划提供方向。

【例 10-8】求解最佳数字组合的规划求解。已知有 16 个数字，想计算出其中哪些数字的累加和等于 10000。

分析：日常生活中经常会遇到挑选最佳数字组合的问题，规划求解可以很方便地解决此类问题。首先要确定决策变量、约束条件和目标函数。

（1）决策变量

这个问题的决策变量有 16 个：X_1 对应第 1 个数字，X_1 值为 1 表示累加和中包含了第 1 个数字，值为 0 表示累加和中未包含第 1 个数字；X_2 对应第 2 个数字，X_2 值为 1 表示累加和中包含了第 2 个数字，值为 0 表示累加和中未包含第 2 个数字；依次类推。

（2）约束条件

决策变量（X_1，X_2，…，X_{16}）的取值只能是 0 或 1。

（3）目标函数

目标值：第 1 个数字×X_1+第 2 个数字×X_2+…+第 16 个数字×X_{16}=10000

根据规划模型，在 Excel 中利用规划求解工具的具体过程如下。

① 编制数据计算工作表。如图 10-37 所示，除了 16 个数字之外，需要增加一列辅助列“是否选中”，用来表示哪些数字被选中，与决策变量 X_1，X_2，…，X_{16} 相对应，被选中就在单元格中填 1，否则填 0。当前无法预知有哪些数字被选中，可以先全部填写为 0。在 D3 单元格中输入目标函数“=SUMPRODUCT((A2:A17)*(B2:B17))”。

	A	B	C	D
1	数字	是否选中		
2	200.5	0		累加和
3	300	0		0
4	400.5	0		
5	134.5	0		
6	625	0		
7	378	0		
8	892	0		
9	2100	0		
10	460.5	0		
11	659.5	0		
12	345.6	0		
13	751.4	0		
14	862.5	0		
15	900	0		
16	185	0		
17	245.5	0		

图 10-37

从工作表中可以看出：

- 16 个决策变量 X_1，X_2，…，X_{16} 对应单元格区域 B2:B17。
- 约束条件：
  决策变量（X_1，X_2，…，X_{16}）取值只能是 0 或 1 转换为单元格区域 B2:B17 的值只能是 0 或 1。
- 目标函数对应单元格 D3，目标值：10000。

② 在“数据”选项卡“分析”选项组中单击“规划求解”工具按钮，弹出“规划求解参数”对话框。

③ 设置目标为“$D$3”也就是累加和，选中“目标值”，并设置为“10000”。

④ 在“通过更改可变单元格”中选定与决策变量对应的“$B$2:$B$17”共 16 个单元格，即“是否选中”列是可变的。

⑤ 在“遵守约束”右侧单击“添加”按钮，打开“添加约束”对话框添加约束条件，在“单元格引用”处选择“$B$2:$B$17”，判断符选择“bin”（bin 表示二进制数 0 或 1，符合我们要求的数值），如图 10-38 所示。然后单击“确定”按钮返回。

⑥ 在“规划求解参数”对话框中单击“求解”按钮，系统给出规划求解结果，“是否选中”列显示为数字 1 的单元格累加和正好为 10000，如图 10-39 所示。

图 10-38

	A	B	C	D
1	数字	是否选中		
2	200.5	0		累加和
3	300	1		10000
4	400.5	0		
5	134.5	1		
6	625	1		
7	378	1		
8	4892	0		
9	2100	1		
10	460.5	1		
11	1659.5	1		
12	345.6	1		
13	3751.4	1		
14	862.5	0		
15	900	0		
16	185	0		
17	245.5	1		

图 10-39

10.6　应用实例——企业销售运输规划求解

某啤酒厂有 3 个生产基地，分别位于 CITYA、CITYB 和 CITYC 这 3 个城市，年产量分别为 700 吨、400 吨、900 吨。生产的啤酒全部销往北京、上海、天津、南京和西安 5 个城市，销量分别为 500 吨、600 吨、400 吨、300 吨和 200 吨，已知将产品从 CITYA、CITYB 和 CITYC 运至北京、上海、天津、南京和西安每吨所需运费如表 10-1 所示，请使用规划模型求解运费最小值。

表 10-1　　运输费用表

单位运费（元/吨）	北京	上海	天津	南京	西安
CITYA	30	80	50	90	85
CITYB	20	70	40	75	68
CITYC	70	30	60	40	50

分析：采用规划求解解决这个问题，首先要确定决策变量、约束条件和目标函数。

（1）决策变量

这个问题的决策变量有 15 个：X_1 对应 CITYA 运往北京的啤酒吨数，X_2 对应 CITYB 运往北京的啤酒吨数，X_3 对应 CITYC 运往北京的啤酒吨数；X_4 对应 CITYA 运往上海的啤酒吨数，X_5 对应 CITYB 运往上海的啤酒吨数，X_6 对应 CITYC 运往上海的啤酒吨数；依次类推。

（2）约束条件

运往北京的总吨数为 500：$X_1+X_2+X_3=500$

运往上海的总吨数为 600：$X_4+X_5+X_6=600$

运往天津的总吨数为 400：$X_7+X_8+X_9=400$

运往南京的总吨数为 300：$X_{10}+X_{11}+X_{12}=300$

运往西安的总吨数为 200：$X_{13}+X_{14}+X_{15}=200$

CITYA 的总产量为 700：$X_1+X_4+X_7+X_{10}+X_{13}=700$

CITYB 的总产量为 400：$X_2+X_5+X_8+X_{11}+X_{14}=400$

CITYC 的总产量为 900：$X_3+X_6+X_9+X_{12}+X_{15}=900$

（3）目标函数

运费最小：$F\text{min}=X_1\times$运费$+X_2\times$运费$+X_3\times$运费$+\cdots+X_{15}\times$运费

根据规划模型，在 Excel 中利用规划求解工具的具体过程如下。

① 编制数据计算工作表。如图 10-40 所示，在 B2:F4 单元格区域列出各个城市之间的运费。在 C7:G9 单元格区域列出各个生产基地发往各个城市的销售量（由于不知道具体的销售量，先随意填写为 1）。在 B7:B9 单元格区域列出各个生产基地的实际发货数量，其中 B7 单元格中的计算公式为“=SUM(C7:G7)”；B8 单元格中的计算公式为“=SUM(C8:G8)”；B9 单元格中的计算公式为“=SUM(C9:G9)”。在 C10:G10 单元格区域列出各个城市的实际销售数量，其中 C10 单元格的计算公式为“=SUM(C7:C9)”，D10 单元格的计算公式为“=SUM(D7:D9)”，E10 单元格的计算公式为“=SUM(E7:E9)”，F10 单元格的计算公式为“=SUM(F7:F9)”，G10 单元格的计算公式为“=SUM(G7:G9)”。在 B12 单元格中输入计算运费的公式“=SUMPRODUCT((B2:F4)*(C7:G9))”。

从工作表中可以看出：

- 15 个决策变量 X_1、X_2、…、X_{15} 对应单元格区域 C7:G9
- 约束条件：

	A	B	C	D	E	F	G
1	单位运费（元/吨）	北京	上海	天津	南京	西安	
2	CITYA	30	80	50	90	85	
3	CITYB	20	70	40	75	68	
4	CITYC	70	30	60	40	50	
5							
6	产地	实际发货(吨)	销往北京(吨)	销往上海(吨)	销往天津(吨)	销往南京(吨)	销往西安(吨)
7	CITYA	5	1	1	1	1	1
8	CITYB	5	1	1	1	1	1
9	CITYC	5	1	1	1	1	1
10	各城市实际销售数量		3	3	3	3	3
11							
12	最小运费(元)	¥858.00					

图 10-40

运往北京的总吨数转换为：C10=500

运往上海的总吨数转换为：D10=600

运往天津的总吨数转换为：E10=400

运往南京的总吨数转换为：F10=300

运往西安的总吨数转换为：G10=200

CITYA 的总产量转换为：B7 =700

CITYB 的总产量转换为：B8 =400

CITYC 的总产量转换为：B9 =900

- 目标函数对应单元格 B12

② 在“数据”选项卡“分析”选项组中单击“规划求解”工具按钮，弹出“规划求解参数”对话框。

③ 设置目标为“$B$12”也就是最小运费，并选中“最小值”。

④ 在“通过更改可变单元格”中选定与决策变量对应的“$C$7:$G$9”共 15 个单元格，即销售数量是可变的。

⑤ 在“遵守约束”右侧单击“添加”按钮，逐条添加所有的约束条件，如图 10-41 所示。

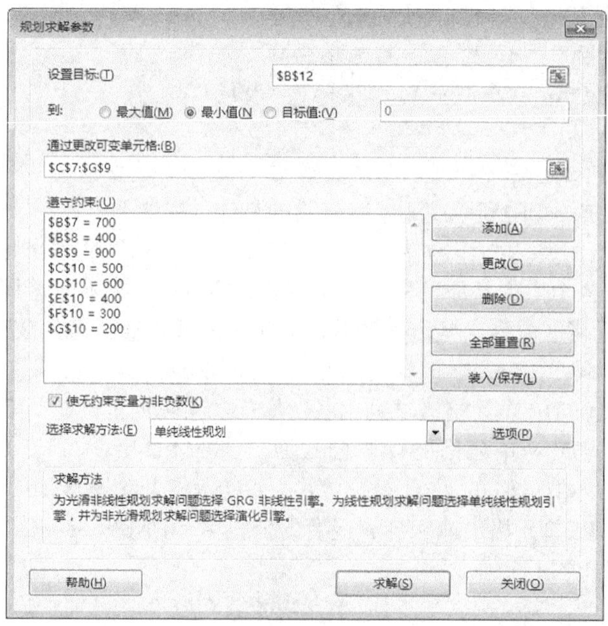

图 10-41

⑥ 选择求解方法为“单纯线性规划”，单击“求解”按钮，规划求解结果如图 10-42 所示。

	A	B	C	D	E	F	G
1	单位运费（元/吨）	北京	上海	天津	南京	西安	
2	CITYA	30	80	50	90	85	
3	CITYB	20	70	40	75	68	
4	CITYC	70	30	60	40	50	
5							
6	产地	实际发货(吨)	销往北京（吨）	销往上海（吨）	销往天津（吨）	销往南京（吨）	销往西安（吨）
7	CITYA	700	300	0	400	0	0
8	CITYB	400	200	0	0	0	200
9	CITYC	900	0	600	0	300	0
10	各城市实际销售数量		500	600	400	300	200
11							
12	最小运费(元)	¥76,600.00					

图 10-42

习　　题

一、单项选择题

1. 在 Excel 的“模拟分析”命令中，不包括的子命令是______。

A. 方案管理器　B. 模拟运算表　C. 单变量求解　D. 规划求解

2. 下列选项中，______功能必须在 Excel 中手工加载后才能使用。

A. 方案管理器　B. 模拟运算表　C. 单变量求解　D. 规划求解

3. 如果按列组织的单变量模拟运算表位于 A6:B15 单元格区域，则计算公式应放置的单元格地址是______。

A. A6　B. B6　C. A7　D. B7

4. 双变量模拟运算表的公式“{=TABLE(B4,B5)}”中，B5 称作模拟运算表的______。

A. 自变量　B. 行变量　C. 列变量　D. 单元格变量

5. 规划求解结果可以提供的报告不包括______。

A. 运算结果报告　B. 敏感性报告　C. 方案摘要报告　D. 极限值报告

6. 某职工的年终奖金是全年销售额的 20%，前 3 个季度的销售额已经知道了，该职工想知道第四季度的销售额为多少时，才能保证年终奖金为 20000 元。该问题可以用______计算。

A. 方案管理器　B. 模拟运算表　C. 单变量求解　D. 规划求解

7. 某人想买房，需要向银行贷款 50 万，还款年限为 20 年，贷款年利率根据国家经济的发展会有调整，假设贷款年利率分别为 4.5%，4.75%、…、7.0%，要计算不同贷款年利率下每月的还款额。该问题可以用______计算。

A. 方案管理器　B. 模拟运算表　C. 单变量求解　D. 规划求解

8. 某运输公司使用一种最大承载重量为 10 吨的卡车来运输 3 种货物，3 种货物的单位重量分别为 0.5 吨、1 吨、1.25 吨，单位价值分别为 3 万元、4 万元、5 万元。要想计算出如何装载货物才能使得总价值最大，该问题可以用______计算。

A. 方案管理器　B. 模拟运算表　C. 单变量求解　D. 规划求解

二、判断题

1. 单变量求解只能用于求解含有一个变量的方程。

2. 在模拟运算表中，变量的数据值可以存放在任意单元格中。

3. 模拟运算表中填写计算公式的单元格可以是任意单元格。

4. 如果一个公式中要分析的变量超过了两个，必须使用方案管理器。

5. 规划求解可以用于求解方程组问题。

三、计算分析题

1. 利用单变量求解一元方程式 $5x^2+x-5\sin(x)=3$ 的根。

2. 某开发商想贷款 80 万元建立一个山林果园，贷款年利率为 5%，期限为 25 年，月偿还额是多少？如果有多种不同的利率（3%、4%、5%、6%、7%）和不同贷款年限（10 年、15 年、20 年、30 年）可供选择，各种情况下的月偿还额各是多少？

3. 对于上题中的 80 万元贷款，若想每月还贷 2 万元，在贷款利率为 6%的情况下，需要多少年才能还清？

4. 某人想买房，假设贷款年利率可以在 4.5%、4.75%、…、7.0%之间选择，还款期限可以选择 5 年、10 年、15 年、20 年和 30 年，分别建立贷款金额为 50 万元、80 万元、90 万元、100 万元时，每月等额还款的方案，并生成相应的方案摘要报告。

5. 假设某项目可以获得初始投资 50 万元，经过论证分析，可以获得年收益率 8%，预计投资时间为 10 年，现在需要了解如果每年收益率分别为 5.0%、5.5%、…、10%时，初始投资分别为 30 万元、40 万元、50 万元、60 万元、70 万元，投资时间分别为 8、9、10、12、15 年；各种组合情况下的投资收益情况。

6. 某运输公司使用一种最大承载重量为 10 吨的卡车来运输 3 种货物，3 种货物的单位重量分别为 0.5 吨、1 吨、1.25 吨，单位价值分别为 3 万元、4 万元、5 万元。应该如何装载货物才能使得总价值最大？

7. 某公司需要采购一批赠品用于促销活动，采购的目标品种有 4 种（A、B、C、D），单价分别为 18 元、11 元、20 元和 9 元，根据需要，采购原则如下。

（1）全部赠品的总数量为 4000 件；

（2）赠品 A 不能少于 400 件；

（3）赠品 B 不能少于 600 件；

（4）赠品 C 不能少于 800 件；

（5）赠品 D 不能少于 200 件，但也不能多于 1000 件。

如何拟定采购计划，使采购成本最小？